Brandung am Leuchtturm von Eddystone.

KURZES LEHRBUCH

DER

PHYSIKALISCHEN GEOGRAPHIE

VON

A. GEIKIE

PROFESSOR AN DER UNIVERSITÄT EDINBURG.

AUTORISIERTE DEUTSCHE AUSGABE

VON

Prof. Dr. BRUNO WEIGAND.

MIT 77 HOLZSCHNITTEN, 5 VOLLBILDERN UND 13 KARTEN

ZWEITE VERBESSERTE UND VERMEHRTE AUFLAGE.

STRASSBURG.

VERLAG VON KARL J. TRÜBNER.

1908.

M. DuMont Schauberg, Straßburg.

ZUR EINFÜHRUNG.

Archibald Geikies physische Erdkunde erlebt in dem vorliegenden Bändchen seine zweite Auflage in deutscher Sprache, während das englische Original im Jahre 1903 schon drei Auflagen und dazu 20 unveränderte Neudrucke erfahren hatte. Auch die neue deutsche Ausgabe ist gegen die frühere nicht durchgreifend verändert worden; manche Teile erscheinen in der ursprünglichen Darstellung, auch wenn neue Tatsachen vorliegen, einige Auffassungen in dem alten Gewand, wo schon andere Deutungen herrschen. Wir lesen das Buch darum nicht minder gern, denn sein Wert liegt nicht nur in den positiven Kenntnissen, die es vermittelt, sondern vor allem auch in der Form, in welcher es zu uns spricht.

Die physikalische Geographie ist darin die Wissenschaft von dem Leben der Erde, doch nicht sowohl von dem, welches sich auf ihrer Oberfläche entfaltet, als von dem Leben, welches die Erde selbst bewegt, d. h. von dem ewigen Wechsel aller Dinge, die uns umgeben, der gewohnten Erscheinungen. In abgeklärter Ruhe geht A. Geikie von den Tatsachen aus, die ein jeder aus der alltäglichen Erfahrung kennt, schreitet dann zu Beobachtungen vor, die der Natur nur bei genauerer Betrachtung abgewonnen werden, und kommt so zu Entdeckungen, welche durch eindringende Analyse in allen Teilen der Erde gemacht sind. Damit zieht er auch den Leser aus der alltäglichen Umgebung zu den reinen Höhen wissenschaftlicher Erkenntnis empor.

Ob diese oder jene Tatsache heute anders bewertet wird und der eine oder andere Schluß nicht mehr im Sinne des Verfassers gezogen, kommt dabei kaum in Betracht. Die großzügige Betrachtungsweise eines wahren Naturforschers und die fesselnde Form, in welcher er uns mitsehen und mitdenken läßt, bilden den Wert und den unvergänglichen Reiz des Buches. Es führt uns von den Gestirnen zur Sonne und zur Erde als einem Ganzen, sowie auf dieser dann von der Luft zum Meer und zu den wechselvollen Erscheinungen des festen Landes; es zeigt die Beziehungen, welche alles verbinden, wie die daraus entstehenden wirkenden Kräfte und die Formen der Erde in ihrem Werden bis zur heutigen Gestalt. Das Buch ist ein Kosmos in unscheinbarem Gewand, doch mit vertieftem Gehalt, denn es steht auf der Grundlage exakter Naturbetrachtung; es wird sich sicher auch in der neuen Ausgabe alte Freunde erhalten und neue erwerben.

München, im Februar 1908.

Erich von Drygalski.

VORWORT DES ÜBERSETZERS
zur 2. deutschen Auflage.

Die vorliegende 2. Auflage schließt sich im allgemeinen der 3. Auflage des Originals an, weist demnach eine große Reihe Erweiterungen und Verbesserungen auf; angeführt seien: M. E. Z. S. 25—26. Staubteilchen in der Luft S. 40 bis 41; 82. Meteoriten S. 48—49. Wärmeleitung, -strahlung, -übertragung S. 58—59. Gestalt des Meeresbodens S. 116—118. Wärme und Meerwasser S. 133—134. Strömungen S. 152—157. Vulkane S. 206—211. Erdbeben S. 223—226. Darwins Senkungshypothese S. 232—234. Seen S. 272—281. Allg. Züge der Pflanzenverteilung S. 347—348. Ganz neu ist das Kapitel über den Erdmagnetismus S. 339—343. Statt und neben englischen Beispielen sind tunlichst deutsche angeführt; statt Meilen, Faden, Zoll, Fahrenheitgraden die in Deutschland üblichen Maße benutzt; das papierne Deutsch ist möglichst vermieden; entbehrliche Fremdwörter durch deutsche Ausdrücke ersetzt. Auch sind einige Vollbilder eingefügt.

Straßburg i. Els., den 12. April 1908.

Der Übersetzer.

INHALT.

Kapitel IV. — DAS FESTLAND.

Kapitel V. — DAS LEBEN.

EINLEITUNG.

1. Wenn wir in einer klaren Nacht den Himmel betrachten, scheinen die größten Sterne uns am nächsten zu stehen, während andere, von geringerer Größe und matter an Glanz, in dichten Scharen den Hintergrund bilden. Blicken wir noch tiefer in diese Himmelsräume, so entdecken wir immer entferntere und noch matter leuchtende Sterne, bis zuletzt unser Auge keine bestimmten Lichtpunkte mehr unterscheiden kann. Nichts erfüllt unseren Geist so lebhaft mit der Vorstellung von der Unermeßlichkeit des Weltalls als dieser Anblick. Wir fühlen, wie verhältnismäßig klein der Raum sein muß, den wir in diesem weiten Sternenmeer des Weltalls überschauen können. Und selbst wenn wir mit Hilfe eines guten Fernrohrs denselben Himmelsraum erforschen, so haben wir zwar mehr denn je Ursache, zu erkennen, wie unermeßlich weit derjenige Teil des Weltalls ist, den man auf diese Weise untersuchen kann; aber wir treffen wiederum auf eine Grenze, jenseits derer wir nichts sehen, nicht deshalb weil wir den äußersten Rand der Schöpfung vor uns haben, sondern weil unsere Instrumente unseren Blick nicht weiter tragen. Weit jenseits dieser Grenze enthalten die Regionen des Weltraumes vielleicht andere Sterne und Sternsysteme, die nur zu weit entfernt sind, als daß sie selbst durch das vorzüglichste Fernrohr, das menschliche Geschicklichkeit je zu bauen imstande wäre, sichtbar gemacht werden könnten.

Die Astronomen haben die Entfernungen einiger der größten und nächsten Sterne berechnet. Aber diese Abstände, die nach Billionen von Kilometern zählen, sind zu groß, als daß sie uns eine bestimmtere Anschauung der Entfernung gewähren könnten. Wenn wir bedenken, daß jeder dieser Sterne, vom hellsten an bis zum schwächsten Lichtpünktchen hinab, in Wahrheit eine Sonne ist, viele davon ohne Zweifel weit größer als unsere Sonne und nur wegen der unermeßlichen Entfernung anscheinend so winzig, dann können wir uns des Gefühls nicht erwehren, ein wie verschwindend kleines Stäubchen vergleichsweise unsere Wohnstätte sein muß, die wir Erde nennen.

2. Es ist von Nutzen, daß wir uns diese verhältnismäßig winzige Größe unserer Erde fest einprägen. Und dies kann durch nichts so gut geschehen, als wenn wir den gestirnten Himmel beobachten und lernen, was man in bezug auf Bewegungen, Größe und Entfernungen der Himmelskörper entdeckt hat. Was ist nun die Erde in Beziehung zu diesen Körpern? Ist sie stets von derselben Beschaffenheit gewesen wie jetzt, oder hat sie vielleicht lange Zeiträume der Veränderung und der Entwicklung durchgemacht? Das Menschengeschlecht hat eine lange und wechselvolle Geschichte hinter sich. Kann die Erde selbst nicht auch eine solche gehabt haben? Und wenn dies der Fall ist, können wir über die Geschichte unserer Erde etwas erfahren?

3. Betrachten wir ferner die Oberfläche der Erde bei Tage, wie unbegrenzt und wechselvoll erscheint sie uns! Von der Gegend aus, wo wir gerade leben, können wir in Gedanken das ganze Land durchreisen, dann in andere Länder wandern und uns so ein Bild von der ganzen weiten Erdkugel verschaffen, mit ihren Festländern und Meeren, ihren Bergen, Tälern und Ebenen, und all der wunderbaren Mannigfaltigkeit der Formen und Farben, die ihre Oberfläche so unendlich schön macht.

4. Dieser Wechsel ist überall mit Leben und Bewegung verbunden. Man betrachte zum Beispiel die unveränderliche Aufeinanderfolge von Tag und Nacht, den gleichmäßigen Gang der Jahreszeiten, das beständige oder stoßweise Wehen der Winde, den regelmäßigen Wechsel von Ebbe und Flut im Meer; das ununterbrochene Strömen der Flüsse; das mannigfaltige Wachsen und Treiben der Pflanzen und Tiere! Sicherlich war es kein so seltsamer Gedanke, wenn man im Altertum diese Welt sich als ein lebendes Wesen vorstellte. Und wenn wir auch die Erde nicht als ein lebendes Wesen in dem Sinne betrachten können, wie wir eine Pflanze oder ein Tier als ein solches bezeichnen, so darf man doch angesichts jener vielfältigen Bewegung, die fortwährend auf der Erdoberfläche vor sich geht, und von der in der Tat ja unser Leben gleichfalls abhängt, augenscheinlich in einem gewissen Sinne von dem Leben der Erde sprechen.

5. Dieses Leben der Erde ist der Gegenstand, mit dem sich die physikalische Geographie[1]) beschäftigt. Das Wort Geographie bezeichnet in seiner gewöhnlichen Anwendung eine Beschreibung der Erdoberfläche und ihrer natürlichen Teile, der Festländer und Meere, sowie der künstlichen oder politischen Unterabteilungen, der Länder und Reiche. Die physikalische Geographie ist aber nicht bloß eine Beschreibung der verschiedenen Teile der Erde. Sie bekümmert sich wenig um die politischen Grenzen, falls diese nicht zugleich die Grenzen verschiedener Menschenrassen bezeichnen. Auch beschränkt sie sich nicht auf eine bloße Aufzählung der verschiedenen Merkmale der Erdoberfläche. Sie sucht auch die Kenntnisse zu sammeln, die wir über die Erde als Himmelskörper, über ihre Zusammensetzung und wahrscheinliche Geschichte besitzen. Bei der Beschreibung der einzelnen Bestandteile der Erde — der Luft, des Festlandes, des Meeres — hat sie sowohl deren Eigenschaften als auch ihre gegenseitigen Beziehungen, ihre Einwirkungen auf einander und ihre Stellung in dem Erdganzen zu erklären. So versucht die physikalische Geographie uns ein lebendiges Bild zu geben von dem Mechanismus der so wunderbar vielfältigen und doch harmonischen Welt, in der wir leben.

6. Viele der Tatsachen, mit denen sich unsere Wissenschaft beschäftigt, sind jedermann bekannt. So sind wir mit nichts besser vertraut als mit der Luft, die uns umgibt. Wir atmen sie, so lange wir leben; wir kennen sie in der Ruhe ebensogut wie in stürmischer Bewegung; wir haben in ihr die Bildung von Nebeln und Wolken beobachtet, so gut wie das Fallen des Regens und Taues. Fast scheint es auf den ersten Blick, als sei unsere Kenntnis der Luft erschöpfend, und als könnten wir bei keinem anderen Gegenstande so wenig Neues lernen. Aber die physikalische Geographie faßt diesen Gegenstand als ein großes Ganzes auf und zeigt den innern Zusammenhang der verschiedenen Eigenschaften und Veränderungen der Luft, sie erklärt die

[1]) Diese Bezeichnung wird hier angewandt als gleichbedeutend mit Physiographie, wie diese Wissenschaft auch genannt wird.

Ursachen dieser Veränderungen und weist den Anteil der Luft an den großen Bewegungen nach, die Meer und Land betreffen. So beruht ein großer Vorteil dieses Studiums gerade auf dem alltäglichen Charakter der zu untersuchenden Erscheinungen. Überall, wohin wir uns wenden, stoßen wir auf Belege der großen Gesetze, die sich uns bei der Beschäftigung mit der physikalischen Geographie erschließen. Haben wir also diese Gesetze erst einmal erfaßt, und haben wir zugleich gelernt, sie anzuwenden, so gewährt uns jeder Spaziergang, jede Reise eine neue Quelle des Vergnügens. Wir gewöhnen uns, unsere Augen zu gebrauchen und eine endlose Mannigfaltigkeit von Gegenständen zu bemerken, die sonst ungesehen geblieben wären, und diese Gewohnheit der Beobachtung wird sich, abgesehen von dem Vergnügen, das sie uns verschafft, in den Verrichtungen des gewöhnlichen Lebens als sehr nützlich erweisen.

7. Um das Bild vom Leben der Erde zu vervollständigen, muß die physikalische Geographie notwendig ihre Erläuterungen aus allen Weltteilen herbeiholen. So bringt sie uns Erscheinungen näher, über die wir in unserem Lande keine Erfahrung besitzen, und die wir wahrscheinlich niemals selbst zu sehen Gelegenheit haben würden. Bei der Untersuchung dieser Erscheinungen schweifen wir gleichsam über die ganze Erde hin und erfahren in kurzer Zeit weit mehr über die Welt, als wir aus einer gewöhnlichen Reisebeschreibung lernen könnten. In der Tat kann man ein gutes Lehrbuch der physikalischen Geographie als eine gedrängte und wohlgeordnete Beschreibung einer Reise durch alle Länder ansehen, mit dem Unterschiede, daß sie, ohne persönliche Erlebnisse zu schildern, uns in den Stand setzt, zu erkennen, worin diese Gegend der Erde sich von jener unterscheidet, und uns diese Unterschiede erklärt aus den großen allgemeinen Gesetzen, von denen sie abhängen. Daher wird jedermann, mag er auch nie in Indien oder Afrika oder in den arktischen Regionen gewesen sein, aus dem Studium der physikalischen Geographie eine weit genauere Bekanntschaft mit den Eigentümlichkeiten dieser Länder und mit den Ursachen ihrer so großen Unterschiede im Klima schöpfen als viele andere, die dorthin gereist sind oder jahrelang dort gelebt haben. Für uns alle ist es eine nicht geringe

Ermutigung, zu sehen, daß, je genauer wir die Erscheinungen um uns her im eigenen Lande beobachten, und je vollständiger wir sie verstehen, wir um so leichter erkennen können, was in andern, entfernten Teilen der Welt vor sich geht.

8. Fassen wir das Studium der physikalischen Geographie nicht nur als ein aus Büchern zu lernendes Wissen auf, sondern als eine mittels der Beobachtung anzustellende praktische Untersuchung an Gegenständen, wie sie sich im Laufe unserer alltäglichen Beschäftigungen darbieten, so machen wir in ihr die schnellsten Fortschritte. In diesem Sinne sind die folgenden Kapitel geschrieben. Sie sollen nicht bloß die verschiedenen Teile der Erde beschreiben, um diese Beschreibungen möglichst leicht auswendig lernen zu können, sondern sollen vielmehr dazu anregen, mit eigenen Augen zu sehen und die alltäglich um uns sich abspielenden Vorgänge zu prüfen, zu vergleichen und gegenüber zu stellen. Sie sind so angeordnet, daß sie möglichst in jedem Abschnitte von unserm allgemeinen Wissen ausgehen. Sie heben dann dasjenige hervor, was über den jeweiligen Gegenstand durch unsere eigene Beobachtung und Erfahrung festgestellt werden kann. Zum Schlusse bieten sie diejenige weitere Belehrung dar, die wir aus den Beobachtungen und Reisen von Gelehrten schöpfen können, die auf die Sammlung und Prüfung der Tatsachen viel Zeit und Denken verwendet haben. Im Kapitel über die Luft gehen wir z. B. von denjenigen Tatsachen aus, die ein jeder von uns durch die alltägliche Erfahrung kennt, wir schreiten zur Betrachtung dessen fort, was wir selbst leicht an der Luft beobachten können, und wir verfolgen, von diesen Kenntnissen als Grundlage ausgehend, diejenigen Entdeckungen, die man durch fortgesetzte Untersuchungen in allen Teilen der Erde gemacht hat.

9. Wir wollen nun zunächst die verschiedenen Gegenstände, die in den Rahmen der physikalischen Geographie gehören und deshalb in diesem Buche abgehandelt werden sollen, in gehöriger Ordnung hier aufführen.

10. Erstens haben wir zu untersuchen, was für ein Himmelskörper die Erde ist; in welchen Beziehungen sie zu anderen Himmelskörpern und besonders der Sonne, als der Quelle von Licht und Wärme, steht.

11. Blicken wir dann auf die Erde selbst, so finden wir

zweitens, daß sie mit einem äußeren Luftmantel umgeben ist, der zunächst unsere Aufmerksamkeit verdient. Die Frage nach der Beschaffenheit dieses Mantels und nach seinem Anteil an den Erscheinungen auf der Erdoberfläche liefert uns Stoff für viele anziehende Untersuchungen.

12. Drittens liegt unter der umhüllenden Luftschicht, aber als Decke des größeren Teiles der Oberfläche der festen Erdkugel, die ausgedehnte Wassermasse: das Meer. Wir werden seine Ebben und Fluten und seine Strömungen verfolgen und dem Wasserdampf nachspüren, der von seiner Oberfläche aufsteigt und durch die Luft sich verbreitet, bis er als Regen und Schnee auf das Land fällt und von den Flüssen wieder in das Meer zurückgetragen wird. Die wunderbare Schönheit und die hohe Wichtigkeit dieses Kreislaufes wird unsere Aufmerksamkeit ganz besonders in Anspruch nehmen.

13. Viertens werden wir das Festland betrachten mit seinen Erdteilen und Inseln, Bergen und Tälern, Erdbeben und Vulkanen. Die augenscheinlichen Tatsachen der fortwährenden Veränderungen in der Oberfläche des Landes werden uns auf die Tätigkeit des Wassers und der Luft zurückführen, und wir werden sehen, wie sehr selbst die Formen der „ewigen" Berge durch diese Tätigkeit beeinflußt sind.

14. Fünftens haben wir zu untersuchen, was das Wesen des Klimas ist, wie vielerlei Arten von Klima über den Erdball verbreitet sind, und ob sich für die Erklärung ihrer Unterschiede Ursachen auffinden lassen; dies wird uns zu der Beobachtung führen, daß es der geographischen Verteilung des Klimas entsprechend auch eine geographische Verteilung der Pflanzen und Tiere gibt. Ein jedes große Gebiet der Oberfläche unseres Planeten, das ein eigentümliches Klima besitzt, hat auch eine eigene Gruppe ihm eigentümlicher Pflanzen und Tiere. Selbst in der Art und Weise der Gruppierung der Menschenrassen auf der Erde werden wir den Beweis für dieselbe enge Verbindung zwischen Klima und organischem Leben wiederfinden. Somit wird die geographische Verteilung des Lebens auf der Erde den Schluß dieses Buches bilden.

KAPITEL I.

DIE ERDE ALS PLANET.

Abschnitt I. — *Die Gestalt der Erde.*

1. Was ist die Erde, auf der wir leben? Die Antwort auf diese Frage gibt eigentlich die Wissenschaft der Astronomie; aber einige bekannte Erscheinungen auf der Erde selbst ermöglichen es uns, diese Antwort selbst zu finden und deutlich zur Anschauung zu bringen. Jedenfalls ist es notwendig, sich eine klare Vorstellung von der Erde als Ganzem zu verschaffen, ehe wir die Erscheinungen auf ihrer Oberfläche näher untersuchen.

2. Die Erde ist eine Kugel wie Sonne und Mond. Davon kann man sich auf verschiedene Weise überzeugen.

(1) Wenn wir von Deutschland absegeln und nach Westen steuern, ohne umzukehren, so können wir wiederum nach Deutschland gelangen. Dies nennt man eine **Weltumsegelung.** Eine solche würde unausführbar sein, wenn die Erde nicht in Wirklichkeit eine Kugel wäre.

(2) Stehen wir am Meeresstrande und schauen seewärts, so bemerken wir, daß ein sich von uns entfernendes Schiff allmählich in oder unter das Meer hinabsinkt (Fig. 1). Zuerst verschwindet der Rumpf, und dann verschwinden nach und nach die Segel. Nähert sich uns ein Fahrzeug, so können wir mittels eines Fernrohres zuerst die Mastspitzen und die obersten Segel erkennen, wie sie in der Ferne über die Oberfläche des Meeres emportauchen. Nach und nach steigen die Segel gleichsam aus dem Wasser hervor, bis zuletzt der Rumpf und das ganze Schiff in Sicht kommt. Dies könnte nicht eintreten, wenn die Oberfläche des Meeres nicht, anstatt

eben zu sein, tatsächlich gekrümmt, das heißt ein Teil der gewölbten Oberfläche des Erdballes wäre.

(3) Wäre die Oberfläche der Erde flach, wie man einst annahm, so müßte die Sonne an allen Punkten der Erde zu derselben Zeit aufgehen. Aber dies ist nicht der Fall; der

Fig. 1. Die Krümmung der Oberfläche der Erde ergibt sich aus der Art, wie ein sich entfernendes Schiff auf dem Meere den Blicken entschwindet.

Sonnenaufgang findet früher oder später statt, je nachdem wir uns mehr im Osten oder Westen befinden. Ferner müßten wir von einem hohen Berge aus die ganze Oberfläche der Erde sehen, wenn diese eine Ebene wäre. Aber die Entfernung, bis zu der wir sehen, hängt von der Höhe unseres Standortes ab.

All dies beweist, daß die Erde eine Kugel sein muß.

(4) Wenn die Erde gerade zwischen Sonne und Mond steht, so daß sie das Licht der ersteren von letzterem abhält, so nennt man dies eine Mondfinsternis. Beobachten wir nun den Schatten der Erde, wie er über die Mondscheibe hingleitet, so sehen wir, daß er kreisrund ist, und erkennen auch daraus, daß die wahre Gestalt unseres Planeten eine Kugel ist.

3. Wäre es uns möglich, die Erde zu verlassen und sie aus einer Entfernung von einigen Millionen Kilometer zu betrachten, so würde sie wie ein großer glänzender Mond aussehen, im Weltraum schwebend wie unser Mond, und allerseits von funkelnden Sternen umgeben. Ihre Oberfläche würde, vom Lichte der Sonne beschienen, leuchten, wie uns der Mond, und mit unregelmäßigen hellen und dunkeln Flecken und Streifen bedeckt sein. Auf entgegengesetzten Seiten des

Erdkörpers wären zwei besonders helle Stellen sichtbar, die großen Schnee- und Eisgebiete am Nord- und Südpol. Zwischen diesen zwei Zonen würden helle unregelmäßige Streifen die Lage des Festlandes andeuten, während die dazwischen liegenden dunkleren Flecke die Ausdehnung der Meere bezeichneten (Fig. 2). Könnten wir uns noch weiter hinweg begeben, etwa so weit, wie die Sonne entfernt ist, das heißt etwa

Fig. 2. Erde und Mond, vom Weltraum aus gesehen.

150 Millionen Kilometer von unserm Wohnort, so erschiene unsere Erde nur als ein glänzender Stern. Und könnten wir einen der nächsten Fixsterne erreichen, so wäre unser Erdball von dort nicht mehr sichtbar, während die Sonne selbst, falls überhaupt sichtbar, uns nur als ein funkelnder Stern erschiene.

4. Aber die Erde ist keine vollkommen regelmäßige Kugel. Insbesondere ist sie an zwei entgegengesetzten Seiten etwas abgeplattet, sodaß sie die Gestalt einer Orange hat. Wie man dies gefunden und gemessen hat, ist im vierten Abschnitte ausgeführt. Eine von der Mitte der einen abgeflachten Seite durch den Mittelpunkt des Planeten nach der Mitte der entgegengesetzten abgeplatteten Seite gezogene Linie heißt die **Erdachse,** und die Punkte, wo diese die Oberfläche trifft, sind unter dem Namen **Nord-** und **Südpol** bekannt. Eine Linie, die gleichweit von den beiden Polen rund um die Erde gezogen gedacht wird, heißt der **Äquator**.

Abschnitt II. — *Die Bewegungen der Erde.*

1. So lange man in früheren Zeiten die Erde als eine große im Mittelpunkte des Weltalls gelegene Scheibe betrachtete, um die sich Sonne, Mond und Sterne Tag und Nacht bewegen, konnte man nicht auf den Gedanken kommen, daß die Erde selbst sich bewegt. Aber die Wahrheit ist in diesem Falle seit so langer Zeit bekannt, daß wir keine Schwierigkeit mehr haben, die scheinbaren Bewegungen der Sonne und der Sterne durch die wirklichen Bewegungen der Erde zu erklären. Die beiden wichtigsten Bewegungen nennt man die **Rotation** oder Achsendrehung und die **Revolution** oder Bewegung der Erde um die Sonne.

2. **Die Rotation oder die Bewegung der Erde um ihre Achse.** Die auffälligste Bewegung unserer Erde ist die Drehung um ihre Achse, der wir die Folge von Tag und Nacht verdanken. Eine vollständige Umdrehung vollzieht sich in etwa vierundzwanzig Stunden. Während dieser Zeit ist jeder Teil der Erdoberfläche der Sonne abwechselnd zu- und abgekehrt. Da die Sonne im Osten aufgeht, um uns den Tag zu bringen, und scheinbar nach Westen über den Himmel hinschwebt, so muß die wirkliche Bewegung der Erde in umgekehrter Richtung, also von Westen nach Osten vor sich gehen.

3. Es ist einleuchtend, daß bei der Rotation der Erde die Schnelligkeit der Bewegung und der zurückgelegte Weg für verschiedene Punkte der Oberfläche je nach ihrer größeren oder geringeren Entfernung von der Achse verschieden sein muß. Wenn zum Beispiel ein Wagenrad um seine Achse gedreht wird, so muß ein auf seinem Reifen angebrachtes Zeichen

sich schneller bewegen und einen weit größeren Kreis beschreiben, als ein auf der Nabe angebrachtes. Orte, die auf dem Erdäquator liegen, müssen die größte Geschwindigkeit haben und den längsten Weg durcheilen, während an jedem Pole die Geschwindigkeit gleich Null ist. Der von einem Punkte auf dem Äquator beschriebene Kreis ist in der Tat der ganze Umfang der Erde. Ist daher die Länge des Umfanges in Kilometern bekannt, und teilt man diese durch die Anzahl der Stunden, die zu einer vollständigen Umdrehung nötig sind, so erhält man die stündliche Geschwindigkeit in Ziffern ausgedrückt. Am Äquator beträgt die Geschwindigkeit etwa 462 Meter in einer Sekunde oder 1667 km in der Stunde; nach den Polen zu nimmt sie allmählich ab.

4. Warum werden wir aber, wenn die Erde sich mit einer solchen Geschwindigkeit umdreht, nicht von ihrer Oberfläche fortgeschleudert? Warum fliegt ein in die Luft geworfener Stein nicht sofort in den Weltraum hinweg, statt wieder auf die Erde zu fallen? Weil die **Anziehungskraft der Erde** weit stärker ist als sein Bestreben fortzufliegen. Alle Gegenstände in und auf der Erde werden durch diese Anziehungskraft, auch **Schwerkraft** genannt, nach dem Mittelpunkte der Erde hingezogen. Aber wir werden sehen, daß der Einfluß der Achsendrehung nichtsdestoweniger sich untrüglich zu erkennen gibt, insofern als die Richtung der großen atmosphärischen Strömungen durch sie geändert wird. (Abschnitt XI, § 13.)

5. Bewegung der Erde um die Sonne. Die Erde bewegt sich um die Sonne und braucht zu einem Umlaufe ungefähr 365 Tage. Was wir ein Jahr nennen, ist einfach die Zeit, die die Erde braucht, um einen vollständigen Umlauf um die Sonne auszuführen. Man hat gefunden, daß der Weg, den sie verfolgt, ihre **Bahn** genannt, nicht ein vollkommener Kreis, sondern eine Ellipse ist, sodaß unser Erdball in einem Teile seiner Laufbahn der Sonne näher ist als in dem anderen, wobei seine mittlere Entfernung etwa 150000000 Kilometer (genauer 149341000) beträgt. Aus dieser Zahl und der zu einem einfachen Umlaufe gebrauchten Zeit findet man leicht die Durchschnittsgeschwindigkeit, mit der sich unsere Erde in ihrer Bahn bewegt. Diese beträgt fast 30 Kilometer in der Sekunde.

6. Die Erde, unser Zeitmesser. Hieraus folgt, daß unsere

Zeiteinteilung durch die Bewegungen unseres eigenen Planeten, der Erde, bewirkt wird. Durch die gleichmäßige Umdrehung der Erde um ihre Achse innerhalb 24 Stunden erhalten wir die genaue Einteilung der Zeit in Tage, während durch ihren Umlauf um die Sonne die Länge unseres Jahres bestimmt wird. Auf den Sternwarten wird der Augenblick aufs genaueste festgestellt, wenn die Sonne um Mittag durch einen bestimmten Punkt geht, und diese Zeit wird allen Orten des Landes telegraphisch mitgeteilt, damit die Uhren danach gerichtet werden können. Aber da die Erde sich in der Richtung von Westen nach Osten dreht, so können westlich gelegene Orte mittags der Sonne erst gegenüber kommen, nachdem der Durchgang bei den östlicher gelegenen bereits erfolgt ist. Es gab früher zu vielen Irrtümern Anlaß, als jede Stadt Ortszeit hatte, d. h. ihre Zeit noch nach dem Durchgang der Sonne durch ihren eigenen Meridian bestimmte. Deshalb ist in den meisten Ländern eine Vereinbarung getroffen worden, daß die Zeit eines bestimmten Ortes für ein ganzes Land oder sogar für mehrere Länder gilt. In Deutschland, Österreich-Ungarn, der Schweiz und Italien haben wir daher eine gemeinschaftliche, die sogenannte mitteleuropäische Zeit, M. E. Z., die nach der Ortszeit von Stargard, dem 15. Grad östlich von Greenwich bestimmt ist; in England die von Greenwich, in Frankreich die von Paris. Näheres darüber im 4. Abschnitt.

7. Die Jahreszeiten. Mit der Bewegung der Erde um die Sonne sind gewisse Umstände verknüpft, die es erklären, warum die Tage und Nächte nicht das ganze Jahr hindurch dieselbe Länge haben, und warum statt ewigen Sommers oder Winters eine regelmäßige Aufeinanderfolge der Jahreszeiten stattfindet. Wäre die Achse der Erde senkrecht zur Ebene der Erdbahn, das heißt, bewegte sie sich in vollkommen aufrechter Stellung (wenn wir die Erdbahn uns wagerecht denken), so würden die Tage und Nächte das ganze Jahr hindurch auf dem ganzen Erdballe gleich sein. In Wahrheit aber ist sie gegen die Bahn unseres Planeten um die Sonne in einem Winkel von etwa $66\,^1/_2{}^\circ$ geneigt, und bleibt sich selbst stets parallel, d. h. nach demselben Stern gerichtet. Im Sommer wendet sich der Nordpol der Sonne zu, im Winter wendet er sich von ihr ab. Während daher in der Mitte zwischen beiden Polen Tag und

Nacht je 12stündige Dauer haben, entfernen sie sich nach den Polen zu mehr und mehr von dieser Gleichförmigkeit, bis wir an den Polen nur einen Tag haben, der ein halbes Jahr dauert, und eine Nacht, die die andere Hälfte des Jahres ausfüllt.

8. Um den 22. März und wieder um den 22. September hat die Erde eine solche Stellung in ihrer Bahn, daß die Sonne genau senkrecht über dem Äquator steht. Die Ebene des Äquators geht dann durch den Sonnenmittelpunkt und die Grenze zwischen der beleuchteten und der dunklen Hälfte

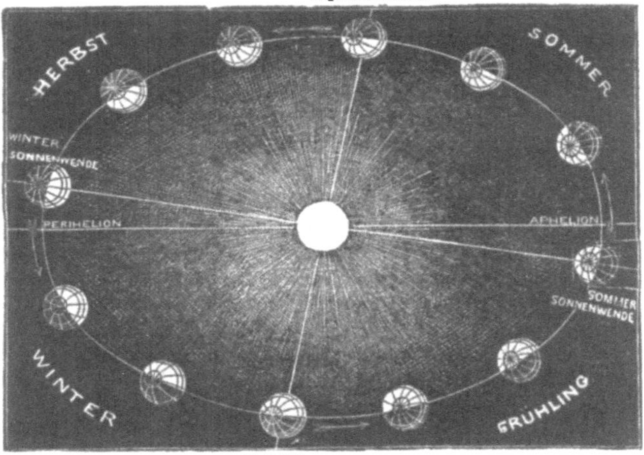

Fig. 3. Die Bahn der Erde um die Sonne.

geht durch die Pole. Zu dieser Zeit sind deshalb Tag und Nacht auf dem ganzen Erdkreise je 12 Stunden lang; man nennt diese Zeiten des Jahres deshalb Tag- und Nachtgleichen oder **Äquinoktien,** d. h. „Gleiche Nächte“. Nach dem Märzäquinoktium kommen, während die Erde ihre Bahn durchläuft, die nördlichen Teile der Kugel mehr und mehr in das Sonnenlicht; mit anderen Worten: die Tage werden immer länger, bis innerhalb eines gewissen Raumes rings um den Nordpol, innerhalb des **Polarkreises** (siehe Tafel 1), die Sonne im Hochsommer gar nicht untergeht, und es beständiger Tag ist. Je weiter wir nach Norden gehen, desto länger sind im Juni die Tage, sodaß ein Sommertag in Deutschland weit länger ist als ein solcher in Mittelafrika, und im Norden von Skandinavien weit länger als in Deutschland. Wenn dagegen die Erde bis zum September-Äquinoktium vorgedrungen ist, so beginnt der Nordpol sich von der Sonne abzuwenden, und die Tage fangen in der nördlichen Erdhälfte an, kürzer zu werden, bis mitten im Winter die Sonne am Pole und über den Gegenden innerhalb des Polarkreises gar nicht mehr aufgeht und es dort dauernd Nacht ist. Je weiter wir daher im Dezember nach Norden gehen, um so länger sind die Nächte; während z. B. ein Sommertag in Berlin nicht so lang ist wie ein solcher in Stockholm, ist dagegen ein Wintertag beträchtlich länger.

9. Natürlich muß, solange der Nordpol andauernd das Tageslicht genießt, der Südpol und das Gebiet innerhalb des südlichen Polarkreises ($23\,^1/_2{}^\circ$ vom Südpol) in beständige Nacht gehüllt sein. Nur an den beiden Äquinoktien sind Tag und Nacht an beiden gleich. In dem Maße wie die Tage um den Nordpol kürzer werden, verlängern sich diejenigen des entgegengesetzten Poles, und darauf tritt das Umgekehrte ein, und so fort, Jahr aus Jahr ein.

10. Der Wechsel der Jahreszeiten hängt ganz ebenso von der Neigung der Erdachse gegen ihre Bahn ab. Während eines Teiles des Jahres sieht man in Europa und Nordamerika die Sonne verhältnismäßig tief am Himmel stehen; ihre Strahlen sind dann nur wenig wirksam; das Klima ist kalt, und es stellt sich daher das bekannte Bild des Frostes und Schnees, des *Winters* ein. Sechs Monate später erscheint die Sonne viel höher am Himmel, d. h. mehr senkrecht über unserem Haupte; ihre Strahlen sind wärmend, selbst sengend, und wir befinden uns mitten im *Sommer*.

11. In Wirklichkeit hat nicht die Sonne ihren Platz gewechselt, sondern unser Planet hat verschiedene Teile seiner Bahn durchlaufen und sich deshalb der Sonne gegenüber in verschiedenen Stellungen befunden. Im Sommer sind auf der **nördlichen Hemisphäre** (so nennt man die Erdhälfte zwischen dem Äquator und dem Nordpole) die Tage lang, weil der Nordpol der Sonne zugewendet ist. Infolgedessen erwärmt sich diese Hemisphäre. Die Strahlen der Sonne fallen mehr senkrecht auf sie; wegen der langen Tage kann sie weit mehr Wärme von der Sonne empfangen, und die Kürze der Nächte bewirkt, daß weit weniger Wärme ausgestrahlt wird als im Winter. Während sich dieser Zustand auf der nördlichen Hemisphäre entwickelt und dort den Sommer hervorruft, herrschen gerade die entgegengesetzten Wirkungen auf der südlichen Halbkugel. Dort nehmen die Tage und die Wärme in demselben Maße ab, wie sie im Norden zunehmen, bis im Hochsommer der nördlichen Erdhälfte die **Antipoden,** das heißt die Menschen auf der entgegengesetzten Seite, sich tief inmitten des Winters befinden. Weihnachten, in Europa und Nordamerika immer mit Frost und Winterkälte verbunden, fällt in den Ländern der südlichen Hemisphäre, wie Australien und Südafrika, mitten in den Sommer.

12. Es ist klar, daß der Gegensatz zwischen Sommer und Winter am auffallendsten in den Gegenden um beide Pole herum sein muß, wo man von dem Jahre sagen kann, daß es nur aus zwei Jahreszeiten bestehe, derjenigen des Tageslichtes, dem Sommer, und der nächtlichen, dem Winter. Auch in der Äquatorialzone, d. h. auf beiden Seiten des Äquators zwischen den Linien, die man **Wendekreise** nennt, findet oft ein auffallender Unterschied zwischen den Jahreszeiten statt, entsprechend der Stellung der Sonne am Himmel. Bei jeder Tag- und Nachtgleiche erscheint die Sonne senkrecht über dem Äquator. Vom März bis zum Juni scheint sie bis ungefähr zum 22ten letztgenannten Monats nach Norden zu rücken, an welchem Tage sie über einer Linie senkrecht steht, die man den Wendekreis des Krebses nennt, $23\,^1/_2\,^\circ$ nördlich vom Äquator. Dann wendet sie sich nach Süden zurück, steht im September-Äquinoktium wieder über dem Äquator senkrecht und wandert nach Süden bis zum 22. Dezember, an welchem Tage sie längs einer Linie scheitelrecht steht, die als Wendekreis des Steinbocks bekannt und $23\,^1/_2\,^\circ$ südlich vom Äquator gelegen ist. Die Wendekreise nennt man auch „**Tropen**"; beide Worte bedeuten, daß die Sonne, wenn sie sich vom Äquator entfernt hat, an diesen beiden

Grenzen sich zu ihm zurückwendet. Die Sonne scheint demnach fortwährend am Himmelsgewölbe zwischen den beiden Wendekreisen hin und her zu wandern. Diese scheinbare Bewegung der Sonne rührt natürlich von der wirklichen Bewegung der Erde her, und die Grenze, innerhalb deren die Sonne vom Äquator nach Norden und Süden wandert, wird durch den Neigungswinkel der Erdachse ($66\frac{1}{2}°$) bestimmt.

13. In der Zone zwischen den Wendekreisen erscheint die Sonne überall zweimal im Jahre scheitelrecht. Mit jedem dieser beiden Zeitpunkte tritt eine Regenzeit ein, und zwischen ihnen eine trockene und heiße Jahreszeit. Wenn daher nicht noch andere Einflüsse sich geltend machten, würden die Äquatorialgegenden alljährlich zwei Regenzeiten und zwei Trockenzeiten haben. Da aber die Windströmungen durch die Gebirgsländer in ihrem Laufe beeinflußt und gehemmt werden, so kommt diese Art von Jahreszeitenwechsel am deutlichsten auf den weiten Flächen der Meere zum Ausdruck.

Abschnitt III. — *Erde und Sonne.*

1. Lange Zeit, ehe die Astronomie oder irgend eine andere Wissenschaft entstanden war, bemerkten bereits die frühesten Geschlechter der Menschen, wie sehr die Erde von der Sonne abhängig sei, und verehrten dieses Gestirn als den großen Erzeuger alles Lichtes, aller Wärme und des gesamten Lebens der Welt. Und sicherlich ist unter allen Arten des Götzendienstes keine so naturgemäß wie gerade diese. Ehe die Menschen wußten, was die Sonne in Wirklichkeit sei, konnten sie sich wohl damit begnügen, sich vor ihr als einem erhabenen und gütigen Wesen nieder zu werfen, das bei seinem Aufgehen des Morgens die Welt erhellte und erwärmte, und sie bei seinem abendlichen Sinken in Dunkelheit und Erstarrung zurückließ.

2. Aber wie oder warum kommen Licht und Wärme von der Sonne zu uns? Wir wissen, daß sich die Erde um die Sonne dreht, aber warum ist dies so? Ist es möglich, etwas über die tatsächlichen Beziehungen der Erde zu jenem großen Gestirne zu erfahren?

3. Wir finden die Antwort auf diese Fragen, indem wir

uns einige der Tatsachen vergegenwärtigen, die man über die Erde und die Sonne entdeckt hat. Dadurch wird sich uns nach und nach immer deutlicher herausstellen, daß die Abhängigkeit der Erde von der Sonne deshalb eine so innige ist, weil in Wirklichkeit beide Weltkörper ursprünglich Teile einer einzigen großen rotierenden Masse waren.

4. Beginnen wir mit der Erde. Wenn man ein sehr tiefes Bohrloch in die Erde macht, um Salz, Kohlen oder Wasser zu suchen, wie man es schon an vielen Orten getan hat, manchmal bis zu mehr als 1000 Meter Tiefe, so findet man, daß das Wasser, das aus so großen Tiefen empordringt, warm ist. Ferner ist die Luft in tiefen Bergwerken oft so heiß, daß die Bergleute fast ganz unbekleidet darin arbeiten. An vielen Stellen auf der Erde steigen Quellen mit heißem und selbst kochendem Wasser an die Oberfläche empor und zwar seit vielen hundert Jahren, ohne merklich kühler zu werden. Auch finden sich in allen Weltteilen Vulkane oder feuerspeiende Berge, aus denen von Zeit zu Zeit Dampf, heiße Gase und geschmolzenes Gestein hervorbrechen, oft mit gewaltiger Kraft und in ungeheuren Mengen. (Siehe Abschnitt XXII.)

5. Aus allen diesen Tatsachen, die man auf der ganzen Erde beobachtet hat, in den kältesten Ländern wie in den heißesten, hat man ganz natürlich den Schluß gezogen, daß das Innere der Erde außerordentlich heiß sein muß. Und da die Tiefe selbst der tiefsten Bohrlöcher oder Schächte im Vergleich zur ganzen Masse der Erde nicht so viel beträgt wie die Dicke des Firnis auf einem gewöhnlichen Schulglobus, so ist es wahrscheinlich, daß die Erde im allgemeinen eine heiße Kugel ist, mit einer kälteren äußern Haut oder Kruste.

6. Da die Oberfläche der Erde kalt ist, so kann sie nicht eigenes Licht ausstrahlen. Und doch leuchtet sie unzweifelhaft am Himmel wie der Mond, weil sie, wie jenes Gestirn, Licht von der Sonne empfängt und zurückwirft.

7. Gehen wir von der Erde zum nächsten Himmelskörper, dem Monde, über, der als **Trabant** oder Begleiter der Erde sich um unsere Erdkugel dreht, während diese um die Sonne kreist, so finden wir eine wunderbare Bestätigung der Ansicht, daß die Erde nicht der einzige Körper ist, der mit von der

Sonne erborgtem Lichte scheint, und bei kalter Oberfläche doch die Spuren des Einflusses innerer Hitze trägt.

8. Diese Bestätigung ergibt sich aus der Vergleichung der beiden Zeichnungen, Fig. 4 und 5. In Fig. 4 ist eine Skizze oder Karte von einem Teile der Umgebung von Neapel gegeben. Die zahlreichen einzelnen Kegelberge sind Vulkane, teils noch tätig, wie der Vesuv, teils kalt und erloschen, wie die Gruppe von Kegeln im Westen von Neapel. Die kreisförmigen Wälle auf den Spitzen dieser Hügel sind die Krater oder Schlote, aus denen sich zu verschiedenen Zeiten Staub, Asche, Dampf und Lava ergossen haben. Im Abschnitt XXII werden einige Angaben über Vulkane gemacht und dabei wird gezeigt werden, wie die Lavaströme dann und wann an der Außenseite des Kegels herabrinnen, während große Wolken von Dampf und heißer Asche, mit großer Gewalt emporgeschleudert, ein weiteres Zeugnis von der hohen Temperatur im Innern ablegen.

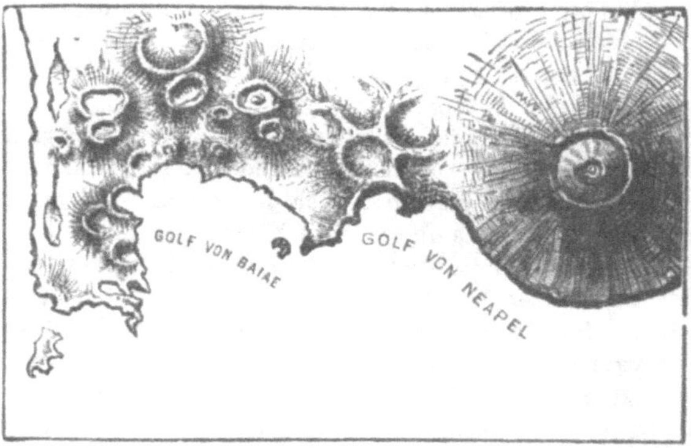

Fig. 4. Karte der vulkanischen Berge und Krater am Golf von Neapel.

9. Man vergleiche nun mit diesem kleinen Stückchen Erdoberfläche die Fig. 5, die eine Partie der Mondoberfläche darstellt. Wir bemerken auf ihr eine Reihe großer Krater mit steilen Wänden auf der Innenseite, und zahlreiche kleinere, zum Teil in engstehenden Reihen. Mehrere der großen Krater greifen über einander, und in einigen Fällen ist ihr Inneres

mit den kleineren angefüllt, oder diese haben die Wälle durchbrochen, die die großen Becken trennten. So groß ist die Ähnlichkeit dieses Bildes mit Teilen der Erdoberfläche, wie dem in Fig. 4 abgebildeten, daß kein ersichtlicher Grund vorhanden ist, weshalb man diese kegelförmigen Erhebungen auf dem Monde nicht Vulkane nennen und ihre wohl erkennbaren Krater als die Öffnungen ansehen sollte, aus denen einst geschmolzene Gesteinsmasse und andere heiße Stoffe ausgeworfen wurden, wie bei irdischen feuerspeienden Bergen. So weit wir sehen können, sind sie über die ganze Mondoberfläche in Menge verstreut. Die Astronomen haben auch die Mondvulkane gemessen und gefunden, daß sie weit zahlreicher und sehr viel größer sind als die auf der Erde. Wir

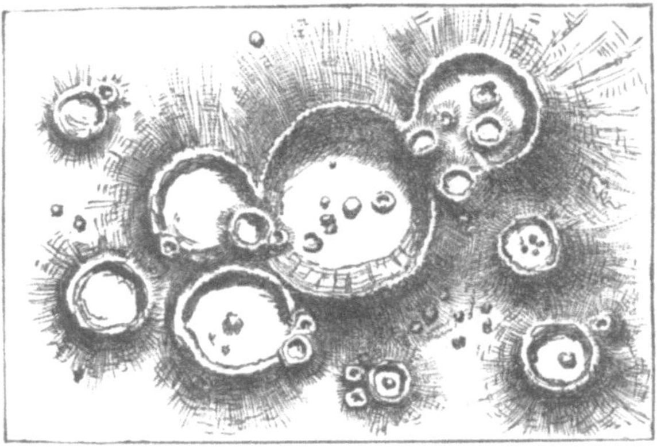

Fig. 5. Ein Teil der Mondoberfläche mit Vulkanen.

können daraus den sichern Schluß ziehen, daß sie auf eine weit kräftigere vulkanische Tätigkeit hindeuten, als irgendwo auf der Erde beobachtet worden ist. Wenn daher auch die starre Oberfläche des Mondes jetzt kein eigenes Licht ausstrahlt, sondern nur dasjenige zurückwirft, das von der Sonne aus auf ihn fällt, so muß doch einst das Innere jenes Weltkörpers ungeheuer heiß gewesen sein, mit einer erstarrenden Kruste, durch welche die innere geschmolzene Masse aus Hunderten von kesselartigen Kratern und Spalten hervorbrach.

10. Kein Fernrohr hat bisher auf dem Monde eine Eruption eines feuerspeienden Berges entdecken können. In der Tat scheint es, daß die einst ungeheuere vulkanische Tätigkeit sich dort verzehrt hat, und daß das Innere des Mondes, wenn auch vielleicht noch wärmer als das Äußere, nicht mehr Wärme genug besitzt, um noch einen Ausbruch zu bewirken. Augenscheinlich hat sich der Mond seit jener Zeit, wo seine Krater tätige Vulkane waren, erheblich abgekühlt.

11. Die Erde muß sich in gleicher Weise abkühlen. Schon der Unterschied der Temperaturen auf der Oberfläche und im Innern weist darauf hin. Die äußere Schale oder Kruste könnte nicht kälter sein als die innere Masse, wenn nicht fortwährend eine Wärmeabgabe von der Erde an den Weltraum stattfände. Stetig strömt Wärme durch die Erdkruste und Erdoberfläche nach außen; aber sie erwärmt den Boden, auf dem wir wandeln, nicht erheblich, weil sie in demselben Maße in den Weltraum ausgestrahlt wird, wie sie die Oberfläche erreicht.

12. So sehen wir, daß die Erde nicht immer in ihrem jetzigen Zustande gewesen sein kann. Vor einer Million von Jahren muß sie beträchtlich heißer gewesen sein als jetzt. Vor hundert Millionen Jahren war sie vielleicht eine Kugel aus geschmolzener Masse, ohne Festland und Meer, und natürlich ohne Leben irgend einer Art auf ihrer Oberfläche. Die gegenwärtige Abplattung ihrer Gestalt an den Polen ist genau diejenige Form, die eine solche flüssige Kugel unter dem Einfluß der Achsendrehung notwendigerweise annehmen muß, und wahrscheinlich stammt die dauernde Abplattung aus jener Zeit. Zu einer noch früheren Zeit mag die Erde in gasförmigem Zustande gewesen sein.

13. Daß dies in der Tat die Geschichte der Erde sei, wird im höchsten Grade wahrscheinlich, wenn wir uns von den durch die Erde selbst gelieferten Beweisen zu demjenigen wenden, den die Sonne uns an die Hand gibt. Daß die Sonne warm ist, hat man seit lange allgemein gewußt; aber erst in den letzten Jahren hat man sich einen annähernden Begriff über die Höhe der wirklichen dort herrschenden Temperatur gebildet. Ein durchgreifender Unterschied zwischen der Sonne einerseits und anderseits der Erde und dem Monde besteht darin, daß jene eigenes Licht ausstrahlt, während das Licht dieser beiden nur von der Sonne entlehnt ist. Untersucht man das Sonnenlicht mit Hilfe des Spektroskops, so stellt sich eine so überaus hohe Temperatur auf der Sonne heraus, daß dort die Körper nur in Gestalt von Gasen und Dämpfen bestehen können. Das Licht und die Wärme, die wir von der Sonne empfangen, gehen von glühenden Dämpfen aus, unter denen man diejenigen einiger Metalle gefunden hat, die auf der Erde nur als feste und sehr schwer schmelzbare Körper bekannt sind. Wahrscheinlich finden sich alle oder doch die meisten einfachen Stoffe, die die Erde zusammensetzen, auch auf der Sonne, aber in Dampfform. Würde unser Erdball in die Sonne geschleudert, so würde er sich sofort in denselben glühenden Dampf verwandeln.

14. Die Beobachtung der Sonnenoberfläche hat gezeigt, daß auf ihr Flecken erscheinen, die gleichmäßig von West nach Ost um sie wandern. Diese Erscheinung deutet auf eine Achsendrehung hin, die indessen langsamer vor sich geht als die der Erde. Die Sonne, oder wenigstens ihre äußere leuchtende Hülle, die wir erblicken, braucht ungefähr fünfundzwanzig unserer Tage, um sich einmal um ihre Achse zu drehen; aber die Bewegung geschieht in derselben Richtung wie die der Erde.

15. Außer der Erde und ihrem Begleiter, dem Monde, zeigen noch eine geringe Anzahl anderer Himmelskörper eine Bewegung um die Sonne. Wenn wir sorgfältig die Stellung der Sterne am Himmel aufzeichnen, so finden wir, daß jeder Stern in bezug auf die anderen seinen Platz behält, während das ganze Himmelsgewölbe sich langsam gegen Westen zu drehen scheint. Aber zu gewissen Zeiten können wir einige Sterne bemerken, die zunächst ganz wie jene anderen aussehen, bei aufmerksamerer Beobachtung dagegen einen Ortswechsel zeigen und zwischen den anderen Sternen hindurch zu gleiten scheinen. Diese Sterne nannten die Alten **Planeten,** d. h. Wandelsterne. Wir wissen jetzt, daß sie sich in verschiedenen Entfernungen und in verschiedenen Zeiträumen um die Sonne bewegen. So weit man sie mit Hilfe des Fernrohrs beobachten kann, verhalten sie sich in vielen Beziehungen ganz ähnlich wie die Erde. Sie drehen sich um ihre Achsen. Einige von ihnen besitzen eine Schar begleitender Monde. Bei einigen finden sich Andeutungen einer Atmosphäre mit Wolken und Luftströmungen, und auf einem von ihnen, namens Mars, scheint sich an jedem Pole eine Eis- und Schneedecke zu befinden, wie auf der Erde. Einige sind viel größer, andere viel kleiner als die Erde; die einen sind der Sonne näher als wir, andere bedeutend weiter entfernt. Diese ganze Reihe von Planeten (natürlich einschließlich der Erde), die sich um die Sonne als ihren Mittelpunkt bewegen, ist unter dem Namen **Sonnensystem** bekannt.

16. Fassen wir nun alle diese Tatsachen zusammen und sehen wir, was daraus für die gegenwärtige Beschaffenheit und die wahrscheinliche Geschichte unseres eigenen Erdballes folgt. Im Mittelpunkte des Sonnensystems steht die Sonne — eine ungeheure Kugel aus weißglühendem Gase und Dampf, um ihre Achse rotierend, und Wärme und Licht weit und breit durch den Weltraum hin ausstrahlend. Um diesen leuchtenden Mittelpunkt, von ihm mit Licht und Wärme versehen, bewegen sich eine Anzahl von Planeten, in derselben Ebene, einige von kleineren Planeten oder Trabanten umkreist, wie die Erde vom Monde. Die Planeten und ihre Trabanten oder Monde drehen sich ebenfalls um ihre Achsen. Die Erde ist einer der Planeten. Ihre gegenwärtige Beschaffenheit deutet darauf hin, daß sie einst heißer gewesen ist als jetzt, daß sie sich möglicherweise einst in flüssigem oder selbst gasförmigem Zustande befand.

17. Die **Nebelflecktheorie,** die man aufgestellt hat, um alle diese Tatsachen in Zusammenhang zu bringen und zu erklären, lehrt, daß das ganze Sonnensystem im Anfang einem jener zarten wolkenartigen **Nebelflecke** glich, wie man deren zwischen den Sternen mittels des Fernrohrs gefunden hat, und sich im Zustand eines Gases oder Dampfes befand; daß diese Nebel sich nach und nach verdichteten, sich dabei erwärmten und aus ihrer heißen Materie mehrfach Teile fortschleuderten, die durch fortschreitende Verdichtung und Abkühlung zu Planeten wurden, und daß die jetzige Sonne der übriggebliebene glühende, aber noch immer langsam sich verdichtende und nach außen abkühlende Kern des Ganzen ist, um den die verschiedenen abgerissenen Teile zu kreisen fortfahren.

18. Diese Theorie bietet eine befriedigende Erklärung für die innigen Beziehungen zwischen der Erde und den übrigen Planeten einerseits und der Sonne anderseits, ferner für die Tatsache, daß das Innere der Erde noch heiß, wenn auch in langsamer Abkühlung begriffen ist. Diese innere Wärme, die sich, wie wir sahen, in jedem tiefen Bohrloche und in jedem Schachte, sowie in den heißen Quellen und feuerspeienden Bergen offenbart, erscheint danach als der Rest der ursprünglichen Glut, die der große Nebelfleck entwickelte, als aus ihm die Planeten und die Sonne durch Verdichtung entstanden.

Abschnitt IV. — *Die Messung und kartographische Darstellung der Erdoberfläche.*

1. Die geographische Wissenschaft hätte unmöglich große Fortschritte machen können ohne ein geeignetes Mittel, die Lage der einzelnen Orte auf der Erdoberfläche genau zu bestimmen. Auf kleinem Raum können wir mittels sorgfältig verfertigter Ketten oder Maßstäbe mit großer Genauigkeit die Entfernung eines Ortes von einem anderen messen. Aber dieses mühsame Verfahren wäre bei der Aufzeichnung der großen Umrisse der Erdoberfläche, wie z. B. der Festländer, Inseln, Meere, nur von geringem Nutzen, ebenso bei der genauen Ausmessung des ganzen Planeten. Dazu mußte man eine andere Methode auffinden, die leichter anwendbar ist und uns zugleich in den Stand setzt, die Lage irgend eines Punktes der Erdoberfläche mit Genauigkeit zu bestimmen. Eine solche Methode gründet sich auf die Beobachtung der Stellung der Sonne und verschiedener Sterne.

2. Wenn wir die Höhe der Sonne am Himmel zur Mittagszeit beobachten, so finden wir, daß die Sonne sich eine Stunde darauf eine gewisse Strecke nach Westen bewegt zu haben scheint. Im Laufe einer zweiten Stunde wird sie wiederum eine gleiche Strecke durchlaufen haben und so weiter, Stunde für Stunde bis zum Untergang. Beobachten wir am nächsten Morgen denselben Vorgang, so finden wir ein ähnliches Vorrücken in jeder Stunde, bis die Sonne um Mittag wiederum in derselben Stellung sich befindet wie am Mittag des vorhergehenden Tages. In diesem Zeitraume hat die Erde eine ganze Umdrehung gemacht.

3. Jeder Kreis ist in 360 gleiche Teile oder **Grade** eingeteilt, und da wir unseren Erdkreis in 24 Stunden durcheilen, so legen wir in jeder Stunde 15° zurück. Nehmen wir an, daß irgend ein Ort, etwa die Sternwarte zu Greenwich bei London bestimmt wird, von wo aus die Grade zu zählen seien. Offenbar haben alle Punkte im Osten von Greenwich ihren Mittag früher, alle Punkte im Westen dagegen später als Greenwich selbst. Da die Sonne eine Stunde braucht, um 15° des Kreises zurückzulegen, so müssen alle Punkte, die genau eine Stunde später als Greenwich Mittag haben, 15° westlich liegen.

4. Ein näheres Eingehen auf diesen Gegenstand wird das im Abschnitt II (§ 6) Gesagte noch klarer machen, nämlich, inwiefern unsere Zeitmessung durch die tägliche Umdrehung der Erde bestimmt wird. An jedem Ort, der 15° östlich von Greenwich liegt, ist die Zeit eine Stunde voraus, und an jedem 15° westlich gelegenen Ort eine Stunde zurück. Es wäre aber, wie schon früher erwähnt, verwirrend, wenn man die Uhren jedes Orts nach der Ortszeit stellte. Besonders durch die Eisenbahnen ist man dazu gedrängt worden, eine einheitliche Zeit für jedes Land oder jede Ländergruppe einzuführen, wenn auch in den äußern westlichen oder östlichen Teilen dieser Länder die Einheitszeit gegenüber der Ortszeit eine halbe Stunde oder mehr vor- oder nachgeht. In England hat man schon seit vielen Jahren die Ortszeit der Sternwarte zu Greenwich als Einheitszeit angenommen. Sie ist außerdem in Belgien und Holland als Westeuropäische Zeit eingeführt.

In Irland ist es die von Dublin, die gegenüber der von Greenwich 25 Minuten zurück ist; in Frankreich die von Paris. In Deutschland galt bis zum Jahre 1893 die sogenannte mittlere Ortszeit; wenn man früher von Straßburg nach Berlin reiste, so fand man bei der Ankunft, daß die nach Straßburger Zeit gerichtete Uhr um 23 Minuten nachging. Seit 1893 ist nicht nur für die deutschen Eisenbahnen sondern für das ganze bürgerliche Leben eine Einheitszeit eingeführt, die den Meridian 15° östlich von Greenwich zur Grundlage hat.

Dieser Meridian durchschneidet Deutschland nahezu in der geographischen Mitte und geht 6 Minuten östlich von Berlin über Stargard in Pommern. Der äußerste Punkt im Osten des Reichs (an der russischen Grenze) ist 31 Zeitminuten, der äußerste im Westen (Aachen, Diedenhofen) 36 Zeitminuten davon entfernt. Das Königreich Schweden regelte seine Zeitrechnung schon seit 1879 nach diesem Meridian. Jetzt umfaßt das Gebiet dieser sogenannten Mitteleuropäischen Zeit, die genau eine Stunde der westeuropäischen voraus ist, die Länder Deutschland, Österreich-Ungarn, die Schweiz, Schweden, Norwegen, Dänemark, Italien und Serbien, während in den östlichen Ländern: Bulgarien, Rumänien, Ägypten und dem Konstantinopeler Netz der Türkei die osteuropäische Zeit gilt, die wieder um eine Stunde der mitteleuropäischen voraus ist.

5. Um daher zu bestimmen, wie weit östlich oder westlich von Greenwich wir uns befinden, stellen wir den Unterschied zwischen der Zeit von Greenwich und der Zeit unseres Aufenthaltsortes fest. Zu diesem Zwecke gibt man bei kleinen Entfernungen durch glänzende Spiegel, durch die Entzündung von Schießpulver oder auf andere Weise ein kurzes Signal von einem Punkte nach einem anderen. Die wirksamste Methode ist diejenige mittels des elektrischen Telegraphen. Aber für lange Reisen, besonders Seereisen, auf denen derartige Mitteilungen nicht ausführbar sind, bedient man sich feingebauter Uhren, sogenannter Chronometer, die die Ortszeit von Greenwich zeigen. Durch Vergleichung der Ortszeit, die man durch Beobachtung des Standes der Sonne feststellt, mit der vom Chronometer angegebenen Zeit kann man sofort angeben, wie weit östlich oder westlich von Greenwich ein Ort liegt.

6. Da aber selbst die sorgfältigst gebaute Uhr vor- oder nachgehen kann, so hat man noch ein anderes und verläßlicheres, jedoch schwieriger anzuwendendes Mittel der Beobachtung, nämlich die Bestimmung der Stellung des Mondes oder eines Planeten am Himmel. Die Stellungen, die diese Körper in bezug auf einander und auf die Fixsterne in jedem beliebigen Augenblicke einnehmen, sind auf lange Zeit an den Sternwarten vorausberechnet, und man hat Tafeln gedruckt, aus denen diese Stellungen zu ersehen sind. Mit Hilfe dieser Tafeln findet der Reisende die Ortszeit von Greenwich bis auf den Augenblick genau bei jeder Stellung der Himmelskörper, und der Unterschied zwischen dieser Zeit und der von ihm an seinem Aufenthaltsorte beobachteten zeigt ihm an, ob und wie weit westlich oder östlich von Greenwich er sich befindet. Dies nennt man die Bestimmung der **„Länge“** eines Ortes.

7. Wenn wir jeden der 360 Grade, in die der Umfang der Erdkugel geteilt ist, durch eine von einem Pole zum andern gehende Linie bezeichnen, so sehen wir, daß jede dieser Linien genau von Nord nach Süd verläuft. Es ist klar, daß alle Orte auf der Erde, die auf derselben Linie liegen, im selben Augenblicke Mittag haben müssen. Diese Linien bezeichnet man als Mittagslinien oder **Meridiane** (Karte I, Fig. 1). Natürlich können wir jeden beliebigen Punkt als Anfangspunkt festsetzen und von ihm aus die Meridiane zählen. In Deutschland hat man früher als ersten Kreis denjenigen betrachtet, der durch die Insel Ferro geht. In England und den englisch sprechenden Ländern zählt man von der Sternwarte zu Greenwich aus und in Deutschland hat man jetzt diese Zählungsmethode angenommen. In Frankreich rechnet man von der Pariser Sternwarte ab. Aber dies ist unwesentlich, obgleich es eine große Vereinfachung wäre, wenn alle Länder sich einigen würden, von demselben Anfangspunkte zu zählen. Die Meridianlinie oder Mittagslinie, die durch Greenwich geht, wird als Null oder 0° bezeichnet. Wenn es in Greenwich 12 Uhr ist, so ist an jedem Orte, durch den der Meridian von Greenwich geht, genau dieselbe Zeit. Alle westlich davon liegenden Meridiane sind westlicher Länge, diejenigen im Osten sind östlicher Länge, sodaß die beiden Reihen auf der andern Seite des Erdballs zusammentreffen, genau an dem der Sternwarte zu Greenwich entgegengesetzten Punkte, bei 180°, oder der Hälfte derjenigen Zahl (360), in die der ganze Erdkreis eingeteilt ist. Haben wir nun unseren Meridian als Ausgangspunkt festgesetzt, so ist es leicht, die Entfernungen von Orten im Osten oder Westen jenes Meridianes zu bestimmen und auszudrücken. Wir sagen, ein Ort, der 5° östlich oder westlich von Greenwich sich befindet, liegt auf dem fünften Grade

(5°) östlicher oder westlicher Länge. Jeder Grad wird weiter in 60 Minuten, jede Minute in 60 Sekunden eingeteilt. Paris liegt zwei Grade zwanzig Minuten und neun Sekunden östlich von Greenwich, was man abgekürzt „2° 20′ 9″ ö. L." schreibt.

8. Ein Längengrad ist gleich 4 Zeitminuten. Wenn wir nach Osten reisen, so scheinen unsere Uhren bei jedem Grad um je 4 Minuten nachzugehen, weil wir in Längen kommen, in denen die Zeit gegen die unserer Heimat vorgerückt ist, während anderseits bei Reisen nach Westen unsere Uhren in demselben Verhältnis vorzugehen scheinen.

9. Dieser Einfluß der Längenunterschiede macht sich in noch auffallenderer Weise bemerklich, wenn wir Botschaften durch den elektrischen Telegraphen senden. Mögen zwei Orte auch hunderte von Kilometern von einander entfernt sein, so wird ein von dem einen entsendetes Wort augenblicklich am andern in Empfang genommen. Wenn ein Beamter in Berlin um Mittag nach Kiao-tschou telegraphiert (das auf 22° ö. L. liegt), so kommen seine Worte, obgleich mit der Schnelligkeit des Blitzes befördert, doch erst nach dortiger Zeit um 7 Uhr abends an; oder sendet er zur selben Stunde ein Telegramm nach New-York, das in 74° w. L. liegt, so wird dies nach dortiger Zeit schon um 6 Uhr morgens eintreffen.

10. Aber die Bestimmung der Länge eines Ortes genügt nicht. Wir müssen angeben können, wo ein jeder Ort auf seinem Meridian liegt. Das Aufsuchen dieses Punktes nennt man „die **Bestimmung der Breite**". Hierbei haben wir nicht nötig, einen beliebigen Punkt als Anfangspunkt des Zählens festzusetzen. Die Erdachse gibt uns in den Polen zwei bestimmte Punkte, und genau in der Mitte zwischen diesen liegt die Äquatorlinie. Um daher die Breite eines Ortes zu bestimmen, haben wir zu ermitteln, wie weit er nördlich oder südlich vom Äquator liegt. Hierbei müssen wir wiederum zu den Himmelskörpern unsere Zuflucht nehmen.

11. Wenn man die Erdachse über den Nordpol hinaus verlängert, so trifft sie einen Punkt am Himmel nahe bei dem Polarstern, den **Himmelspol**, um den sich infolge der Drehung der Erde die Sterne der nördlichen Halbkugel zu bewegen scheinen. Wenn wir daher auch nicht vom Nordpol selbst aus messen können, so bestimmen wir doch unsere Entfernung von ihm dadurch, daß wir beobachten, wie weit der **Zenit**, das heißt: der senkrecht über uns befindliche Punkt des Himmelsgewölbes vom Polarstern oder vom Himmelspol entfernt ist. Wenn wir in derselben Weise die Ebene des Äquators verlängern, so trifft sie in einem großen Kreise den Sternenhimmel. Da wir die Lage dieses angenommenen Kreises und die Entfernung aller Himmelskörper von ihm genau kennen, so beobachten wir, wie weit unser Zenit von ihm entfernt ist und ermitteln daraus unsere Entfernung vom Erd-Äquator.

12. Die Entfernung eines jeden der beiden Pole vom Äquator beträgt genau einen Viertelkreis oder 90°. Wenn wir die Grade durch eine Reihe von Linien auf der Erdoberfläche bezeichnen, so werden diese als Kreislinien parallel zum Äquator und zu einander rings um den Erdball herumlaufen, dabei aber einen um so kleineren Durchmesser haben, je näher sie am Pole liegen. Diese Linien nennt man **Parallel- oder Breitenkreise** (Karte I, Fig. 2). Sie werden vom Äquator aus gezählt, der der nullte Grad, oder = 0° ist; und jeder Grad wird, wie die Längengrade, in Minuten und Sekunden eingeteilt.

13. Wenn wir durch Beobachtung finden, daß ein Ort 15° nördlich und ein anderer 20° südlich vom Äquator liegt, so sagen wir, daß der eine sich unter dem 15ten Grade nördlicher Breite (15° n. Br.) und der andere unter dem zwanzigsten Grade südlicher Breite (20° s. Br.) befindet. Jeder Pol liegt daher bei 90° Br. Da die Zahlen, die die Breite bezeichnen, in dem Maße wachsen, wie sie sich vom Äquator entfernen, so ist es gebräuchlich geworden, von **„niederen Breiten“**, das heißt Gegenden oder Orten, die in der Nähe des Äquators liegen, und von **„hohen Breiten“**, das heißt Ländern in der Nähe des Poles, zu reden.

14. In den Breite- und Längegraden haben wir demnach zwei Systeme von Linien, die einen von Norden nach Süden, die andern von Osten nach Westen gehend, von denen die Oberfläche des Erdballes wie von einem Netze bedeckt gedacht werden kann. Es ist einleuchtend, daß wir mittels dieser Linien die **relative** Lage von Orten auf der Erdoberfläche genau bestimmen können. Aber wir haben noch zu untersuchen, wie groß die **absolute** Länge eines dieser Grade in Kilometern ist, um die wahren Entfernungen der Orte und den wirklichen Flächenraum, den ein Land oder ein Festland oder ein Meer einnimmt, zu erfahren. Haben wir dies festgestellt, so sind wir im Besitze des Materials, um den Umfang unseres Planeten zu ermitteln und eine genaue Aufnahme seiner Oberfläche vorzunehmen.

15. Da die Linien, die die Meridiane oder Längenkreise, darstellen, nach den Polen zu zusammenlaufen, so muß ihre gegenseitige Entfernung sich mit der Breite ändern; die Breitegrade werden notwendig kleiner an Umfang, je mehr sie sich vom Äquator entfernen. Hätte unser Erdball vollkommene Kugelgestalt, so wären alle neunzig Grade eines jeden Meridians von gleicher Länge. In diesem Falle würde uns die genaue Ausmessung der Länge eines dieser Grade ein einfaches Mittel gewähren, um die Summe des ganzen Kreises und daraus die wahre Größe der Kugel zu berechnen.

16. Diese **Gradmessung** ist an verschiedenen Teilen der Welt mit großer Sorgfalt ausgeführt worden. In Indien wurde ein Grad 110 620 Meter lang gefunden; ein Grad in Schweden maß 111 917,6 Meter. Es stellte sich heraus, daß abgesehen von kleinen Unregelmäßigkeiten, die andeuten, daß die Gestalt unseres Planeten ein wenig verschoben ist, die Grade nach den Polen zu länger werden, wie diese beiden Messungen in Indien und Schweden zeigen. Dies kann nur durch eine Abplattung des Erdballes an den Polen erklärt werden.

17. Der Durchschnitt aus allen Beobachtungen ergibt für den **Poldurchmesser** unserer Erdkugel eine Länge von 12 713 030 Meter und für den durchschnittlichen **Äquatorialdurchmesser** eine Länge von 12 756 498 Meter. Da der Unterschied ungefähr 43,5 Kilometer beträgt, so muß jeder Pol um 21,7 Kilometer abgeplattet sein. Es ist nicht leicht, die volle Bedeutung dieser Ziffern auf einmal zu erfassen. Ein Schnellzug, der in der Stunde 56 Kilometer zurücklegt, würde einen Monat brauchen, um am Äquator rund um die Erde zu fahren; und wenn er zwischen den Polen quer durch die Erde fahren könnte, würde er in 9 Tagen und 11 Stunden die Reise vollenden. Auf der Oberfläche einer Kugel von solcher Ausdehnung sind die höchsten Berge und die tiefsten Täler verhältnismäßig weit unbedeutender als die Runzeln auf der Rinde einer Apfelsine.

18. Die Astronomie hat nicht nur die Größe unseres eigenen Planeten festgestellt, sondern auch die Dimensionen der anderen berechnet, sodaß wir daraus die der Erde im Sonnensystem zukommende Stellung erfahren. So ist der Planet Jupiter 1400 mal so groß als die Erde. Anderseits ist diese 17 mal größer als der Merkur und außerordentlich viel größer als gewisse kleine, „Asteroïden" genannte Körper. Ferner ist die Erde weder der Sonne am nächsten, noch von ihr am weitesten entfernt; ihren mittleren Abstand hat man, wie schon erwähnt, auf fast 150 Millionen Kilometer berechnet. Aber der Merkur ist bei seinem größten Abstande nur ungefähr 58 Millionen Kilometer von der Sonne entfernt, während sich der Neptun in der ungeheuern mittleren Entfernung von 4484 Millionen Kilometer um die Sonne bewegt. Die Sonne selbst, der große Mittelpunkt aller Bewegung des Sonnensystems, könnte 1 400 000 Kugeln von der Größe des Erdballes in sich aufnehmen.

19. Im Besitz des Mittels, die Lage eines jeden Punktes auf der Erdoberfläche genau zu bestimmen und die Entfernungen der Orte von einander festzustellen, wäre man dennoch nicht imstande, sich mehr als einen unbestimmten Begriff von den allgemeinen Umrissen der Erdoberfläche zu bilden, hätte man nicht ein Verfahren ausgedacht, diese Umrisse nach bestimmten Regeln aufzuzeichnen, sodaß aus der Zeichnung ihre gegenseitige Lage und Gestalt klar hervorgeht. Eine solche Zeichnung der ganzen Erdoberfläche oder eines Teiles davon heißt eine **Landkarte**. Jede Karte irgend eines Landes oder Kontinentes ist von zwei Liniensystemen durchkreuzt, deren eines vom oberen zum unteren Ende des Papieres läuft und die Längengrade angibt, während das andere System, von links nach rechts laufend, die Breitengrade oder Parallelkreise bezeichnet. Gewöhnlich stellt man auf solchen Karten den Boden so dar, wie er sich dem Auge darbieten würde, wenn wir uns hoch in die Luft erheben und das ganze Gebiet mit einem Blicke überschauen könnten, unser Haupt nach Norden gewendet. Daher ist der obere Teil der Karte nach Norden, die rechte Seite nach Osten und die linke nach Westen gerichtet.

20. Bei der Herstellung von Karten in großem Maßstabe, auf denen die Bodenbeschaffenheit sehr genau angegeben werden soll, bedient man sich eines anderen Vermessungsverfahrens, der sogenannten **Triangulation.** Hierbei wird zunächst eine **Grundlinie** oder Basis, wenige Kilometer lang, mittels Ketten oder Maßstäben sorgfältig ausgemessen, wie von A nach B in Fig. 6. Dann beobachtet man von A mit einem Instrumente, das den Namen Theodolit führt, den

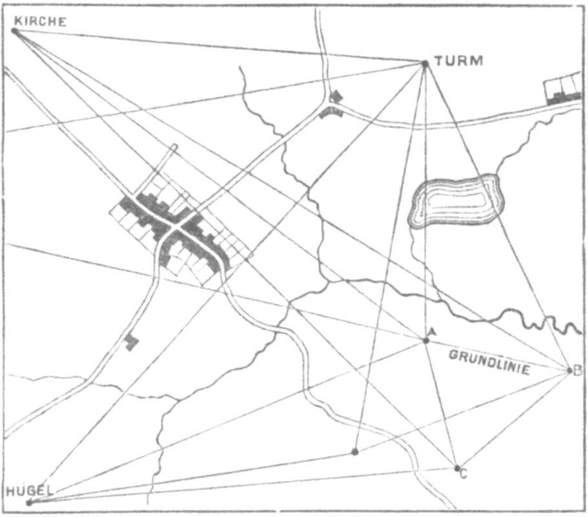

Fig. 6. Vermessung und Zeichnung eines Landes mittels der Triangulation.

Punkt C, der eine Hügelspitze oder ein Kirchturm oder ein anderer hervorragender Gegenstand sein kann, und mißt genau den Winkel C A B. In gleicher Weise mißt man von B aus durch Beobachtungen den Winkel C B A. Nun können wir unser erstes Dreieck konstruieren; nachdem wir durch wirkliche Ausmessung die Länge seiner Basis gefunden haben, erhalten wir durch einfache trigonometrische Rechnung die Länge der beiden Seiten und folglich die genaue Lage von C und seine Entfernung von A und B. Von einer solchen gemessenen Basis aus bildet man nun ein System zusammenhängender Dreiecke über das ganze Land, vermittelst deren durch einfache Winkelmessung die Lage aller seiner Haupt- oder Triangulations-Punkte festgestellt werden kann, ohne daß eine weitere Ausmessung von Strecken nötig wäre.

Abschnitt V. — *Allgemeiner Überblick über die Erde.*

1. Wir wollen uns nun zunächst einen Überblick über die einzelnen Teile der Erde, die in den folgenden Abschnitten eingehender behandelt sind, verschaffen. Eine klare, deutliche Vorstellung von dem Gesamtbild der Erde ist für das Verständnis der später vorkommenden Beziehungen einzelner ihrer Teile zu einander oder zum Ganzen unbedingt notwendig.

2. Unter der äußeren Hülle von **Luft** mit ihren Winden und Wolken, ihrem Regen und Schnee, besteht die Erdoberfläche aus zwei deutlich unterschiedenen, aber sehr unregelmäßig verteilten Massen, nämlich **Meer** und **Land**. Das Meer bedeckt, nach Vermessungen und Aufnahmen in allen Weltteilen, nahezu drei Viertel, das Land nur etwas mehr als ein Viertel der ganzen Erdoberfläche; genauer: es kommen 275 Teile Wasser auf 100 Teile Land. Der Gesamtflächeninhalt der Erde ist auf rund 510 Millionen Quadratkilometer berechnet, davon entfallen 366 Millionen Quadratkilometer auf das Meer und 144 Millionen Quadratkilometer auf das Land.

3. Zum Zwecke der Veranschaulichung dieser Tatsachen hat man Globen und Landkarten hergestellt, von denen die Tafel I ein Beispiel ist. Jeder der beiden großen Kreise auf dieser Tafel stellt eine Seite der Erde dar und zeigt, in welcher Weise Land und Wasser verteilt sind. Man wird bemerken, daß das Überwiegen des Meeres am deutlichsten auf der südlichen Halbkugel in die Augen springt, die fast ganz von Meer bedeckt ist, während der größte Teil des Landes nördlich vom Äquator liegt. Ein Schulglobus kann so gestellt werden, daß er fast das gesamte Festland auf einen Blick überschauen läßt, während die andere Hälfte fast nur Wasser aufweist. Zu diesem Zwecke stelle man den Globus so, daß ungefähr Hamburg im Mittelpunkt der vom Beschauer gesehenen Halbkugel sich befindet. So zeigt sich, daß die Nordwestküste von Deutschland im Mittelpunkte der bewohnbaren

Erdhälfte liegt. Dreht man nun den Globus so, daß derjenige Punkt der anderen Seite, der dem Nordwesten von Norddeutschland gerade entgegengesetzt ist, zum Mittelpunkte der sichtbaren Erdhälfte wird, so werden die Inseln von Neuseeland nicht weit von diesem Mittelpunkte entfernt sein, und rings herum liegt eine ganze meerbedeckte Halbkugel, mit verhältnismäßig wenigen, zerstreuten Landflächen.

4. Die ausgedehnte Landmasse, die zum größten Teile nördlich vom Äquator liegt, bildet, wie man aus Tafel I ersieht, zwei scharf abgegrenzte Teile, die durch zwei große Meeresflächen von einandergetrennt sind. Der größere dieser Teile umfaßt Europa, Asien, Afrika, also den Sitz der alten Kulturvölker. Daher bezeichnet man ihn oft als die Alte Welt. Der andere Teil begreift Amerika in sich, ist unserer Kultur erst spät bekannt geworden und wird Neue Welt genannt. Da sie beim Vordringen der Seefahrer nach Westen entdeckt worden ist, so bezeichnet man sie gewöhnlich als die westliche Hemisphäre, während dann die Alte Welt auf der östlichen Halbkugel liegt.

5. Ein Hauptmerkmal in der Verteilung von Land und Meer fällt sofort in die Augen. Das Land ist sehr zerrissen. Selbst auf der östlichen Halbkugel, auf der es die geschlossenste Masse darbietet, wird es von langen Meeresarmen und Meerbusen zerschnitten; große Stücke Land sind von der Hauptmasse durch das Meer getrennt. Das Meer ist dagegen ein zusammenhängendes Ganzes. Selbst bei dem tiefsten Eindringen in das Land bleibt der Zusammenhang mit der Hauptwassermasse bestehen. Ein Schiff kann über jedes Meer fahren und in jeden entlegenen Busen und Meeresarm eindringen, ohne daß es jemals über eine dazwischenliegende Landmasse hinweggezogen werden müßte. Dagegen könnte man zu Wagen nicht alle Landteile der Erde besuchen, ohne zur Überschreitung des dazwischen liegenden Meeres ein Schiff zu Hilfe zu nehmen. Es gibt keine großen Meeresflächen, die vollständig von Land umgeben sind und den zahlreichen Teilen des Festlandes entsprechen, die ganz vom Meer umgeben sind und als Inseln bezeichnet werden. [1]

[1] Später haben wir uns mit einer oder zwei merkwürdigen Ausnahmen von dieser Regel zu beschäftigen, deren wichtigste das Kaspische Meer ist.

6. Obgleich das Meer eine zusammenhängende Wassermasse ist, hat man es der leichteren Beschreibung halber in verschiedene Gebiete eingeteilt, die man **Ozeane** oder **Weltmeere** nennt. Die Grenzen dieser Gebiete sind zum großen Teile durch die Lage der Festlandmassen bestimmt. So bedeckt der größte, der sogenannte Große, Stille oder Pacifische Ozean (175 Millionen Quadratkilometer) das weite Gebiet zwischen der Westküste von Amerika und dem Ostrande von Asien und Australien. Der Äquator teilt ihn in den nördlichen und den südlichen Stillen Ozean. Ein anderer längerer, aber schmälerer Meeresgürtel befindet sich zwischen der Ostküste von Amerika und den westlichen Küsten von Europa und Afrika; er heisst der Atlantische Ozean (90 Millionen Quadratkilometer), und wird ebenso durch den Äquator in den nördlichen und den südlichen Atlantischen Ozean geteilt. Wegen der breiten Landmasse, die Europa und Asien bildet, kann dort kein Meer die beiden Pole verbinden. Aber im Süden Asiens liegt der grosse Indische Ozean (74 Millionen Quadratkilometer), zwischen Afrika und Australien. Alles Meer, das innerhalb des nördlichen Polarkreises liegt, pflegt man das Nördliche Eismeer (12,8 Millionen Quadratkilometer) zu nennen; den entsprechenden Meeresteil auf der südlichen Halbkugel, das Südliche Eismeer (15,6 Millionen Quadratkilometer).

7. Außer diesen Hauptteilen des Meeres gibt es noch kleinere Meeresgebiete, die mehr oder weniger von Festland umgeben sind. Je nach ihrer Größe oder der Gestalt der Ufer bezeichnet man sie als See, Golf, Meerenge, Kanal.

8. Die Oberfläche des Meeres bildet eine scharfbegrenzte Ebene, die **Meeresspiegel** genannt wird. Sie dient als Ausgangsebene für die Messung der Höhen des Festlandes und der Tiefen des Meeres, liegt aber nicht überall gleich hoch. Zwischen verschiedenen Meeren hat man geringe Unterschiede in der Höhe des Meeresspiegels gefunden, wie z. B. zwischen dem Atlantischen und Stillen Ozean, auf beiden Seiten der Landenge von Amerika, und zwischen dem Mittelländischen und dem Roten Meere. Und sogar längs der Küste eines und desselben Landes, wie Großbritannien sind Höhenunterschiede von über 50 Zentimeter beobachtet wor-

den. Diese kleinen Unterschiede erklären sich aus den Wirkungen örtlicher Strömungen und Winde, heftiger Regengüsse oder starker Verdunstung. Aber weit größere Störungen werden durch dauernde Ursachen bewirkt: durch die Anziehungskraft großer Gebirgsmassen. So scheint die Anziehungskraft der Himalaya-Kette den Meeresspiegel an der Mündung des Indus nahezu 100 Meter über seinen Stand im südlichen Indien zu heben. Es ist berechnet worden, daß, wenn die Masse der Erdrinde unter den Festländern Europas und Asiens so dicht wäre wie die unter dem Meere, die Anziehungskraft des Mittelpunktes dieser Festländer den Meeresspiegel um 900 Meter heben würde. Obwohl wir also von dem Meeresspiegel als von etwas gleichmäßigem reden, so ist seine Entfernung von dem Mittelpunkt der Erde doch ungemein verschieden groß an verschiedenen Orten.

9. Gehen wir nun zum Lande über, so beobachten wir auf der Karte, daß dieses, wenn auch im Ganzen auf der nördlichen Erdfläche befindlich, doch keineswegs eine einzige zusammenhängende Masse bildet; es wird im Gegenteil von Meeresarmen durchschnitten, so daß es sich leicht in mehrere Teile zerlegen läßt. Diese nennt man **Erdteile** oder **Kontinente**. Genau genommen gibt es nur zwei Festländer, die Alte Welt und die Neue Welt (§ 5). Gewöhnlich teilt man sie aber in fünf Erdteile ein: 1) Nord- und Südamerika, 2) Europa, 3) Afrika, 4) Asien und 5) Australien.

10. Die allgemeine Verteilung des Festlandes auf der Erde läßt als eine der auffallendsten Erscheinungen die Eigenschaft der Kontinente erkennen, gegen Norden anzuwachsen und nach Süden zu bis etwa zum 45sten Grade südlicher Breite allmählich zu schwinden. Man beachte z. B., wie die Ländermasse Afrikas südlich gegen das Kap der Guten Hoffnung immer schmäler wird, und wie der breite Rumpf des asiatischen Festlandes und seine Fortsetzung in Australien sich bis zu den Vorgebirgen Tasmaniens immer mehr zusammenzieht. Noch auffallender ist die Verschmälerung des amerikanischen Festlandes und seine Zuspitzung im Kap Horn.

11. Ferner ist das Land nicht nur von vielen Meereseinschnitten zerrissen, wie vom großen Mittelländischen Meer und vom Roten Meer, sondern im Gegensatze zum Meere

(§ 5) sind große Teile von der Hauptmasse gänzlich getrennt, wie Australien, Neuseeland, Japan, Groß-Britannien, und eine große Anzahl anderer **Inseln**. Andere, fast ganz von Wasser umgebene Teile heißen **Halbinseln**. Als das am meisten in die Augen fallende Beispiel mag Afrika dienen. Es hängt nur durch die kleine Landenge oder den **Isthmus** von Suez mit dem asiatischen Festlande zusammen, sodaß Afrika zu einer Insel würde, wenn man jenen Streifen Tieflandes durchschnitte oder er ins Meer versänke. Das erstere ist in gewissem Sinne durch den Bau des Suezkanales geschehen.

12. Noch ein anderer Gegensatz besteht zwischen Land und Meer. Die Oberfläche dieses letzteren kann zwar durch Wellen und Wogen bewegt werden, bewahrt aber doch immer den Charakter einer einzigen, weiten, ebenen Fläche. Dagegen ist die Oberfläche des Landes voller Unebenheiten. Einige Teile sind zwar flach, aber der größte Teil ist hügelig, und einige Stellen erheben sich sogar zu langen Reihen zerklüfteter und steiler Berge.

13. Diese unregelmäßige Verteilung und Ungleichheit der Oberfläche des Landes beeinflußt in hohem Grade die physikalischen Vorgänge auf der Erdoberfläche. Ohne für jetzt zu untersuchen, wie sich dieser Einfluß kundgibt, sei nur darauf hingewiesen, daß bei irgend einer Bewegung in der Luft oder im Meere die Strömungen der Luft sowohl wie des Wassers von der Lage und Gestalt der Festländer und Inseln, die auf ihrem Wege liegen, erheblich verändert werden müssen. Eine Strömung im Meere z. B., die sich nach Westen quer durch die Mitte des Atlantischen Ozeans bewegt, wird auf die lange Küste von Amerika stoßen und entweder nach rechts oder nach links oder nach beiden Seiten abgelenkt werden. Anderseits wird eine Luftströmung, die von einer Gegend auf der Meeresfläche ausgeht, abgelenkt werden, sobald sie auf eine hohe Bergkette trifft; sie kann veranlaßt werden, an den Bergabhängen emporzusteigen, die Feuchtigkeit abzugeben und in weit größerer Höhe mit anderer Temperatur ihren Weg fortzusetzen (Abschnitt X § 31). Der mannigfaltige Einfluß des Meeres und des Festlandes auf die Luft liegt, wie wir sehen werden, allen Wetterveränderungen zugrunde.

14. Es ist schon erwähnt worden (Abschnitt III § 4), daß sich an vielen Stellen auf der Oberfläche unseres Planeten Öffnungen oder Schlote befinden, die tief in das Innere der Erde sich erstrecken und von Zeit zu Zeit Rauch, heiße Dämpfe, Staub, Steine und geschmolzene Gesteinsmassen auswerfen, wodurch sich zuletzt kegelförmige Hügel oder Berge bilden, die man **Vulkane** oder feuerspeiende Berge nennt (Abschnitt XXII). Es ist festgestellt, daß Öffnungen dieser Art gewöhnlich auf langen Linien und besonders längs der Gebirgszüge der Festländer und auf langen Inselketten vorkommen. (Siehe Tafel XI.) Über weite Flächen des Erdballes hin und besonders in denjenigen Gegenden, die reich an Vulkanen sind, wird der Boden zugleich durch **Erdbeben** häufig erschüttert und zuweilen bleibend über sein früheres Niveau gehoben. Erscheinungen dieser Art liefern uns Fingerzeige nicht nur über die Beschaffenheit des Erdinnern, sondern auch über die Art und Weise, wie das Innere die Oberfläche beeinflußt. Sie lassen uns verstehen, wie es gekommen ist, daß das Land sich über den Meeresspiegel emporhob.

15. Mit diesen Gegenständen werden wir uns in späteren Abschnitten eingehender beschäftigen. Unterdessen wollen wir, nachdem wir soeben einen allgemeinen Überblick über die verschiedenen Bestandteile der Erde gewonnen haben, dazu übergehen, diese Bestandteile nach einander genauer zu betrachten.

KAPITEL II.

DIE LUFT.

ABSCHNITT VI. — *Ihre Zusammensetzung.*

1. Über und um uns, an allen Punkten der Erdoberfläche, an die wir uns begeben mögen, auf dem Gipfel des höchsten Berges wie auf dem Boden des tiefsten Schachtes, überall finden wir uns von dem unsichtbaren Gas- und Dampfmeere umgeben, das wir die Luft nennen. Sie bedeckt den ganzen Planeten als eine äußere Hülle. Daher erhielt sie den besondern Namen Atmosphäre, d. h. Luft-Kugel — das Reich der Wolken, des Regens, Schnees, Hagels, Blitzes, Windes und Sturmes. Bei der Untersuchung der Erde als einer großen bewohnbaren Kugel haben wir dieses Luftmeer zuerst zu betrachten. Von welcher Beschaffenheit ist es? und welchen Zwecken dient es im Haushalt der Natur?

2. In früheren Zeiten betrachtete man die Luft als eines der vier Elemente, aus denen die Welt entstanden ist. Es ist noch nicht sehr lange her, daß diese alte Anschauung verschwunden ist. Man weiß jetzt, daß die Luft kein Element ist, sondern ein Gemenge aus zwei Elementen, nämlich den Gasen **Stickstoff** und **Sauerstoff**. Davon kann man sich leicht überzeugen, wenn man in einem ins Wasser gestülpten Gefäße ein Stückchen eines anderen Elementes, des Phosphors, verbrennt; hierbei wird der Sauerstoff entfernt, da er sich mit dem Phosphor zu einer festen chemischen Verbindung vereinigt, und der Stickstoff bleibt zurück, während das Wasser um ungefähr ein Fünftel in dem Gefäße steigt und uns damit den Raumanteil des verschwundenen Sauerstoffes angibt.[1]) Die Chemiker haben auf verschiedene Weise die Luft analysiert oder in ihre Elemente zerlegt, aber das Ergebnis ist stets dasselbe, daß nämlich in je hundert Teilen gewöhnlicher

---

[1]) Siehe Roscoe's Elementarbuch der Chemie (Straßburg, Trübner) Seite 14.

Luft ungefähr neunundsiebenzig Raumteile Stickstoff, genauer 78 Stickstoff und 1 Argon,[1]) und einundzwanzig Raumteile Sauerstoff enthalten sind.

3. Der Sauerstoff spielt entschieden wichtige Rollen in der Natur. Er ist das Element in der Luft, das das Leben aller luftatmenden Tiere erhält (§ 13). Wenn ein Feuer oder eine Kerze brennt, so ermöglicht der Sauerstoff die Verbrennung (§ 10). Die der Luft ausgesetzten Gesteine an der Oberfläche des Festlandes verwittern zu Erde, wobei der Sauerstoff einer der wirksamen Stoffe ist (Abschnitt XXIX). Eine besonders tätige Form des Sauerstoffs, Ozon genannt, entsteht durch die elektrischen Entladungen in der Luft; es hat einen besonderen Geruch, den man beim Arbeiten einer Elektrisiermaschine wahrnimmt; hier und da auch in der freien Luft nach einem Gewitter. Das Ozon fördert die schnelle Zersetzung verwesender Tier- oder Pflanzenstoffe, indem es sich mit den schädlichen Gasen verbindet und so die Luft desinfiziert und reinigt. Es findet sich in größter Menge da, wo Seewinde wehen, und in geringster Menge in der Luft bevölkerter Stadtteile. Die heilsamen oder schädlichen Eigenschaften der Luft scheinen zum großen Teile von der größeren oder geringeren in ihr enthaltenen Ozonmenge abzuhängen. Die letztere schätzt man nach dem Grade der Färbung, die die Luft innerhalb einer gewissen Zeit auf einem mit Stärke und Jodkalium getränkten Papierstreifen hervorbringt.

Der Stickstoff ist dadurch nützlich, daß er den sonst zu kräftig wirkenden Sauerstoff verdünnt; aber er erhält weder das Leben, noch fördert er die Verbrennung. Offenbar spielt er die Hauptrolle in der allgemeinen Bewegung der Atmosphäre.

4. Wenn man die Luft genau untersucht, so findet man in ihr stets noch etwas anderes außer Stickstoff und Sauerstoff. Feste Bestandteile, zugleich mit verschiedenen Gasen und Dämpfen, sind immer zugegen, zwar stets in außerordentlich geringen, dabei aber sehr wechselnden Mengen, im Gegensatze zu dem auffallend beständigen Verhältnisse der Mengen der beiden hauptsächlichen Gase. Einige dieser

---

[1]) Dieses Gas, von dem bis jetzt noch keine Verbindungen mit andern Elementen bekannt sind, wurde im Jahre 1894 von Raileigh und Ramsay entdeckt.

Nebenbestandteile der Luft sind ebenso wichtig wie der Sauerstoff und Stickstoff. Daß sie vorhanden sind, kann man leicht nachweisen und dadurch einigen Aufschluß über die Eigenschaft und die Wirkungen der Luft erhalten.

5. Die Gegenwart einer Unzahl **fester Teilchen** in der Luft weist man nach, indem man einen Sonnenstrahl oder starkes künstliches Licht durch ein Loch oder einen Spalt in ein dunkles Zimmer fallen läßt. Man sieht dann tausende winziger Stäubchen durch den Lichtstrahl hin und her fliegen, so wie sie die Bewegung der Luft umhertreibt. Solche Teilchen sind überall in der Luft vorhanden, aber gewöhnlich zu klein, um gesehen zu werden, falls sie nicht, wie in einem dunklen Zimmer, der sie umgebenden Dunkelheit gegenüber durch das Licht, das sie beim Durchkreuzen eines starken Lichtstrahls zurückwerfen, sichtbar werden. In den dunklen Teilen des Zimmers sind sie genau ebenso häufig, aber man bemerkt sie nicht, da kein Licht auf sie fällt.

Dem englischen Gelehrten J. Aitken verdankt die Wissenschaft den Nachweis der wichtigen Rolle, die diese Staubteilchen bei den Vorgängen in der Atmosphäre spielen. Durch einen sinnreichen, von ihm erfundenen Apparat, der das Zählen der Stäubchen ermöglicht, hat er festgestellt, daß in der Luft großer Städte sich hunderttausende solcher Stäubchen in jedem Kubikzentimeter befinden und daß selbst in der reinsten Luft hoher Berge hunderte in demselben Raummaß vorhanden sind. So beobachtete er auf dem Rigi in der Schweiz, daß bei sehr klarer Luft sich 420 Staubteilchen im Kubikzentimeter Luft vorfanden, während am folgenden Tag nach eingetretenem Nebel diese Zahl auf 12000 stieg. In der Luft seines Laboratoriums fand er 1860000 Stäubchen in einem Kubikzentimeter.

6. Wenn wir diese tanzenden Pünktchen auffangen und mittels eines starken Mikroskops untersuchen, so finden wir, daß sie größtenteils aus kleinen Teilen anorganischen Staubes bestehen. In einem späteren Abschnitt erfahren wir, daß die Oberfläche des Festlandes einer ständigen Verwitterung, einer Umwandlung in Sand und Erde unterworfen ist (Abschnitt IX § 25). Der feinere Staub dieser verwitterten Stoffe wird durch den Wind in die Höhe gewirbelt und durch Luftströmungen fortgetragen, sodaß die ganze Atmosphäre damit erfüllt ist. Unter den Stäubchen finden sich auch Blütenstaub und kleine lebende Keime, aus denen, falls sie einen geeigneten Ruheplatz finden, niedere Formen von Pflanzen und Tieren hervorgehen. Verschiedene Krankheiten entstehen durch diese unendlich kleinen Keime; denn diese sind so klein, daß sie mit der Luft in unsere Lungen gelangen und in das Blut übergehen, wo sie sich schnell vermehren.

7. Es ist schwierig, diese kleinen Stäubchen aus einem Sonnenstrahle aufzufangen, aber der Regen besorgt dies aufs beste für uns. Eine hervorragende Tätigkeit des Regens besteht darin, die Luft zu waschen und sie von diesen Verunreinigungen zu befreien. Wenn das Regenwasser sorgfältig gesammelt wird, so zeigt sich, daß es, besonders in großen Städten, eine Menge dieser festen Teilchen enthält, die es

Fig. 7. Der Rückstand von einigen verdunsteten Regentropfen unter dem Mikroskope.

bei seinem Fall durch die Luft niedergeschlagen hat. Die beistehende Figur 7 zeigt z. B., was man erblickt, wenn eine kleine Menge Regenwasser, die man auf einem freien Platze einer Stadt aufgefangen hat, vollständig verdunstet ist und der Rückstand unter ein Mikroskop gebracht wird. Zahlreiche Staub- oder Rußteilchen sind mit kleinen Krystallen von Natriumsulfat, Kochsalz u. dgl. vermengt. Daraus sehen wir, daß sich außer den festen Teilchen in der Luft noch Dämpfe oder kleine Bruchstücke verschiedener löslicher Substanzen schwebend erhalten, die dann vom Regen erfaßt werden und mit ihm die Erde erreichen. Indem der Regen diese Verunreinigungen aufnimmt und niederschlägt, reinigt er die Luft und macht sie gesünder, während er zugleich dem Boden Stoffe zuführt, die für das Wachstum der Pflanzen von Nutzen sind.

8. Neuerdings hat man ermittelt, daß der so reichlich in der Luft enthaltene Staub eine höchst wichtige Rolle bei der

Verdichtung des Wasserdampfes spielt. Solange der Dampf nicht mit der Oberfläche eines festen Körpers in Berührung kommt, verdichtet er sich nicht, selbst wenn er weit unter den sogenannten Taupunkt abgekühlt ist (Abschnitt X §§ 12, 14). Dies kann man durch einen Versuch beweisen, indem man Luft durch Watte filtriert und sie dadurch von ihren Stäubchen befreit. Die filtrierte Luft bleibt unverändert und zeigt keine sichtbare Feuchtigkeit, selbst wenn das Gefäß, das sie enthält, abgekühlt wird. Läßt man aber gewöhnliche Luft hinzu, so beginnt sofort die Verdichtung an jedem ihrer Staubteilchen. Die Gegenwart dieser Staubteilchen bewirkt also die Bildung von Wolken, Nebel, Regen und Schnee. (Näheres darüber im Abschnitt X.)

9. Ferner verdanken wir dieser Menge äußerst feiner Stäubchen einige der uns so vertrauten Licht- und Farbenerscheinungen in der Luft. Indem sie die Sonnenstrahlen auffangen und zurückwerfen, bilden sie die Hauptursache der gleichmäßigen Helligkeit des zerstreuten Tageslichts. Wären sie alle aus der Luft entfernt, so würde der Himmel nicht blau und hell erscheinen, sondern einen schwarzen Hintergrund bilden, auf dem sich die Sonne und die Sterne abhöben. Das Vorhandensein der Stäubchen in den höheren Schichten der Atmosphäre bewirkt die längere Dauer des Tageslichts als Dämmerung, indem sie die Strahlen der Sonne noch auffangen, wenn diese schon einige Zeit unter unserem Horizont verschwunden ist. Ebenso sind sie die Ursache der Abendröte, d. h. der glänzenden Farbenerscheinungen beim Sonnenuntergang. Wenn durch irgend ein Naturereignis ihre Menge sehr vermehrt wird, wenn z. B. bei vulkanischen Ausbrüchen große Mengen feiner Asche ausgeworfen werden, so erleben wir die herrlichsten purpurroten Abendröten (Abschnitt XXII § 8). Das Entstehen des Nordlichts in den Polargegenden ist wahrscheinlich auf das Vorhandensein feinen kosmischen Staubes in den höheren Schichten der Atmosphäre zurückzuführen (Abschnitt VII § 4), in denen elektrische Entladungen stattfinden.

10. Außer diesen festen Bestandteilen üben zwei unsichtbare Stoffe der Luft einen mächtigen Einfluß auf das Leben der Erde aus: das **Kohlensäuregas** oder **Kohlendioxyd,**

gewöhnlich ungenau als Kohlensäure bezeichnet, und der **Wasserdampf.** Was den ersteren Stoff betrifft, so haben wir uns zu merken, daß Kohlendioxyd in die Luft gelangt beim Verbrennen von Holz, Kohlen und ähnlichen Stoffen und beim Ausatmen der Tiere. Wenn ein Stück Kohle angezündet wird, so verbrennt es vollständig, und nur ein wenig Asche bleibt übrig. Oder, wenn man ein Licht ansteckt, so brennt es, bis es ganz verzehrt ist. Was ist nun aus dem Stoffe der Kohle und der Kerze geworden? Er scheint völlig verschwunden zu sein; aber in Wahrheit haben wir auch nicht ein Atom davon vernichtet. Wir haben ihn durch die Verbrennung nur in eine andere, unsichtbare Form übergeführt, aber er besteht noch immer fort wie vorher. Wir können ihn nicht wieder in dieselbe Form bringen, die er als Kohle oder als Kerze besaß, aber wir können wenigstens seine Gegenwart in der Luft nachweisen, in der er sich hauptsächlich als Wasserdampf und als einige andere gasförmige Verbindungen wieder findet, von denen das Kohlendioxyd die wichtigste ist.

11. Die Substanz eines Kohlenstückchens oder einer Kerze besteht aus verschiedenen Elementen, von denen eines *Kohlenstoff* genannt wird. Dieses Element bildet einen der Hauptbestandteile aller Pflanzen- und Tierkörper. Unser eigener Leib besteht z. B. großenteils aus ihm. Verbrennen wir daher ein Stückchen Steinkohle (die aus einer früheren Pflanze entstanden und durch Druck in Stein verwandelt ist), oder eine Kerze (die aus tierischem Fett oder Erdöl hergestellt wird), so setzen wir ihren Kohlenstoff in Freiheit, der sich sofort mit der Luft mischt. Ein Teil entfliegt in Gestalt kleiner fester Rußstäubchen, was man dadurch nachweisen kann, daß man einen kalten Teller über eine Kerzenflamme hält, auf dem die Säule schwarzen Rauches sofort diese kleinen Kohlenstoff-Stäubchen als einen schwarzen Überzug von Ruß absetzt. Der schwarze Qualm, der aus den Schornsteinen ausströmt, ist ein weiteres Beispiel dafür, daß feste Teilchen in die Luft fortgeführt werden.

12. Aber der größte Teil des Kohlenstoffs entweicht nicht als Rauch. Er trifft bei dem Verbrennungsprozeß auf den Sauerstoff der Luft und geht mit diesem eine chemische Verbindung ein, das unsichtbare Kohlensäuregas oder Kohlendioxyd. Gerade dieser chemische Vorgang ist das Wesentliche des Verbrennungsprozesses. Sobald wir von der Flamme den Luftzutritt abhalten, wird sie kleiner und geht bald aus, weil die Sauerstoffzufuhr abgeschnitten ist.[1]) Daher führen alle gewöhnlichen Brennstoffe der Atmosphäre Kohlensäuregas zu.

13. Das so erzeugte Kohlendioxyd ist natürlich an Masse verhältnismäßig gering, denn diejenige Menge pflanzlicher oder tierischer Stoffe, die von den Menschen oder in der Natur verbrannt wird, kann im Vergleich mit der ganzen Masse der Atmosphäre nur unbedeutend sein. Eine ungleich größere Menge wird von den lebenden luftatmenden Tieren erzeugt. Beim Atmen ziehen wir Luft in unsere Lungen ein, wo sie mit dem Blute in Berührung kommt. Dort vollzieht sich eine Art Verbrennung, denn der Sauerstoff der Luft verbindet sich mit dem Kohlenstoff des Blutes, es bildet sich Kohlendioxyd, und dieses wird mit der verbrauchten Luft ausgestoßen, die wir vor dem nächsten Atemzuge ausatmen. Gerade so wie wir das Brennen einer Kerze unmöglich machen, wenn wir ein Glas darüber stülpen und dadurch die Luft abschließen, setzen wir unserm Leben ein Ziel, wenn wir uns von der Luft absperren. Wenn wir bedenken, daß jedes luftatmende Tier fortwährend Kohlensäuregas in die atmosphärische Luft ausatmet, so wird uns klar, wie beträchtlich die durch diese Zufuhrquelle erzeugten Gasmengen sein müssen.

14. Die lebenden grünen Pflanzen besitzen die Fähigkeit, unter dem Einflusse des Sonnenlichts das Kohlendioxyd der Luft zu zersetzen und den Kohlenstoff, aus dem alle ihre Teile großenteils bestehen, in sich aufzunehmen. Dabei setzen sie die entsprechende Menge Sauerstoff in Freiheit.[2])

---

[1]) Einige einfache Versuche über die Natur und Darstellung des Kohlensäuregases beschreibt Roscoe, Elementarbuch der Chemie, Seite 3, 5, 14—20.

[2]) Der übliche Versuch, Kressensamen auf nassem Tuch zu ziehen, zeigt diese Fähigkeit der lebenden Pflanzen. Im Licht beginnen diese Samen alsbald zu wachsen und liefern eine Kressenernte, wobei der Kohlenstoff, aus dem die neuen Pflanzen bestehen, nicht aus dem Wasser oder aus dem Tuch, sondern aus der Luft herrührt. Siehe Roscoe, Elementarbuch der Chemie, Seite 21—22.

Wenn sie absterben, setzt ihre Verwesung den Kohlenstoff in Freiheit, der sich wiederum mit dem Sauerstoff zu Kohlensäuregas vereinigt, das entweder vom Regen in den Erdboden geführt oder von der Luft aufgenommen wird. Alle verwesenden Pflanzen und Tiere, die offen der Luft ausgesetzt sind, liefern ihr dieses Gas.

15. Endlich wird dieses Gas an vielen Orten, besonders in vulkanischen Gegenden, in großen Mengen vom Boden ausgehaucht (Abschnitt XXII § 14). Da es schwerer ist als die Luft, so sammelt es sich hie und da um seine Ausströmungsstellen herum in Vertiefungen, und da es an und für sich giftig ist, so werden oft Tiere getötet, die solche Stellen betreten. In der Eifel werden oft Maulwürfe, Mäuse und kleine Vögel überwältigt und im Death Gulch (Totenloch) des Yellowstone National-Parks im westlichen Amerika fallen sogar große Tiere, wie der Grislybär, beim Betreten der Höhlen diesem Gase zum Opfer. Von allen diesen Quellen wird nun die Atmosphäre beständig mit Kohlensäuregas versehen, und so wird der Verlust ersetzt, den der ungeheure Verbrauch der Pflanzenwelt an Kohlenstoff hervorruft.

16. Nichtsdestoweniger ist die in der Luft vorhandene Menge dieses Gases sehr gering im Vergleich mit den Raummengen von Stickstoff und Sauerstoff. Sie beträgt nach den Untersuchungen in gewöhnlicher reiner Luft nicht mehr als drei Zehntausendstel der Luft. Aber diese geringe Menge genügt zum Unterhalt des 'gesamten vielfach so üppigen Pflanzenwuchses der Erdoberfläche. Wo die Menschen in engen Städten zusammengedrängt sind, steigt die Menge des Kohlensäuregases auf 6 oder 7 Teile in 10 000 Teilen Luft, während in schlecht gelüfteten, überfüllten Häusern und Theatern bis 27 Teile vorhanden sind. Aber dieser hohe Bruchteil ist gesundheitsschädlich und führt zur Erstickung, wenn man sich solcher Luft längere Zeit aussetzt.

17. Unter dem Ausdrucke **Wasserdampf** versteht man den unsichtbaren Dampf, der stets in der Luft vorhanden ist. Es ist allgemein bekannt, daß Wasser beim Erhitzen in Dampf übergeht, der sich unsichtbar in der Luft verteilt. Man stelle z. B. ein Gefäß mit Wasser auf einen Tisch mitten ins Zimmer, erwärme es durch eine Spirituslampe, bis es kocht, und erhalte es im Sieden, bis das Wasser gänzlich in Dampfform übergeführt oder verdampft ist. Die Luft des Zimmers zeigt keine sichtbare Veränderung, obgleich sie jetzt den ganzen Wasserdampf aufgenommen hat. Aber wir können leicht etwas von dem Dampfe wieder gewinnen. Bringen wir ein eiskaltes Stück Glas, Metall oder einen andern festen Körper in das Zimmer, so wird seine Oberfläche, die soeben noch völlig trocken war, trüb und feucht, sie beschlägt. Und wenn das Stück so groß und dick ist, daß einige Minuten vergehen, ehe es die Zimmerwärme annimmt, so wird die Feuchtigkeit oder der Beschlag auf seiner Oberfläche sich in herabrinnende Wassertropfen verwandeln. Die Luft des Zimmers wird durch das kalte Glas abgekühlt und gibt etwas von der Feuchtigkeit ab. Kalte Luft kann nicht so viel Dampf aufgelöst enthalten wie warme Luft, so daß die Kapazität oder Aufnahmefähigkeit der Luft für Dampf durch ihren Wärmegrad bestimmt wird. (Siehe Abschnitt X.)

18. Man braucht aber nicht erst Wasser zu kochen, um so viel Wasserdampf in der Zimmerluft zu erzeugen, daß man ihn auf diese Weise auffangen und nachweisen kann. In einem warmen Wohnzimmer, worin sich einige Personen aufhalten, ist immer Dampf genug vorhanden, um ihn auf einem kalten Glase sichtbar machen zu können. Bei kaltem Wetter findet man die Fenster mit Wasser überströmt, das von den eiskalten Fensterscheiben der Luft entzogen worden ist. Woher kommt diese Feuchtigkeit? Sie ist größtenteils von den im Zimmer befindlichen Personen in die Luft ausgeatmet worden.

19. Der Mensch atmet in jedem Augenblicke Wasserdampf in die Luft aus. Für gewöhnlich sehen wir ihn nicht, da die Luft um uns her warm genug ist, um ihn sofort aufzulösen. Aber alles, was unsern Atem abkühlt, macht den Dampf sichtbar; wenn wir z. B. auf ein kaltes Stück Glas oder Metall hauchen, erscheint sofort ein Nebelhäutchen auf dem kalten Gegenstande, oder wenn wir an einem sehr kalten Tage spazieren gehen, so wird der Dampf bei jedem Ausatmen als eine kleine Nebelwolke in der Luft sichtbar.

20. Mag daher die Luft noch so trocken erscheinen, so

befindet sich doch stets mehr oder weniger von diesem unsichtbaren Wasserdampf in ihr verteilt. Jeder Nebel, jede Wolke, die sich am Himmel sammelt, jeder Regenschauer, Schnee oder Hagel, der zu Boden fällt, jeder kleine Tautropfen, der sich nachts auf den Blättern bildet, bezeugt seine Gegenwart.

21. Die Wichtigkeit dieses Bestandteils der Atmosphäre für das allgemeine Leben der Welt kann kaum überschätzt werden. Dem Dampf der Atmosphäre verdanken wir den gesamten Kreislauf des Wassers auf der Erde — Regen, Quellen, Bäche, Flüsse, Seen —, von dem das ganze Leben der Pflanzen und Tiere abhängt, und ohne den, soweit unsere Kenntnis reicht, das feste Land ebenso unfruchtbar, öde und tot wäre wie die Oberfläche des Mondes. Ebenso verdanken wir der wechselnden Verteilung dieses unsichtbaren, aber überall gegenwärtigen Stoffes zum großen Teile die Entstehung der Winde und Stürme (Abschnitt XI).

22. Der Wasserdampf in der Luft stellt eine verhältnismäßig kleine Menge dar, ist aber nie weit von dem Punkt entfernt, wo er sich aus dem gasförmigen Zustand in den flüssigen verwandelt, und da dieser Punkt durch die Temperatur bestimmt wird, so wechselt mit jeder Temperaturschwankung die Menge des Wasserdampfes in der Luft von Tag zu Tag und selbst von Stunde zu Stunde, indem er sich je nach der Temperatur verdichtet oder durch Verdunstung neu bildet. Die Luft ist nie ganz frei von Wasserdampf: selbst in den trockensten Klimaten nicht; die Menge steigt mit der Temperatur, wie es in den Abschnitten VIII und X näher erklärt wird.

Abschnitt VII. — *Die Höhe der Atmosphäre.*

1. Obgleich man für die Luft keine feste obere Grenze gefunden hat, die annähernd der scharf abgegrenzten Oberfläche des Meeres entspräche, so können wir doch nicht annehmen, daß die Luft sich von der Erde aus unbegrenzt ausdehnt. Die Lufthülle umschließt den Planeten eng und bewegt sich bei der Achsendrehung und der Bewegung um die Sonne mit ihm. Wenn dies nicht der Fall wäre, müßte ja die Bewegung der Erde durch die Luft weit schneller sein als der wütendste Sturmwind. Kein loser Gegenstand könnte an der Oberfläche erscheinen, ohne sofort hinweggerissen zu werden. Aber die Anziehungskraft der Erde hält die Luft an ihrem Platze fest, so daß sie zusammen mit dem festen Erdkörper durch den Weltraum getragen wird.

2. Die Atmosphäre muß eine obere Grenze haben. Aber es scheint, daß, je höher wir in Gedanken uns erheben, desto mehr von den unten vorhandenen Stoffen zurückbleiben und durch andere, leichtere ersetzt werden, sodaß wir unmerklich in äußerst dünne Schichten gelangen, deren Zusammensetzung in keiner Weise mehr an die Beschaffenheit der uns bekannten Luft erinnert. Wir wissen auch nicht, was den ganzen Weltraum erfüllt und bezeichnen als Äther den Stoff, durch den sich alle Himmelskörper und die Strahlen des von ihnen ausgehenden Lichtes bewegen. Auf welche Weise erfahren wir nun, wie weit sich über uns die Atmosphäre als ein zu unserer Erde gehöriges Gebilde ausdehnt?

3. Man kann die Beantwortung dieser Frage auf verschiedenen Wegen versuchen. Folgen wir einem davon. Die meisten unter uns haben bemerkt, daß in klaren dunkeln Nächten Sternschnuppen oder Meteore, manchmal in beträchtlicher Zahl, zu sehen sind. Sie erscheinen plötzlich, verursachen einen Lichtstreif am Himmel und verschwinden ebenso schnell wieder. In einigen Fällen hat man sie auch am Himmel zerplatzen hören und hat Bruchstücke von ihnen gesammelt. Die Astronomen haben sie sorgfältig beobachtet. Durch Bestimmung ihres Ortes und der Richtung ihrer Bahn von zwei Stationen aus, deren Abstand von einander bekannt war, hat man berechnen können, wie hoch sie über uns sind, mittels eines Verfahrens, das dem der Triangulation für die Bestimmung von Entfernungen auf der Erde sehr ähnlich ist (Abschnitt IV § 20).

4. Aus den Proben, die teils in Bruchstücken, teils als Ganzes von Zeit zu Zeit auf die Erdoberfläche gefallen und als Meteoriten bekannt sind, entnehmen wir, daß diese Körper aus Stein oder Eisen bestehen. Man schätzt die Zahl der die Erde erreichenden auf zwanzig Millionen täglich. Obwohl

einige davon viele Tonnen wiegen, so sind doch die meisten kleine Bruchstücke von wenigen Gramm Gewicht. Man nimmt an, daß sie in großen Mengen durch den Weltraum verbreitet und zu Schwärmen vereinigt sind, und daß sie die Kometen bilden, die einen Teil unseres Sonnensystems ausmachen. An und für sich sind sie dunkel und kalt, aber sobald sie unter den Einfluß der Anziehungskraft der Erde kommen, werden sie aus ihrer Bahn abgelenkt und schießen in unsere Atmosphäre mit einer Geschwindigkeit von vielleicht 50 Kilometer in der Sekunde. So werden sie durch die Reibung mit der Luft schnell erhitzt, wie auch durch die Wärme, die bei der Verdichtung der ihnen vorgelagerten Luft frei wird, und zerfallen in Stücke oder feinen Staub, dessen einzelne Teilchen weißglühend werden, schmelzen, oder sich sogar in Dampf auflösen. Dieser glühende Staub zeigt sich uns als Lichtschweif, wenn ein Meteor erscheint, und verschwindet wieder schnell am Himmel. Er ist als kosmischer oder Meteoritenstaub bekannt. Wenn er auf die Schneefelder der arktischen Regionen oder hohen Berge in gemäßigten Breiten fällt, so haben wir Gelegenheit, ihn zu sammeln und zu untersuchen. Aus der Höhe, in der die Sternschnuppen und das Nordlicht beobachtet worden sind, zieht man den Schluß, daß die Atmosphäre 250 Kilometer oder noch höher über die mittlere Erdoberfläche reicht.

5. Aber in dieser großen Höhe ist die Luft in vieler Hinsicht von der nahe der Erde befindlichen sehr verschieden. Wir würden darin nicht atmen können (Abschnitt VIII § 2. 3). Wenn z. B. Reisende hohe Berge besteigen, so empfinden sie bei ihrem Vordringen wachsende Atembeschwerden. Ebenso sind Luftschiffer, die sich im Ballon zu großen Höhen erhoben, bewußtlos geworden und wegen der Verschiedenheit der oberen und unteren Luft in Lebensgefahr geraten. Der Hauptunterschied besteht in der Dichtigkeit, da die Luft mit der Entfernung über der Meeresfläche immer leichter oder dünner wird. Unser Körper kann den Unterschied zwischen der dichten schweren Luft an der Erdoberfläche, an die wir gewöhnt sind, und der dünneren oberen Luft nicht ertragen, obwohl bei allmählichem Übergang unsere Lungen an die Luft auf hohen Bergen gewöhnt werden können.

Aber höher als 10 bis 12 Kilometer wird das Atmen unmöglich. Darüber hinaus wird die Luft immer dünner und dünner, bis sie in den entferntesten Schichten der Atmosphäre ein äußerstes Maß der Verdünnung und wahrscheinlich eine völlig andere Zusammensetzung erreicht.

Abschnitt VIII. — *Der Luftdruck.*

1. Obschon unsichtbar und so leicht, daß wir darin leben und uns bewegen, ohne an ihre Gegenwart zu denken, übt die Atmosphäre dennoch auf alle Teile der Erde einen Druck aus. Die tieferen Schichten der Luft müssen notwendigerweise durch das Gewicht der ganzen über ihnen lagernden Masse zusammengedrückt werden. Diese Erscheinung bezeichnet man gewöhnlich als **atmosphärischen** oder **Luftdruck**. Er entsteht aber nicht ausschließlich durch die Schwere, sondern auch durch andere Eigenschaften der Gase und Dämpfe, die die Luft zusammensetzen.

2. Um uns von dem Vorhandensein des Luftdrucks zu überzeugen, nehmen wir eine kleine Glasflasche, setzen sie an den Mund und saugen die Luft möglichst aus, wobei wir Sorge tragen, daß die Zunge sofort die Öffnung wieder verschließt. Wir fühlen dann, daß unsere Zunge in die Flasche hineingezogen wird, vielleicht sogar mit einer Empfindung von Schmerz infolge des Luftdrucks von außen und des Mangels eines entsprechenden Gegendruckes von innen. Eine derartige Wirkung läßt sich genau messen, und so zeigt uns denn die Beobachtung, daß dieser Druck am Meeresspiegel auf den Quadratzentimeter 1,0333 Kilogramm beträgt. Jeder von uns trägt demnach ein Gewicht von 12 000 bis 14 000 Kilogramm Luft. Aber wir fühlen diesen Druck nicht, weil er gleichmäßig von allen Seiten wirkt, und weil die Luft im Innern unseres Körpers denselben Druck nach außen ausübt wie die äußere nach innen. Könnten wir die Luft aus allen Höhlungen und Kanälen eines menschlichen Körpers entfernen, so würde das Gewicht der äußeren Luft den Körper sofort zermalmen und den augenblicklichen Tod herbeiführen.

3. Wenn wir uns vergegenwärtigen, daß jeder Teil der Atmosphäre das Gewicht aller über ihm liegenden Luft zu tragen hat, so sehen wir ein, daß, je höher wir steigen, und je weniger Luft also sich über uns befindet (Abschnitt VII § 5), wir desto dünnere Luft antreffen müssen, und wir verstehen, warum uns das Atmen schwer wird. Der Luftdruck nimmt mit der Höhe ab.

4. Der Luftdruck wird mit einem allgemein bekannten Instrumente, dem **Barometer** gemessen. In diesem Instrumente hält das Gewicht der Atmosphäre dem Gewichte irgend einer Flüssigkeitssäule das Gleichgewicht. Die Höhe der letzteren ist durch das spezifische Gewicht der angewendeten Flüssigkeit bedingt. Eine etwa 800 mm lange Glasröhre, die an einem Ende geschlossen ist, wird mit Quecksilber gefüllt, hierauf umgedreht und mit dem offenen Ende, das man während des Eintauchens mit dem Finger schließt, in ein mit demselben Metall gefülltes Gefäß getaucht. In der Nähe des Meeresspiegels fällt das Quecksilber dann in der Röhre, bis es auf einer Höhe von etwa 760 mm über der Oberfläche des in dem Gefäße befindlichen Quecksilbers stehen bleibt. Die 760 mm hohe Quecksilbersäule ist im Gleichgewicht mit dem Druck der Luftsäule, die auf der Oberfläche des Quecksilbers in dem Gefäße lagert, und sinkt deshalb nicht weiter herab. Je stärker die Atmosphäre auf das Quecksilber im Gefäß drückt, desto höher steigt das Quecksilber in der Röhre; je geringer der Druck der Luft, desto tiefer sinkt es.

5. Mit einem derartigen Instrumente lassen sich Schwankungen im Luftdrucke wahrnehmen, die so gering sind, daß wir sie auf andere Weise nicht empfinden. Vermerkt man die Höhe des Quecksilbers in der Röhre genau und bringt dann das Barometer in eine größere Höhe, so sieht man, daß das Quecksilber fällt, weil der Druck geringer wird; es steigt aber wieder, wenn das Instrument an den tiefern Ort zurückgebracht wird. So regelmäßig und genau ist dieser Vorgang, daß das Barometer oft zu Höhenmessungen benutzt wird. Gäbe es für die Änderungen des Luftdrucks keine andere Ursache als die verschiedene Höhe über dem Meeresspiegel, so wäre das Barometer zu diesem Zwecke unmittelbar brauchbar; aber, wie wir sogleich sehen werden, es könnte dann nicht seiner eigentlichen Hauptbestimmung dienen.

6. Die Verringerung des atmosphärischen Druckes mit zunehmender Höhe in der Luft ist beständig und regelmäßig. Aber außerdem unterliegt der Luftdruck in allen Höhen fortwährenden Änderungen, die manchmal plötzlich und gewaltig, dann wieder allmählich und gering sind. Wir merken diese Schwankungen, wenn sie von Wetterwechsel begleitet sind. Aber sie lassen sich mittels des Barometers sehr genau messen. Wenn aus irgend einem Grunde der Luftdruck abnimmt, fällt das Quecksilber, nimmt er zu, so steigt es, und die Schnelligkeit oder Langsamkeit der Bewegung der Quecksilbersäule gibt uns ein treues Bild von dem Grade und der Dauer der Änderungen in der mit dem Quecksilber im Gleichgewicht befindlichen Luftsäule.

7. Zur Veranschaulichung dieses Vorganges wollen wir annehmen, wir bemerkten eines Morgens beim Ablesen des Barometerstandes, daß das Quecksilber während der Nacht um 25 mm gefallen sei; dann würde die Quecksilbersäule also anzeigen, daß sie während weniger Stunden um ein Dreißigstel ihrer ganzen Länge kürzer geworden sei, und wir würden mit Recht daraus schließen, daß die Luftsäule, die auf das Quecksilber in dem Gefäße drückt, ebenso ein Dreißigstel ihres Druckes oder Gewichtes verloren habe. Die oberen Schichten müssen nach benachbarten Gegenden übergeströmt sein und dadurch den Druck um diesen Betrag verringert haben. Eine so plötzliche und große Veränderung ruft aber unausbleiblich einen heftigen Orkan hervor. Das Sinken des Barometers trifft fast jedesmal zeitig genug ein, um uns auf den nahenden Sturm vorzubereiten.

8. Die Barometerröhre ist in Millimeter eingeteilt, und zwar so, daß der Stand des Barometers bis zu $^1/_{10}$ Millimeter genau angegeben werden kann. Wenn der Luftdruck gerade einer Quecksilbersäule von 760 mm das Gleichgewicht hält, so sagt man, es steht auf 760. Wenn das Quecksilber einen mm fällt, so steht das Barometer auf 759 mm. Steigt es dann um ein Zehntel mm, so liest man 759,1 mm ab; weiteres Steigen um ein Hundertstel mm bringt es auf 759,11. Man hat gefunden, daß der durchschnittliche Stand des Quecksilbers im Barometer am Meeresspiegel auf der ganzen Erde nahezu 760 mm beträgt. In verschiedenen Gegenden schwankt die tatsächliche

Durchschnittshöhe beträchtlich um jenes Mittel. So steht z. B. im Stillen Ozean, in einiger Entfernung westlich von Kalifornien, das Quecksilber durchschnittlich auf 769 mm. Anderseits steht es im Nordwesten von Island auf einer durchschnittlichen Höhe von 751,5 mm, während innerhalb des südlichen Polarkreises der durchschnittliche Stand noch beträchtlich tiefer ist. Wenn das Quecksilber unter seinen Durchschnittsstand gefallen ist, zeigt es einen **niedern Luftdruck** an; steigt es über den Durchschnittsstand, so bezeichnet es einen **hohen Luftdruck.**

9. Wie wichtig es ist, die Schwankungen im Luftdrucke genau aufzuzeichnen, erhellt aus einer Tatsache, die jetzt durch Beobachtung in allen Teilen der Welt festgestellt worden ist: daß nämlich diese Luftdruckunterschiede die Winde, Stürme, kurz alle Bewegungen der Luft hervorrufen, die mit den Änderungen im Wetter innig verknüpft sind.

Was ist aber die Ursache dieser Druckänderungen? Weshalb ist die Luft solchen starken und oft plötzlichen Schwankungen unterworfen? Die Antwort auf diese Fragen lautet: der Luftdruck wird 1. durch die Temperatur und 2. durch den Wasserdampf beeinflußt.

10. (1) **Die Temperatur.** Es ist leicht einzusehen, in welcher Weise sich dieser Einfluß geltend macht. Wenn Luft erwärmt wird, dehnt sie sich aus; abgekühlt, zieht sie sich zusammen, verhält sich also in dieser Hinsicht ebenso wie andere Körper. Kalte Luft ist daher dichter als warme, sodaß letztere aufsteigt, während die erstere herabsinkt. Das Aufsteigen der warmen Luft muß notwendigerweise den atmosphärischen Druck vermindern. Wenn ein weiter Landstrich der Erde, z. B. Zentralasien, von den Sonnenstrahlen stark erhitzt wird, so steigt die in Berührung mit dem Boden befindliche heiße Luft empor und strömt in die umliegenden Gegenden. Daher verringert sich dort der atmosphärische Druck während der heißen Jahreszeit.

11. (2) **Der Wasserdampf** wirkt in noch höherem Grade auf den Luftdruck ein. Wir haben bereits gelernt, wie allgemein verbreitet dieser unsichtbare Dampf ist, und wie leicht man ihn durch Abkühlung der Luft sichtbar machen kann, denn dadurch wird der Dampf sofort in sichtbares Wasser übergeführt. Abschnitt X behandelt eingehend den Wasserdampf in der Atmosphäre, seine Entstehung, sein Aufsteigen in die Atmosphäre, sowie seine fortwährende Verdichtung zu Wasser in irgend einer der bekannten sichtbaren Gestalten. Hier wollen wir untersuchen, in welcher Weise dieser sich unaufhörlich wiederholende Vorgang den Luftdruck beeinflußt.

12. Wir nehmen zwei leere Glasgefäße von je zehn Liter Inhalt und machen sie mittels einer Luftpumpe möglichst luftleer; in das eine füllen wir Wasserdampf bei etwa 10° Celsius, so viel davon hineingeht (Abschnitt IX § 1); das andere füllen wir bei genau derselben Temperatur mit vollkommen trockener Luft, d. h. mit Luft, aus der der Wasserdampf möglichst sorgfältig entfernt wurde. Wiegen wir dann beide Gefäße und ziehen bei jedem das Gewicht des Glases ab, so finden wir, daß der Dampf nur 0,0922 Gramm, die Luft dagegen 12,4704 Gramm wiegt.

13. Ohne auf die Frage einzugehen, ob der Luftdruck ausschließlich durch die Schwere oder auch durch andere Ursachen bedingt ist: welchen Schluß können wir aus unserem Versuche ziehen? Unzweifelhaft den, daß der Wasserdampf weit leichter ist oder weit weniger Druck ausübt als die Luft. Bei 10° Celsius ist er etwa 135 mal leichter, und wenn auch der Unterschied bei höheren Wärmegraden weit geringer sein würde, so bleibt doch unter allen Temperaturen, denen die Atmosphäre gewöhnlich unterworfen werden kann, das Gewicht oder der Druck der Luft ungleich größer als derjenige des Wasserdampfes.

14. Nehmen wir nun ferner an, wir hätten sechs Glasgefäße, ein jedes genau zu 10 Liter Inhalt, und wir füllten sie in folgender Weise: drei davon mit wasserdampfgesättigter Luft, aber jedes bei einer andern Temperatur, etwa das erste beim Gefrierpunkte (0°), das zweite bei der Temperatur eines Frühlingsmorgens (10°), und das dritte bei der eines warmen Mittags im Sommer (27°); und drei mit völlig trockener Luft bei denselben drei Temperaturen. In den drei ersten Gläsern enthält jedesmal die Luft so viel Dampf, als die Temperatur zuläßt, und da, wie wir sehen, kalte Luft nicht so viel Dampf enthalten kann wie warme, so wissen wir, daß sich in dem wärmsten Gefäße weit mehr Dampf befinden muß als in dem kältesten. Wir wiegen alle sorgfältig wie vorher und finden, daß die eiskalte feuchte Luft etwa 0,0286 Gramm weniger wiegt als die vollkommen trockene derselben Temperatur; daß die feuchte Luft von mittlerer Temperatur etwa 0,0562 Gramm leichter als die trockene ist; daß endlich die wärmste feuchte Luft etwa 0,1462 Gramm leichter ist als die wärmste trockene Luft.

15. Was lernen wir aus diesem Versuche? Offenbar, daß die Beimengung des Wasserdampfes die Luft leichter macht oder ihren Druck verringert, und daß dieser Unterschied um so größer ist, je wärmer die Luft, da sich in warmer Luft mehr Dampf auflösen kann als in kalter.

Der Dampf, der so reichlich vom Meere und vom Boden aus in die Luft aufsteigt, verteilt sich in der Atmosphäre, indem er die Luftteilchen beiseite stößt; und da er ein weit geringeres Gewicht als die Luft besitzt, vermindert er notwendigerweise die Dichte der Atmosphäre, oder mit anderen Worten, er erniedrigt den Luftdruck. Ein Gemenge von Luft und Wasserdampf ist leichter als derselbe Raumteil trockener Luft, und je größer daher die verhältnismäßige Dampfmenge, desto größer wird dieser Gewichtsunterschied sein.

16. Die Dampfmenge in der Atmosphäre ändert sich beständig von Tag zu Tag und von einer Jahreszeit zur andern (Abschnitt X). In diesen Änderungen müssen wir eine der Hauptursachen der unaufhörlichen Schwankungen des Luftdruckes erkennen, die uns das Barometer verrät. Die Aufnahme eines großen Dampfvolumens durch die Atmosphäre vermindert den Luftdruck, infolgedessen fällt das Barometer. Die Abgabe dieser Dampfmenge, entweder durch Verdichtung zu Regen oder auf andere Weise, stellt den früheren Druck her, und das Quecksilber steigt wieder. Manchmal sind diese Schwankungen sehr allmählich und dehnen sich auf Tage und Wochen aus; manchmal vollzieht sich eine große Schwankung in wenigen Stunden.

17. Wie diese großen Veränderungen des Dampfgehalts in irgend einem Teile der Atmosphäre zustande kommen, ist noch unbekannt. Wohl aber hat man ermittelt, daß sie Bewegungen der Luft hervorrufen. Wenn sie plötzlich und ausgedehnt sind, so treten sie in Begleitung von Regengüssen und Wind auf. Sind sie weniger heftig, so zeigen sie immerhin einigen Einfluß auf Wind und Wetter.

18. Alle Bewegungen der Atmosphäre entstehen aus Luftdruckunterschieden, die, soweit wir sie erklären können, durch Schwankungen der Temperatur und des Dampfgehaltes verursacht werden. Wir werden sie in den beiden nächsten Abschnitten behandeln.

19. Beobachtungen mit dem Barometer sind viele Jahre hindurch in allen Teilen der Erde angestellt worden, und dadurch wurden die Meteorologen in den Stand gesetzt, Karten zu zeichnen, auf denen man mittels der Linien des gleichen Luftdrucks oder der **Isobaren** die allgemeine Verteilung des atmosphärischen Druckes auf der Erdoberfläche in jedem Monat oder jeder Jahreszeit, oder auch während des ganzen Jahres, sehen kann. Tafel II und III sind Beispiele derartiger Karten. Wie man sieht, lassen sich im allgemeinen drei große Gebiete niedrigen Luftdrucks unterscheiden. Eins davon erstreckt sich als breiter Gürtel rings um den Äquator; die anderen beiden liegen um die Pole herum; zwei Zonen hohen Druckes dehnen sich beiderseits, längs des Äquatorialgürtels aus und trennen ihn von den Polarzonen mit niedrigem Luftdruck. Diese Zonen sind auf der südlichen Halbkugel am meisten zusammenhängend und gleichmäßig; aber selbst dort, und noch weit mehr auf der nördlichen, teilen sie sich mehrfach in getrennte Stücke, verursacht durch die unregelmäßige Verteilung von Meer und Land. Zudem ändern sie ihre Lage mit den Jahreszeiten, wie sich sofort zeigt, wenn man die Verteilung des Luftdrucks im Januar mit derjenigen im Juli vergleicht. (Tafel II und III.)

Abschnitt IX. — *Die Temperatur der Luft.*

1. Wie bei der Untersuchung über den Luftdruck, wäre es auch bei dem Studium der Lufttemperatur nicht möglich, zu befriedigenden Resultaten zu gelangen, ohne ein Mittel, ihre Schwankungen genau zu messen, denn nur die auffälligsten empfinden wir dadurch, daß sie uns ein angenehmes oder unangenehmes Gefühl verursachen. Glücklicherweise ist auch in diesem Falle das zu genauen Messungen dienende Instrument außerordentlich einfach in seiner Konstruktion wie in seiner Anwendung. Es ist das **Thermometer** (Wärmemesser); es besteht aus einer dünnen an beiden Enden geschlossenen Glasröhre, deren unteres Ende zu einem Kolben erweitert ist. Die Röhre ist möglichst luftleer gemacht, zum Teil mit Quecksilber oder Weingeist gefüllt, und an einer flachen Platte aus Elfenbein, Holz oder einer anderen Substanz befestigt, auf der sich eine Gradeinteilung befindet. Unter dem Einfluß der Wärme dehnt sich die Flüssigkeit in der Röhre aus und steigt; wird dagegen dem Instrumente Wärme entzogen, so zieht sich die Flüssigkeit in der Röhre zusammen und sinkt. Die Temperatur wird durch diejenige Ziffer der Gradeinteilung angegeben, in deren Höhe das obere Ende der Quecksilbersäule steht. Die bei uns gebrauchte Thermometerskala wird nach ihrem Erfinder Celsius genannt und ist so eingeteilt, daß das Quecksilber 0° zeigt, wenn das Instrument in schmelzendes Eis oder in Wasser im Zustande des Gefrierens getaucht wird. Dies ist der Gefrierpunkt des süßen Wassers. An einem schönen Sommertage zeigt bei uns das Thermometer 30° Celsius. An einem heißen Mittag in Ostafrika steigt es bis auf 40°, während es auf dem glühenden Sande einer afrikanischen Wüste zur heißesten Zeit des Tages manchmal 65 und noch mehr Grade aufweist. Unter den gewöhnlichen Umständen zeigt das Thermometer 100° bei der Temperatur des siedenden Wassers. Wenn das Quecksilber in der Röhre tief steht, so zeigt es Kälte oder **niedrige Temperatur** an; steht es dagegen hoch in der Röhre, so zeigt es Wärme oder **hohe Temperatur** an.

2. Mittels des Thermometers ist man imstande, sehr kleine Temperaturänderungen zu messen und die Abstufung der Temperatur an verschiedenen Orten zu vergleichen. Man hat derartige Beobachtungen seit vielen Jahren in allen Erdteilen angestellt, um dadurch die allgemeine Verteilung der Temperatur über die Erde kennen zu lernen. Zur Darstellung dieser Verteilung entwirft man Karten, auf denen Linien durch alle Orte mit gleicher Temperatur gezogen sind (siehe Tafeln IV. V).

Diese Linien haben den Namen **Isothermen** erhalten, d. h. Linien gleicher Temperatur. Jede dieser Linien wird nach dem Thermometergrade benannt, dem sie entspricht; so z. B. zeigt die Isotherme von 16° an, daß alle Punkte, durch die sie gelegt ist, die Durchschnittstemperatur 16° besitzen.

3. Woher erhält die Erde ihre Wärme und warum ist die Temperatur verschiedener Teile der Erdoberfläche verschieden?

4. Obgleich, wie wir gesehen haben (Abschnitt III), unser Planet einst wahrscheinlich eine geschmolzene Kugel war und auch jetzt noch eine sehr bedeutende Innenwärme besitzt, so wird doch seine Oberflächentemperatur nicht wesentlich davon beeinflußt. Wäre er nur auf seine Eigenwärme angewiesen, so würde seine Oberfläche so kalt werden, daß sie unbewohnbar wäre, wenigstens für die Pflanzen- und Tiergattungen, die jetzt auf ihr leben.

5. Von der **Sonne** kommt die nötige Wärme zu uns. Je nach der größeren oder geringeren Menge dieser Wärme, die verschiedene Teile der Erde erhalten, sind letztere in ihrer Temperatur verschieden. Wäre kein Wasserdampf in der Luft, so würden die Wärmestrahlen ohne bemerkbare Abschwächung hindurchdringen; der vorhandene Dampf hält sie zum Teil zurück und erhöht hierdurch die Temperatur der Luft, aber nur in geringem Maße. Hieraus folgt, daß in trockenen Klimaten die Strahlung (§ 6) sehr stark ist, daß also die Tage wärmer und die Nächte kälter sind als in feuchten Klimaten.

6. Durch dreierlei Vorgänge wird die Temperatur beeinflußt. (1.) Die Oberfläche des Festlandes, die durch die Sonnenstrahlen erwärmt wird, erwärmt ihrerseits die Luftschicht, die auf ihr lagert. Dies nennt man **Konduktion** oder **Wärme-Leitung.** (2.) Die erwärmte Luft steigt in die Höhe, während die kältere Luft herabsinkt, um ihrerseits erwärmt zu werden und dann aufzusteigen. Auf diese Weise entstehen Strömungen in der Atmosphäre; die von ihnen (oder durch Strömungen im Meer) fortgeführte Wärme wird, wie man sich ausdrückt, durch **Konvektion** oder **Wärme-Übertragung** verbreitet. (3.) Die Wärme strömt zwischen Körpern, die unbehindert aufeinander einwirken, beständig hin und her. Das nennt man **Radiation** oder **Wärme-**

Strahlung. So strahlt beispielsweise die Sonne ohne Unterlaß nach allen Richtungen Wärme aus und ebenso unser eigener Erdball. Tagsüber empfängt die bestrahlte Seite der Erde viel mehr Wärme von der Sonne, als sie selbst abgibt, und wird infolgedessen erwärmt. In der Nacht dagegen strahlt die dunkle Erdhälfte mehr Wärme in den Weltenraum aus, als sie von den Planeten und Sternen empfängt, und kühlt sich infolgedessen ab. Wenn die Sonnenstrahlen einen Teil der Erdoberfläche erwärmt haben, so wird die über diesem Teil lagernde Luft durch Wärmeleitung erwärmt, und es entstehen Strömungen, die die Wärme durch Übertragung verbreiten.

7. Man hat ermittelt, daß die wärmende Kraft der Sonnenstıahlen von dem Winkel abhängt, unter dem sie auf

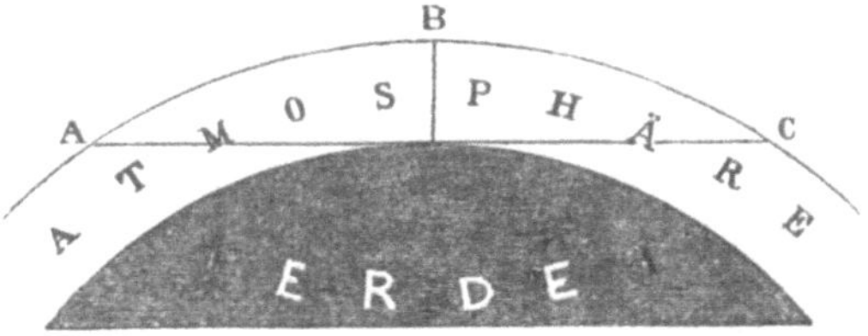

Fig. 8. **Darstellung des Einflusses, den der Auffallswinkel der Sonnenstrahlen auf die Kraft der Sonnenwärme ausübt. A. Richtung der Strahlen am Morgen, B. am Mittag, C. am Abend.**

die Oberfläche unseres Planeten fallen. Wo sie senkrecht auffallen, wie bei B in Fig. 8, ist ihre wärmende Kraft am größten. Diese nimmt in dem Maße ab, wie die Richtung der Strahlen sich mehr und mehr von der Senkrechten entfernt, bis sie zuletzt horizontal werden, wie bei A und C, und ihre Wirkung aufhört. Daher sind die Strahlen, wie stark sie auch mittags wirken mögen, morgens und abends verhältnismäßig schwach.

8. Betrachten wir nun die Art der Verteilung der Lufttemperatur über den Erdball, so sehen wir sofort, daß die Länder am heißesten sein müssen, wo die Sonnenstrahlen senkrecht oder nahezu senkrecht auffallen, daß dagegen die Gegenden naturgemäß am kältesten sind, wo die Strahlen nur ganz schräg die Erde treffen. Zwischen den Wende-

kreisen (Abschnitt II § 11) steht die Sonne zweimal im Jahre senkrecht. Daher muß jener Gürtel der Erde (die Tropen) die höchste Temperatur besitzen. Um die Pole herum scheint die Sonne im Winter sechs Monate lang gar nicht und steht auch im Sommer nicht sehr hoch am Himmel. Dort müssen demgemäß die kältesten Gegenden sein. Unser erster Schluß bezüglich der Temperatur der Atmosphäre läßt sich daher in die Regel zusammenfassen, daß die Temperatur von der Entfernung vom Äquator abhängt, oder kürzer ausgedrückt (1): **Die Temperatur richtet sich nach dem Breitegrade.**

9. Ohne das Vorhandensein anderer störender Einflüsse würde also eine regelmäßige Abnahme der Temperatur vom Äquator nach den Polen zu stattfinden. Jede Breite besäße ihre eigentümliche Temperatur, so daß uns die Angabe der Durchschnittstemperatur eines Ortes für die Bestimmung seiner Breite genügte, und umgekehrt der Breitegrad für die Temperatur.

10. Aber diese Wechselbeziehung findet nur in beschränktem Maße statt. Orte, die auf demselben Parallelkreise liegen, haben oft keineswegs dieselbe Temperatur. Berlin hat z. B. dieselbe Breite wie Labrador. Aber in Deutschland sind die Sommer heiß und die Winter nicht sehr kalt, während in Labrador die Sommer mild und die Winter außerordentlich kalt sind. Es muß deshalb noch eine andere Ursache vorhanden sein, die den Einfluß der Breite stört. Welches ist diese zweite Ursache?

11. Zieht man rings um den Erdball Isothermen, indem man alle Punkte gleicher mittlerer Temperatur durch Linien verbindet, so findet man, daß diese Linien, anstatt den Breitekreisen zu folgen, sich auf- und abbewegen; man bemerkt ferner, daß diese gebogenen Linien in enger Beziehung zu der Gestalt der Festländer und der Meere stehen. Wir können jede beliebige Temperatur, etwa 0°, oder 5°, 10°, 15° wählen, vorausgesetzt, daß man durch fortgesetzte Beobachtungen an jedem Punkte, durch den die Linie gelegt ist, sich überzeugt hat, daß die gefundene mittlere Jahrestemperatur oder Monatstemperatur wirklich den angegebenen Wert besitzt. Auf diese Weise wird die Durchschnittstemperatur des ganzen Jahres, oder des Sommers oder Winters oder jedes Monats dargestellt.

12. Werfen wir einen Blick auf die Karten (Tafel IV und V), die die Verteilung der Temperatur über den Erdball im Januar und im Juli darstellen, so sehen wir, wie solche Linien gezogen werden, und wie einfach sie die Verteilung der Temperatur auf der Erde nachweisen. Sie sind am wenigsten unregelmäßig auf der südlichen Halbkugel über der weiten Meeresfläche; die größten Abweichungen zeigen sie über Nordamerika, dem Atlantischen Ozean, Europa und Asien. So beweisen sie, daß die Temperatur in den meerbedeckten Teilen der Erdoberfläche gleichmäßiger und mit der Breite enger verknüpft ist als auf den Festländern, oder dort wo die Meere und Erdteile zusammenstoßen, wie im Becken des Atlantischen Ozeans.

13. Um den ganzen Wert und die volle Bedeutung der Isothermen zu erkennen, wollen wir diejenige Linie genauer verfolgen, die auf der nördlichen Halbkugel eine mittlere **Jahrestemperatur** von 10° Celsius bezeichnet. Die Linie geht, wenn wir Deutschland und Österreich als Ausgangspunkt nehmen, von Wien aus in nordwestlicher Richtung durch Süddeutschland, läßt die ganze Rheingegend südlich und durchkreuzt dann Holland, England und Irland. In England läuft diese Linie durch die Mitte des Landes und den Norden von Wales; d. h. alle Landesteile, die längs jener Linie liegen, haben eine mittlere Jahrestemperatur von 10°, während die nordöstlich davon liegenden etwas kälter und die südwestlich gelegenen etwas wärmer sind. Wenden wir uns nun nach der andern Seite des Atlantischen Ozeans, um die Orte dieser durchschnittlichen Jahrestemperatur von 10° aufzusuchen, so treffen wir sie nicht auf demselben Breitegrade an wie in Europa. Sie liegen vielmehr weit südlicher, so daß die Linie oder Isotherme von 10° beim Überschreiten des Ozeans eine Biegung macht und die amerikanische Küste etwa bei New-York erreicht. Die mittlere Jahrestemperatur von Wien, Straßburg, London und New-York ist also dieselbe. Und doch liegt New-York ebenso südlich wie Neapel.

14. Diese Isotherme von 10° zwischen Europa und Amerika und noch mehr die anderen nördlich davon liegenden Linien zeigen deutlich, wie wenig die Zonen gleicher Wärme mit den Breitegraden übereinstimmen. Aus den Karten ersieht man, daß diese Abweichungen durch die Art der Verteilung von Wasser und Land bedingt sind.

15. Das Festland wird durch die Sonnenstrahlen schneller erwärmt als das Meer und gibt auch seine Wärme schneller ab. Das Meer wird niemals so heiß wie das Land, behält aber seine Wärme länger und ist vermöge seines flüssigen Zustandes und seiner Strömungen imstande, sie zu verbreiten. Daher geht der Einfluß des Meeres dahin, die Wärme sowohl wie die Kälte des Landes zu mildern. Seine warmen Strömungen erwärmen die über ihm ruhende Luft und bewirken so im Winter die Entstehung warmer Winde, die nach dem Lande zu wehen, während im Sommer seine kälteren Gewässer in gleicher Weise die Wärme der Luft mildern, so daß diese das Land in Gestalt eines kühlenden Wehens oder vielleicht kalter feuchter Winde und Nebel erreicht. So geht im Nordatlantischen Becken eine warme Meeresströmung, der **Golfstrom** genannt, vom Meerbusen von Mexiko aus und fließt, vermehrt durch das strömende warme Oberflächenwasser, das von den vorherrschenden Südwestwinden nach Norden getrieben wird, quer über den Atlantischen Ozean nach den Küsten von England und selbst nach Spitzbergen. Dieser Strom führt Wärmemengen mit sich, die das Klima von Westeuropa viel milder machen, als es von Natur sein würde. Anderseits bricht aus der Davisstrasse ein eisiger Wasserstrom hervor und bringt den Küsten von Neufundland und Labrador eine bedeutende Abkühlung. Daher drückt das Meer durch seine kalten Strömungen die Temperatur in Amerika in denselben Breiten herab, in denen es die Temperatur in Europa durch warme Strömungen erhöht.

16. Eine große Landmasse in hohen Breiten verursacht durch die Ansammlung von Schnee und Eis eine Erniedrigung der Temperatur, und eine ähnliche Landfläche in niederen Breiten erzeugt dadurch, daß sie den senkrechten Strahlen der Sonne eine breite Oberfläche darbietet, eine höhere Temperatur, als wenn dieselbe Gegend von Meer bedeckt wäre. Als Erläuterung zu diesem Satze diene die

Beobachtung, daß auf der Karte (Tafel IV) die Januar-Isothermen von Temperaturgraden unter 0 über Nordasien, sowie über Grönland und Nordamerika ziemlich weit nach Süden reichen, während sie auf den Meeresteilen zwischen diesen Festländern weit nach Norden hin ausbiegen. Die kälteste Wintertemperatur auf dem Erdball weist das nordöstliche Sibirien auf, wo das Thermometer bis auf 50 Grad unter den Gefrierpunkt sinkt. Dagegen zeigt die Karte der Julitemperatur (Tafel V), daß über den äquatorialen Teilen von Amerika und der großen Fläche von Afrika und Südasien der zwischen den Isothermen von 25° eingeschlossene Raum gewaltig anschwillt und eine weit breitere Zone einschließt als dort, wo diese Linien das Meer durchkreuzen. Die heißesten Klimate weisen die trockenen Länderstriche auf, die sich von den afrikanischen Wüsten durch Arabien nach Indien hinziehen.

17. Aus der gleichen durchschnittlichen Jahrestemperatur zweier Orte folgt keineswegs, daß sie dasselbe Klima haben. So hat z. B. Reykjavik im Süden von Island (64° 40′ n. Br.) eine mittlere Jahrestemperatur von etwa 3°, während dieselbe in Quebec (Canada) etwa 4° beträgt; aber die mittlere Julitemperatur am ersteren Orte beträgt 10°, am letzteren 21°; die mittlere Januartemperatur am ersteren Ort — 1°, am anderen — 11°. Quebec weist also im Winter gewöhnlich die empfindliche Kälte von — 11° auf, während der Süden von Island oft frei von Frost ist. Im Sommer ist dagegen Quebec 11° wärmer als der Süden von Island. Canada wird durch das kalte Festland und das kalte Meer abgekühlt, die es nördlich und nordöstlich umgeben. Island wird durch den Golfstrom (§ 15) erwärmt, der im Winter und Sommer an seinen Küsten vorbeifließt.

18. Zur Vergleichung des Klimas zweier Orte ist die Kenntnis der verschiedenen Temperaturgrade während der verschiedenen Jahreszeiten notwendig. Um Vergleichungen dieser Art zu erleichtern, stellt man Karten her, ähnlich den Tafeln IV und V, die die Verteilung der Durchschnittstemperatur für jeden Monat oder für Sommer und Winter angeben, ferner Karten, die die mittlere Temperatur jedes Teiles der Erde für das ganze Jahr zeigen. Aus den in diesen

Karten verzeichneten, aus allen Teilen der Erde gesammelten Tatsachen ziehen wir den Schluß, daß (2) **die Temperatur durch die Verteilung von Wasser und Land beeinflußt wird.**

19. Der Einfluß des Luftdrucks spielt gleichfalls eine wichtige Rolle bei der Gestaltung der Temperaturverhältnisse. So bewirkt der niedrige Luftdruck in der Gegend von Island während des Winters (Tafel II) eine Bewegung der Luft aus dem Südwesten über das nordwestliche Europa und eine solche von Nordwesten über das nordöstliche Amerika. In dem ersten Fall kommen die Winde vom warmen Meere her und erhöhen die Temperatur; im anderen Fall gehen sie von den kalten arktischen Gebieten aus und erniedrigen die Temperatur (Tafel IV). Anderseits ist das Gebiet des hohen Luftdrucks über Zentralasien im Winter westlich durch einen warmen Luftstrom aus Süd-Süd-Westen gekennzeichnet, der über Rußland und das westliche Sibirien hinzieht, und auf der östlichen Seite durch einen kalten Luftstrom aus Nordwesten. Auf diese Weise erklärt es sich, daß Orte derselben Breite und von gleicher kontinentaler Lage Unterschiede von 20° Celsius in ihrer Durchschnitts-Wintertemperatur aufweisen. Wir dürfen aus diesen Tatsachen den Schluß ziehen, daß (3) **die Temperatur wesentlich durch die herrschenden Winde beeinflußt wird.**

20. Die Oberflächenform des Landes spielt ebenfalls eine wichtige Rolle bei der Gestaltung des Klimas. So macht eine hohe Gebirgskette, die sich dem Zug eines herrschenden Windes entgegenstellt, die Luft trockener dadurch, daß sie Niederschläge von Regen oder Schnee bewirkt. Infolgedessen werden in den Gegenden jenseits des Gebirgs die Wirkungen der Strahlung vermehrt, sodaß die Sommer heißer und die Winter kälter sind, als sie sonst sein würden.

21. Aber noch in anderer Weise hängt die Temperatur von der Gestaltung des Festlandes ab. Wir wissen alle, daß die Luft im tiefgelegenen Lande wärmer ist als auf den Berggipfeln. Selbst auf einigen der deutschen Gebirge, die nicht zu den Hochgebirgen gehören, ist die Temperatur der Gipfel so niedrig, daß an geschützten Plätzen, die der Sonne und den Winden nicht ausgesetzt sind, der Schnee den ganzen Sommer über ungeschmolzen bleibt. In den höheren Teilen der Alpen, des Himalaya, der Anden und aller anderen hohen Gebirge der Erde ist die Kälte so groß, daß der winterliche Schnee niemals ganz verschwindet, sondern als bleibende Decke sich erhält. Wir verspüren ein allmähliches Kälterwerden der Luft in dem Grade als wir uns in irgend einem Teile der Erde über den Meeresspiegel erheben. Das Verhältnis, in dem dieses Sinken der Temperatur stattfindet, schwankt sehr; aber man nimmt es im Durchschnitt zu 1° Celsius auf je 200 Meter an. Da unter den Tropen das Tiefland unter einer sengenden Hitze liegt, die Berge aber, so weit sie bis in die kalten Luftschichten hineinreichen, mit Schnee bedeckt sind, so ist klar, daß die Erhebung um ein paar tausend Meter über den Meeresspiegel einen ebenso großen Temperaturwechsel bewirkt wie eine Entfernung von vielen tausend Kilometern vom Äquator. Aus diesen Beispielen ersehen wir (4): **die Temperatur hängt von der Gestalt des Festlandes und insbesondere von der Höhe über dem Meeresspiegel ab.**

22. Eine weitere bekannte Tatsache kommt noch bei der Verteilung der Temperatur in Betracht. Auf der ganzen Erde findet eine tägliche Schwankung in der Temperatur statt: der höchste Stand des Thermometers wird kurz nach Mittag erreicht, und der niedrigste zwischen 4 und 6 Uhr des Morgens. Die Zeit, wann das Maximum und das Minimum eintritt, und der Unterschied zwischen beiden ist verschieden an verschiedenen Orten und sogar an demselben Ort je nach der Jahreszeit. Die tägliche Temperaturschwankung erhöht sich gegen den Äquator zu und wird an den Polen geringer; sie erhöht sich außerdem im Verhältnis der Entfernung vom Meere durch die Trockenheit der Luft.

23. Da die Erde von der Sonne beständig große Mengen Wärme erhält, können wir versucht sein zu fragen, ob sie nicht stets wärmer wird. Soweit nun Temperaturbeobachtungen bisher angestellt worden sind, haben sie keine merkliche Vermehrung oder Verminderung der Wärme ergeben. Es ist bestimmt anzunehmen, daß die Erde ebensoviel Wärme in den Weltraum zurückstrahlt, wie sie empfängt. Die von der Sonne erhaltene Wärmemenge kann im ganzen als beständig und alljährlich gleich groß betrachtet werden; wenn schon sorgfältige Beobachtung der Sonnenoberfläche und besonders des Erscheinens der darauf sichtbaren schwarzen Flecken vielleicht ergibt, daß die Wärmemenge von Zeit zu Zeit sich ändert, und daß diese Änderung die Temperatur und das Klima unseres Planeten beeinflußt. Man hat festgestellt, daß zwischen den auf der Erde vorkommenden heftigen Gewitter-Stürmen und jenen Zeitperioden, in denen die Sonne am meisten mit Flecken bedeckt ist, ein Zusammenhang besteht.

24. Die Ausstrahlung oder die Abgabe der Wärme durch die Erde fühlt man am meisten des Nachts, besonders bei klarem Himmel. In solchen Nächten empfinden wir, wie schnell die Wärme des Tages von der Erde in den kalten Sternenraum entweicht, und wie gänzlich unser Erdball in bezug auf seine gegenwärtige Oberflächentemperatur von der Sonne abhängt. Gegenstände, die am Tage sich warm anfühlen, werden nun immer kälter und kälter. Die Luft kühlt sich durch Berührung mit dem kalten Erdboden ab, und unser eigener Körper strahlt, wie alle Dinge um uns her, Wärme aus, und dies trägt dazu bei, unser Gefühl der Kälte zu erhöhen.

25. Durch die Ausstrahlung kann selbst in heißen Gegenden die Temperatur des Nachts bis auf den Gefrierpunkt oder sogar darunter fallen. So hat man beim Wandern auf den westlichen Hochebenen der Vereinigten Staaten manchmal eine nahezu tropische Hitze tagsüber an Sommertagen zu erleiden, während nachts das Waschwasser im Zelte gefriert. In trockenen Klimaten übt diese große Temperaturverschiedenheit zwischen Tag und Nacht ihren Einfluß sogar auf das feste Gestein aus. Durch die Kraft der Sonnenstrahlen bis auf 50° Celsius und mehr erwärmt, und dann wieder bis auf den Gefrierpunkt oder darunter abgekühlt, kann das Gestein den Einwirkungen der wechselnden Ausdehnung und Zusammenziehung nicht widerstehen und zerfällt in Sand oder zersplittert in einzelne Stücke. Der große Afrikareisende Dr. Livingstone beobachtete, daß in den Tropen Afrikas nachts Felsstücke bis 100 Kilogramm an Gewicht mit einem Geräusch, das dem Knall eines Pistolenschusses glich, absplitterten. Auch Stanley fand, daß, wenn in diesen Gegenden ein kalter Regen auf sonnendurchglühte Felsen fällt, diese zersplittern und die äußeren Teile sich abschälen. Auf diese Weise geht eine fortwährende Veränderung an den Gesteinen der Oberfläche des Festlandes vor sich. Diesen Vorgang nennt man **Verwitterung**; er geht auf die verschiedensten Ursachen zurück. Nicht nur die abwechselnde Erhitzung und Abkühlung, auch das Naß- und Trockenwerden (Abschnitt X § 36), die chemische Tätigkeit des Regens (Abschnitt XXVII § 3), die mechanische Einwirkung des Windes (Abschnitt VI § 6) und die zerstörenden Wirkungen des Frostes (Abschnitt XXVIII § 7—10) nehmen in den verschiedenen Gegenden in verschiedenen Graden an der Verwitterung des Festlandes teil.

Abschnitt X. — *Die Feuchtigkeit der Luft.*

1. Eine der stets vorhandenen Beimengungen der Luft, die wir in Abschnitt VI beschrieben haben, ist der Wasserdampf. Wir sahen, wie wichtig dieser Faktor bei der Erzeugung von Druckunterschieden, und folglich bei Wetteränderungen ist. Wir wollen ihn nun in bezug auf seine Entstehung und die verschiedenen Formen, unter denen er der Luft entzogen und dem Lande und dem Meere von neuem einverleibt wird, genauer untersuchen.

2. Die erste Frage ist: Woher kommt der so weit verbreitete und so überaus wichtige Wasserdampf? Er entsteht nur durch **Verdunstung**, d. h. er entweicht in unsichtbarer Gestalt von der Oberfläche eines jeden Meeres, jedes Sees, Flusses und Baches, kurz, von jeder Wasserfläche auf der Erde und selbst vom Schnee und Eis. Es gehört zu den bekanntesten Tatsachen, daß das Wasser auf Straßen und Wegen nach einem Regen mit großer Geschwindigkeit auftrocknet. Ja, jede Wasseransammlung, die offen der Luft ausgesetzt ist und nicht durch Nachfüllen stets ergänzt wird, vermindert sich sichtbar und verschwindet endlich. Das Wasser versinkt keineswegs gänzlich in den Boden. Ein Teil davon verschwindet allerdings auf diese Weise; aber auch aus einer Schüssel oder irgend einem andern Gefäße sehen wir das Wasser verschwinden, obgleich hierbei doch kein Versinken in den Boden stattfinden kann.

3. Die Luft ist im allgemeinen bestrebt, den Wasserdampf aufzusaugen. Wenn sie nichts mehr davon aufnehmen kann, so nennen wir sie gesättigt; sie hat den **Sättigungspunkt** erreicht, und die Verdunstung hört auf. Diese Grenze verschiebt sich mit der Temperatur: warme Luft kann, wie in Abschnitt VIII gezeigt wurde, mehr Dampf aufnehmen als kalte.[1]) Die Verdunstung wird durch den Wind sehr begünstigt. So trocknen z. B. feuchte Stellen und Wasserpfützen bei einem Luftzuge schneller als bei ruhiger Luft, weil der Wind den eben gebildeten Dampf sofort weiter treibt und andere trocknere Luft herbeiführt, die wieder weitere Mengen Dampf aufsaugt und fortträgt.

4. Daher muß die Verdunstung hauptsächlich am Tage stattfinden, ganz besonders während der warmen Jahreszeit. Sie ist im Sommer beträchtlicher als im Winter. Schwach ist sie, so lange die Luft feucht und ruhig ist, wird aber stärker, wenn sich ein frischer Wind erhebt. Sie ist weit stärker in warmen tropischen Gegenden als in denen mit gemäßigtem oder kaltem Klima.

5. Man hat berechnet, daß die ganze Wassermenge, die sich alljährlich aus der Atmosphäre auf die Erdoberfläche niederschlägt, gesammelt eine Fläche von etwa 500 000 Quadratkilometer (etwa die Größe Deutschlands) 1,5 Kilometer hoch bedecken würde. Diese ungeheure Flüssigkeitsmasse wird ganz allein durch die Sonnenwärme aus dem Meere und dem Süßwasser in die Luft emporgehoben. Die Wassermenge, die sich in atmosphärischen Dampf verwandelt, kann man sich am besten vorstellen, wenn man die ungeheuere Wassermasse in Betracht zieht, die von den Flüssen in das Meer geführt wird. Auf der ganzen Erde ergießen große und kleine Flüsse fortwährend ihre Wasserfülle in die Weltmeere. All dieses Wasser wurde ihnen aus der Atmosphäre zugeführt, entweder unmittelbar als Regen und Schnee, oder mittelbar durch Quellen. Aber sie

---

[1]) Bei 10° Celsius enthält ein Kubikmeter mit Wasserdampf gesättigter Luft 9,4 Gramm Wasserdampf.

erhielten eigentlich noch mehr als jene gewaltige Masse, die sie in das Meer führen, da auf ihrem Laufe von den Gebirgen zum Meere beständig Wasser verdunstet und sich ihre Wasserführung daher verringert.

6. Wenn nun von jedem Meere, See und Fluß auf der Erde beständig Wasserdampf in die Luft übergeht, was wird aus all diesem Dampfe, und warum vermindert sich die Wassermenge auf dem Erdball nicht? Weil die Umwandlung von Wasser in der gewöhnlichen flüssigen Gestalt in den unsichtbaren Gaszustand nur die eine Hälfte eines riesigen Kreislaufes ist. Der Dampf kann sich nicht unbeschränkt in der Atmosphäre ansammeln; er verwandelt oder verdichtet sich wieder in Wasser und erscheint nun in den bekannten Formen, wie Tau, Wolken, Regen oder Schnee.

7. Die beiden Vorgänge der Verdunstung und der Verdichtung oder Kondensation halten sich das Gleichgewicht; so weit die Erscheinungen auf der Erdoberfläche im großen und ganzen in Betracht kommen, kehrt ebensoviel Wasser zum Meere und zum Lande zurück, als von dort in die Atmosphäre aufsteigt. Aus diesem Kreislaufe des Wassers entspringen die so mannigfachen Natur-Erscheinungen, wie Wolken, Regen, Schnee, Flüsse, Gletscher und Seen. Ja noch mehr: wenn wir bedenken, daß an jedem Orte bald die Verdunstung, bald die Verdichtung vorherrscht, so ist klar, daß diese Vorgänge den Luftdruck gewaltig beeinflussen müssen; und da Veränderungen im Luftdruck die verschiedenen Bewegungen der Atmosphäre bestimmen (Abschnitt XI), so erkennen wir die hohe Wichtigkeit des Wasserdampfes in dem gegenwärtigen Haushalt der Natur.

8. So weit unsere Erfahrung reicht, kann sich zwar die Menge des Dampfes zuweilen beträchtlich vermindern, er verschwindet aber niemals an irgend einem Orte ganz aus der Atmosphäre. Anderseits ist die Luft um uns her verhältnismäßig selten so sehr mit Feuchtigkeit gesättigt, daß sie nicht noch mehr davon aufnehmen könnte, obgleich wir bei feuchtem Wetter sehen, wie ungewöhnlich langsam nasse Stellen trocken werden, wie schwach also dann der Appetit der Luft nach weiterem Wasserdampf ist.

9. Eine Hauptwirkung des Dampfes der Atmosphäre besteht darin, die Erde weit wärmer zu erhalten, als dies bei völlig trockener Luft der Fall wäre. Der Dampf schiebt sich wie ein unsichtbarer Schirm zwischen die Erde und die Sonnenstrahlen, die sonst sehr heiß wären. Derselbe Schirm, oft zu sichtbarer Form als Wolken verdichtet, verhindert nachts die Erde daran, ihre Wärme zu schnell in den Weltraum abzugeben. Ohne ihn würden wir am Tage verbrennen und über Nacht vor Kälte erstarren. Die Wolkenbildung würde aufhören, kein Regen würde mehr fallen, kein Strom mehr fließen und die Erde unbewohnbar werden.

10. Bei der Verdunstung wird der verdunstenden Fläche durch den Dampf Wärme entzogen. Gießt man einen Tropfen Wasser auf den Rücken der Hand, so bekommt man ein leises Gefühl von Kälte auf der Haut, weil das Wasser beim Verdampfen der Hand Wärme entzieht. Eine bekannte Methode, Flüssigkeiten abzukühlen, besteht darin, daß man feuchten Flanell um die Gefäße wickelt, die jene enthalten. Die Feuchtigkeit des Flanells verdunstet und entzieht dabei dem Gefäße etwas von seiner Wärme. Daraus geht hervor, daß der unsichtbare Dampf, der so massenhaft in die Luft aufsteigt, Wärme mit sich fortführt. Aber diese Wärme ist nicht fühlbar, so lange der Dampf unverdichtet bleibt, und wird deshalb als **latent** (d. h. verborgen) bezeichnet.

11. Wenn dagegen die Verdichtung oder Kondensation vor sich geht, wird die Wärme, die der Dampf bei seinem Aufsteigen gebunden hatte, wieder frei und macht sich fühlbar, sowie der Dampf zu Wasser wird. So hat man festgestellt, daß jedes Kilogramm Wasser, das aus Dampf durch Verdichtung entsteht, so viel Wärme in Freiheit setzt, daß man damit fünf Kilogramm Gußeisen schmelzen könnte. Es ist daher erklärlich, daß die Rückverwandlung des Dampfes in Wasser, wenn der Verdichtungsprozeß in der Natur sich auf weite Gebiete erstreckt, die Luft merklich erwärmt.

12. Verdichtung tritt ein, wenn die Luft oder ein in ihr befindlicher Körper auf den Punkt oder vielmehr etwas unter den Punkt abgekühlt wird, den man Sättigungspunkt oder **Taupunkt** (§ 14) nennt, also die Temperatur, bei der nicht länger die ganze Menge des in der Luft befindlichen Wasserdampfes aufgelöst bleiben kann, sondern ein Teil anfängt in sichtbare Form überzugehen. Der Taupunkt tritt nicht immer bei derselben Temperatur ein, sondern schwankt je nach dem Verhältnis des Wasserdampfes; auch erzeugt die Verdichtung nicht immer dieselbe Form des Wassers. Bald bildet sie leichte Nebel, bald Tauperlen oder Regentropfen, oder bei starkem Fallen der Temperatur Schneeflocken oder Hagelkörner.

In Abschnitt VI § 8 wurde hervorgehoben, daß der Wasserdampf nur auf einer festen Oberfläche in die flüssige Form übergeht, daß die Staubteilchen in der Luft diese festen Oberflächen darbieten, und daß, wenn diese nicht vorhanden wären, sich weder Nebel noch Wolken noch Regen bilden könnten. Wenn diese Stäubchen durch Ausstrahlung auf den Taupunkt abgekühlt sind, so dient jedes davon als ein Kern, um den sich der Wasserdampf der Luft als ein Nebelhäutchen ansetzt. Pflanzenblätter, Steine, kurz alle Gegenstände, die durch Ausstrahlung bis unter den Taupunkt abgekühlt werden, dienen als Oberflächen, auf denen der Wasserdampf der Luft sich verdichtet.

13. Der Stoff, den wir Wasser nennen, kann, je nach der Temperatur, drei verschiedene Gestalten annehmen. Bei gewöhnlicher Temperatur, von 0° bis 100° Celsius, ist er überall als Flüssigkeit vorhanden, und dieser Zustand ist demgemäß der gewöhnlichste. Wird Wasser bei beliebiger Temperatur, sei es auch als Eis oder Schnee, der Luft ausgesetzt, die noch nicht gesättigt ist, oder erreicht es die Temperatur von 100°, den Siedepunkt, so verwandelt es sich in unsichtbaren Dampf. Wird dagegen die Temperatur bis auf 0° erniedrigt, so fängt das Wasser an, fest zu werden. Es kristallisiert zu der spröden, farblosen Masse, die wir Eis nennen. Dieser Kristallisationsvorgang wird als Gefrieren bezeichnet, und die Temperatur (0°), bei der dies stattfindet, als **Gefrierpunkt**. Je nach der Temperatur, bei der die Verdichtung vor sich geht, nimmt daher der Dampf die flüssige oder feste Form an.

14. Der Tau. An einem Sommerabend findet bei klarem Himmel auf den Blättern der Pflanzen, auf Steinen und andern Gegenständen die Verdichtung statt. Sie bedecken sich mit feinen Wassertropfen, die unter dem Namen „Tau“ bekannt sind. Ist der Himmel bewölkt, so bildet sich entweder gar kein Tau, oder doch nur sehr wenig, und in solchen Nächten ist die Luft nicht so kalt wie in sternenhellen. Die Ursache des Auftretens dieser Feuchtigkeit ist dieselbe wie beim Anlaufen eines Glases mit sehr kaltem Wasser, das in eine warme Stube gebracht wird (Abschnitt VII § 17). Der Tau entsteht aus dem Dampfe der Atmosphäre und nicht etwa aus den Körpern, auf denen er sich bildet. Wenn der Himmel wolkenlos ist, so findet eine bedeutende Wärmeausstrahlung vom Erdboden aus statt, und die Oberfläche solcher Gegenstände, die ihre Wärme leicht abgeben, wird viel kälter als die Luft. So kühlt sich Gras doppelt so stark ab als gewöhnliche Gartenerde. Wenn diese Abkühlung eine Weile gedauert hat, wird auch die Luft in der Nähe jener erkaltenden Flächen so stark abgekühlt, daß sie nicht länger imstande ist, die in ihr angesammelte Dampfmenge zu binden; es verdichtet sich ein Teil davon und schlägt sich als Tau auf dem Grase nieder. Daher wird das Gras bald von der massenhaften Anhäufung des Taues auf seinen Halmen ziemlich naß. Die Temperatur, bei der diese Verdichtung eintritt, ist der Sättigungspunkt der Luft oder der Taupunkt.

15. Es ist hervorgehoben worden (§ 10, 11), daß der Dampf eine große Menge latenter Wärme enthält, und daß diese Wärme fühlbar wird, wenn der Dampf sich verdichtet. Die Bildung eines Tauhäutchens auf der Oberfläche der Erde läßt die Wärme wieder in die Luft entweichen. Aber bei fortdauernder Ausstrahlung wird die erwärmte Luft wieder bis auf den Taupunkt abgekühlt, dadurch eine weitere Menge Tau niedergeschlagen und neue Wärme entwickelt. Auf diese Weise werden die Nächte nicht kälter als die Temperatur des Taupunktes. Aber zuweilen, z. B. bei niedriger Wintertemperatur, oder wenn die Ausstrahlung sehr bedeutend ist, wird der Boden so abgekühlt, daß der Tau bei seiner Bildung gefriert und als **Reif** oder gefrorener Tau erscheint, den wir früh morgens auf dem Grase vorfinden. Die Wolken hemmen die Taubildung, weil sie die Ausstrahlung der Wärme von der Erde in den Weltraum verhindern, und weil sie selbst Wärme nach der Erde zu ausstrahlen; daher sind bewölkte Nächte wärmer als klare und sternenhelle.

16. Der Nebel. Wenn eine warme und feuchte Luftmasse auf kältere Luft stößt, oder mit kaltem Boden in Berührung kommt oder auf irgend eine andere Weise unter ihren Taupunkt abgekühlt wird, so verdichtet sich der Überschuß an Dampf, den sie nicht länger festhalten kann, zu winzigen Wasserteilchen und wird als Nebel sichtbar. Im Winter haben wir ein bekanntes Beispiel für diese Erscheinung in der Verdichtung unseres Atems zu Nebel, sobald er aus dem Munde in die kalte Luft gelangt. Im Sommer bildet sich der Nebel häufig des Abends über Flüssen und stehenden Gewässern. Durch die Ausstrahlung werden die Ufer eines Wassers nach und nach mehrere Grade kälter als das Wasser selbst; der aus dem Wasser aufsteigende Dampf wird daher durch die Luft abgekühlt und zu Nebelschichten oder Nebelstreifen verdichtet. Wenn ferner ein warmer Wind über einen Hügel oder Berg streicht und beim Ansteigen der Abhänge in höhere Luftschichten gelangt, so sinkt seine Temperatur, und wenn die Abkühlung bis unter diejenige Temperatur heruntergeht, bei der die Luft noch den ganzen Dampf festhalten kann, d. h. also unter den Taupunkt, so nimmt der überschüssige Dampf die Form von Nebel an.

17. Wolken. Tau und Nebel bilden sich nahe am Boden, sei es nun in Tiefländern, oder auf hohen Gebirgen. Wenn aber der Dampf in die kalten oberen Luftschichten gelangt, so verdichtet er sich an den feinen Stäubchen, die sogar dort, wie wir gesehen haben, in Fülle vorhanden sind, und wird als Wolke sichtbar. Eine Wolke ist nur ein Nebel, der in der Luft hängt, statt auf dem Boden zu ruhen. Wo die Bodenerhebung bedeutend ist, wie in den großen Gebirgsgegenden, erreichen oder überragen sogar viele Berggipfel diejenigen Schichten der Atmosphäre, in denen sich gewöhnlich die Wolken bilden. Während der Gewitter scheint eine weitere Verdichtung, durch Elektrizität bewirkt, vor sich zu gehen, die die Dichtigkeit der Wolken bedeutend vermehrt und diesen ein so düsteres Aussehen verleiht.

18. Infolge der großen Änderungen der Temperatur und der Verdunstung, die beständig auf der Erdoberfläche vor sich gehen, steigen stets Luftströme auf, die Dampf mit sich führen. Aber außer dieser senkrechten Bewegung finden sich in der Atmosphäre, soweit wir sie ihrer Höhe nach beobachten können, viele Schichten oder wagerecht über einander gelagerte Luftströmungen, die sich in verschiedenen und selbst entgegengesetzten Richtungen bewegen. Wir schließen das Vorhandensein dieser oberen Luftströmungen aus der Beobachtung der Wolkenbewegungen. Eine niedere Schicht von dicken, flockigen Wolken zieht vielleicht in einer Richtung vorüber, aber durch die Zwischenräume erblicken wir eine weit höhere Schicht von dünnen, leichten, weißen Wölkchen, die sich in entgegengesetzter Richtung bewegt. Alle diejenigen, die schon im Luftballon aufgestiegen sind, haben sich zur Genüge davon überzeugt, daß die Zahl und die Mannigfaltigkeit der Bewegungen dieser atmosphärischen Strömungen sehr groß ist.

19. Wenn ein Strom warmer, feuchter Luft hoch über den Erdboden emporsteigt, so wird er durch zwei Ursachen abgekühlt. Erstens verliert er beim Aufsteigen viel Wärme durch die mit dem verminderten Luftdrucke verbundene Ausdehnung seines Volumens. Zweitens kommt er in Berührung mit Luft oder Gestein, die kälter sind als er selbst, wodurch seine Temperatur noch weiter heruntergeht. Bis auf seinen Taupunkt abgekühlt, bildet er in der Luft eine Wolke. Diese kann völlig bewegungslos und unveränderlich an Gestalt erscheinen, aber bei aufmerksamer Betrachtung dennoch eine fortwährende Veränderung zeigen, ähnlich einer um einen Berggipfel hängenden Nebelkappe, wie in § 23 erklärt wird.

20. Das Entstehen und Wiederverschwinden von Wolken läßt sich oft beobachten. Im Sommer z. B., wenn der Himmel morgens ganz klar ist, können wir sehen, wie mit dem Vorrücken des Tages sich weiße Wolken bilden, zuerst von geringem Umfange, aber nach und nach von einer mehr oder weniger ebenen Grundfläche in phantastischen Umrissen sich auftürmend. Mit dem Anbruch des Abends vermindern sich diese Massen allmählich. Bei Sonnenuntergang sind vielleicht nur noch wenige, leichte, flockige Wölkchen sichtbar, und wenn die Nacht eintritt, ist der Himmel wiederum klar und wolkenlos. In solchen Fällen verursacht die Erwärmung der Erde durch die Sonne und das darauffolgende Aufsteigen des Wasserdampfes diese Wolkenbildung. Jede anwachsende Wolkenmasse bildet die Spitze oder sozusagen das Kapitäl einer Säule aufwärts strömender, mit Wasserdampf gesättigter, warmer Luft. Die Luft dehnt sich beim Aufsteigen aus, kühlt sich ab und erreicht zuletzt einen Punkt, wo sie den Dampf nicht länger binden kann; dann beginnt die Wolke sich zu bilden. Nachdem aber die Tageshitze vorüber ist und die Verdunstung nachläßt, wachsen die Wolken nicht mehr. Sie sinken nun langsam, während die Wärmeausstrahlung vor sich geht, kommen in wärmere Luftschichten und lösen sich auf, bis schließlich der Himmel wieder klar und sternenhell ist.

21. Da die Atmosphäre nach allen Richtungen von Luftströmungen verschiedener Temperatur und Feuchtigkeitsmenge durchzogen wird, so muß das Aufeinanderstoßen dieser Strömungen oft Wolken erzeugen oder aber bereits gebildete wieder auflösen. Wenn z. B. ein warmer feuchter Wind mit einem kalten Winde in Berührung kommt, so wird ersterer einen Teil seines Dampfes als Wolke abgeben. Gelangt anderseits eine Wolke in warme, trockene Luft, so löst sich die Wolke in Dampf auf und verschwindet. Der Regel nach nehmen Wolken, die in aufsteigender Bewegung begriffen sind, in dem Maße an Größe zu, als sie höher steigen, während herabsinkende Wolken kleiner werden, weil die Luft, in die sie gelangen, im ersten Falle kühler, im zweiten wärmer ist. Die fortwährende Bewegung der Atmosphäre ist also die Ursache des steten Wechsels in der über uns schwebenden Wolkenwelt.

22. Wenn Wolken in eine der ständigen oberen Luftströmungen geraten, so werden sie auf große Entfernungen und mit großer Geschwindigkeit fortgetragen. An einem windigen Frühlingstage kann man sie am Himmel dahinziehen sehen, mit zwar anscheinend geringer Schnelligkeit, die aber oft mehr als 150 bis 200 Kilometer in der Stunde beträgt, wie sich aus der schnellen Bewegung ihrer über Tal und Hügel dahingleitenden Schatten berechnen läßt. Bei näherer Beobachtung findet man, daß sie im Dahinziehen beständig ihre Gestalt und Größe verändern, bald in mächtigen Gruppen sich über einander türmen, bald schwinden oder anschwellen und in allen ihren Bewegungen die unaufhörliche Unruhe der Atmosphäre widerspiegeln, in der sie schweben.

23. In Gebirgsgegenden kann man oft noch eine andere, eigentümliche Art von Wolkenbildung beobachten. Wenn ein starker Wind bläst, der Blätter und Staub hoch in die Luft wirbelt, bemerkt man, daß eine Wolke dauernd an einer Bergspitze hängen bleibt. Dann und wann werden vielleicht einige Fetzen von der Wolke abgerissen und in der Richtung des Windes davongetragen, aber schon in kurzer Entfernung verflüchtigen sich diese allmählich. In solchen Fällen ist der Wind mit warmem Wasserdampf gesättigt, der unsichtbar bleibt, bis die Luft gegen die Berglehne prallt

Fig. 9. Wolkenbildung am Noss-Headfelsen in Shetland bei klarem Himmel und SO.-Wind. Aufgenommen am 14. Juni 1876.

und sich ausdehnt, da sie am Bergesabhange hinauf in eine höhere Lage der Atmosphäre getrieben wird. So kühlt sie sich ab und der Wasserdampf geht in einen feinen Nebel über, der von weitem gesehen die Gestalt einer den Berggipfel umhüllenden Wolke annimmt. Diese Wolke bleibt an derselben Stelle stehen, nicht aber die kleinen Stäubchen mit ihrer feinen Wasserhülle, aus denen sie besteht. Der Wind bläst fortwährend den Berg hinauf und über seinen Kamm hinweg, und der von ihm mitgeführte Dampf wird als Nebel oder Wolke sichtbar, während er über die kalte Bergspitze hinstreicht. Hat er den Berg überschritten und kommt wieder mit der warmen Luft jenseits in Berührung, so löst sich der sichtbare Dampf wieder auf, und die Wolke schmilzt auf der dem Winde entgegengesetzten Seite vielleicht eben so schnell hinweg, als sie sich auf der Windseite bildet. Die Feuchtigkeit, die sich um die Staubteilchen verdichtet hatte, ist wieder verdunstet, während der unsichtbare Staub von dem Wind fortgeführt wird. Auch die Wölkchen, die gelegentlich abgetrennt und durch den Wind weiter getragen werden, zertreuen sich allmählich in der Luft, lösen sich auf und verschwinden (Fig. 9).

24. Eine bedeutende Verschiedenheit besteht in den Formen der Wolken, von den flockigen Wölkchen, die wir in den hohen Luftschichten erblicken, bis zu den mächtigen, schweren Regenwolken, die bis auf die niedern Hügel herab hängen, und der trüben, grauen Wolkenschicht, die bisweilen den ganzen Himmel bedeckt. Diesen verschiedenen Formen hat man besondere Namen beigelegt, deren Aufzählung hier nicht nötig ist. Eine jede Wolkenart wird unter besonderen Verhältnissen in der Atmosphäre gebildet, und daher liefert die Untersuchung der Wolkenformen wertvolle Fingerzeige für die Beurteilung des Wetters. Dieser Gegenstand gehört in das Gebiet der Meteorologie.

25. Die Haupttätigkeit der Wolken besteht in der Versorgung der Erde mit Feuchtigkeit. Die große Wassermenge, die sich als unsichtbarer Dampf in die Atmosphäre erhebt, kehrt auf die Oberfläche der Erde zurück, um die Quellen und Flüsse des Festlandes zu speisen und das Meer zu füllen. Bei diesem beständigen Kreislauf spielen die Wolken die Rolle der Verdichter. Sie sammeln den unsichtbaren Dampf der Luft in sichtbarer Form und lassen ihn wieder auf die Erde zurückfallen.

26. Der Regen. Bei weitem der größte Teil des Dampfes der Atmosphäre fällt in Form von Regen auf die Erde zurück. Die kleinen Stäubchen mit ihren Wasserhüllen, aus denen die Wolke besteht, rinnen bei fortschreitender Verdichtung zusammen. Wenn die hierdurch gebildeten Tropfen wachsen, werden sie zu schwer, um länger in der Luft schweben zu können, und schlagen sich als Regen auf die Erde nieder. Zuerst sind sie sehr klein, wovon wir uns auf der Höhe eines Gebirges überzeugen können, wenn sich dort die Nebel zu Regenwolken sammeln. Aber im Herabfallen durch die Luft wachsen sie an Größe, bis sie den Boden als deutliche Regentropfen erreichen.

27. Der Regen ist daher ein weiterer Schritt in dem Verdichtungsvorgange des Nebels oder der Wolke. Wenn die Abkühlung der Wolke immer stärker wird, entströmt ihr der Regen. Dies kann auf mehrfache Weise geschehen. Wenn z. B. ein warmer, mit Feuchtigkeit beladener Wind auf eine hohe Gebirgskette stößt und dadurch zum Aufsteigen gezwungen ist, kann sich seine Feuchtigkeit nicht nur zu Nebel verdichten (§ 19), sondern bei weiterer Abkühlung möglicherweise sofort als Regen niederfallen. Oder ein kalter Wind, der schwer ist und am Boden entlang weht, kann dicht unter einer warmen, feuchten Luftschicht hinziehen und diese so sehr abkühlen, daß sie Wolken bildet und Regen herabsendet.

28. Da die Regenmenge von der Stärke der Verdunstung abhängt, so ist sie am stärksten in den tropischen Gegenden, wo die größte Menge Dampf in die Luft aufsteigt, und nimmt mit dem allmählichen Sinken der Temperatur nach den Polen zu ab (siehe Tafel VI). Aber dieses allgemeine Gesetz erleidet infolge der Verteilung von Wasser und Land, und der Richtung der großen Luftströmungen einige wichtige Ausnahmen.

29. (1.) Während die Verdunstung von der Oberfläche des Meeres aus stärker ist als vom Festlande, findet dagegen über dem Lande eine größere Verdichtung statt als auf dem Meere. Daher ist die Regenmenge auf dem Lande größer als auf dem Meere, und auf der nördlichen Halbkugel, die zum großen Teil von Land bedeckt ist, größer als auf der südlichen, die fast nur aus Wasser besteht.

(2.) Da das Meer der Atmosphäre die größte Dampfmenge zuführt, so ist die Verdichtung des Dampfes in Regen auf dem Lande längs der Küste am stärksten. Die Meeresküste eines Landes kann regenreich sein, während das Innere verhältnismäßig trocken ist.

(3.) Das Maß des atmosphärischen Niederschlags wird in hohem Grade von der Beschaffenheit der Oberfläche eines Landes beeinflußt. Gebirge wirken als Verdichter (§ 23) und sind deshalb weit feuchter als Ebenen.

(4.) Orte, die auf dem Wege eines regelmäßigen Luftstromes liegen, haben viel Regen, wenn sie den Luftstrom abkühlen, sind dagegen trocken, wenn sie ihn erwärmen. Daher sind Winde, die gegen den Äquator wehen, gewöhnlich trockene Winde, da sie in immer wärmere Breiten gelangen; die nach den Polen zu wehenden erreichen dagegen stets kältere Breiten, werden dadurch abgekühlt und bringen Regen.

30. Für einige dieser Gesetze gewähren sowohl die Britischen Inseln wie die Gebirge Deutschlands eine vortreffliche Illustration. Dem ersteren Lande wird der Regen hauptsächlich von den Südwestwinden zugeführt, die vom Atlantischen Ozean her wehen. Die diesem Meere zugewendete Küste ist regenreicher als die Ostseite, die an der Nordsee liegt. An der Westküste beträgt die durchschnittliche Höhe der Regenmenge im Laufe eines Jahres 80 bis 120 cm. Auf der Ostseite steigt dagegen die durchschnittliche jährliche Regenmenge nicht über 40 bis 80 cm. In den Gebirgsgegenden der westlichen Küste fällt eine noch weit größere Regenmenge; hierdurch erklärt sich das feuchte Klima längs der nordwestlichen Küste von Schottland und im Seebezirk von England, wo der jährliche Regenfall zwischen 2 m und 4 m schwankt und zuweilen sogar auf mehr als 5 m steigt. In den Niederungen Deutschlands ist die mittlere Höhe der atmosphärischen Niederschläge im Jahre etwa 54 bis 59 cm (Hannover 57 cm, Berlin 59, Dresden 54, Breslau 56 cm), während die Höhen des Schwarzwaldes, der Vogesen, des Thüringer Waldes und des Harzes eine durchschnittliche Regenmenge von über 85 cm im Jahre aufweisen und die höchsten Gipfel noch bedeutend mehr Regen empfangen, so der Brocken 1,67 m, der Gebweiler Belchen 2,00 m.

31. An den verschiedenen Punkten der Erde ist die Höhe der jährlichen atmosphärischen Niederschläge sehr verschieden (siehe Tafel VI). Zwischen den Wendekreisen, wo die außerordentliche Verdunstung einen beständigen Dampfstrom in der Atmosphäre erzeugt, sind die Regen stark und häufig, sodaß dieser Gürtel der Erde als die Zone des beständigen atmosphärischen Niederschlags (Abschnitt XI, §§ 10, 11) bekannt ist. Überall, wo in dieser regenreichen Zone eine hohe Landmasse auf dem Wege der warmen, feuchten Luftströmungen liegt, steigert sich die Regenmenge noch bedeutend. So erstreckt sich in Indien die Kette des Khasigebirges quer gegen die Richtung der Winde, die man die Südwest-Monsune nennt, und die ihre Ladung warmen Wasserdampfes dem Golfe von Bengalen entnehmen (Abschnitt XI, § 34). Die Folge ist, daß die Winde in dem Grade, wie sie an den Berggehängen in höhere und kühlere Luft aufsteigen, ihre Feuchtigkeit plötzlich als Niederschlag verlieren, sodaß die Regenmenge zu Tscherrapundschi alljährlich 12 bis 15 Meter beträgt. Soweit bekannt, ist dies der regenreichste Ort der Erde.

32. Dagegen wird ein Landstrich, der hinter einer hohen, von ständigen, feuchten Winden getroffenen Gebirgskette liegt, wenig oder gar keinen Regen haben. Dies ist z. B. in Indien der Fall, wo die Kette der Westlichen Ghats, die dem warmen, feuchten Monsune des Indischen Ozeans ausgesetzt sind, eine gewaltige Regenmenge verdichtet, die auf den Gipfeln der Kette sich bis zu 8 m jährlich beläuft, während das dahinterliegende Land verhältnismäßig wenig Regen empfängt. So hat Puna, das am Ostfuße des Gebirges liegt, eine jährliche Regenmenge von nur 60 cm.

33. In Südamerika entzieht die hohe Andenkette dem Winde, der von Osten her über den Erdteil weht, den letzten Rest der Feuchtigkeit, und deshalb fällt dieser Wind so trocken auf Peru nieder, daß Regen dort fast unbekannt ist. Ein anderer und weit größerer regenarmer Strich liegt in den Wüstengegenden von Nordafrika und setzt sich durch Arabien weit ins Herz von Asien hinein fort. In diesen Teilen der Erde wird der trockene, sandige Boden den Tag über sehr stark erhitzt. Wasser, das verdunsten könnte, ist nur in sehr geringer Menge oder gar nicht vorhanden. Die heiße, trockene Luft steigt in die Höhe, aber die Winde, die nach diesen Strichen hin wehen, können keine Feuchtigkeit niederschlagen, da sie nicht abgekühlt, sondern im aufsteigenden Luftstrom erwärmt und in die Höhe getrieben werden.

34. In einigen Ländern (Abschnitt XI, § 21) weht der Wind während einer Jahreszeit in einer Richtung, und im übrigen Teile des Jahres in der entgegengesetzten (siehe Tafel VII). Diese periodischen Winde (Monsune) sind gewöhnlich von

Regen begleitet, wenn sie aus wärmeren in kältere Gegenden kommen, von Trockenheit dagegen, wenn sie aus einem kälteren Klima in ein wärmeres gelangen. In solchen Gegenden gibt es folglich Regenzeiten und trockene Jahreszeiten. So bringt z. B. in Indien der in § 31 erwähnte Südwind im Juni und Juli den Regen, der die Oberfläche des Landes nach der dörrenden Hitze des April und Mai erquickt. In den Monaten November, Dezember und Januar strömt dagegen ein kalter Wind sanft von den nördlichen Gebirgsketten in die Ebenen von Hindostan hinab und bringt ruhiges, trockenes und beständiges Wetter. In Nordwesteuropa, wie überhaupt in denjenigen Teilen der Erde, die in gemäßigten und arktischen Gegenden liegen, tritt der Regen sehr unregelmäßig ein. In Westeuropa fällt der größte Teil des Regens im Winter. Weiter östlich regnet es hauptsächlich im Sommer.

35. Der Regen fällt auf die Erde als nahezu reines Wasser. Es ist in der Tat natürliches destilliertes Wasser. Aber trotzdem ist das Regenwasser niemals gänzlich rein, zuweilen enthält es sogar eine beträchtliche Menge von Verunreinigungen (Abschnitt VI, § 7). So absorbiert es etwas Luft, aber das Mengenverhältnis der atmosphärischen Gase, die das Regenwasser auflöst, ist nicht dasselbe wie in der Atmosphäre selbst; es findet sich ein höherer Bruchteil von Sauerstoff und Kohlensäure darin als in der Luft. Auch andere Gase und Dämpfe sind gelegentlich vorhanden. Alles dies aufgelöst im fallenden Regen, kommt auf die Erde herab, zugleich mit zahlreichen Teilchen des unorganischen Staubes, der in der Luft schwebt. Die Verwesung der Tiere und Pflanzen liefert eine Masse organischer Stoffe, während außerdem noch Millionen mikroskopischer lebender Wesen in den unteren Teilen der Atmosphäre sich aufhalten. In guter Luft sind diese mannigfachen Verunreinigungen natürlich nur in außerordentlich geringer Menge vorhanden. Wie wir gesehen haben (Abschnitt VI, § 5), sind sie am wenigsten zahlreich in der klaren Bergluft, am massenhaftesten in der schlechten Luft der Städte. Aber der Regen entfernt diese Substanzen aus der Luft, reinigt letztere dadurch und macht sie gesünder, während er zugleich dem Boden Stoffe zuführt, die, wie das Ammoniak, der Luft beigemengt waren und nun das Wachstum der Pflanzen befördern. Der Regen erweist sich uns also nicht nur dadurch unendlich wohltätig, daß er den Boden befeuchtet und fruchtbar macht, die Flüsse und die Quellen speist und so das Antlitz der Natur frisch und grün erhält, sondern er reinigt uns auch die Luft, die wir atmen.

36. Eine andere Einwirkung des Regens auf das Festland mag noch hier erwähnt werden. Die nackten Felsen saugen von den Niederschlägen mehr oder weniger Wasser auf: einige Arten, wie z. B. der Sandstein, werden von Feuchtigkeit ganz durchtränkt. Wenn nun die feuchte Oberfläche den Sonnenstrahlen ausgesetzt ist, trocknet sie, aber zu gleicher Zeit wird der Zusammenhang der Teilchen in den äußeren Schichten des Felsens gelockert. In dem Maße wie dieses Durchtränken und wieder Trocknen Jahr für Jahr vor sich geht, verwittert allmählich das Gestein; die losgelösten Körner werden vom Regen weggewaschen oder vom Wind fortgeweht. Diese zerstörende Einwirkung bildet einen der Faktoren in dem verwickelten Verwitterungsvorgang (Abschnitt IX, § 25), durch den die Oberfläche der Gesteine in die jetzt vorhandenen Formen zerfressen und zerfurcht worden ist.

37. Der Schnee. Wenn aus irgend einer Ursache und an irgend einem Orte auf dem Lande, im Meere oder in der Luft, Wasser bis auf 0° Celsius abgekühlt wird, so verbleibt es im allgemeinen nicht länger in flüssiger Form, sondern verwandelt sich in Eis (§ 13). Aber das Vorhandensein von Staubpartikeln übt auch auf den Vorgang des Gefrierens einen mächtigen Einfluß aus. Wasser kann sich beträchtlich unter 0° abkühlen, ohne zu gefrieren, wenn keine Kerne da sind, um die herum der Verdichtungsvorgang beginnen kann. Aber in der Luft, in der die Stäubchen so reichlich vorkommen, sind damit die festen Kerne gegeben, und das Wasser, das an ihnen die flüssige Form angenommen hat, gefriert bei genügendem Fallen der Temperatur. Das so gebildete Eis kann als Schnee, Graupeln oder Hagel auf den Erdboden fallen, je nach den Umständen, unter denen es sich bildete, oder nach der Beschaffenheit der einzelnen

Luftschichten, die es bei seinem Herabfallen nach einander zu durchschneiden hatte. Da die Temperatur der Luft mit zunehmender Entfernung von der Oberfläche der Erde sinkt, so muß bei einer nicht sehr großen Höhe über dem Boden der Gefrierpunkt erreicht sein. Wir könnten in der Tat uns eine Linie denken, die von Pol zu Pol die Luft über unserm Haupte durchschnitte und die Isotherme 0^{0} bezeichnete, d. h. die Grenze, jenseits deren der Wasserdampf sich zu Eis verdichten muß, während er sich unterhalb dagegen zu Wasser verdichtet. Eine solche Linie würde Schwankungen hinauf und hinab unterworfen sein, je nach dem Breitegrade, der Jahreszeit und den wechselnden Luftströmungen. In Deutschland z. B. würde sie im Winter, wenn die Teiche und Flüsse während der Frostzeit mit Eis bedeckt sind, bis auf die Erde herabgehen, während sie sich im Sommer etwa 2000 Meter über uns befinden würde. In Deutsch-Ostafrika würde sie 4000 Meter hoch liegen.

38. Stellen wir uns nun eine solche veränderliche Linie oder Grenze in der Luft vor, und betrachten wir die Formen, in denen die gefrorene Feuchtigkeit dort vorhanden ist oder von dort aus zum Boden herabsinkt. Es ist sehr wahrscheinlich, daß viele der zarten weißen Wölkchen, die wir im Sommer hoch über uns in der Luft erblicken, aus feinem Schnee bestehen. In einer tieferen Lage bilden sich Schneeflocken und sinken herab, wenn schon sie wegen ihrer federigen Beschaffenheit und ihres geringen Gewichtes durch jeden schwachen Windhauch umhergetrieben werden können.

39. Bei Untersuchung einer Schneeflocke, die sich in ruhiger Luft gebildet hat, findet man, daß sie einen regelmäßigen Bau besitzt, daß sie tatsächlich aus winzigen, regelmäßig angeordneten Eisnadeln oder Eiskristallen besteht. Diese sind zu einem Stern mit sechs Strahlen vereinigt, von denen jeder die Gestalt einer Feder besitzt, infolge der Menge kleiner Eiskristalle, die auf seinen beiden Seiten aneinander gereiht sind. Der beigegebene Holzschnitt (Figur 10) stellt verschiedene Arten von Schneeflocken dar, deren jede einzelne nur eine Abänderung desselben sechsstrahligen Sternes bildet. Die Strahlen gehen in einem Winkel von 60^{0} auseinander; mag die Gestalt der Schneeflocke noch so vielteilig sein, stets wird man bemerken, daß dieser Winkel zwischen allen Strahlen derselbe ist. Alles Eis, selbst in den festesten Schollen, die sich auf Flüssen und Seen bilden, ist aus Teilchen zusammengesetzt, die das Bestreben haben, sich in hexagonalen Kristallen anzuordnen, wenn auch diese Lagerung der Teilchen gewöhnlich nur in der Schneeflocke sichtbar ist.

40. Der Schnee ist weiß, aber wenn eine der Flocken für sich betrachtet wird, so erweist sie sich als ein kleiner Kristall oder eine Kristallgruppe aus durchsichtigem Eise, die in den Farben des Prismas glänzt. Die weiße Farbe einer Schneeflocke entsteht aus der Vereinigung aller dieser Farben, die von der unzähligen Menge von kleinen Eisflächen zurückgestrahlt werden. So sieht auch eine Schüssel voll Salz weiß aus, und doch ist jeder der kleinen Kristalle, aus denen es besteht, durchsichtig und farblos.

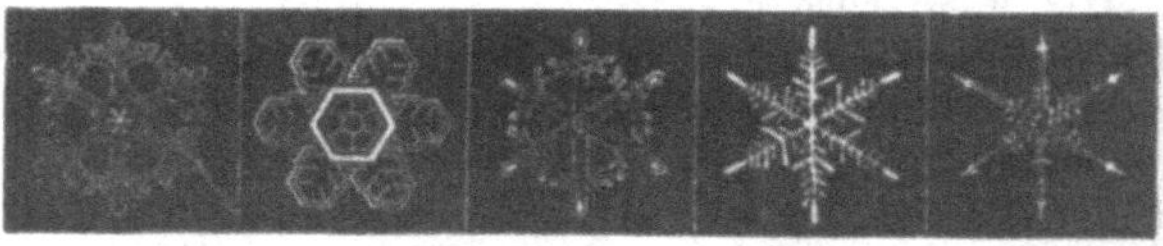

Fig, 10. Schneeflocken.

41. Wenn die Luft sehr kalt ist, d. h. sich weit unter dem Gefrierpunkte befindet, so erscheint der herabfallende Schnee in der Form sehr kleiner Flocken, einem weißen Pulver ähnlich. Die größten Flocken fallen, wenn die Temperatur dem Gefrierpunkt nahe ist. Die stärksten Schneefälle finden nicht während eines strengen Frostes statt, sondern vorher oder nachher. Dies erklärt sich daraus, daß die Luft mit sinkender Temperatur die Fähigkeit verliert, Wasserdampf zu enthalten, so daß sie mit dem Kälterwerden verhältnismäßig trocken wird.

42. Auf dem bei weitem größten Teile der Erde fällt niemals Schnee. Er kann nur dort vorkommen, wo die Isotherme 0°, von der wir im § 36 sprachen, zum Boden herabsinkt, oder doch in seine Nähe kommt. Er fällt daher in den Ländern, wo die Temperatur bis auf 0° sinkt. Auch da, wo das Festland sich über jene Isotherme erhebt, fällt die verdichtete

Feuchtigkeit als Schnee nieder. So sind die Berge des Himalaya, obgleich in einem der heißesten Erdstriche gelegen, doch so hoch, daß ihre oberen Teile bis weit in die kalte obere Luft ragen; sie sind daher mit Schnee bedeckt. Auf der Südseite jenes hohen Gebirgszuges liegt die Schneegrenze ungefähr 1200 Meter tiefer als auf der Nordseite, weil die kalten Bergabhänge die vom Indischen Ozean herströmende Feuchtigkeit zu Schnee verdichten und die nach der Nordseite weiter wehende Luft verhältnismäßig trocken machen, und weil die trockene, von den erwärmten Ebenen von Tibet kommende Luft den Schnee auf der Nordseite verdunstet und aufsaugt.

42. Schneegrenze oder die Grenze des ewigen Schnees nennt man die Linie, unterhalb deren die Sommerwärme ausreicht, den Schnee zu schmelzen, oberhalb deren dagegen mehr Schnee fällt, als die Wärme der Sommermonate auftauen kann. Wir können sie uns als ein großes *unsichtbares* Gewölbe vorstellen, dessen Mitte sich hoch über die Äquatorialgegenden erhebt, während die Seiten innerhalb der Polarkreise bis auf den Meeresspiegel herabreichen. Unter der Mitte dieses Gewölbes ist die Temperatur so hoch, daß der Schnee nur auf den höchsten Bergen, bei 5000 bis 6000 m Höhe über dem Meere vorkommt, während nach Norden und nach Süden zu, wo die Temperatur bedeutend geringer ist, der Schnee selbst am Meeresufer nicht mehr gänzlich hinwegschmilzt.

43. Der Schnee ist im Winter von großem Nutzen dadurch, daß er die Pflanzen bei strengem Froste vor der Vernichtung bewahrt. Da er ein schlechter Wärmeleiter ist, verhindert er den Boden und die Pflanzen, auf denen er liegt, ihre Wärme schnell abzugeben. Daher findet man während eines Frostes unter einer nur wenige cm dicken Schneedecke den Boden weich und die Pflanzen unversehrt, sodaß im Frühjahr, sobald der Schnee geschmolzen ist, Krokus und Schneeglöckchen ihre Blüten durch den Boden treiben können; dagegen gefriert der Boden an den Stellen, wo der Schnee weggeweht ist, bisweilen bis zu einer Tiefe von 50 cm.

45. Wenn sich Schnee oberhalb der Schneegrenze anhäuft, wird er durch Druck zu Eis und bewegt sich in Gestalt von Gletschern in die Täler hinab. Diese weitere Eigenschaft des Schnees wird im Abschnitte XXVIII im Zusammenhang mit dem Kreislauf des Wassers auf der Erde behandelt werden.

46. Graupeln. — Wenn der Schnee vom Winde umhergeweht wird, so zerbricht sein zartes Haufwerk von Kristallen zum großen Teile. Findet dies bei steigender Temperatur statt oder fällt der umhergetriebene Schnee durch eine wärmere Luftschicht, so fängt er zu schmelzen an und erreicht in diesem halbgeschmolzenen Zustande den Boden als Graupeln.

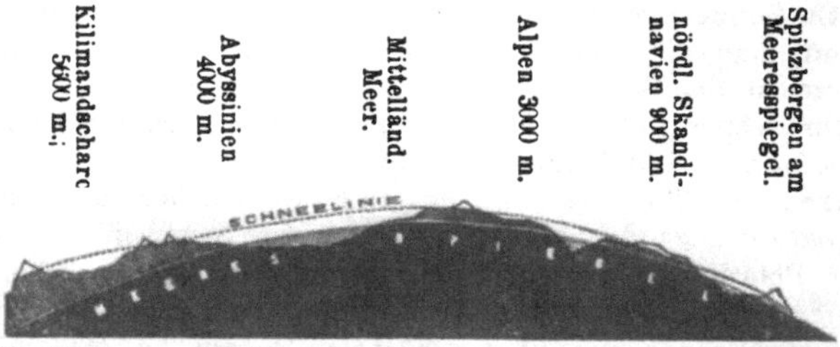

Fig. 11. Lage und Höhe der Schneegrenze zwischen Mittelafrika und dem nördlichen Eismeere.

47. Hagel nennt man Schnee- und Eisstücke, die aus den Wolken herabfallen. Gewöhnlich sind die Hagelkörner klein, weiß, abgerundet, kegelförmig oder unregelmäßig. Bisweilen, aber selten, nehmen sie bestimmtere kristallinische Formen an. Sie erreichen bisweilen die Größe von Hühnereiern und frieren manchmal, wenn mehrere bei ihrem Herabfallen durch die Luft auf einander treffen, in große unregelmäßige Eisklumpen zusammen. Der Hagel ist im Sommer häufiger als im Winter, bei warmer Witterung häufiger als bei kalter. Er tritt häufig in Begleitung von Gewittern auf und ist darum wahrscheinlich an elektrische Vorgänge in der Atmosphäre gebunden.

48. Hagelwetter sind zuweilen sehr verderblich. Wenn die herabfallenden Stücke von bedeutender Größe sind, knicken sie Zweige an den Bäumen, zerstören ganze Ernten, verletzen und töten Vieh und Menschen und beschädigen Gebäude; daher kann man den Lauf eines solchen Unwetters durch eine Gegend an den von ihm verursachten Verwüstungen verfolgen.

Abschnitt XI. — *Die Bewegungen der Luft.*

1. Wie selten erscheint die Luft vollkommen ruhig! Selbst wenn wir sagen: „nicht ein Blatt bewegt sich", oder: „der Rauch der Schornsteine steigt gerade in die Höhe", oder: „die Wolken stehen still", finden wir bei genauerer Prüfung Beweise genug für die stete Bewegung der Luft. Gewöhnlich läßt sich die Bewegung leicht erkennen, bald als bloßer Luftzug oder als sanfte Brise, bald als starker Wind, als heftiger Sturm oder als zerstörender Orkan.

2. Warum ist die Luft so ruhelos? Wir haben die Antwort auf diese Frage bereits gefunden: weil wegen der ungleichen Erwärmung der Erdoberfläche durch die Sonne und der stets wechselnden Menge von Wasserdampf, der in die Atmosphäre übergeht, die Dichtigkeit oder der Druck der Atmosphäre an einem und demselben Orte niemals lange gleich groß bleibt. Alle Bewegungen der Luft entstehen aus den Unterschieden des Luftdrucks. Das Gesetz, das die Richtung dieser Bewegungen regelt, kann folgendermaßen ausgedrückt werden: ***Die Luft strömt immer in Spiralen von Gebieten hohen Druckes nach solchen niedrigen Druckes.*** Daß dies ihre Richtung sein muß, wird klar, wenn wir bedenken, daß niedriger Druck einen Mangel und hoher Druck ein Übermaß an Luft bezeichnet. Die Luftsäule ist im ersteren Falle leichter als im letzteren. Folglich muß nach dem allgemeinen Gravitationsgesetze die Luft der schweren Säule notwendigerweise an ihrer Basis ausströmen, um den Mangel in der leichteren zu ergänzen. Die Luft strömt nicht von allen Seiten geraden Wegs in das Gebiet niedrigen Luftdrucks. Sie umkreist es in einer wirbel- oder spiralförmigen Bewegung und kommt dabei seinem Mittelpunkte immer näher, bis sie hinaufgezogen wird und in höhere Schichten der Atmosphäre gelangt. Diese nach dem Mittelpunkt des niedrigen Luftdrucks gerichtete Spiralbewegung heißt ein *Wirbelwind* oder eine *Zyklone;* während die aus einer Gegend mit hohem Drucke nach außen gerichteten Luftströmungen *Antizyklonen* genannt werden. Die Geschwindigkeit der Bewegung der Luft ist gewöhnlich im ersteren Falle weit größer als im letzteren. Mit den Zyklonen sind Stürme und Regen verbunden, während ruhige Luft oder leichte Brisen die Antizyklonen begleiten.

3. Wir denken gewöhnlich nur an die wagerechte Bewegung des Windes längs der Oberfläche der Erde. Um uns aber eine richtige Vorstellung von der Bewegung der Luft zu machen, dürfen wir die wagerechte Bewegung nur als einen Teil eines viel ausgedehnteren Netzes von Strömungen betrachten. Jeder Wirbelwind (Gebiet niedrigen Luftdruckes) hat in seinem Mittelpunkt einen aufsteigenden Strom, und jede Antizyklone (Gebiet mit hohem Luftdruck) eine nach unten gerichtete Luftströmung. Die Lage und Ausdehnung dieser aufwärts und abwärts gerichteten Luftströmungen bedingen die Richtung der Winde auf der Oberfläche der Erde.

4. Die Stärke der Bewegung dieser Oberflächen-Strömungen oder Winde wird in jedem Falle durch den größeren oder geringeren Unterschied im Luftdruck und durch die Entfernung der Mitten der Gebiete höheren und geringeren Luftdrucks bestimmt. Je größer jener Unterschied und je kleiner der Abstand zwischen den Mitten beider Gebiete, um so heftiger ist die Bewegung der Luft. Wir werden bei den Stürmen in § 24-29 hierauf zurückkommen.

5. Wenn zwischen dem Luftdruck und der Bewegung der Atmosphäre stets diese Beziehung besteht, so ist es einleuchtend, daß die Kenntnis der Verteilung des Luftdrucks auf der Erdoberfläche genauen Aufschluß über die Bewegung der Atmosphäre gibt. Auf Grund der mittleren Barometerstände auf einem Festlande oder auf der ganzen Erdoberfläche für einen gegebenen Zeitabschnitt können wir leicht angeben, welches die Richtung der wichtigsten Luftströmungen an irgend einem bestimmten Orte sein muß. Die Karten II, III und VII veranschaulichen diese Beziehung zwischen der Verteilung des Luftdrucks über die Erde und den Hauptbewegungen der Atmosphäre.

6. Als die hauptsächlichen Ursachen der Unterschiede im Luftdrucke waren im Abschnitt VIII § 18 die Temperatur und der Wasserdampf genannt. Wir haben z. Z. noch keine Methode für den genauen Nachweis, inwiefern irgend eine bestimmte Bewegung der Luft auf die eine oder die andere dieser beiden Ursachen, oder auf beide zugleich zurückzuführen sei. Unmittelbar oder mittelbar lassen sich alle Erscheinungen auf die Temperatur zurückführen, denn auch der Vorgang der Verdunstung, von dem die Vermehrung des Wasserdampfes in der Luft abhängt, wird tatsächlich durch die Temperatur geregelt, da er am lebhaftesten bei hoher, am schwächsten bei niedriger Temperatur ist. Aber es ist von Nutzen, zwischen der durch bloße Erwärmung und Abkühlung der Luft hervorgebrachten und derjenigen Wirkung zu unterscheiden, die ihren Ursprung dem Schwanken des Dampfgehaltes und der Verteilung des Dampfes verdankt.

7. Der Einfluß der Temperatur auf die Erzeugung von Luftbewegungen wird durch folgende Beispiele erläutert. Ein Feuer, sei es nun im Zimmer oder im Freien, liefert uns in kleinem Maßstabe ein ausgezeichnetes Bild dessen, was sich in der Natur zuträgt. Wenn auf einem Roste Feuer angezündet wird, so erwärmt sich die darüber lagernde Luft und steigt in die Höhe; aber zugleich bildet sich ein Zufluß von Luft am Boden des Rostes. Ein Luftzug entsteht. Die Luft wird aus allen Teilen des Zimmers und von außen durch die Spalten der Türen und Fenster nach dem Feuer hingezogen, erwärmt und in den Schornstein getrieben. Wenn auf irgend eine Weise diese freie Strömung gestört wird, brennt das Feuer nicht gut; wird sie ganz unterbrochen, so geht es aus. Wenn ferner ein Haus oder ein Wald Feuer fängt, kann die Hitze so groß werden, daß sie ein reißendes Aufsteigen einer beträchtlichen Menge Luft über den verbrennenden Stoffen bewirkt Dieser Vorgang ist notwendigerweise von einem Zufluß der Luft von allen Seiten nach dem Feuer begleitet, und dieser Zug kann so bedeutend werden, daß er sich selbst bis zu einem heftigen Winde steigert. Dieser Wind rauscht von allen Seiten dem glühenden Mittelpunkte zu, nährt die Flamme und steigt mit großer Kraft empor, wobei er Wolken von Rauch, Funken und vielleicht sogar große Bruchstücke brennenden Holzes mit sich hinwegführt.

8. Die Sonnenwärme ist nicht auf einem begrenzten Gebiete vereinigt, wie ein brennendes Gebäude oder selbst ein in Flammen stehender Wald. Aber die Erwärmung einer Ländermasse während der Dauer eines Tages bringt Wirkungen hervor, die den eben betrachteten ziemlich gleichartig sind, wo immer das erwärmte Land nahe bei einer anderen Fläche (z. B. einer Wasserfläche) liegt, die nicht im gleichen Grade erhitzt worden ist.

Nirgends läßt sich dies besser beobachten als an Meeresküsten, wo die Tage warm und die Nächte kühl sind. Tagsüber wird die Oberfläche des Landes unter dem Einfluß der Sonnenstrahlen weit wärmer als die See, und die auf dem Lande lagernde Luft wird wärmer als die über dem Meere befindliche. Die Wirkung dieses Temperatur- und infolge dessen auch Druck-Unterschiedes zeigt sich in der Entstehung einer kleinen Brise, die im Laufe des Tages an Stärke zunimmt und sich von der See nach dem Lande zu bewegt, um den Platz der heißen Luft einzunehmen, die fortwährend von der erwärmten Oberfläche des Landes in die Höhe steigt. Dies ist eine **Seebrise**. Am Abend erlischt sie allmählich. Wenn dann die nächtliche Ausstrahlung beginnt, strahlt das Festland die Wärme viel schneller aus als die See und kühlt daher die Luft stärker ab. Die kälter und dichter gewordene Luft über dem Lande bewegt sich seewärts, um den Platz des aufsteigenden Luftstroms über der See einzunehmen; so entsteht eine **Landbrise**, die an Kraft zunimmt und sich bis zu einer sogenannten steifen Brise steigern kann, wenn sich der Unterschied der Temperatur auf dem Meere und Lande durch die fortgesetzte Ausstrahlung vergrößert.

In Gebirgsgegenden, wo die Berggipfel und Kämme hoch in die kälteren Schichten der Atmosphäre hinaufreichen, kann man ein anderes Beispiel dieser abwechselnden Bewegung in der Atmosphäre wahrnehmen. Während des Tages steigt die an Bergabhängen erwärmte Luft in die Höhe, und eine Brise weht die Täler aufwärts nach den Höhen zu. Am Abend, wenn die Bergabhänge sich wieder schnell abkühlen, strömt die kalte schwere Luft von den Bergen als ein kühler Luftzug in die Täler hinab.

9. Was den Wasserdampf in der Atmosphäre und seine Wirkungen betrifft, so müssen diese augenscheinlich dort am stärksten sein, wo die Temperatur am höchsten ist. Daher ist der breite Gürtel des niedrigen atmosphärischen Druckes zwischen den Wendekreisen (Abschnitt VIII, § 19) derjenige Teil der Erde, wo die Wirkungen des Wasserdampfes auf die Bewegungen der Luft am besten untersucht werden können. Die tropische Zone, mit ihren weiten Meeresflächen, kann in der Tat als der große Verdampfungskessel der Erde betrachtet werden, aus dem die meiste Feuchtigkeit aufsteigt, die durch die Winde als Regen und Schnee verbreitet wird. Aus dem Norden und Süden muß die Luft notwendigerweise beständig hineinströmen, da dieser Gürtel ein weites Gebiet niedrigen Luftdruckes ist. Befänden sich dort keine hindernden Landmassen, so würde dieses Zuströmen von Luft rings um den Erdball mit gleicher Regelmäßigkeit erfolgen. Ein beständiger Wind würde von beiden Seiten nach dem Äquator zu wehen, und zwischen den beiden entgegengesetzten Strömungen gäbe es eine Zone, in der sie aufeinander träfen und als eine aufwärtsströmende Luftmasse längs der Mitte des Gebietes niedrigen Luftdruckes sich erhöben. Die Lage dieser Zone würde mit der Stellung der Sonne wechseln. Im Juli hätte sie etwa die Lage des Wendekreises des Krebses. Von da würde sie, der Sonne auf ihrer Wanderung nach Süden folgend, im Oktober zum Äquator und im Januar zum Wendekreis des Steinbocks gelangen. Durch die tatsächliche Verteilung des Wassers und des Landes ist diese Regelmäßigkeit aber stark beeinträchtigt. Die Regelmäßigkeit zeigt sich daher am vollständigsten im Großen oder Stillen Ozean, wo es am wenigsten Land gibt. Auch ist sie auffallender im Januar als im Juli, weil der Gürtel des niedrigen Luftdrucks dann in der Nähe des Äquators liegt und mehr Seegebiet umfaßt als im Juli, zu welcher Zeit er 10° bis 15° nördlich vom Äquator liegt und die großen Landmassen in sich faßt, aus denen die Festländer Asien und Afrika bestehen.

10. Lassen wir zunächst diese Unregelmäßigkeiten außer acht, und denken wir uns, die Luft rings um den tropischen Gürtel der Erde empfange beständig ein ungeheures Volumen Wasserdampf aus den Meeren. Aus diesem großen Zuströmen von Dampf, und ebenso durch die hohe Temperatur längs des genannten Gürtels, bildet sich ein beständiges Aufsteigen erwärmter und feuchter Luft in die höheren Regionen der Atmosphäre und ein daraus folgender Zufluß von Norden und Süden her. Dieses Gebiet heißt der **Gürtel der äquatorialen Windstillen** oder Kalmen, ein etwas in die Irre führender Name, da, wenn es auch dort keine beständigen Winde gibt, die Luft sich doch beim Warmwerden und Aufsteigen zum bewölkten Himmel in unaufhörlicher Unruhe befindet (Siehe Tafel VII).

11. Beständige Winde und Luftströmungen. Die heiße, feuchte Luft, die vom Äquatorialgürtel aufsteigt, dehnt sich beim Aufsteigen aus und kühlt sich zugleich ab, wobei sie Feuchtigkeit ausscheidet, die sich verdichtet und als Regen herabfällt. Hierdurch wird der Luftdruck stark vermindert. In der Tat zeichnet sich jener Gürtel nicht nur durch seine große Hitze aus, sondern an vielen Stellen auch durch seine fast ununterbrochenen Regen und Gewitter, so daß man ihn die Zone des beständigen Niederschlags genannt hat (Abschnitt X, § 31). In den höheren Schichten der Atmosphäre angelangt, teilt sich die äquatoriale heiße Luft in zwei Strömungen; die eine fließt nach Norden und die andere nach Süden. Diese beiden oberen Luftströmungen nehmen also genau die entgegengesetzte Richtung als der untere Zufluß auf dem Erdboden. Sie befinden sich am Äquatorialgürtel wahrscheinlich einige tausend Meter über dem Meere. Sie bewegen sich nach den Polen zu, bis sie in den Gürtel des hohen Luftdruckes eintreten und, herabsteigend, in den gemäßigten Breiten die Erdoberfläche erreichen. Von dort strömt die Luft teils längs der Erdoberfläche nach dem Äquator zurück, teils in Gebiete niedrigen Luftdrucks in höhere Breiten.

12. Hier haben wir also die Hauptluftbewegung der Erde: ein großes System von (1) Winden an der Erdoberfläche, die beständig aus den Gebieten hohen Luftdrucks nach denen des niedrigen Luftdrucks wehen, und (2) von oberen Luftströmen, die beständig aus den Gebieten niederen Drucks oben abfließen. Hierbei besteht ein beträchtlicher Unterschied in dem örtlichen Vorkommen der Winde je nach den Jahreszeiten. Dieser Unterschied erklärt sich aus dem Hin- und Herwandern der Gebiete hohen und niedrigen Luftdrucks. So kommen beispielsweise im Winter die Winde der nördlichen Hemisphäre aus den großen Gebieten hohen Luftdrucks über Asien, dem westlichen Amerika und einem Gebiet des Atlantischen Ozeans westlich von Nordafrika und wehen einerseits in das Gebiet niedrigen Luftdrucks des Äquatorialgürtels hinein, und anderseits in die Gebiete niederen Luftdrucks des Nordatlantischen und des nördlichen Stillen Ozeans. Im Sommer sind diese Strömungen im großen und ganzen umgekehrt, weil dann die Gebiete hohen Luftdrucks größtenteils Gebiete niederen Luftdrucks geworden sind.

13. Man könnte vermuten, daß Luftströme, die vom Äquator ab- und die ihm zufließen, eine genau nördliche und südliche Richtung haben müssen. Dies wäre auch der Fall, drehte sich die Erde nicht, statt still zu stehen, beständig um ihre Achse. Bei dieser Bewegung wird ein am Äquator befindlicher Gegenstand mit weit größerer Geschwindigkeit fortgerissen als ein näher am Pole befindlicher, ebenso wie der Reif eines Rades in demselben Zeitraum eine weit größere Strecke durchläuft als die Punkte der Nabe. Wenn sich daher ein Luftstrom vom Äquator aus nach Norden oder Süden ergießt, so bewegt er sich aus einer Gegend mit größerer Rotationsgeschwindigkeit in eine solche mit geringerer. Am Äquator besitzt die Luft dieselbe Geschwindigkeit der Umdrehung wie die feste Oberfläche; wenn sie daher nach Osten oder Westen weht, beeinflußt die Umdrehung der Erde diese Richtung nicht. Wenn sie dagegen von den äquatorialen Landstrichen nach Norden oder Süden strömt, behält sie nach dem Gesetz der Trägheit ihre ursprüngliche Rotationsgeschwindigkeit bei und bewegt sich also schneller als die Teile der Erde, über die sie nach und nach gelangt. Da sich nun die Erde von Westen nach Osten dreht, so wird die Luft, die vom Äquator aus gerade nach dem Pole zu strömt, etwas nach Osten abgelenkt. Anderseits kann diejenige Luft, die aus höheren Breiten nach dem Äquator strömt, mit der wachsenden Rotationsgeschwindigkeit dieser Gegenden nicht gleichen Schritt halten und wird, anstatt genau südlich und nördlich zu strömen, nach Westen abgelenkt.

14. Die unteren oder Oberflächenströme wenden sich in ihrem Laufe gegen den Äquator also mehr und mehr nach Westen und heißen nördlich der heißen Zone der **Nordostpassat,** südlich davon der **Südostpassat**. Es sind beständige Winde (Tafel VII). Sie strömen stets nach dem Äquator, infolge des dort herrschenden geringeren Luftdrucks. Da sie so beständig wehen, kann der Seefahrer bei seiner Reise mit ihnen sicher rechnen, sie begünstigen also den Seeverkehr; daher nennen die Engländer diese Winde trade winds, d. h. Handelswinde.

15. Die Passatwinde herrschen hauptsächlich zwischen den Wendekreisen und dem Äquator, aber sie nehmen ihren Anfang an einigen Stellen weit jenseits der Wendekreise (§ 10) und sind auf dem Meere beständiger als auf dem Festlande, da die stärkere Erwärmung und Abkühlung des Landes im Laufe des Tages und der Nacht eine Störung ihrer Regelmäßigkeit bewirkt (§ 8). Jenseits der Grenzen des Passatwindgebietes, längs der Zone des hohen Luftdrucks, befindet sich auf jeder Halbkugel eine Zone von Windstillen und veränderlichen Winden, deren nördliche man die Windstillen oder Kalmen des Krebses, die südlichen die Kalmen des Steinbocks nennt. Diese Windstillen zeichnen sich im Gegensatz zu denen des niedrigen Luftdruckgebietes in den Tropen (§ 10) durch heiteres Wetter aus.

16. Aus den beiden Zonen des hohen Luftdrucks wehen die Winde einerseits nach dem Äquator, anderseits nach den Polen zu. Wie die Richtung der Passatwinde durch den Einfluß der Drehung der Erde nach Westen abgelenkt wird, so erhalten die aus den tropischen Kalmen gegen die Pole zu wehenden Winde eine östliche Richtung. Daher kommen sie auf der nördlichen Halbkugel aus Südwesten. In Westeuropa, das ziemlich weit nördlich vom Wendekreis des Krebses liegt, sind, wie bekannt, Südwestwinde vorherrschend. In diesen Ländern findet man häufig, daß die großen Städte nach Westen zu wachsen; der Ausdruck „Westende“ bezeichnet gewöhnlich den Stadtteil, in dem sich die neuesten und elegantesten Straßen und Wohnhäuser befinden. Offenbar ist der Grund davon in der vorherrschenden Windrichtung zu suchen, denn die westlich und südwestlich gelegenen Stadtteile sind vor dem Qualm der Stadt, der nach Osten getrieben wird, am besten geschützt.

17. Manche wichtige Erkenntnis läßt sich über die Bewegungen der oberen Luftströme, wie der tieferen, aus der Beobachtung der Wolken gewinnen. So kann man z. B. bei uns dünne, leichte, flockige Wolken in großer Höhe bemerken, bisweilen zugleich mit anderen schwereren Wolkenmassen, die tiefer liegen. Man sieht, wie sie sich bewegen und ihre Gestalt ändern, und erhält dadurch häufig wertvolle Andeutungen über das kommende Wetter.

Aber dann und wann wird uns die Tatsache, daß sich in der oberen Atmosphäre besondere Luftströmungen befinden, noch schlagender bewiesen. Wir haben bereits von den Vulkanen gesprochen, als von Bergen, die geschmolzenes Gestein, Dampf und Gas auswerfen, und von denen zuweilen feiner Staub in ungeheure Höhen der Atmosphäre gewirbelt wird. Mit solcher Gewalt wird dieser Staub (oder Asche) ausgespieen, daß er manchmal in einen in großer Höhe befindlichen Luftstrom gelangt, der beständig und stark in einer bestimmten Richtung weht. Er wird dann auf weite Entfernungen fortgetragen und sinkt vielleicht in Gegenden zur Erde nieder, in denen noch niemand einen feuerspeienden Berg gesehen hat. So sind die Bewohner der nördlichen Teile der britischen Inseln mehr als einmal von Staubregen heimgesucht worden, die aus Island kamen. Im Jahre 1783, während eines großen Ausbruches des Skaptar Jökul, eines der Vulkane jener Insel, fiel der feine, unfühlbare Staub zwischen den Orkney- und den Shetland-Inseln bei Nordwestwind in solchen Mengen, daß auf den dort segelnden Schiffen die Staubschicht jeden Morgen vom Deck geschaufelt werden mußte; in demselben Jahre ergaben die Felder längs der Nordküste von Caithness eine Mißernte wegen der Menge vulkanischer Stoffe, die auf den Boden herabfielen. Die Einwohner sprechen noch heute von dem Jahre des Aschenregens („the ashie"). Die Entfernung von Island nach der Küste von Caithness beträgt über 1000 Kilometer. Ähnliche, aus den isländischen Vulkanen stammende Aschenregen sind schon oft in Skandinavien niedergegangen.

18. In anderen Fällen ist die ausgeworfene Asche sogar noch auf weit größere Entfernungen fortgeführt worden. So fand im Jahre 1835 am Coseguina, einem Vulkan in Guatemala, ein Ausbruch statt, und obgleich damals der gewöhnliche Ostwind wehte, wurde die feine Asche durch eine obere Luftströmung nach Osten getragen und fiel auf der Insel Jamaika 1500 Kilometer von der Auswurfsstelle nieder. Sie legte diesen Weg in 4 Tagen zurück; ihre tägliche Geschwindigkeit muß demnach gegen 380 Kilometer betragen haben. Ferner wurde 1815, während eines verheerenden vulkanischen Ausbruches auf der Insel Sumbawa, die östlich von Java liegt, die Asche 1500 Kilometer nach Osten getragen, bis nach den Inseln Amboina und Banda, obgleich damals der Südostwind in voller Stärke wehte. Und schließlich haben wir ein Beispiel aufzuweisen, daß der feine vulkanische Staub eines Ausbruchs in einem breiten Gürtel, vom Kap der guten Hoffnung bis nach Skandinavien reichend, um die ganze Erde getragen wurde (Abschnitt XXII, § 8). Dies war der Fall bei dem großen Ausbruch des Krakatau in der Sundastraße im Jahre 1883, was sich damals durch die prachtvollen Abendröten (Abschnitt VI, § 9) genau feststellen ließ.

19. In den Ländern um das Mittelmeer, und noch weiter bis zum Grünen Vorgebirge und den Kanarischen Inseln, ist die Luft manchmal von einem eigentümlichen rötlichen oder braunen Staube erfüllt, der bisweilen in so großer Menge herabfällt, daß er das Deck der Schiffe auf der See, auch wenn sie fern vom Lande sind, ganz bedeckt. Wenn zu gleicher Zeit Regen fällt, schlägt er diesen Staub nieder und erhält dadurch eine besondere rötliche Farbe, weswegen er als Blutregen bekannt ist. Es scheint, daß in den meisten Fällen dieser „rote Nebel“, „Seestaub“ oder „Sciroccostaub“, wie er genannt wird, aus den heißen Wüsten Afrikas herstammt, wo er durch Wirbelwinde von dem glühenden Boden in großen Wolken emporgerissen und beim Abfließen der Luft am Ende der heißen aufsteigenden Luftsäule fortgeführt wird, bis er nach Zurücklegung eines Weges von hunderten von Kilometern mit den oberen Luftströmen endlich wieder auf den Boden herabsinkt.

20. Wolken, Asche und Staub sind also manchmal wichtig für die Bestimmung der Richtung, in der sich die oberen Luftströme bewegen, und liefern den Beweis dafür, daß ein regelmäßiger und beständiger Kreislauf in der Atmosphäre stattfindet.

21. Periodische Winde. Wenn man die beiden Karten des Luftdrucks (Tafel II, III) mit der Karte der vorherrschenden Winde (Tafel VII) vergleicht, wird man bemerken, daß die ausgedehnten Landmassen der nördlichen Halbkugel in hohem Grade die regelmäßige Verteilung des Luftdrucks hindern, die, wie es die südliche Halbkugel zeigt, eine breite, ununterbrochene Meeresfläche begünstigt. Im Januar werden z. B. die hochgelegenen und kalten Tafelländer von Mittelasien zur Mitte eines weiten Gebietes, über dem der Luftdruck hoch ist. Folglich geht der Wind von jenem erhöhten Teile nach allen Seiten hin. In China und Japan erscheint er als Nordwestwind. In Hindostan kommt er von Nordosten. Im Mittelländischen Meere weht er von Osten und Südosten. Aber im Juli dreht sich das Verhältnis um, denn dann wird das Innere von Asien von der heißen Sommersonne erwärmt und bildet einen Teil jenes ausgedehnten Gebietes niedrigen Druckes, das auch die nordöstliche Hälfte von Afrika und den Osten von Europa umfaßt. In dieses ungeheure Becken stürzt sich die Luft von allen Seiten. Längs der Küsten von Sibirien und Skandinavien kommt sie von Norden. Von China an, rings um den Süden Asiens bis zum Roten Meere, kommt sie vom Indischen Ozean, also von Südost, Süd und Südwest. Über Europa hinweg wehen Westwinde. So kann man je nach der Lage irgend eines Ortes im Verhältnis zu den großen Meeres- und Landmassen im allgemeinen die Richtung seiner Winde angeben.

22. An den Küsten des Indischen Ozeans sind die Sommer- und Winterwinde als **Monsune** bekannt — ein arabisches Wort, das eine Zeit des Jahres bezeichnet, jetzt aber allgemein auf alle Winde angewendet wird, die eine ausgesprochene Beziehung zu einer bestimmten Jahreszeit zeigen. Da die Luft im Sommer von dem Herzen Asiens gleichsam aufgesogen wird und im Winter daraus wieder hervorströmt, hängt die Richtung des Monsuns an irgend einem Punkte von der geographischen Lage des letzteren ab. In Indien ist der Winterwind der N.-O.-Monsun, der dem N.-O.-Passat des Nordatlantischen Ozeans und des nördlichen Stillen Ozeans entspricht; der Sommerwind ist der S.-W.-Monsun, der eine vollständige Umkehrung des Passatwindes ist und durch das gewaltige Aufsaugen der Luft im Gebiete des sommerlichen, niedrigen Druckes über Asien verursacht wird. An der Chinesischen Küste ist der Winterwind ein N.-W.-Monsun, der Sommerwind ein S.-O.-Monsun. Ähnliche, aber nicht ganz so streng geschiedene Monsune treten in Nordamerika auf. In den Südstaaten kommt z. B. der Winterwind aus Nordosten, der Sommerwind aus Südwesten. Sogar in Europa haben die vorherrschenden Winde stellenweise etwas Monsunartiges. Wenn im Winter der Luftdruck im Norden und Nordwesten niedrig ist, wehen die Winde in dieses Gebiet niedrigen Luftdrucks hinein. Daraus entstehen die südwestlichen Winde im Westen Deutschlands und in Großbritannien, die südöstlichen in Skandinavien und die nordöstlichen in Island. Im Sommer dagegen wehen die Winde, wenn sich das Gebiet niederen Luftdrucks nach dem asiatischen Festland verschoben hat, über dem größten Teil von Europa aus West und Südwest, über Skandinavien aus Nord und Nordost und über Island aus Nordwest. Sie führen die Feuchtigkeit des Atlantischen Ozeans mit sich, um sie auf ihrem Zuge ostwärts über das europäische Festland als Regen niederzuschlagen.

23. Örtliche Winde. In verschiedenen Ländern und in verschiedenen Gegenden desselben Landes treten vielfach Winde, oft von zerstörender Art auf, denen örtliche Bezeichnungen beigelegt worden sind. Wenn sie von Landstrichen herkommen, über denen der Druck hoch und die Temperatur niedrig ist, und nach Ländern mit geringerem Druck und höherer Temperatur gelangen, fühlt man sie als kalte Strömungen, durch die der Wassergehalt der Luft in dem Gebiete des niedrigen Druckes zu Regengüssen verdichtet wird. Eines der bekanntesten Beispiele eines solchen Windes ist der *Mistral*, der von den Hochebenen von Mittel- und Ostfrankreich herabkommt und an der französischen Küste des Mittelländischen Meeres als ein kalter und bisweilen stürmischer Wind auftritt. Wenn an den Grenzen heißer Wüstengebiete, wie in Afrika, Arabien, oder im Innern von Australien, ein niedriger atmosphärischer Druck eintritt, so saugt dieser niedere Luftdruck der Außenländer die heiße, über dem glühenden Sande lagernde Luft gleichsam an sich heran, ein Wind, der überaus gesundheitsschädlich ist. In Italien ist ein derartiger Wind als *Scirocco* bekannt, ein heißer feuchter Wind, der in der Luft einen Nebel erzeugt und in Menschen und Tieren ein Gefühl großer Erschlaffung hervorruft. In Spanien, wo er den Namen *Solano* führt, kommt er bisweilen über den schmalen Teil des Mittelmeeres, beladen mit feinem heißen Staube, von den großen afrikanischen Wüsten. In Afrika und Arabien tritt er als der gefürchtete *Samum* auf, ein heißer erstickender Wind, der zuweilen mit solcher Gewalt durch die Wüste braust, daß er Wolken von Sand aufjagt und in wirbelnden Massen viele Meilen weit dahinfegt. So häuft er große Dämme von Sand an, unter denen Karawanen von Reisenden vollständig begraben werden können. Eines der Heere des Kambyses, 50 000 Mann stark, soll im Sande verschüttet worden sein, als es auf dem Wege war, die Oase und den Tempel des Jupiter Ammon anzugreifen. An der Küste von Guinea weht im Dezember, Januar und Februar ein heißer Wind, der *Harmattan*, vom Innern her nach der See zu. Die nordwestlichen Provinzen von Indien haben ebenfalls ihre Glutwinde, die bisweilen gewaltige Wirbelwinde erzeugen, dadurch den Staub auffegen und in großen wirbelnden Säulen in die höheren Luftschichten tragen, aus denen er allmählich wieder seinen Weg auf den Erdboden findet (§ 19).

24. Stürme. Aber außer den schon erwähnten Winden und Luftströmungen, die meistens Wochen, ja Monate lang unausgesetzt wehen, gibt es plötzliche und gewaltsame Bewegungen in der Atmosphäre, die oft in ihren Wirkungen sehr verderblich sind. Diese können wir unter dem allgemeinen Namen der Stürme zusammenfassen. Sehen wir zu, ob wir ihr Auftreten aus den allgemeinen Gesetzen der Luftströmungen erklären können, die für die beständigen und periodischen Winde maßgebend sind.

25. Durch ein sorgfältiges Beobachten des Barometers und besonders durch die Gründung von Beobachtungs-Stationen an vielen verschiedenen Orten, von wo die Barometer-Angaben in bestimmten Zeitabschnitten einer Zentral-Station telegraphisch gemeldet werden, ist es möglich, das Wetter im voraus zu bestimmen und das Herannahen von Stürmen noch vor ihrem Eintreffen zu verkünden. Ein Wetterdienst zum Zweck von Wetter-Vorausbestimmungen ist seit vielen Jahren im westlichen Europa und in den Vereinigten Staaten in Tätigkeit. Zuweilen rast ein wilder Sturmwind über ein Land dahin. Der Wind steigert sich schnell zu einem Orkan und eilt mit einer Geschwindigkeit von oft 150, ja bei Windstößen selbst von 200 bis 220 Kilometer in der Stunde vorwärts. Nach einigen Stunden mäßigt er seine Schnelligkeit und kann ebenso rasch aufhören, wie er anfing. Aber bald darauf erhebt er sich aus einer andern, ja selbst aus der entgegengesetzten Richtung und kann sich dabei bis zu seiner vorherigen Wut und zerstörenden Kraft steigern und sie sogar übertreffen. Die verschiedenen Teile eines Landes haben denselben Sturm nicht gleichzeitig. In Europa kommen z. B. die Stürme gewöhnlich aus Westen. Sie entstehen manchmal in Amerika oder sogar im Stillen Ozean und durchqueren den Atlantischen Ozean und Europa. England und die westlichen Küsten von Frankreich und Portugal erleiden zuerst die Wut des Unwetters, das dann nach Osten oder Nordosten wandert und nicht selten in Rußland erstirbt. Die Geschwindigkeit, womit das Sturmgebiet sich von Ort zu Ort bewegt, beträgt durchschnittlich nicht mehr als 30 bis 45 Kilometer stündlich — eine weit geringere Geschwindigkeit, als man nach dem reißenden und zerstörenden Auftreten des Windes annehmen sollte.

26. Gesetzt, ein solcher Sturm wäre über Europa dahingebraust, und nach seinem Verlaufe erhielten wir Nachrichten über die Barometerablesungen in allen Ländern, die der Sturm durcheilt hat, sowie in denjenigen, die sich am Rande seines Zuges befinden. Dann finden wir, daß das Zentrum des Sturmes ein Gebiet sehr niedrigen Druckes gewesen ist, etwa 1000 Kilometer an Umfang oder sogar noch größer, und daß der Druck unmittelbar außerhalb jenes Gebietes weit höher gewesen ist. Das große Gesetz der atmosphärischen Bewegung ist also auch hier bestätigt. Aus den umgebenden Gebieten hohen Druckes hat sich die Luft wie ein Wirbelwind nach dem Gebiet des niedrigen Druckes in Bewegung gesetzt (Abschnitt XI, § 2).

27. Derartige Beobachtungen haben gezeigt, daß die Gewalt des Windes um so größer ist, je größer der Unterschied zwischen dem niedrigen Drucke im Sturmgebiet und dem äußeren hohen Drucke und je näher die Gegenden des höchsten und des niedrigsten Druckes bei einander liegen. Gesetzt, das Barometer zeige in einem Teile eines Landes 760 mm und sinke in einer andern Gegend, etwa 500 Kilometer entfernt, schnell auf 710 mm, so wird ein so großer Unterschied auf einer so kurzen Strecke sicher einen heftigen Sturmwind hervorrufen. Unter derartigen Umständen strömt die Luft in einer nach innen gerichteten Spirale und mit aufsteigender Bewegung. Sie wirbelt um die Peripherie des Sturmringes nach innen und trifft zuletzt in der Mitte von allen Seiten zusammen, bildet daselbst naturgemäß eine Windstille und gelangt im Kern des Wirbels als mächtige aufwärts strömende Bewegung nach oben, um dort abzufließen und sich in andere Gegenden zu verteilen.

28. Daraus geht hervor, daß selbst beim wütendsten Toben des Windes der Sturm, als Ganzes genommen, oft doch nicht einmal die Geschwindigkeit eines gewöhnlichen Eisenbahnzuges besitzt. Es sind in dem Sturme zweierlei Bewegungen zu unterscheiden, diejenigen der wirbelnden nach innen zu dringenden Luft und die Fortbewegung der ganzen sich drehenden Luftmasse des Sturmes in einer bestimmten

Richtung. Wenn der Sturmring einen bestimmten Ort erreicht, bläst der Wind vielleicht von Südosten; er legt sich, wenn die Mitte des Wirbels den Ort erreicht hat, aber er erhebt sich von neuem aus einer anderen Richtung, etwa Nordwesten, wenn die hintere Seite des Sturmringes vorrückt, und dauert fort, bis die ganze wirbelnde Luftmasse vorübergezogen ist.

29. Eine gute Veranschaulichung dieser Wirbelbewegung bei einem Sturme liefern die kleinen Staubwirbel, die man so oft bei trockenem Wetter auf einer staubigen Straße bemerkt. In jedem dieser Wirbel nimmt, wie man an der Bewegung des Staubes sieht, die Luft einen nach innen gerichteten spiraligen Lauf an; der Wirbel zieht dabei von allen Seiten von unten her neue Luft in die Höhe und schleudert sie schnell umher und nach oben, bis sie am Gipfel des Wirbels sich ausbreitet und in die umgebende Luft überfließt.

30. Die Tätigkeit der Winde. Zweierlei Arbeit wird von den Winden und Luftströmungen verrichtet: 1. die Verteilung der Temperatur, und 2. die Verteilung der Feuchtigkeit. Diese Tätigkeit haben wir bereits behandelt, aber wir wollen sie noch einmal kurz und im allgemeinen zusammenfassen.

31. (1) Wenn ein Wind aus einem warmen Landstriche weht, so erhöht er die Temperatur der Gegenden, in die er gelangt. So machen die Südwestwinde in Westeuropa, da sie von dem erwärmten Wasser des Nordatlantischen Ozeans lau sind, die Luft jenes Teiles von Europa weit milder, als sie der Breite nach sein sollte. Wenn anderseits ein Wind aus einer kalten Gegend nach einer warmen bläst, so erniedrigt er die Temperatur durch sein Wehen. So sind wegen der weiten Ausdehnung kalter Landstriche in Asien während des Winters und wegen des dort stattfindenden hohen Luftdruckes die ausfließenden Winde kalt. Eine eingehende Betrachtung der Karten II, III und VII wird dies deutlicher zeigen, als es eine Beschreibung mit Worten vermag. Wenn wir die Gebiete des niedrigen und des hohen Luftdruckes betrachten, so ersehen wir daraus, in welcher Hauptrichtung die Winde an irgend einem Punkte der Erde wehen müssen; die Isothermenkarten (Tafel IV und V) geben uns die Temperatur der Gebiete hohen Druckes an, aus denen der Wind kommt, und folglich auch, ob der Wind in jedem einzelnen Falle kalt oder warm sein muß.

32. (2) Die Winde bilden die große Triebkraft, durch die die Feuchtigkeit der Luft über die Erde verbreitet wird. Ohne ihre Mitwirkung würde sich der Wasserdampf beim Verdichten auf denselben Erdstrichen wieder niederschlagen, über denen er sich durch Verdunstung gebildet hatte. Und da bei weitem der meiste Dampf vom Meere aufsteigt, würde er wieder in dieses zurückfallen, und das Land würde nur die verhältnismäßig geringe Menge zurückerhalten, die aus Flüssen und Seen verdunstet. Weil aber die Winde den Dampf mit sich fortführen, und weil Gebiete geringen atmosphärischen Druckes sich oft über Festländer ausdehnen, so wird der Dampf von der See fortgetragen und über dem Lande zu Regen verdichtet. Im ganzen hängt daher die feuchte oder trockene Beschaffenheit einer Gegend von der Richtung ab, aus der ihre vorwiegenden Winde kommen (Abschnitt X, 29—34). Wenn sie von der weit ausgedehnten, warmen Meeresfläche herwehen, werden sie oft mit Feuchtigkeit getränkt sein und diese leicht abgeben, sobald sie bei ihrem Übergang auf das Festland abgekühlt werden. Wenn sie anderseits vom Innern des Festlandes herkommen, werden sie trocken sein, während ihre Wärme oder Kälte von der Temperatur derjenigen Gegend abhängt, aus der sie wehen.

33. Kurz, Winde sind feucht, wenn sie von einem warmen, dampfreichen Lande nach einem kälteren ziehen, weil sie unter ihren Taupunkt abgekühlt werden und ihren Überschuß an Feuchtigkeit abgeben müssen. Winde sind trocken, wenn sie aus einem kalten Landstriche in einen warmen ziehen, weil sie, statt Wasserdampf abzugeben, bereit sind, neuen aufzunehmen; sie sind auch trocken, wenn sie aus einer heißen und trockenen Region kommen, so lange sie nicht über ein Meer hin wehen und nach und nach sich durch Aufnahme von Dampf mit Feuchtigkeit sättigen.

34. Wenn ein Hochland auf dem Wege eines warmen feuchten Windes liegt, zwingt es den Wind, aufwärts und über seine Höhen hin zu wehen. Dabei dehnt sich die Luft aus und kühlt sich ab; die Folge davon ist, daß sich Fluten von Regen über das Land ergießen. Das bemerkenswerteste Beispiel dieses Vorganges liefern die bereits erwähnten Khasi-Berge (Abschnitt X, § 31), die längs des Golfes von Bengalen liegen und sich wie ein großer steiler Damm dem Vordringen des warmen dampfbeladenen Südwest-Monsuns in das Innere des Landes entgegenstellen. Der Wind wird die Abhänge hinaufgetrieben und gezwungen, seine Feuchtigkeit als Regen abzugeben, der sieben Monate lang, solange jener Monsun weht, fällt und eine Höhe von 12 Meter erreicht. Aber nach dem Überschreiten der Khasi-Berge ist der Wind, da er soviel von seinem Wassergehalt verloren hat, verhältnismäßig trocken (Abschnitt X, § 31). Daher nimmt die Regenmenge nach Norden zu sehr schnell ab. Bei der weiteren Bewegung in derselben Richtung ist der Wind indessen durch die riesigen Ketten des Himalaya gezwungen, noch einmal in die höheren Regionen der Atmosphäre emporzusteigen. Dadurch wird ihm ein weiterer Teil seiner Feuchtigkeit entzogen, auf den tieferen Abhängen als Regen, auf den höher gelegenen Kämmen als Schnee. Und so steigt er auf der Nordseite als kalter, trockener Wind in die weiten Ebenen von Tibet hinab.

35. In Ländern wie Indien hängt also die trockene Jahreszeit und die Regenzeit von dem Wechsel des Monsuns und von der Gegend ab, aus der der Monsun weht, mit anderen Worten davon, ob er von einem trockenen Lande oder einem dampfbildenden Meere kommt.

36. In Gegenden, wo die Winde unregelmäßig sind, ist es auch der atmosphärische Niederschlag. Im Westen von Europa dreht sich der Wind beständig, aber die vorherrschenden Winde sind der West- und der Südwestwind, wenn auch in gewissen Teilen des Jahres die Ostwinde mehr hervortreten. Die westlichen Winde kommen von dem warmen Atlantischen Ozean, beladen mit Dampf, den sie in Fülle über die westlichen Teile von England, Frankreich und Westdeutschland ausschütten, während sie die östlichen Teile vergleichsweise trocken lassen. Die östlichen Winde kommen dagegen aus dem Herzen von Asien und sind so trocken, daß sie oft die Pflanzenwelt ebenso vernichten wie ein strenger Frost oder ein sengendes Feuer.

37. Es bleibt aber noch eine andere Tätigkeit des Windes zu erwähnen, wenn sie auch im Vergleich mit dessen übrigen Wirkungen von sehr engbegrenztem und örtlichem Auftreten ist. Wenn Stürme über die Oberfläche des Landes hin brausen, bringen sie zuweilen große Veränderungen dadurch hervor, daß sie Bäume entwurzeln, ja ganze Wälder niederlegen, Felder und Häuser zerstören und allgemein auf ihrer Bahn Verderben verbreiten. Aber selbst wenn der Wind nicht mit solcher Wut über das Land hinbläst, bringt er darauf doch zuweilen bemerkenswerte Veränderungen her-

Fig. 12. Sanddünen — Hügel von losem Sande, die durch den Wind landeinwärts getrieben werden.

vor, wenn seine Richtung vorwiegend von der See nach der Küste zu geht. In sandigen Küstenstrichen, die den Seewinden ausgesetzt sind, wird der trockene Sand oft landeinwärts getrieben und bildet Wälle und Kämme, die man Sanddünen nennt, bisweilen 20 bis 30 Meter hoch, die dem Strande viele Meilen weit folgen. Ein kleiner Bach, der hinter einer solchen Düne fließt, kann deren Vorrücken aufhalten, wenn er nämlich den losen Sand ebenso schnell davonträgt, wie dieser vorrückt. Wo aber ein derartiges Hindernis nicht vorhanden ist, breitet sich der Sand nach und nach oft landeinwärts aus und bedeckt den Ackerboden ganzer Güter oder Ortschaften vollständig.

38. Viele Beispiele dieses Vorganges finden sich längs der Ostseeküsten, am Golfe von Biscaya und an den britischen Küsten. Innerhalb der letzten zweihundert Jahre sind Tausende von Morgen wertvollen Landes von dem vorrückenden Sande verschüttet worden. Längs der Küsten der Provinz Preußen hat der Sand z. B. mehrere Ortschaften gänzlich oder großenteils begraben. An den Küsten von Norfolk und Suffolk in England sind ebenfalls Dörfer und tausende von Hufen Landes während der letzten zweihundert Jahre von dem Flugsande bedeckt worden, und an den Küsten von Cornwall hat ein ähnliches Vordringen des Sandes stattgefunden. Die Küsten des Biscayischen Meerbusens bieten noch überraschendere Beispiele von der Macht der Winde dar, die Oberfläche eines Landgebietes zu verändern. Die Dünen, die sich dort durch die Westwinde aufhäufen, rücken jährlich etwa 20 bis 25 Meter landeinwärts. Keine Schranke, sie sei natürlich oder künstlich, ist imstande, ihnen Widerstand zu leisten. Felder, Wälder und Dörfer werden nach einander verschüttet. Damit nicht genug: die Sandrücken hindern den Abfluß aus dem Innern, und das Wasser sammelt sich zwischen und vor den Dünen an. Sümpfe und Seen bilden sich, die keinen Ausfluß besitzen und von den Sanddämmen ins Innere des Landes gedrängt werden. So werden große Landstriche zunächst überschwemmt und dann von dem vorrückenden Sand überwältigt. Die römischen Heerstraßen und viele Dörfer, die im Mittelalter bestanden, sind verschwunden, und die Zerstörung schreitet immer weiter voran.

39. Nicht immer sind derartige Wirkungen der Windtätigkeit an den Meeresstrand geknüpft. Im Innern vieler Länder, wo sehr trockenes Klima herrscht, gibt es weite Striche, die mit bloßem Sande bedeckt sind, die Wüsten (§ 23), in denen der Wind den Sand ebenso in Dämmen aufhäuft wie längs der Küsten. Man beobachtet dies z. B. in der Wüste Sahara und einem großen Teile des Innern von Arabien, im Herzen von Asien mit der Wüste Gobi und in verschiedenen Landstrichen im Westen von Nordamerika.

40. In solchen trockenen Klimaten werden oft große Staubmengen durch den Wind fortgetragen. In Innerasien ist die Luft oft von feinem gelbem Staub angefüllt; die Sonne scheint dann am Mittag so matt, daß man zum Lesen ein Licht braucht. Der Staub bildet eine feine Schicht, die alles bedeckt und den Boden erhöht. In einigen Ländern liegen alte Städte und Ruine unter dieser allmählichen Anhäufung von Staub begraben, der vom Winde hingeweht wurde. Der Pflanzenwuchs, der diese Ablagerungen durchsetzte und bedeckte, hat den Vorgang noch gefördert. Ninive, Babylon und andere geschichtliche Stätten scheinen auf diese Weise verschüttet worden zu sein.

KAPITEL III.

DAS MEER.

Abschnitt XII. — *Die großen Meeresbecken.*

1. Von der äußeren oder Lufthülle, die die Erde umgibt gehen wir nun zu der darunterliegenden Wasserhülle, dem Meere über. Von vornherein sind einige auffällige Verschiedenheiten zwischen diesen beiden Hüllen hervorzuheben. Während die Atmosphäre den ganzen Planeten rings einhüllt und sich zu einer Höhe von Hunderten von Kilometern über seine gesamte Oberfläche erhebt, ist die Wasserhülle an vielen Stellen von Massen des darunterliegenden festen Teiles der Erde durchbrochen, die sich darüber als Festland erheben. Wie bereits erwähnt (Abschnitt V § 2), bedeckt das Meer nicht ganz drei Viertel und das Land etwas mehr als ein Viertel der ganzen Oberfläche der Erde.

2. Ferner wissen wir nichts über die obere Grenze der Atmosphäre, können also nicht genau angeben, wie weit sie über uns liegt; dagegen bildet die Oberfläche des Meeres eine große Ebene, genauer: eine Kugelfläche, und die Grenze zwischen ihr und der Luft ist scharf bestimmt. Wenn wir vom Meere als einer ebenen Fläche sprechen, so wissen wir doch, daß diese scheinbare Ebene in Wahrheit gewölbt ist und wegen ihrer weiten Erstreckung und des Mangels von Unebenheiten die Krümmung der Erdoberfläche besser zeigt als das Land. (Abschn. I, 2.) Die Abweichung von der Ebene beträgt auf einen Kilometer etwa 7,8 cm.; wenn man also nach einem Gegenstand auf dem Meeresspiegel, der 7,8 cm hoch ist, vom Meeresspiegel aus sieht, so ist er, z. B. der Kopf eines Schwimmenden für einen andern Schwimmer, in der Entfernung von mehr als einem Kilometer nicht mehr sichtbar. Die Linie, in der für unser Auge Himmel und Erdoberfläche zusammentreffen, heißt der **Horizont** (Gesichtskreis). Seine Entfernung von uns hängt von der Höhe ab, in der wir uns befinden. So ist an der Seeküste, wenn sich unser Auge 1,70 Meter über dem Meeresspiegel befindet, unser Horizont nach der See zu etwa 4,5 Kilometer entfernt. Steigen wir höher, so daß sich unsere Augen etwa 4 Meter über dem Meeresspiegel befinden, so dehnt sich unser Gesichtskreis auf 7 Kilometer aus. Erklimmen wir eine benachbarte Höhe, etwa die Spitze eines Leuchtturms, die 30 Meter über dem Meeresspiegel liegt, so wächst unser Horizont bis zu einem Durchmesser von 20 Kilometern. Man ist daher imstande, aus der bekannten Höhe über dem Meeresspiegel, in der man sich, etwa auf einem Schiffe, befindet, auf die Entfernung eines eben am Horizont auftauchenden Gegenstandes von ebenfalls bekannter Höhe, etwa eines Leuchtturmes oder Berges, zu schließen, — eine für Seefahrer stets wichtige Aufgabe.[1])

3. Ein anderer in die Augen springender Gegensatz zwischen der Luft und dem Meere liegt in dem Umstande, daß jeder Bewohner der Erde mit der Luft vertraut ist, während nur ein verhältnismäßig kleiner Teil jemals das Meer gesehen hat. Selbst auf einer so kleinen Insel, wie England, hat ein verhältnismäßig großer Teil der Binnenbevölkerung das Meer niemals gesehen. Auf den Festländern ist dieser Teil der Bevölkerung noch viel größer; denn außer den längs der Meeresküste, oder wie wir sagen, an der „Wasserkante" Wohnenden kennen die Einwohner im großen und ganzen, soweit sie nur geringe oder gar keine Verbindung mit den Küsten haben, keine größere Wasserfläche als ihren heimatlichen Fluß oder See.

4. Es ist kaum möglich, daß jemand, der das Meer noch nicht gesehen hat, sich aus Beschreibungen in Büchern von ihm eine richtige Vorstellung machen kann. Nehmen wir aber an, ein aufgeweckter Bewohner des Binnenlandes käme zum ersten Male an die Seeküste; und nachdem er den ersten Eindruck der Bewunderung und des Staunens überwunden,

---

[1]) Bei Abschätzung der Entfernung des sichtbaren Horizonts muß indessen, wenn der Abstand einen Kilometer übersteigt, die Wirkung der atmosphärischen Strahlenbrechung in Betracht gezogen werden, die entfernte Gegenstände höher aussehen läßt, als sie sind. Der Betrag, der für diese Wirkung in Abzug zu bringen ist, wechselt von Tag zu Tag; im Durchschnitt muß man ungefähr ein Siebentel von der scheinbaren Höhe eines Gegenstandes abziehen.

finge er an, sorgfältig auf diejenigen Erscheinungen zu achten, die seine Aufmerksamkeit am meisten fesseln. Er wird dann bemerken, daß der feste Boden, mit dem er Zeit seines Lebens vertraut war, einer anscheinend unbegrenzten Wasserfläche weicht, die im ersten Augenblicke eben und bewegungslos scheint, aber bald eine ewige Unruhe erkennen läßt. Bei Windstille kann in der Tat die Oberfläche des Meeres einem großen Spiegel gleichen, in dem sich Wolken, Schiffe und Ufer widerspiegeln. Aber die Wasserfläche gibt alle Bewegungen der darüber befindlichen Luft wieder, sie hebt sich oder kräuselt sich, wenn die Luft sanft erregt wird, und steigt zu Wogen und schaumgekrönten Sturzwellen längs der Küste an, wenn ein starker Wind eintritt. Kostet er etwas von diesem blauen, glitzernden Wasser, so findet er, daß es salzig und untrinkbar ist, wenn es auch vielleicht klarer als sein heimatlicher Bach sein mag. Sammelt er die Muscheln und andere Überbleibsel lebender Seetiere im Sande der Küste, so wird ihm sofort auffallen, daß ein jedes verschieden von allem ist, was er je auf dem Lande im süßen Wasser gefunden hat. Beobachtet er tagelang das Meer längs der Küste, so wird er bemerken, daß das Wasser zweimal täglich allmählich wächst und ebenso langsam zurückweicht, und daß diese regelmäßige Bewegung stattfindet, ob nun das Wasser erregt oder ruhig ist. Segelt er auf dieser anscheinend unbegrenzten Wasserfläche, so sieht er bald das Land hinter sich scheinbar in das Meer sinken, bis zuletzt die höchsten Spitzen verschwunden sind und überall dieselbe langgestreckte wagerechte Scheidelinie zwischen dem Himmelsgewölbe und dem Meere sich um ihn herumzieht. Wenn kein Land mehr in Sicht und vielleicht kein anderes Schiff zu erspähen, wenn nur der Himmel über ihm und das wogende Wasser unter und um ihn ist, dann kann er besser als aus irgend einer Landkarte oder Beschreibung die Größe und Einsamkeit des großen Weltmeeres erfassen. Und doch kann er vom Deck oder selbst vom Mastkorbe seines Schiffes nur einen verhältnismäßig kleinen Teil des Meeres überschauen. Der Horizont, der ihm so unermeßlich weit scheint, ist nur wenige Kilometer von ihm entfernt (§ 2). Und er könnte wochenlang weiter segeln und Tausende von Kilometern zurücklegen, ohne nur einmal etwas anderes zu sehen als denselben beschränkten Horizont um sich und dieselbe Einförmigkeit des Himmels und der See über und unter sich.

5. Der Reisende, der sich zum ersten Male auf hohem Meere befindet, erhält nicht nur einen Eindruck von der weiten Ausdehnung der Oberfläche, sondern auch einen unbestimmten Begriff von seiner ungeheuren Tiefe. Er hat von den „unermeßlichen Abgründen des Ozeans" gehört und gelesen und fühlt daher einen Schauder bei dem Gedanken, daß sie jetzt wirklich unter seinen Füßen liegen. Man hat nun in den letzten Jahrzehnten Forschungsreisen veranstaltet, um die Tiefen des Meeres in allen Teilen der Erde zu messen, und das Endergebnis zeigte, daß selbst die tiefsten der sogenannten bodenlosen Abgründe wahrscheinlich nicht tiefer sind als 9000 Meter, während die mittlere Tiefe des Meeres etwa halb so groß sein mag.

6. Wäre die Erde einst eine vollkommen glatte Kugel gewesen, wie eine Kugel von poliertem Stahl, so dürften wir annehmen, daß das Wasser damals ihre ganze Oberfläche bedeckte, wenn schon die Wirkung der Umdrehung des Planeten sich dabei in einer Anschwellung des Wassers am Äquator und einer Abziehung von den Polen hätte äußern müssen. Es wäre dann eine äußere Schale aus Luft und eine innere Schale aus Wasser vorhanden gewesen, worin der feste Planet selbst gelegen hätte. Die durchnittliche Tiefe einer solchen allgemeinen Wasserschicht würde, soweit man aus den Tatsachen schließen kann, die durch vielfache Tiefenmessungen in allen Teilen der Meere gesammelt wurden, etwa zweitausend Meter betragen. Es ist aber ziemlich sicher, daß die Wasserhülle niemals die Erde ganz bedeckt hat.

7. Bei einem Blick auf die Weltkarte kann wohl die Frage auftauchen, ob sich für die Gestalt, die die großen Meeresbecken angenommen haben, ein Grund angeben läßt. Wir fragen uns zweifelnd, ob die See durch die Kraft ihrer eigenen Wellen und Strömungen die großen Vertiefungen habe aushöhlen können, in denen sie jetzt liegt. Daß die See auf die Gestaltung ihrer Becken nur sehr wenig Einfluß haben konnte, wird uns klar, wenn wir bedenken, daß nur ihre obere Wasserschicht feste Bestandteile der Erde zerstört (vgl. Ab-

schnitt XVIII); das Wasser in den tiefen Abgründen rührt nicht einmal den feinen Schlamm auf, der sich, wie Staub in einem unbewohnten Zimmer, allmählich auf dem Boden absetzt. Wo die Wogen das Festland zernagen, da werden die Stoffe, die sie fortführen, nicht vernichtet, sondern in irgend einen stilleren Teil des Meeres getragen, wo sie sich auf dem Grunde ansammeln. Wenn wir es also für möglich halten würden, daß das Meer seine Becken selbst ausgewaschen habe, so konnte es immer nur die Trümmer von einem Teile seines Bettes nach einem andern führen, also die Höhlen, die es gemacht, wieder ausfüllen.

8. Zweierlei Ursachen können für die gegenwärtige Verteilung der Meere zur Erklärung dienen. Erstens muß auf der südlichen Halbkugel ein Überschuß von Dichte vorhanden sein, so daß die größere Wassermasse nach diesem Teile der Erdkugel hingezogen wird. Zweitens ist die Oberfläche der festen Erdkugel in unregelmäßiger Weise eingedrückt und emporgehoben worden. Man erinnere sich, was im Abschnitt III von der wahrscheinlichen Geschichte der Erde gesagt wurde. Wenn unser Planet sich aus einem Zustande großer Hitze langsam abgekühlt hat, muß er sich allmählich zusammengezogen haben. Wir können ihn mit einem Apfel vergleichen, der lange Zeit aufbewahrt wurde, bis er zu trocknen beginnt und infolge dessen zusammenschrumpft. Der Apfel verkleinert sich nicht auf allen Seiten gleichmäßig. Einige Teile der Schale schrumpfen ein, andere erhöhen sich in Runzeln und Falten, so daß zuletzt die einst glatte Oberfläche rauh und uneben wird. Auch bei der Erde ist die Zusammenziehung ungleichmäßig gewesen. Einige Partien sind hinabgesunken, andere, die am schnellsten zusammenschrumpften, sind mehr und mehr runzelig geworden und ragen weit über das Übrige hervor. Die gesunkenen Teile haben die Becken für die Gewässer gebildet, diejenigen Teile der größeren Runzeln, die über den Meeresspiegel emporragen, bilden die Inseln und Festländer.

9. Bis vor verhältnismäßig wenigen Jahren waren die Abgründe des Meeres ebenso unbekannt wie das Jnnere der Erde. Die Tiefe wurde nur nach Gutdünken geschätzt, denn die wenigen Versuche, sie zu messen, hatten zu großen Über-

treibungen geführt. Die Beschaffenheit ihres Bodens war ebenfalls ein Feld für das Spiel der Phantasie. Man nahm als sicher an, daß das Wasser in diesen großen Tiefen bewegungslos verharre, daß kein lebendes Wesen auf ihrem Grunde bestehen könne, und daß keine Veränderung dort stattfinde außer der langsamen Anhäufung feinen Schlammes, der von der fernen Küste durch ozeanische Strömungen hingeführt werde.

10. Aber diese Ungewißheit ist jetzt zum großen Teil behoben. Als zur Verbindung Europas mit überseeischen Ländern die ersten Telegraphen-Kabel geplant wurden, da drängte sich die Notwendigkeit auf, vorher die Tiefen des Meeres und die Natur des Meerbodens zu erforschen, um die zweckmäßigste Richtung für die Kabel auswählen zu können. So wurde der Grund des Atlantischen Ozeans erforscht, ehe die Kabellegung zwischen Großbritannien und Amerika stattfand. Viel Neues wurde damals über die tieferen Gründe des Meeres erkundet. Andere Aufnahmen zum Zwecke von Kabellegungen haben diese Kenntnis vermehrt. Aus diesen gelegentlichen Ergebnissen ging die Wichtigkeit einer planmäßigen Tiefseeforschung so schlagend hervor, daß nach allen Gegenden der Erde wissenschaftliche Expeditionen ausgerüstet wurden, um die Tiefen des Meeres zu messen und seinen Boden zu untersuchen. Diese haben eine solche Fülle von Kenntnissen zutage gefördert, daß wir jetzt mehr über die Meerestiefen wissen als über manche Teile der Festländer. Zuerst wurde von der britischen Regierung das Schiff „Challenger" i. J. 1873 zu einer Rundreise um die Welt ausgeschickt, um die Tiefe, die Temperatur und andere Eigenschaften der großen Meeresbecken zu erforschen. Ähnliche Expeditionen sind seitdem ausgerüstet worden von dem Deutschen Reich (durch die „Gazelle", „Valdivia", „Gauß"), den Vereinigten Staaten, Frankreich, Österreich-Ungarn und Norwegen. Drei Werkzeuge sind bei diesen Forschungen hauptsächlich angewendet worden: die Lotleine, das Schleppnetz und das Thermometer.

11. Die Lotleine besteht im wesentlichen aus einer Leine oder einem Drahte mit einem Gewicht am Ende und einer Vorkehrung, vermittelst deren beim Versenken vom Bord eines Schiffes aus auf den Meeresgrund die Länge der von der

Rolle abgelaufenen Leine genau abgelesen und folglich die Tiefe angegeben werden kann. In seichterem Wasser belegt man gewöhnlich die Unterseite des Gewichtes mit Speck oder einem anderen klebrigen Stoff, der dann, indem er auf den Grund stößt, etwas von dem Schlamme, Sand, Kies oder den anderen Bestandteilen des Bodens heraufbringt. Bei der Tiefsee-Messung werden schwere Gewichte angewandt, die ein Messingrohr in den weichen Schlick des Meeresbodens pressen und sich dann aushängen. Das gefüllte Rohr wird heraufgezogen und sein Inhalt untersucht. — Das Schleppnetz besteht aus einem eisernen Rahmen mit daran befestigtem starken Netze oder Beutel; es ist dazu bestimmt, größere Mengen der Stoffe, die den Meeresgrund bilden, sowie auch lebende oder tote Pflanzen und Tiere, die sich dort unten befinden, heraufzubringen. — Das Thermometer ist mit so gutem Erfolge angewendet worden, daß die Temperatur des ganzen weiten Atlantischen und Stillen Ozeans an vielen Punkten von der Oberfläche bis zu den tiefsten Teilen des Grundes hinab bestimmt worden ist. Mit diesen wissenschaftlichen Werkzeugen wurden die Grundlagen einer Meereskunde gelegt. Die allgemeinen Forschungsergebnisse sind in den Tafeln I, X und XII dargestellt; sie zeigen, daß diese Meeresbecken durch unterseeische Rücken gefächert sind, daß die Festländer im Boden, trotz der Binnenmeere, die sie trennen, zusammenhängen, daß sich eine tiefe und ununterbrochene Wassermasse im Süden der Erdteile erstreckt; ferner ersieht man daraus, wie die Temperatur in den oberen Wasserschichten des Meeres verteilt ist.

12. Der bisher am sorgfältigsten erforschte Meeresstrich ist der Atlantische Ozean. Wie ein Blick auf die Karte zeigt, füllt dieses Weltmeer als ein langer und gewundener Wassergürtel den Raum zwischen der Alten und der Neuen Welt aus. Gegen Norden ist es durch einen untermeerischen Rücken, der sich vom Nordwesten Schottlands über die Faröer-Inseln und Island nach Grönland erstreckt, von dem Arktischen Becken abgetrennt (Tafel I).

13. In seiner Ausdehnung vom nördlichen zum südlichen Eismeere durchschneidet der Atlantische Ozean alle Temperaturzonen des Erdballes. Seine mittleren Teile umspülen die

Gestade des äquatorialen Amerika und Afrika. Jenseits dieser berührt er das gemäßigte Klima von Nordamerika und Europa. An seinem Südende tritt er in die eisigen Polargegenden ein.

14. Auch ergießen sich infolge der Beschaffenheit der Festländer, die ihn im Osten und im Westen begrenzen, weit mehr Ströme in den Atlantischen Ozean als in irgend ein anderes Weltmeer. Die Karte zeigt, daß in der ganzen Längenausdehnung von Amerika die großen Ströme nach Osten fließen und daher in den Atlantischen Ozean münden: der St.-Lorenzstrom, der Mississippi, der Orinoco, der Amazonenstrom und der La Plata. In Europa und Afrika findet einschließlich der Flüsse, die in das Mittelländische und das Schwarze Meer münden, bei weitem der größte Teil des Wasserabflusses in denselben Ozean statt, darunter sehr mächtige Ströme wie der Rhein, die Rhone, die Donau, der Dniepr, Nil, Niger und Kongo. Somit ist der Atlantische Ozean das große Becken, in das die mächtigsten Flüsse des Erdballes ihre Gewässer ergießen.

15. Daß der Boden des Altantischen Ozeans nicht eine einzige große Ebene sein kann, wie die Oberfläche des Wassers, das ergibt sich aus dem Vorhandensein von Inseln, die sich hier und da selbst mitten aus dem Meere erheben. Der größere Teil des Atlantischen Ozeans hat eine Tiefe von 3000 bis 5500 Meter. Sein Boden bildet eine weite, wellige Ebene, durchquert von einem Höhenzug, der vom westlichen Rande der großen Hochfläche ausgeht, auf der Großbritannien liegt. Er zieht sich südwärts gegen die Azoren, die seine Lage bezeichnen und seine höchste Erhebung bilden. Südlich davon ist er unter dem Namen Dolphinrücken bekannt und erhebt sich an seinem südlichen Ende in ungefähr 30° nördlicher Breite bis zu 750 Meter unter dem Meeresspiegel. Der Kamm biegt dann südöstlich bei einer Tiefe von weniger als 3600 Meter gegen die Küste von Guiana um und dann wieder südöstlich quer über den Ozean, wobei er unter dem Äquator in dem einsamen St. Pauls-Felsen den Meeresspiegel erreicht. Seine südliche Richtung von da aus wird durch die vulkanischen Inselchen Ascension und Tristan d'Acunha bezeugt. Aus den zahlreichen Messungen, die durch seine ganze Länge und Breite hin ausgeführt worden sind, kann seine Gestalt mit ziemlicher Genauigkeit auf einer Karte dargestellt werden.

16. Westlich von den britischen Inseln ist der Abfall des Meeresbodens etwa 400 Kilometer weit sehr sanft, denn er beträgt nur einen Meter auf tausend. Aber jenseits dieser Entfernung senkt sich der Boden so schnell, daß in den nächsten 40 Kilometern eine Senkung von 3000 Metern stattfindet, bis zu der großen unterseeischen Ebene hinab, die sich mit geringen Unebenheiten des Bodens viele hundert Kilometer weit nach Westen erstreckt. Diese Ebene steigt langsam gegen Norden an, bis sie die große Hochfläche bildet, die in den Faröern und Island ihre höchste Erhebung hat und die Tiefen des Atlantischen Ozeans von denen des Eismeeres trennt. Die Bänke von Neufundland verlängern das nordamerikanische Festland weit in den Ozean hinein. Die Halbinsel von Florida und die westindischen Inseln trennen die Tiefen des Atlantischen Ozeans von den Becken des Golfs von Mexiko und des Karaibischen Meeres, die offenbar beide versunkene Binnenmeere sind (§ 20).

17. Bemerkenswert ist es, daß der unterseeische Rücken in der Mitte und die tiefen Rinnen auf beiden Seiten des Atlantischen Ozeans in derselben Bogenlinie verlaufen wie seine östlichen und westlichen Küsten. Im Norden wie im Süden des Äquators sinkt der Meeresgrund in jedem der gewundenen Tröge stellenweise zu Abgründen von 6000 bis 8000 Meter Tiefe hinab. Ungefähr 150 Kilometer nördlich von der Insel St. Thomas hat das englische Vermessungsschiff „Challenger“ bei einer Lotung eine Tiefe von 6975 Meter gefunden. Es scheint dort eine tiefe Mulde von dem Ende des Kammes, auf dem sich die westindischen Inseln erheben, nach Norden zu verlaufen. Später wurde in derselben Mulde eine noch größere Tiefe bei den Jungfern-Inseln ungefähr 110 Kilometer nördlich von Portorico gefunden, wo eine Lotung 8300 Meter ergab. Dies ist die größte Tiefe, die bis jetzt im Atlantischen Ozean festgestellt ist.

18. Lotungen im Stillen Ozean haben im großen und ganzen die Gestalt seines Bodens enthüllt, die ja schon durch die Verteilung der Inseln angedeutet ist. Der Boden dieses riesigen Beckens liegt im Durchschnitt mehr als 3500 Meter unter dem Meeresspiegel. Aber quer durch die Mitte, zwischen Japan und der Küste von Chile, wird es von einer Reihe von Rücken durchzogen, die unter sich durch tiefe Mulden getrennt sind und im allgemeinen von Nordwesten nach Südosten verlaufen. Auf diesen Kämmen erheben sich zahlreiche Inseln und Inselgruppen als das diesem Meere eigentümliche Merkmal. Der Kamm, der in Neuseeland seine höchste Erhebung hat, bildet einen rechten Winkel mit der vorherrschenden Richtung der unterseeischen Rücken; aber er ist doch nur eine Abzweigung eines von ihnen. Wir sehen, daß in der Nordinsel von Neu-Seeland das Land gegen Nordwest einbiegt, und diese Richtung behält der Kamm unter der Oberfläche des Meeres bei. Die Neuen Hebriden, die Salomon-Inseln und Neu-Guinea sind nichts anderes als die aus dem Meere aufragenden Gipfel eines anderen großen Kammes, der sich westlich über Celebes und Borneo hinaus fortsetzt und einen nördlichen Zweig durch die Gruppe der Philippinen ausstreckt. Ein deutlich erkennbarer Rücken zieht von Japan aus südwärts und ist an der Oberfläche des Meeres durch die Inseln der Bonin- und Marianengruppe angedeutet. Die Karolinen-, Marshal-, Gilbert-, Ellice-, Fidschi-, Freundschafts- und Hervey-Inseln deuten die Lage anderer Erhebungen des Meeresbodens an. Es ist bemerkenswert, daß, während die großen Inseln auf der untermeerischen Fortsetzung des Asiatischen und Australischen Festlandsockels (Neu-Kaledonien, Neu-Seeland u. a.) ebenso wie die Erdteile selbst hauptsächlich aus nicht vulkanischem Gestein bestehen, die zerstreuten ozeanischen Inseln einen vulkanischen Ursprung haben, soweit sie nicht von Korallen aufgebaut sind. Sie sind wahrscheinlich durch das Auftürmen vulkanischen Gesteins infolge unterseeischer Ausbrüche entstanden. Auf Hawai erreichen die vulkanischen Gipfel eine Höhe von 4210 Meter über dem Meeresspiegel.

19. Die Mulden zwischen den Kämmen bilden tiefe Becken, die man vielfach mit den Namen der Forscher oder der Vermessungsschiffe bezeichnet hat, die sie erkundeten. Im nördlichen Stillen Ozean, zwischen der Kette der Alëuten und der großen unterseeischen Bank, auf der sich die Sandwich-Inseln erheben, dehnt sich eine weite Mulde von der Japanischen Küste bis zu der von Nordamerika aus. Diese Senkung nennt man die Tuscarora-Tiefe nach dem nordamerikanischen Vermessungsschiff dieses Namens. Sie senkt sich westlich längs der Ostseite von Japan in einen langen engen Trog hinab, in dem die „Tuscarora“ im Jahre 1874 eine Lotung von 8513 Meter fand. Das war während einiger Jahre die tiefste bekannte Stelle auf der ganzen Erde. Der „Challenger“ hatte bereits vorher eine Tiefe von 8185 Meter im Karolinen-Archipel erkundet. Aber das britische Vermessungsschiff „Penguin“ hat seitdem noch tiefere Lotungen im Süden der Tonga- oder Freundschafts-Inseln erhalten. Im Jahre 1895 erreichte das Lot bei 23° 40′ südl. Breite und 175° 10′ westl. Länge die Tiefe von 8962 Meter, als unglücklicherweise das Drahtseil zerriß. Die Untersuchung wurde später von demselben Schiff mit Erfolg wieder aufgenommen. In 30° 28′ südl. Breite und 176° 39′ westl. Länge wurde eine Tiefe von nicht weniger als 9428 Meter ermittelt; dies ist die größte bis jetzt bekannte Tiefe. Aus der Karte ist ersichtlich, daß dieser ungeheuere Abgrund südlich der Kermadec-Inseln liegt, ungefähr 450 Kilometer nordöstlich von dem Ostkap von Neu-Seeland. Bemerkenswert ist, daß die tiefsten Teile der Ozeane, soweit sie durch Lotungen ermittelt sind, nicht in oder nahe bei dem Mittelpunkt der Becken liegen, sondern in jedem einzelnen Fall nicht weit vom Land entfernt. Die größten Tiefen wurden zwischen den Tonga-Inseln und Neu-Seeland ermittelt. Aber tiefe Abgründe wurden auch dicht an den Küsten des Stillen Ozeans gefunden. Außer dem tiefen parallel mit der Längserstreckung von Japan verlaufenden Troge der Tuscarora hat man einen anderen Graben von 7500 Meter Tiefe entdeckt, der parallel mit der Riesenkette der Anden verläuft und nicht mehr als 100 Kilometer von der Küste von Peru entfernt ist.

20. Die Weltkarte zeigt, daß die große Wasserhülle unseres Planeten, die wir der Übersichtlichkeit halber in Ozeane einteilen, eine einzige, ausgedehnte, zusammenhängende Fläche bildet. Hier und da sind indessen durch die Art und Weise, wie die Oberfläche sich runzelte, Teile der Wasserhülle mehr oder weniger von der Hauptmasse abgetrennt worden. Man nennt sie teils Randmeere, teils Mittelmeere. Beispiele sind:

das europäische Mittelmeer und Schwarze Meer, die Nord- und die Ostsee in Europa, die Hudsonsbai und der Golf von Mexiko in Amerika, das Rote Meer, der Persische Meerbusen, das Chinesische, Japanische und Ochotskische Meer in Asien. Solche Meere sind meist verhältnismäßig seicht und gehören dann in der Tat nicht zu den ozeanischen, sondern zu den Festlandsgebieten der Erde. Obwohl ihre Fläche jetzt von Wasser bedeckt ist, mag sie einst Land gewesen sein und könnte wieder zu Festland werden, ohne daß dadurch die jetzige Verteilung von Wasser und Land wesentlich beeinflußt werden würde (vgl. Tafel I).

21. Aber zuweilen hat die Hebung des Landes in der Art stattgefunden, daß dadurch einzelne Teile des Meeres ganz abgeschnitten wurden. Diese heißen Binnenmeere. Das Kaspische Meer und der Aralsee sind die wichtigsten Beispiele solcher Bildungen. Das Kaspische Meer bedeckt einen nicht viel kleineren Flächenraum als das Deutsche Reich. Seine Oberfläche liegt etwa 26 Meter unter dem Meeresspiegel und seine größte Tiefe beträgt beinahe 1000 Meter. Seine Gewässer sind von Robben und anderen Seetieren bewohnt, während in den Landstrichen, die jetzt das Kaspische Meer und den Aralsee einschließen und vom Schwarzen Meere einerseits, dem nördlichen Eismeere andererseits trennen, Ablagerungen der Reste von Seetieren gefunden werden. Das Meer wurde durch die Erhebung seines Bodens zu Festland abgeschnitten. Im Abschnitt XXIII werden wir auf die Beweise zurückkommen, die dafür sprechen, daß das Land längs der Küste von Sibirien sich erst in verhältnismäßig neuer Zeit aus dem Meere erhoben hat. Man vermutet sogar, daß sich das nördliche Eismeer einst in einem langen Arm zwischen Europa und Asien bis zu der Hügelkette erstreckt hat, die jetzt von der engen Straße des Bosporus durchschnitten ist, daß es aber nicht mit dem Mittelmeer in Verbindung stand, und daß durch die Hebung des Landes im Norden der ganze südlich von 50.° oder 52.° nördl. Breite gelegene Teil dieses weiten Meerarmes von dem Hauptmeere abgeschnitten wurde. Die jetzigen zahlreichen Salzseen und Sümpfe, sowie die beiden großen Becken des Kaspischen Meeres und des Aralsees wären bei dieser Annahme als die zusammengeschrumpften Überbleibsel dieses alten Mittelmeeres zu erklären. Das Schwarze Meer hat sich von den Gewässern des Kaspischen Gebietes getrennt, und der zwischen ihm und dem Mittelländischen Meere liegende Landrücken wurde durchbrochen, so daß das Schwarze Meer jetzt durch den Bosporus und das Marmarameer mit dem Mittelländischen Meere verbunden ist. Auch scheint gegenwärtig in den Gegenden des Kaspischen Meeres und Aralsees weniger Regen zu fallen oder die Verdunstung stärker zu sein als ehedem, so daß diese Wassermassen noch immer im Schwinden begriffen sind.

Abschnitt XIII. — *Der Salzgehalt des Meeres.*

1. Der Wasserdampf der Atmosphäre entstammt zum großen Teile der Verdunstung am Meeresspiegel, und da dieser nicht merklich sinkt, obwohl eine ungeheuere Feuchtigkeitsmenge von ihm aus in die Luft übergeht, so muß das Meer von den Strömen, die es aufnimmt, und durch den Regen, der auf seine Oberfläche fällt, ebenso viel Wasser empfangen, wie es abgibt. So findet zwischen dem Meere, der Luft und dem Lande ein unaufhörliches Kommen und Gehen von Wasser statt.

2. Vollkommen reines Wasser, d. h. Wasser, das nicht eine Spur irgend eines anderen Stoffes enthält, als die beiden es zusammensetzenden Gase Sauerstoff und Wasserstoff, ist noch nie, selbst durch die feinsten und wiederholt angewendeten Methoden der wissenschaftlichen Forschung dargestellt worden. Das Wasser ist fortwährend bestrebt, aus der Luft oder von den festen Oberflächen, mit denen es in Berührung kommt, Stoffe aufzunehmen. Untersucht man es in den verschiedenen Zuständen während seines Kreislaufs in der Luft, im Meer und auf dem Land, so findet man eine große Verschiedenheit in dem Wesen und dem Verhältnis der Bestandteile, die es aufnimmt und mit sich führt. Obwohl der Regen aus Wasser besteht, das durch natürliche Destillation entstanden ist, und Regenwasser daher ziemlich rein ist, so hat es manchmal einen bestimmten Geschmack und hinterläßt beim Verdunsten, wie wir in Abschnitt VI sahen, verschiedene Salze und Staubteilchen, die es aus der Luft aufgenommen hat. Das Quell- und Flußwasser hinterläßt stets einen weit größeren Bruchteil fester Substanzen beim Verdunsten, ist aber gewöhnlich frisch und ohne Beigeschmack. Meerwasser hat dagegen immer einen stark salzigen Geschmack, und zwar in allen Teilen der Erde.

3. Ein anderer Unterschied zwischen dem Wasser der Luft oder dem der Quellen und Flüsse und dem Seewasser zeigt sich in ihrem verschiedenen Gewichte. Eine Flasche mit Seewasser gefüllt wiegt mehr als eine mit süßem Wasser gefüllte. Nimmt man vollkommen reines Wasser als Einheit an, so hat das Seewasser ein durchschnittliches spezifisches

Fig. 13. Ein Tropfen Seewasser während der Verdunstung (stark vergrößert).

Gewicht von etwa 1,026; mit andern Worten: Wenn eine gewisse Menge reinen Wassers 1,000 wiegt, so wiegt dieselbe Raummenge Seewasser 1,026. Das Wasser der verschiedenen Ozeane schwankt etwas in der Schwere. Das des Atlantischen Ozeans schwankt z. B. mehr und ist im allgemeinen schwerer als das des Stillen Ozeans. Auf der Bahn der Passatwinde im Atlantischen Ozean, wo die Verdunstung verhältnismäßig rasch vor sich geht, findet sich das salzigste und daher schwerste Wasser, dessen spez. Gewicht 1,02781 beträgt. Im südlichen Eismeer sinkt dagegen zwischen dem Treibeise das spez. Gewicht auf 1,02418. Das Wasser der Ostsee hat stellenweise nur 1,004 spez. Gewicht.

Ein schlagender Beweis für das geringere spez. Gewicht des Süßwassers liegt in einer Erscheinung, die nach einem heftigen, bei ruhigem Wetter auf das Meer gefallenen Regen beobachtet wird. Das Regenwasser schwimmt auf der Oberfläche des Meeres, ebenso wie das Wasser, das die Ströme in die Ozeane ergießen. Man kann dann süßes, trinkbares Wasser von der Oberfläche des Salzwassers, das darunter lagert, schöpfen, bis das Süßwasser sich langsam nach unten verteilt, wenn es nicht durch Wind und Wogen schneller mit dem Salzwasser vermischt wird.

4. Wodurch wird das Seewasser schwer und salzig? Um diese Frage zu beantworten, nehmen wir etwas Seewasser und verdampfen es, bis nur ein wenig davon zurückbleibt; dieser Überrest wird außerordentlich salzig und bitter schmecken. Wir rühren diese übriggebliebene Flüssigkeit um, damit sie sich vollkommen mischt, tun einen Tropfen davon auf ein Stück dünnen Glases, bringen das Glas unter ein Mikroskop und beobachten, was sich bei diesem einfachen und schönen Versuch ereignet. Der Tropfen fährt fort, in Dampf überzugehen, aber die Stoffe, die dem Wasser seinen, salzigen und bittern Geschmack verleihen, können nicht verdunsten. Sie bleiben zurück, und nun können wir sehen, während das Wasser sie bloßlegt, wie sie sich nach einander in die vollendetsten symmetrischen Kristalle verwandeln. Außerordentlich merkwürdig ist es, zu beobachten, wie die kleinen Teilchen zusammeneilen und sich vereinigen, um regelmäßige Kristallumrisse anzunehmen. Zuerst bemerken wir einige längliche, spitze Formen (Gips oder Kalziumsulfat), die wahrscheinlich bereits sich zu bilden anfingen, ehe wir den Tropfen aus dem gesättigten Salzwasser nahmen; dann, während der Tropfen schnell verdunstet, ordnen sich Bündel kleiner Quadrate um alle Ecken an, das letzte Wasser verschwindet, und jedes Teilchen, jeder Kristall wird fest und bewegungslos. Das Wasser ist ganz als Dampf fortgegangen, und was wir auf dem Glase sehen, sind die **Salze**, die dem Seewasser seinen bekannten Geschmak und sein Gewicht geben. Wer fern vom Meere lebt, kann einen Teil dieses Versuches ausführen, wenn er einen Tropfen Wasser nimmt, dem so viel gewöhnliches Kochsalz zugesetzt worden ist, als sich darin auflöst, und diesen unter das Mikroskop bringt. Die quadratförmigen, genauer würfelförmigen Kristalle werden

bald erscheinen und mit großer Schnelligkeit und in vollkommenem Ebenmaß wachsen.

5. Während die verschiedenen Kristallformen die mannigfachen salzartigen Verbindungen, die im Seewasser vorhanden sind, erkennen lassen — da jede kristallisierende Substanz ihre eigentümliche Kristallform besitzt —, zeigt die relative Häufigkeit jeder Form im großen und ganzen das Verhältnis an, in dem die einzelnen Substanzen im Wasser vorkommen. So sehen wir, daß die quadratischen oder würfelförmigen Kristalle bei weitem am häufigsten sind. Diese sind dem Kochsalz, Chlornatrium, eigen. Sie erscheinen erst, nachdem der Gips auskristallisiert ist; daraus geht hervor, daß sie länger im Waser gelöst bleiben. Man nennt sie daher leichter löslich. Während sich nun der trockene Rückstand des Tropfens noch unter dem Mikroskope befindet, hauche man sanft darauf und sehe zu, was nun eintritt. Die Feuchtigkeit des Atems löst die Kristalle nach einander auf, bis sie bei hinreichender Zufuhr von Feuchtigkeit gänzlich in dem kleinen Tropfen Wassers, der nun an ihrer Stelle liegt, aufgehen. Die würfelförmigen Kristalle verschwinden zuerst. Befindet sich viel Dampf in der Luft, so kann man die Kristalle vielleicht auf keine andere Weise verhindern, den Dampf anzuziehen und sich darin zu lösen, als durch Erhitzen des Glases über einer Flamme. Körper, die die Neigung zeigen, Feuchtigkeit anzuziehen und sich darin aufzulösen, nennt man „hygroskopisch“.

6. Wenn Seewasser analysiert wird, so findet man etwa drei und einen halben Gewichtsteil verschiedener Salze in je hundert Teilen Wasser. Wie unser verdunsteter Tropfen bewies, bildet das gewöhnliche Salz oder Chlornatrium bei weitem den größten Teil, wenigstens drei Viertel der ganzen Salzmenge. Die andern salzartigen Stoffe sind Chlormagnesium und Chlorkalium, die zusammen mit dem Chlornatrium 88 ½ % (Chloride) bilden; Kalziumsulfat (Gips) und Magnesiumsulfat (Bittersalz) bilden etwa 11 %; ferner sind einige andere Salze, besonders Kalzium- und Magnesiumkarbonat, in noch kleineren Mengen vorhanden. Das Verhältnis der Bestandteile ändert sich kaum im ganzen Weltmeere. Da das Meer sämtliche Flüsse des

Festlands aufnimmt, so muß es alle die Stoffe enthalten, die von den Flüssen in Lösung fortgeschafft werden. Es gibt wahrscheinlich kein Mineral auf der Oberfläche der Erde, das sich nicht in aufgelöstem Zustand im Meerwasser wiederfindet, obwohl die Mengen der meisten davon so klein sind, daß ihr Nachweis durch die gewöhnlichen Methoden der Analyse nicht möglich ist.

7. Es entsteht nun die Frage: Woher erhält das Meer sein Salz? Sie ist nicht so leicht zu beantworten wie die vorhergehende. Wir können nicht angeben, wie das Meer in den ältesten Zeiten beschaffen war. Wahrscheinlich sind seine Gewässer stets salzig gewesen, seit sie sich aus der ursprünglichen Gas- und Dampfatmosphäre verdichteten; die salzhaltigen Dämpfe, mit denen ohne Zweifel von Anfang an jene ganze Atmosphäre reichlich geschwängert war, haben sich bei dieser Annahme im Urmeer gelöst. Aber selbst wenn das Meer anfangs ganz süß gewesen wäre, müßte es heutigen Tages wahrnehmbar salzig sein. Im Abschnitt XXVII ist eingehend beschrieben, wie alle süßen vom Festlande abfließenden Gewässer ohne Ausnahme salzartige Substanzen in das Meer befördern. Da dieser Vorgang unaufhörlich und überall auf der Erde, wo sich Land befindet, stattfindet, so ist einleuchtend, wie groß die jährliche Menge an Salz sein muß, die das Land auf diese Weise dem Meere zuführt. Wahrscheinlich würde man, wenn die Methoden der Analyse fein genug wären, im Seewasser Spuren einer jeden Substanz nachweisen können, die sich im Wasser der Quellen, Flüsse und Seen des Festlandes aufgelöst findet. So werden einige Bestandteile, die in zu geringen Bruchteilen vorhanden sind, um durch die chemische Analyse nachweisbar zu sein, von Seepflanzen und Seetieren aufgenommen und finden sich in ihrer Asche oder ihren Skeletten. Der kupferne Beschlag eines Schiffes, das monatelang gesegelt ist, nimmt etwas von dem gelösten Arsenik oder anderen Metallen an, die im Seewasser verbreitet sind, und dieselben Stoffe finden sich auch im Kesselstein, der sich in den Dampfkesseln der Meeresdampfer absetzt, wenn Seewasser zur Speisung der Kessel verwendet wird.

8. Unter den im Seewasser befindlichen Stoffen, die darin in so geringer Menge vorhanden sind, daß sie sich beinahe der Beobachtung entziehen, sind zwei von hervorragender Bedeutung, deren Namen wir im Vorübergehen nennen müssen — **Kalziumkarbonat** und **Kieselsäure**. Der erstere ist das Material, aus dem alle uns bekannten Schnecken- und Muschelschalen, sowie die Hartteile der Seeigel und Seesterne hauptsächlich bestehen. Das Kalziumkarbonat ist indessen in so geringer Menge im Seewasser vorhanden (nur ungefähr $^3/_{10}$%), daß es schwerlich für den riesigen Bedarf der kalkliebenden Meereswesen ausreicht. Man nimmt deshalb wohl mit Recht an, daß das Kalziumsulfat (Gips), von dem zehnmahl mehr als Kalziumkarbonat vorhanden ist, von den Seetieren zersetzt werden kann, die dann den Kalk in Karbonat verwandeln, während die Schwefelsäure andere Verbindungen eingeht. Das Kalziumkarbonat, von diesen Seetieren in ihren Körper als Teil ihrer Hartgebilde aufgenommen, zeigt die weiße Farbe und kreideartige Beschaffenheit, die wir am Material der gewöhnlichen Muschelschalen der Seeküste wahrnehmen.

Kieselsäure wird von niederen Pflanzen- und Tierformen im Meere zu ihrem Aufbau verwendet. Aber die verhältnismäßige Menge dieses Stoffes im Meere ist noch geringer als die des Kalziumkarbonates, so daß es auch hier rätselhaft erscheint, wie sie für die Bedürfnisse der zahlreichen Kieselpflanzen und -Tiere genügen soll. Die Forschung hat indessen nachgewiesen, daß eine beträchtliche Menge feinen Tones (eine Verbindung von Kieselsäure und Aluminium) sogar mitten in den Ozeanen vorhanden ist und daß die kieselhaltigen Pflanzen (Diatomeen) ihre Kieselsäure aus dem im Meerwasser fein verteilten und schwebenden Ton erhalten können. Der harte Feuerstein ist eine Form der einst durch Lebewesen des Meeres abgesonderten Kieselsäure.

9. Das Meerwasser enthält auch die Gase der Luft. Daß dies der Fall sein muß, geht deutlich aus den Vorgängen auf dem Meere bei stürmischem Wetter hervor. Die Oberfläche des Wassers wird zu Wellen aufgewühlt, und diese zersprühen in feinen Staub. Die See hat dann eine Decke weißen Schaumes, der eine Mischung von Luft und Wasser ist. Etwas Luft bleibt auch nach dem Verschwinden der

Wellen im Wasser aufgelöst und verteilt sich allmählich selbst bis in die Tiefen des Ozeans. Eine wichtige Tätigkeit des Windes besteht also darin, das Meerwasser mit Luft zu versehen. Die in dem Wasser enthaltene Menge der Luft ändert sich mit der Zeit; bisweilen hat man nur ein Hundertstel, zu anderen Zeiten dagegen bis zu einem Zwanzigstel Luft im Wasser gefunden.

10. Außerdem steigt und fällt die Menge der atmosphärischen Gase im Meerwasser unter dem Einfluß des Luftdrucks und der Temperatur. Bei erhöhtem Luftdruck nimmt die Menge der aufgenommenen atmosphärischen Gase zu; bei erhöhter Temperatur des Meerwassers nimmt sie ab. Auch sind diese Gase im Meerwasser nicht gleichmäßig löslich: Sauerstoff ist löslicher als der viel reichlicher vorhandene Stickstoff. Bei 0 Grad Celsius und bei gewöhnlichem Luftdruck lösen sich 1,56 Raumteile Stickstoff und 0,82 Raumteile Sauerstoff in 100 Raumteilen Wasser, während bei 20 Grad Celsius das Verhältnis 1 % Stickstoff und ungefähr $^1/_2$ % Sauerstoff ist. Diese Mengen mögen uns gering erscheinen, aber sie verdienen trotzdem unsere Beachtung, denn der gelöste Sauerstoff ermöglicht den Tieren des Meeres das Atmen. Sie atmen ihn ein und atmen Kohlensäure aus.

11. Noch eine Substanz im Meerwasser verdient hier Erwähnung. Es ist ein organischer Körper, das **Protoplasma**, der Stoff, der den einfachen Formen unter den im Meere lebenden Geschöpfen als Nahrung dient. Diese Substanz stammt von Pflanzen- und Tierresten sowohl des Meeres als auch des Landes — von letzterem aus durch die Flüsse ins Meer getragen — her.

12. Es zeigt sich also, daß das Meer salzig ist, wahrscheinlich teils von den Dämpfen der ursprünglichen Atmosphäre, aus der es sich einst verdichtet hat, teils durch die mannigfachen Salze, die fortwährend durch Bäche und Flüsse hineingetragen werden; daß es mehr oder minder alle Stoffe in Lösung enthält, die das Wasser gelöst aufnehmen kann; daß es von den Wellen mit Luft versehen wird, die sich durch seine Masse hindurch verteilt und auflöst, um das Atmen der Seetiere zu ermöglichen; und daß von den toten Körpern der Tiere und den Überresten der

Pflanzen des Landes wie des Meeres der Grundstoff, aus dem die Pflanzen und Tiere aufgebaut sind, das Protoplasma, durch die ganze Masse des Meeres verteilt ist.

Abschnitt XIV. — *Der Meeresgrund.*

1. Aus dem in Abschnitt XII Gesagten geht klar hervor, daß der Boden des Meeres uneben und wellig sein muß, wie viele Teile des Festlandes; er erstreckt sich in einigen Teilen in ausgedehnten Ebenen, erhebt sich hier und da zu breiten und langen Rücken, steigt zu großen steilen Wänden an, wie die Bodenerhebung im Atlantischen Ozean westlich von Großbritannien, senkt sich in tiefen Mulden hinab, die weit unter seine durchschnittliche Lage hinabreichen, und wird von Bergketten durchzogen, deren über den Meeresspiegel auftauchende Gipfel die ozeanischen Inseln sind. Aber wie ist die Oberfläche des Meeresbodens beschaffen? Besteht sie aus festem Gestein, oder weichem Schlamm, oder reinem, nacktem Sande, oder sind die Ebenen der Tiefen mit einer ozeanischen Pflanzenwelt bedeckt, wie die Ebenen des Festlandes mit Gras und Kräutern?

2. Wenn wir am Meeresstrande stehen, so bemerken wir, daß das schäumende Wasser über Sand, Kies, Schlamm oder zerstreute Felstrümmer oder Muschelschalen dahin strömt, und daß diese Stoffe noch in das Meer hineinreichen. Wenn die Küste felsig ist, finden wir oft Vertiefungen mit Seewasser, nach denen wir uns eine ungefähre Vorstellung von der Bodenbeschaffenheit wenigstens der seichteren Teile des Meeres bilden können. Jeder dieser Tümpel bildet gleichsam ein Meer im Kleinen. Seine Seiten sind mit Büschen von zarten Seepflanzen besetzt und strahlen von ganzen Ballen von Seeanemonen, während manche Muschel oder Schnecke an den Felsen haftet oder vorsichtig über ihre Oberfläche hinkriecht. Der Grund des Wassers ist reich an schattigen Lauben von Tang, durch die mancherlei winzige Gestalten von Meerestieren dahinschießen oder krabbeln. Beim Untersuchen mehrerer Vertiefungen finden wir sie alle mehr oder weniger voll Pflanzen und Tieren.

3. Wenden wir uns zur Zeit der Ebbe von diesen Strandtümpeln zum Saume des Wassers, so finden wir, daß die Felsklippen eine dichte Pflanzendecke von dunkelgrünem oder braunem Tang und Seegras tragen, in der man bei stillem Wetter zierliche Krabben, Seeigel, Seesterne und andere lebhaft gefärbte Seetiere beobachten kann. Untersucht man das Wasser von einem Boote aus, so zeigt sich, daß dieser Waldgürtel von langem dunklem Seegras sich nicht tiefer als einige Meter hinab erstreckt. In größerer Tiefe kann man den Boden, er sei felsig, sandig oder schlammig, durch das klare Wasser hindurch sehen oder mittels eines Schleppnetzes untersuchen. Zarte scharlachrote Algen, Korallentiere und Weichtierarten des tieferen Wassers bewohnen diese Teile des Meeresbodens. Der Tanggürtel, der das Land umgibt, hat eine durchschnittliche Breite von 1 bis 2 Kilometern. Jenseits sehen wir, je mehr wir in tieferes Wasser kommen, allmählich die gewöhnlichen Arten der Küste verschwinden und andere an ihre Stelle treten. Das Schleppnetz bringt vielleicht an der einen Stelle vom Meeresboden nur Sand oder Schlamm herauf, während es in geringer Entfernung davon sich mit vielen und mannigfachen Formen von Seetieren füllt und dadurch anzeigt, daß es auf dem Meeresboden nackte Stellen mit Sand, Schlamm oder Felsen geben muß, und andere Stellen, auf denen Pflanzen und Tiere dicht gedrängt leben.

4. Die obersten 200 Meter der Gewässer des Meeres sind rings um den Ufersaum von einer Fülle von Tieren und Pflanzen belebt. Diese obere oder Uferzone ernährt in der Tat bei weitem die zahlreichsten und mannigfaltigsten Lebewesen im Meere. Bis zu Tiefen von 300 bis 600 Metern findet sich noch ein reichliches Tierleben. Aber in dem Maße, wie die Tiefe und die Entfernung vom Land zunimmt, verschwinden nach und nach die Gestalten des seichteren Wassers, und es treten andere Arten auf, die über die tieferen Teile des Meeres weit verbreitet sind. Bis vor kurzem nahmen die Naturforscher an, da sie beim Fischen in tieferem Wasser stets weniger und weniger Spuren des Lebens antrafen, daß die Tiefsee des Lebens völlig bar sein müsse. Sie setzten sogar die Grenze, jenseits deren mit dem Aufhören des Lichtes nach ihrer Annahme die Ge-

wässer des Ozeans unbelebt sein müßten, auf ungefähr 600 Meter fest.

5. Aber in den letzten Jahren haben Untersuchungen, die über den Atlantischen Ozean und andere Meere ausgedehnt wurden, gezeigt, daß in Wirklichkeit eine solche Grenze nicht besteht; daß im Gegenteil eine zahlreiche und mannigfaltige Gesellschaft von Seetieren viele Teile des Meeresbodens in einer Tiefe von selbst 4000 Metern bedeckt, wo völlige Dunkelheit herrschen muß und die Temperatur sehr niedrig ist. Die aus diesen Tiefen erhaltenen Tierarten unterscheiden sich aber von denen der seichteren Meeresteile. Sie zeigen keine große Mannigfaltigkeit der Gestalten, und die Tiere einer Art sind im allgemeinen wenig zahlreich. Das pflanzliche Leben ist in seiner Verbreitung weit mehr beschränkt. Seetang ist am häufigsten von der Flutgrenze bis zu einer Tiefe von 30 Metern. Er wird jenseits einer Tiefe von 100 Metern selten und findet sich tiefer als 400 Meter überhaupt nicht mehr, während allerdings einige andere Arten von Seepflanzen noch in größeren Tiefen vorkommen. Aber auf dem Boden der eigentlichen Tiefsee scheint das Pflanzenleben völlig zu fehlen.

6. In den verhältnismäßig seichten Gewässern, wie die Nordsee, wo die Wirkung der Meeresströmungen sich bis auf den Boden erstreckt, bedecken Sandbänke, mit Muscheltrümmern vermengt, und Kies, sowie weite Schlammflächen große Strecken des Meeresbodens. Einige dieser Sandbänke, auf denen Austern und andere Schaltiere leben, geben eine gute Weide für Schellfische, Schollen, Steinbutten und andere bekannte Fische ab und sind deshalb den Fischern wohlbekannt. Sie scheinen ihren Platz und ihre Gestalt viele Jahre lang beizubehalten. Aber andere Bänke in seichteren Teilen dieses Meeres werden leicht durch Strömungen verschoben; einige von ihnen, wie die Doggerbank, kommen so nahe an die Oberfläche, daß oft Schiffe auf ihnen scheitern.

7. Schlamm, Sand und Kies, die über diese Strecken des Meeresgrundes ausgebreitet sind, bestehen sämtlich aus Gesteinsteilchen, die vom Wasser zerrieben sind. Verfolgen wir die Geschichte dieser Ablagerungen, so finden wir, daß jedes Sandkorn und jeder Kiesel einst einen Teil der festen

Gesteine auf dem Festlande bildete. Im Abschnitt XVIII wird dargetan, daß diese Materialien nicht auf dem Meeresgrunde gebildet, sondern vom Lande aus hingeschwemmt sind. Die zerstörende Arbeit der See vollzieht sich hauptsächlich am Ufersaum des Festlandes, wo die Wellen auf das Gestein einwirken können. Jeder Strom ist ebenfalls an der Arbeit, Schlamm, Sand und Kies in das Meer zu schwemmen. Diese Stoffe, seien sie nun von der wellengepeitschten Küste oder von den Hügeln und Tälern des Landes hergekommen, werden über die Teile des Meeresbodens hin ausgebreitet, die das Festland umsäumen. Die See ist in der Tat der ungeheure Behälter, in den alle Stoffe, die sich von der Oberfläche des Festlandes abgelöst haben, zuletzt gelangen müssen. Wo immer das am Boden befindliche Wasser eine merkliche Bewegung besitzt, wird der Sand und selbst feiner Kies weiter gewälzt. Aber in den weiten, tiefen Meeresbecken ist jenseits der Uferzone das auf dem Boden ruhende Wasser, wenn auch nicht ganz bewegungslos, doch in seiner Bewegung zu langsam, um festes Gestein in Sand und Schlamm zu zermahlen oder auch nur das feine Sediment, den einzigen Niederschlag, der sich im Laufe der Zeit dort absetzt, aufrühren zu können.

8. Über die Natur des Grundes der Tiefsee ist zuerst durch die Lotungen der „Challenger-Expedition" Licht verbreitet worden. In verhältnismäßig seichtem Wasser nahe am Lande, sei es an Inseln oder am Festland, finden sich verschiedengefärbte Ablagerungen von Sand und Schlamm, offenbar großenteils aus dem feineren Sediment (Absatz) gebildet, das an der Oberfläche des Landes durch Verwitterung abgebröckelt und ins Meer hinaus getragen wurde. Diese Ablagerungen von Verwitterungsschutt des Festlandes können in Ausnahmefällen bis auf 500 Kilometer vom Festland entfernt den Meeresboden bedecken, sind aber meistens auf eine viel schmälere Uferzone beschränkt. Aber fern vom Lande, in den weiten und tiefen Senkungen der ozeanischen Becken, werden andere eigentümliche Sedimente abgelagert. Am allgemeinsten verbreitet sind feine rote und graue Tone, in denen winzige Sandkörnchen und Bruchstücke des vulkanischen Gesteines, das den Namen Bimsstein führt, sich

erkennen lassen. Reste kleinster Organismen (*Globigerina* und *Radiolaria*) kommen in ihnen vor, manchmal in ungeheurer Menge. Der größte Teil des Bodens im Atlantischen und Großen Ozean, in Tiefen von mehr als 4000 Metern, ist mit diesen Tonen bedeckt.

9. Es unterliegt kaum einem Zweifel, daß diese feinen Tone von zersetzten vulkanischen Trümmermassen herstammen, die langsam im Meere treiben. Diese Trümmermassen werden wohl hauptsächlich durch unterseeische Ausbrüche entstanden sein; aber ein Teil davon besteht aus dem Bimsstein, der von Zeit zu Zeit von den vulkanischen Inseln in ungeheurer Masse ausgeworfen wird, und der, da er blasig und leicht ist, weite Strecken treiben kann, bis er, vom Wasser durchtränkt, auf den Boden sinkt. Wie außerordentlich langsam sich dieser Ton auf dem Meeresboden ansammelt, zeigt der feine aus Eisen bestehende Meteorstaub, der sich in ziemlicher Menge in dem vom Challenger heraufgebrachten Tone vorfand, ferner darin, daß sich 600 Zähne von Haien, 100 Ohrknöchelchen von Walen und andere Walknochen in einem einzigen Zug des Schleppnetzes befanden. Diese Gegenstände haben sich mit kaum vorstellbarer Langsamkeit auf dem Meeresgrunde angesammelt und sind doch noch nicht von den noch langsamer sich absetzenden Tonen überdeckt.

10. Andere weitverbreitete ozeanische Bildungen sind aus der Anhäufung der Überreste winziger Pflanzen oder Tiere entstanden. Im Südmeer, dem eisigen Land des Südpols zu, hat man aus Tiefen von 3000 bis 4000 Metern eine blasse, strohfarbige Ablagerungsmasse an die Oberfläche gebracht. Sie besteht hauptsächlich aus den Überresten von winzigen Kieselpanzeralgen, den *Diatomeen*. Eine andere Art von kieselhaltiger Ablagerung, aus den kleinen, *Radiolaria* genannten, Tierformen bestehend, bedeckt in den tropischen Gebieten des Großen Ozeans einen weiten Raum. Aber die bekannteste dieser Tiefseebildungen ist der Schlick oder Tiefseeschlamm, der zum ersten Male ans Licht gebracht wurde, als man die ersten Tiefseelotungen für die Legung des Kabels zwischen England und Amerika anstellte. Er bedeckt den Boden des Atlantischen Ozeans über Tausende von Quadratkilometern als feiner, weicher, kreideartiger Absatz. Ein Lot, das auf den Boden hinabgelassen wird, sinkt in diesen Schlick tief ein. Auch das Schleppnetz gräbt sich in den leichten, flockigen Schlamm ein und kommt damit angefüllt wieder herauf. Die obere Schicht ist eine gelbliche, seifige, etwas klebrige Substanz, voll ganzer und zerbrochener Schalen jener winzigen tierischen Wesen (*Globigerina*), wie sie Fig. 14 wiedergibt, mit Bruchstücken von Spongien und anderen Formen. Unter dieser oberen Schicht zeigt der Schlick die Schalen in einem mehr bröckligen Zustande, und ohne Zweifel bestehen die tieferen Schichten der Ablagerung, die das Schleppnetz nicht erreichen kann, nur aus einer Art feiner Kreide, die fast ganz aus den in Staub zerfallenen Resten dieser niederen Lebensformen zu-

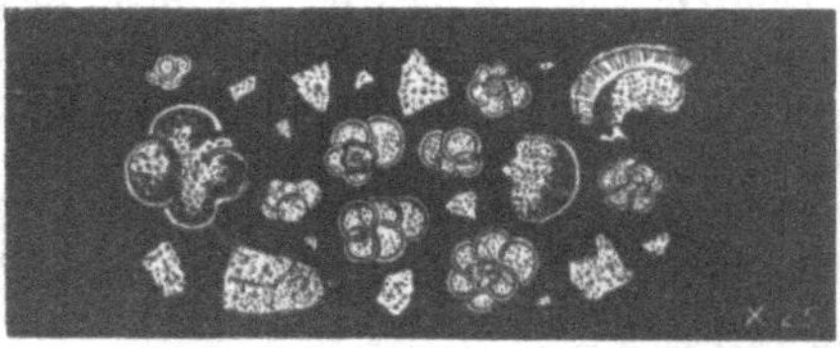

Fig. 14. Schlick oder Tiefseeschlamm vom Grunde des Atlantischen Ozeans (vergrößert).

sammengesetzt ist. Lebende Schwämme, Seesterne, Haarsterne und mannigfache Schaltiere finden sich im Schleppnetz zusammen mit dem Schlick vor. Es ist wahrscheinlich, daß diese weitverbreitete Ablagerung einerseits die in den Tiefen lebenden Tierformen einschließt, anderseits sich aus den *Globigerinen* bildet, die in ungeheuren Mengen im Oberflächenwasser leben und nach dem Tode einem Regen gleich durch die Tiefen hinab auf den Boden sinken.

11. Es ist einleuchtend, daß das Gewicht der darüber gelagerten, mehrere tausend Meter tiefen Wassermasse in ihren unteren Schichten einen gewaltigen Druck auf alles ausüben muß, was in ihr oder unter ihr sich befindet. Dieser Druck muß auf dem Boden der tiefsten Abgründe ungefähr 600 Kilogramm auf einen □Zentimeter betragen; da aber das Wasser sich fast gar nicht zusammendrücken läßt, so wird auch seine Dichtigkeit auf dem Meeresgrund hierdurch nur wenig vermehrt.

Abschnitt XV. — *Die Temperatur des Meeres.*

1. Da die Temperatur der Luft und des Landes in verschiedenen Breiten verschieden ist, so können wir erwarten, daß auch das Meer eine entsprechende Verschiedenheit zeigt. In der Tat gibt es im Meere ebensogut klimatische Unterschiede wie auf dem Lande. Aus der großen Anzahl von Temperaturbeobachtungen in allen Teilen der Ozeane und der eingeschlossenen Meere kann man sich eine allgemeine Vorstellung von der jährlichen und monatlichen Temperaturverteilung im Oberflächenwasser machen; besondere Karten verzeichnen die bis jetzt gesammelten Tatsachen (siehe Tafel VIII). Die Temperatur des Oberflächenwassers wechselt mit den Jahreszeiten und mit der Richtung der großen Meeresströmungen. So beträgt die Temperatur der Meeresoberfläche auf der Westseite der britischen Inseln etwa 10° Celsius und schwankt in einem großen Teil des Atlantischen Ozeans zwischen 7° und 12° Celsius. Ein breiter Gürtel warmen Wassers erstreckt sich innerhalb der Wendekreise von der Ostküste von Afrika über den Indischen und Stillen Ozean, während ein schmälerer Streifen nördlich des Äquators den Atlantischen Ozean durchquert. In diesen Gebieten beträgt die durchschnittliche Jahrestemperatur 27° Celsius und mehr. Nach Norden und nach Süden zu wird das Wasser allmählich kälter, am regelmäßigsten auf der südlichen Halbkugel, wo das Meer vorherrscht. In den Eismeeren, fern von dem Einflusse warmer Strömungen, erhebt sich das Wasser nicht viel über die Temperatur des schmelzenden Eises. Anderseits steigt die Temperatur in landumschlossenen Meeresteilen innerhalb der Wendekreise, wo die Wassermenge beschränkt und großer Sonnenwärme ausgesetzt ist, manchmal bis zu der eines warmen Bades. So hat man im Roten Meere 35°—38° Celsius beobachtet.

2. Meerwasser verhält sich hinsichtlich der Temperatur etwas verschieden vom süßen Wasser. Erstens ist es ein besserer Wärmeleiter; es nimmt deshalb die Wärme der

Luft besser auf und verbreitet sie tiefer, als dies in einem großen und tiefen Süßwassersee der Fall ist. Wenn die obere Wasserschicht des Meeres erwärmt wird, so dehnt sie sich aus und wird leichter. Wenn sie sich abkühlt, so wird sie schwerer und sinkt unter, falls ihre Dichtigkeit nicht durch Beimischung von süßem Wasser vermindert ist. Daher wird durch eine langanhaltende Kälte an der Oberfläche das Wasser auf dem Meeresgrund dauernd kalt. Ferner gefriert Meerwasser nicht bei der gleichen Temperatur wie süßes Wasser, sondern bei ungefähr 2° Celsius darunter. Beim Gefrieren scheidet es die Salze aus, die es in gelöstem Zustand enthält, und diese vermehren dann den Salzgehalt des nichtgefrorenen Wassers; das so gebildete Eis ist beinahe süß; aber es enthält kleine Bläschen voll von sehr salzigem Wasser; daher ist es nach dem Schmelzen salzig und ungenießbar.

3. Die Wichtigkeit der Temperaturverhältnisse des Meeres läßt sich aus dem Einflusse erkennen, den sie auf das Klima der Küstenstriche des Festlandes ausüben. Die Temperatur dieser Gegenden hängt großenteils von derjenigen der vom Meere kommenden Winde ab. Die auf der Meeresfläche ruhende Luft nimmt die Temperatur dieser Fläche an und trägt sie über das Land hin. Ohne diese Übertragung würde die See verhältnismäßig wenig Einfluß auf das Klima der Länder haben. Aber dadurch, daß sie die Luft über Gebieten, die Tausende von Quadratkilometern Ausdehnung haben, abkühlt oder erwärmt, ist sie der große Ausgleicher der Temperatur. Dies ist in Abschnitt XI teilweise ausgeführt worden; wir werden im Abschnitt XVIII eingehender darauf zurückkommen.

4. Die Oberflächentemperatur des Meeres wechselt mit dem Breitengrade und mit der Jahreszeit. In den großen Ozeanen und in einiger Entfernung vom Lande fallen die Isothermen des Oberflächenwassers so ziemlich mit den Breitegraden zusammen; aber an den Westküsten der Festländer und ganz besonders auffallend im Nordatlantischen Ozean weichen sie sehr bedeutend von diesen Linien ab (Abschnitt IX § 13 und Tafel VIII). Das Oberflächenwasser der hohen See zeigt einen Spielraum von ungefähr 3°—6°

Celsius zwischen der höchsten Sommer- und der niedrigsten Wintertemperatur. Auf der nördlichen Halbkugel ist es im Februar am kältesten und am wärmsten im August. Auf der südlichen Halbkugel ist es im August am kältesten und im Februar am wärmsten. Außerdem wechselt die Oberflächentemperatur an jeder Stelle täglich bis zu einem halben Grad Celsius; die niedrigste Temperatur wird morgens und abends, die höchste zwischen 2 und 4 Uhr nachmittags erreicht. Die von dem Meteorologen Buchan geprüften Beobachtungen der Challenger-Expedition haben ergeben, daß die tägliche Temperaturschwankung der Luft über dem Meere 1,8° Celsius beträgt, also beinahe viermal größer ist als die des unter ihr liegenden Wassers.

5. Offenbar werden wir, so lange wir das Thermometer nur in das Oberflächenwasser eintauchen, aus den Ablesungen keine Andeutung über die wirkliche Temperatur des ganzen Meeres erhalten, ebensowenig, wie wir uns bei der Ermittelung der Temperatur der ganzen Atmosphäre mit Temperaturbeobachtungen am Meeresspiegel begnügen dürfen. Erst durch Beobachtungen, die man in Abständen bis auf die Bergspitzen hinauf anstellte, hat man die allmähliche Abnahme der Temperatur festgestellt, mit der wir uns im Abschnitt IX § 20 beschäftigt haben. Ebenso kann man mittels einer besonders dazu eingerichteten Art von Thermometer die Temperatur des Meeres in jeder beliebigen Tiefe bestimmen. Das Instrument ist gegen den Druck des Wassers vollkommen geschützt. Es wird an einer Leine hinabgesenkt, in jeder Tiefe so lange gelassen, bis es die Temperatur des umgebenden Wassers angenommen hat, und wieder heraufgezogen.

6. Auf diese Weise hat man die Temperatur des Atlantischen und des Stillen Ozeans in regelmäßigen Abständen von der Oberfläche bis hinab zu den tiefsten Stellen des Bodens bestimmt. Auch im Indischen Ozean hat man ähnliche Temperaturmessungen angestellt. Als das Ergebnis dieser über die ganze Erde ausgedehnten Beobachtungen hat man gefunden, daß im allgemeinen das Oberflächenwasser der wärmste Teil des Meeres ist, von dem es nur eine verhältnismäßig dünne obere Schicht bildet, und daß das Wasser bis zu einer Tiefe von ungefähr 750 Meter schnell kälter wird. Unterhalb dieser Tiefe ist der Abfall der Temperatur langsam und gering. Im offenen Meere, das ungehindert mit den Polarregionen in Verbindung steht, hat man gefunden, daß das Tiefseewasser überall nahezu dieselbe Temperatur besitzt wie dasjenige der kalten Eismeere, und zwar 0° Celsius. Einige Male zeigte das Thermometer nur —1,7° Celsius an, stand also 1,7° unter dem Gefrierpunkt des süßen Wassers.

7. Die vom „Challenger" angestellten Messungen zeigten überall von der Oberfläche abwärts ein unaufhörliches Sinken der Temperatur, mit Schwankungen in der Schnelligkeit der Abnahme. Im nördlichen Teile des Atlantischen Ozeans bildet Wasser mit mehr als 5° die obere Schicht des Ozeans bis zu einer Tiefe von 1400 bis 1800 Metern. Unter dieser wärmeren Schicht sinkt die Temperatur langsam, bis sie in den tiefen Abgründen, in der Tiefe von über 5000 Metern, 1,4° Celsius erreicht. Demnach besteht die Hauptmasse dieses Meeres aus kaltem Wasser. Im südlichen Teile des Atlantischen Ozeans ist die warme obere Schicht nur ungefähr 600 Meter mächtig. Unter ihr sinkt die Temperatur von 5° bis auf 0,5°, so daß die Masse kalten Wassers hier eine niedrigere Temperatur besitzt und höher an die Oberfläche reicht als im nördlichen Teile. Im äquatorialen Teile des Ozeans findet sich das kalte Wasser, das weniger als 5° hat, in einer Tiefe von nur 600 Metern, während die Oberflächentemperatur 25° bis 27° beträgt. Die unterste Schicht mit weniger als 2° beträgt 1000 Meter, während einige der tieferen Mulden die eisige Temperatur von 0,2° zeigen.

8. Im nördlichen Teile des Stillen Ozeans hat man eine durchschnittliche Tiefentemperatur von weniger als 2° Celsius beobachtet. An einigen Stellen ist die Wassermasse, die diese niedrige Temperatur besitzt, an 4000 Meter mächtig. Im südlichen Teile, jenseits des Kap Otway in Australien, sinkt die Temperatur am Boden auf 0,2°; während noch weiter südlich (bei 53° 55′ südlicher Breite) die Masse des kalten Wassers unter 2° Celsius sich bis auf weniger als 200 Meter der Oberfläche nähert. In größerer Tiefe als 2000 Meter ist das Wasser so kalt wie Eis (0° Celsius) bis zum

Boden, wo das Thermometer in einer Tiefe von 3568 Metern — 0,6° zeigte.

9. Das Tiefseewasser hat eine nahezu ständige und zwar sehr niedrige Temperatur mit der auffallend kleinen Schwankung von nur 4° Celsius, nämlich zwischen — 0,6° und + 3,4° Celsius. Diese niedrige Temperatur aller Wasserschichten des Meeres, mit Ausnahme der alleroberslen, zeigt, da das tiefe Wasser nicht kalt sein könnte, wenn es nicht aus den kalten Breiten käme, daß ein beständiger Zug des Wassers von den Polargegenden nach dem Äquator zu stattfinden muß. Das schwere kalte Wasser sinkt hinab und bewegt sich unter den oberen wärmeren Schichten weiter. Diese wiederum bewegen sich nach den Polen zu, um jenes zu ersetzen. Wenn das kalte Wasser die Äquatorialgegenden erreicht, muß es nach der Oberfläche zu steigen, wo es sich allmählich erwärmt, und von wo es sich dann als Oberflächenschicht wieder nach den Polen zu bewegt. Somit lassen die Tiefseemessungen nicht nur die verschiedenen Temperaturen der Meere erkennen, sondern sie geben uns auch ein Zeugnis von großen langsamen Bewegungen, durch die das Wasser des Meeres beständig gemischt und vor der Stagnation bewahrt wird.

10. Im nördlichen Atlantischen Ozean, zwischen Schottland und den Faröer-Inseln, unterhalb einer gleichmäßigen Oberflächentemperatur von 10° bis 12° Celsius, hat man zwei parallele Wasserstreifen beobachtet, die nahezu in gleicher Tiefe nebeneinander liegen. Die südliche besitzt eine Bodentemperatur von 6°, die nördliche von — 3°. So überzeugte man sich, daß zwei sehr verschieden warme Wassermengen dicht neben einander bestehen, die eine mit dem milden Charakter der entsprechenden Breite, die andere mit der kalten Temperatur des eisigen Polarmeeres. Zuerst glaubte man, daß hier zwei parallele Strömungen aufeinander stießen, die eine aus dem eisigen Norden, die andere aus wärmeren Teilen des Atlantischen Ozeans. Aber neuere Untersuchungen haben dargetan, daß das warme und das kalte Gebiet durch einen untermeerischen Rücken von einander getrennt sind, der einen Zufluß von Polarwasser in diesen Teil des Atlantischen Ozeans gänzlich verhindert. Das kalte Wasser mit seinen eigentümlichen Arten tierischen und pflanzlichen Lebens ist auf der Nordseite dieses Rückens abgedämmt, während das wärmere Atlantische Wasser mit seinen besonderen Lebewesen in entsprechenden Tiefen die Südseite einnimmt.

Abschnitt XVI. — *Das Eis des Meeres.*

1. Wenn die Schiffe zwischen den Häfen Europas und den Vereinigten Staaten über den Atlantischen Ozean segeln, oder wenn sie den südlichen Teil des Stillen Ozeans durchkreuzen, um die südlichen Vorgebirge des Amerikanischen oder des Afrikanischen Festlandes zu umschiffen, begegnen sie oft schwimmenden Massen festen Eises, **Eisberge** genannt. Diese sind von der verschiedensten Größe, bis zu ungeheuren berggleichen Inseln, die hundert und mehr Meter aus dem Wasser hervorragen. Da das Eis leichter ist als das Wasser, so ragt ein Eisberg über den Meeresspiegel hervor, aber unter der Wasserlinie befindet sich etwa acht mal so viel Masse als darüber. Wenn daher die Höhe eines solchen schwimmenden Berges über der Oberfläche des Meeres etwa 100 Meter beträgt, muß sich sein Fuß etwa 800 Meter unter ihr befinden. Diese Eisberge sind nicht nur in der Größe, sondern auch in ihren Formen außerordentlich verschieden. Bisweilen, namentlich im südlichen Eismeere, nehmen sie die Gestalt riesiger, tafelförmiger Blöcke an, mit senkrecht abfallenden Wänden; andere starren mit Spitzen und Zinnen in die Höhe, zwischen denen tiefe Schluchten und Risse zu sehen sind. In einiger Entfernung sehen sie wie schneebedeckte Inseln aus. In der Nähe betrachtet, glänzen sie in schönster Farbenpracht — weiß, grün, blau — wie sie auch dem Gletschereise eigentümlich ist. Meistens sieht man auf ihrer Oberfläche nichts als Eis in verschiedenen Gestalten. Hin und wieder kann man einen Felsblock oder etwas dunklen erdigen Schutt bemerken. Wie sie nach wärmeren Breiten hintreiben, schmelzen sie sowohl unter und über dem Wasser zusammen. Wasserfälle rauschen über ihre tauenden Abhänge hinab und stürzen sich schäumend in die Wogen. Oft ereignet es sich, daß bei fortschreitendem Schmelzen unter Wasser der Schwerpunkt eines Eisberges sich verschiebt, so daß die Masse ihre Lage ändert, oder oben schwerer wird als unten und umkippt.

2. Solche treibenden Eisberge kreuzen im Sommer die Schiffahrtslinie quer über den Atlantischen Ozean zwischen Neu-Fundland und England. Sie bilden für die Schiffe eine ernste Gefahr, denn man kann ihnen zu jeder Stunde der Reise begegnen. Manches Schiff ist im Dunkeln gegen einen Eisberg angerannt und untergegangen. — Die Eisberge kühlen die Luft um sich her ab und bewirken da-

Fig. 15. Eisberg im Meere.

durch häufig die Entstehung dichter Nebel. Ein plötzliches Sinken der Temperatur wird von den Seeleuten als ein Zeichen der Annäherung an einen Eisberg angesehen und gilt als Mahnung zur Vorsicht.

3. Die Eisberge bilden sich nicht auf dem hohen Meere, auf dem sie umherschwimmen, bis sie geschmolzen sind. Ihre Entstehung ist in den kalten Polargegenden zu suchen. In Nordgrönland z. B. ist das Land mit Eis bedeckt, das langsam die Abhänge hinab gleitet und sich in den Tälern zu weiten und tiefen Massen ansammelt, die nicht nur bis zum Meeresspiegel hinabreichen, sondern sogar ihren Weg in das Wasser hinein fortsetzen, als riesige

Eismauern sich 100 bis 120 Meter über das Meer erheben und bis auf 100 Kilometer an der Küste entlang erstrecken. Von Zeit zu Zeit brechen Stücke dieser großen Eiszungen ab und schwimmen hinaus in die offene See. Dies sind die Eisberge. Sie bestehen also nicht aus gefrorenem Seewasser, sondern aus wirklichem Landeis. Jeder dieser Berge, den man vielleicht mitten im Ozean schwimmend und schmelzend antrifft, hat seinen Ursprung im Schnee und Eise der Polarländer (Abschnitt XXVIII.)

4. Da ein so großer Teil eines Eisberges sich unter Wasser befindet, können wir uns denken, daß diese schwimmenden Massen verhältnismäßig wenig durch Winde und Wellen, die ja nur ihre oberen Teile treffen, beeinflußt werden. Die größeren Berge bewegen sich mit den Meeresströmungen, in die ein so großer Teil ihrer Masse hinabreicht. Daher beobachtet man oft, daß sie sich stetig und selbst schnell einem heftigen Winde gerade entgegen bewegen.

5. So lange die Eisberge über tiefem Wasser dahintreiben, schwimmen sie frei umher, wie die Strömungen oder Winde sie gerade fortbewegen. Aber wenn sie in so seichtes Wasser gelangen, daß ihr unteres Ende den Boden des Meeres streift, dann rühren sie den dort befindlichen Sand oder Schlamm auf, bis sie endlich stranden. Die Küste von Labrador ist oft von solchen gestrandeten Eisbergen ganz besetzt, die zum Teil so klein sind, daß sie bis in die Buchten hineingetrieben werden, während größere bereits in beträchtlicher Entfernung von der Küste stranden. Daher lagern über jener öden Gegend den ganzen Sommer hindurch kalte Nebel.

6. Außer den Eisbergen gibt es in hohen Breiten noch zwei andere Arten von Eis auf dem Meere, die aber beide durch das Gefrieren des Wassers im Meere selbst entstehen. Wenn die Seefahrer in die engen Meere um den Pol vordringen, treffen sie auf große Eisschollen, die zuerst in unregelmäßigen, zertrümmerten Bruchstücken auftreten, aber weiter nördlich immer größer und zusammenhängender werden, bis zuletzt die ganze Ausdehnung des Meeres, so weit das Auge reicht, mit Eis bedeckt ist. Dieses Eis wird als **Scholleneis** oder **Packeis** bezeichnet und entsteht durch Gefrieren des Oberflächenwassers auf dem Meere während der strengen

Kälte des Polarwinters. Wenn das Meerwasser gefriert, wird, wie wir wissen (Abschnitt XV § 2), das Salz aus dem Eise

Fig. 16. Die Heimat der arktischen Eisberge.

ausgeschieden, das abgesehen von den kleinen darin eingeschlossenen Salzwasserbläschen süß ist. Im Frühsommer beginnt das Eisfeld, das man sich im Winter als viele hundert Kilometer weit zusammenhängend vorstellen muß, aufzubrechen und fortzutreiben. Bliebe das Meer bewegungslos, so wäre es zu Ende des Winters mit einer etwa $2\frac{1}{2}$ Meter dicken, gleichmäßigen Schicht Eis bedeckt. Aber infolge des Druckes, der teils durch die Flutbewegungen und Meeresströmungen, teils durch Temperatur- und Luftdruckschwankungen, durch Winde und Stürme entsteht, ist die Eisdecke fortwährender Zerstörung unterworfen. Es bilden sich zahlreiche Spalten; die losgelösten, von Winden und Strömungen gegeneinander getriebenen Stücke werden zerrieben oder bersten in unzählige mächtige Schollen, die sich über einander türmen, bis das gefrorene Meer wie ein ungeheures Trümmerfeld aussieht. Dieses Bersten des Eises ist von scharfem Knall, dem Kanonendonner ähnlich, begleitet, daneben von lauten heulenden Tönen, als wären Ungeheuer der Tiefe in einem wütenden Kampfe begriffen. Ein ungefähres Bild von dem Aussehen dieses geborstenen Eises gibt Figur 17. Sie stellt eine Szene aus der denkwürdigen Reise des Schiffes „Tegetthoff" dar, das nach fast unglaublichen Leiden zuletzt von der mutigen Mannschaft verlassen wurde, die in von Hunden gezogenen Booten und Schlitten über das gefrorene Meer sich den Weg bahnte und glücklich Nowaja Semlja erreichte.[1])

7. Infolge des Berstens der weiten Eisflächen entstehen Öffnungen und Kanäle zwischen den Schollen und bilden Gassen, die ein Schiff auf seinem Wege durch das Packeis benutzen kann. Wenn aber die großen Schollen bei der allgemeinen Bewegung gegen einander geschoben werden, so ereignet es sich bisweilen, daß ein Schiff zwischen ihnen erfaßt und dann entweder auf das Eisfeld geschoben oder derart zerquetscht wird, daß es untersinkt, sobald die Eisschollen sich wieder trennen.

8. Soweit das Eisfeld nicht durch den Druck, der seine Fläche ebenso wie die äußeren Ränder zertrümmert, in Haufen aufgetürmt wird, bildet es ebene Schollen, deren

---

[1]) Neuere Beschreibungen und Bilder der Eisverhältnisse in den arktischen Regionen finden sich in dem Werke: E. v. Drygalski, zum Kontinent des eisigen Südens. Deutsche Südpolar-Expedition. Fahrten und Forschungen des „Gauss". 1901—1903.

Oberfläche nur wenig über den Meeresspiegel emporragt. Es kommt an Höhe und Großartigkeit niemals den wirklichen Eisbergen gleich, wenn es auch einen weit größeren Flächenraum bedeckt. Auch treibt es nicht so weit von der Stätte seiner Entstehung fort. Wenn im Sommer das Eisfeld auf-

Fig. 17. Die Mannschaft des „Tegetthoff" auf einem Eisfelde.

bricht, bleiben die dem Lande nächsten Teile dort zurück und von diesen können einzelne Partien viele Jahre hindurch fortbestehen, ehe sie schmelzen. Aber andere, von der Küste entferntere Teile, die oft viele hundert Quadratkilometer Ausdehnung haben, werden losgelöst und von den Meeresströmungen, die von den Polen ausgehen, fortgetrieben. So sind in das Feldeis eingefrorene Schiffe viele hundert Kilometer weit fortbewegt worden, bis sie durch das Bersten und Tauen des Eises frei wurden. Einige der Eisberge von Grönland gelangen dagegen viel weiter nach Süden und werden dann und wann noch auf dem 37° nördl. Br. angetroffen, also etwa auf dem Parallelkreise von Richmond in Virginien und Kap St-Vincent im südlichen Spanien.

Fig. 18. Der Eisfuß von Grönland.

9. Wo die See längs des Küstensaumes gefriert, wie dies in großartiger Weise in Nord-Grönland stattfindet, da bildet sie eine Eiskruste, die mit der Flut steigt und an die Küste anfriert. Nach und nach bildet sich längs der Küste ein Sims, der **Eisfuß** genannt, der sich 8 bis 10 Meter über die durchschnittliche Höhe des Flächeneises erhebt, eine Breite von 40 und mehr Metern besitzt und den ganzen Winter über mit dem Ufer zusammenhängt. Ungeheure Mengen von Erde und Steinen, die durch den strengen Frost des arktischen Winters von den Uferfelsen losgelöst werden, fallen auf den Eisfuß, so daß seine Oberfläche stellenweise einem

Eisberge im Südpolarmeer, vergl. S. 138
(Aus „E. von Drygalski, Zum Kontinent des eisigen Südens“,
Verlag von Georg Reimer in Berlin).

Eisberge im Südpolarmeer, vergl. S. 138
(Aus „E. von Drygalski, Zum Kontinent des eisigen Südens“, Verlag von Georg Reimer in Berlin).

Schuttfelde gleicht, das das Eis darunter gänzlich bedeckt und verbirgt. Wenn die Sommerstürme kommen, bricht diese Eisterrasse von der Küste ab und treibt in großen Schollen, mit den Trümmern der Felsklippen beladen, auf das hohe Meer hinaus, um sich dort den Eisbergen und den Schollen des Eisfeldes zuzugesellen. Manche Stücke werden vom Wind wieder an die Küste getrieben; andere, von der Eisdecke des kommenden Winters festgehalten, frieren mit dieser zusammen, während wieder andere vollends in die offene See hinaus gelangen, um dort nach und nach zu schmelzen und ihre Ladung von Erde und Steinen auf dem Meeresboden abzusetzen.

10. Das Flächeneis und der Eisfuß bilden sich durch das Gefrieren der Oberfläche des Meeres. Gewisse Eismassen des Meeres entstehen aber noch auf andere Weise, nämlich dadurch, daß das Wasser auf dem Meeresgrunde gefriert. Diese sind als Grundeis bekannt. Es kommt indessen nur in abgeschlossenen und seichten Meeren und Meerbusen vor und ist im Vergleich mit den dicken und ausgedehnten Schollen des Flächeneises von geringer Bedeutung. In der Ostsee ist es wohlbekannt. Bei ruhigem Wetter bewegen sich auf jenem Meere, ehe seine Oberfläche gefroren ist, kleine dünne Eisschollen umher, die oft Sandteile oder einzelne Kiesel eingeschlossen enthalten. Sie entstehen auf dem Boden, von dem sie dann abreißen und an die Oberfläche emporsteigen. Sie bilden eine Gefahr für kleine Boote insofern, als sie manchmal plötzlich in so großer Anzahl erscheinen, daß sie das Meer bedecken, dessen Oberfläche dadurch leicht zufriert, so daß die Boote in Gefahr kommen, zwischen den losen Eisschollen zerdrückt oder festgehalten zu werden und in die zusammenhängende Eisplatte einzufrieren. Bisweilen werden große Steinblöcke, wie auch Massen von Tang durch die emporsteigenden Schollen Grundeis vom Meeresgrunde losgelöst und an die Oberfläche gebracht. In den Flüssen kalter Länder, wie im St-Lorenzstrom, bildet sich im Winter ähnliches Grundeis zuweilen um eiserne Ketten und Anker herum, die sogar durch das umhüllende Eis, wenn dieses dick genug ist, gelichtet werden können.

Abschnitt XVII. — *Die Bewegungen des Meeres.*

1. Eine der Eigenschaften des Meeres, die sich dem Beobachter zuerst aufdrängen, ist seine Ruhelosigkeit. Selbst an einem stillen Tage, wenn sich auf dem Lande kein Blatt regt und die Wolken am Himmel völlig bewegungslos erscheinen, kann man das Meer sich heben, sich in leichte Wellen kräuseln oder in breiten flachen Wogen rollen sehen, die beim Erreichen der Küste in Schaum zerstieben. Bei stürmischem Wetter wird die Unruhe der Luft vom Toben und Brausen des Meeres noch überboten, wenn Wolken von Regen und salzigem Seeschaume vom Sturme dahingejagt werden, bis es scheinen möchte, als wollten Himmel und Meer sich mischen.

2. Die Bewegungen des Meeres sind keineswegs so zufällig und launenhaft, als sie beim ersten Anblick zu sein scheinen, sondern werden im Gegenteil durch leichtverständliche Gesetze geregelt und können großenteils vorausgesagt werden, so daß man sich, wenn nötig, vor ihrer Wirkung rechtzeitig schützen kann. Jedoch die verschiedenen Ursachen dieser Bewegungen liegen nicht sofort klar vor Augen.

3. Wir wollen annehmen, wir hätten einen günstigen Platz eingenommen, um die Bewegungen des Meeres zu beobachten, und verzeichneten sorgfältig alle Tatsachen, die zu unserer Beobachtung kommen. Der Ufersaum irgend eines der großen Weltmeere ist zu diesem Zwecke passend, besonders eine Küstenlinie, die sowohl Klippen wie flachen Strand aufweist und den herrschenden Winden ausgesetzt ist. Die erste Tatsache, die auffällt, ist der offenbare enge Zusammenhang zwischen der Bewegung der Luft und der des Wassers. In der Regel ist bei ruhiger Luft der Wasserspiegel glatt, wenn wir vielleicht auch an einigen Tagen beobachten, daß bei Windstille sich doch im Meereswasser eine ziemliche Unruhe zeigt und ein großer breiter Wogengang schwer gegen die Küste rollt. In solchen Fällen werden wir aber in der Regel erfahren, daß irgendwo auf hoher See ein heftiger Sturm die Dünung (s. § 11) verursacht hat, die bis zu unserem Strand gelangt. Jede Abstufung der Wellen, vom sanften Kräuseln des Wassers bis zu den größten Wogen, können wir auf dem Meere wahrnehmen, und eine jede entspricht zweifellos einer sanfteren oder stärkeren Bewegung der Luft. In dieser Hinsicht zeigt die Meeresfläche dieselbe Empfindlichkeit gegen Luftbewegungen wie irgend ein See oder Weiher auf dem Festlande, aber die Bewegungen der Meeresfläche sind deutlicher, weil sie um so viel größer ist und deshalb den sich häufenden Wirkungen der fortwährenden Windstöße freien Spielraum gewährt.

4. Schon nach kurzer Beobachtung werden wir indes Anzeichen noch anderer Bewegungen entdecken, die von den täglichen oder stündlichen Schwankungen im Zustand der Atmosphäre unabhängig sind. Wenn die Küste, die wir zur Veranschaulichung wählen wollen, im nordwestlichen Europa liegt, beispielsweise im Westen von Irland oder Schottland, so findet man da oft im Sand, unter den Kieseln und dem Tang des Strandes Blätter, Samen und Früchte, die von den Pflanzen der umliegenden Gebiete sehr verschieden sind. Sie wurden von den Wogen des Meeres an den Strand geworfen und gehören in Wirklichkeit zu wohlbekannten westindischen Pflanzen. Sie trieben quer über den Atlantischen Ozean und zeigen daher das Vorhandensein einer allgemeinen Strömung an, die von West nach Ost oder Nordost quer über die Breite dieses Meeres geht. Ebenso hat man an denselben Küsten Flaschen mit beschriebenen Zetteln aufgelesen, die von Schiffen auf hoher See über Bord geworfen worden waren und unversehrt Hunderte, ja selbst Tausende von Kilometern zurückgelegt hatten.

5. Aber die bei weitem regelmäßigste und beständigste Bewegung, die uns, wenn wir sie zum erstenmale beobachten, mit Erstaunen erfüllt, ist noch nicht erwähnt worden. Zweimal am Tage sehen wir das Meer sich heben und senken oder auf das Land vorrücken und wieder zurückweichen. An einer steilen Felsküste können wir den Meeresspiegel sechs Stunden hindurch langsam sinken und dann während des gleichen Zeitraums wieder allmählich steigen sehen. Auf einem flachen oder sanft geneigten Gestade zeigt sich diese senkrechte Bewegung in anderer Art. Das Fallen des Wassers legt weite Strecken Felsgrund, Sand oder Schlamm bloß. So lange das Zurücktreten dauert, bemerken wir, daß jede folgende Welle nicht ganz so weit vordringt wie die vorhergehende. Schritt für Schritt scheinen die Wogen sich zurückzuziehen, bis in einigen großen Buchten viele Quadratkilometer ebenen Bodens trocken gelegt sind, über den man hinwegschreiten kann. Beim Anschwellen des Wassers hingegen rückt jede folgende Welle etwas weiter gegen das Land vor als ihre Vorgängerin, bis die kurz vorher bloßgelegten Flächen wieder vom Meere bedeckt sind und Boote über die Stellen hinweg segeln können, die wir vor zwei oder drei Stunden vielleicht trockenen Fußes durchschritten haben. Dieses Fallen und Steigen des Meeres nennt man **Ebbe** und **Flut** oder die **Gezeiten**.

6. Schon eine kurze Beobachtung läßt uns die Überzeugung gewinnen, daß diese regelmäßigen Bewegungen mit denen der Luft nichts zu tun haben. Selbst wenn ein starker Sturm wütet, der die ruhige See in ein schäumendes Wogenmeer verwandelt, hält er das Vorrücken oder Zurückweichen der Gezeiten nicht auf. Die Wellen steigen an der Küste auf und ab, wie vorher, sogar der Richtung des Windes entgegen.

7. Auch fällt uns sofort die wunderbare Regelmäßigkeit der Bewegungen auf. Jedes Steigen des Wassers nimmt etwas mehr als sechs Stunden in Anspruch, jedes Fallen erfordert die gleiche Zeit, so daß der Zeitpunkt der Ebbe und Flut auf Jahre hinaus vorausgesagt werden kann. Schon seit sehr frühen Zeiten, lange bevor man die wahre Ursache von Ebbe und Flut erkannte, beobachtete man, daß zwischen ihnen und dem Stande des Mondes eine Beziehung stattfindet. Im Laufe der Untersuchungen, die wir selbst anstellen, finden wir, daß die Zeit des höchsten Wasserstandes zu dem Durchgange des Mondes durch den Meridian in irgend einer Beziehung steht, und daß die höchsten Fluten und niedrigsten Ebben zur Zeit des Neu- und des Vollmondes eintreten.

8. Fassen wir nun die Summe dieser drei Beobachtungen zusammen, so haben wir das Vorhandensein von drei verschiedenen Arten der Bewegung im Meere festgestellt. Erstens Wellen, zweitens Oberflächenströmungen, drittens Gezeiten. Aus dem in Abschnitt XV Gesagten geht hervor, daß diesen Bewegungsarten eine vierte hinzugefügt werden muß, nämlich jenes allgemeine Fließen des kalten Polarwassers auf dem Meeresgrunde hin zum Äquator und der oberen Wassermassen nach den Polen zu. Betrachten wir nun jede dieser Bewegungen etwas genauer.

9. (1) **Wellen** werden vom Winde hervorgebracht, wie die Furchen, die wir auf der Oberfläche des Wassers in einem Troge verursachen, wenn wir auf einer Seite stark darauf blasen. Von der Spitze einer hohen Klippe oder vom Mastkorbe eines Schiffes aus sieht man sie häufig, in langen parallelen Linien auf einander folgend, regelmäßig und schnell über die Oberfläche des Meeres hineilen. Während aber die Wellen fortschreiten, beteiligt sich auf dem hohen Meere das Wasser selbst nur in geringem Grade an dieser Bewegung. Es steigt und fällt beim Vorübergehen jeder Welle mit schwachem Hinundherschwanken, wenn es auch bei andauernd wehendem Winde allmählich vorwärts getrieben wird. Ein Kornfeld oder ein üppiger Rasenteppich bildet oft ähnliche Wellen, wenn ein frischer Wind darüber hinfährt; dabei behält aber jeder Halm, jeder Stengel seinen Platz und biegt sich nur auf und nieder und hin und her mit einer ähnlichen Bewegung wie die Teilchen des Wassers in einer Welle.

10. Wenn das Meer von einem Sturm in heftige Aufregung versetzt worden ist, so legen sich die Wellen nicht sogleich, nachdem der Sturm vorüber ist, sie bleiben auch nicht auf die Gegend beschränkt, die jener berührte. So leicht erregbar ist der große Körper des ozeanischen Wassers, daß die Wogen weit über das Gebiet des Sturmes in mächtigen Wellenbewegungen fortgepflanzt werden. Im tiefen Wasser des offenen Meeres zeigt sich die einzige Spur dieser Bewegung in breiten majestätischen Wogengängen, die die Oberfläche abwechselnd fallen und steigen lassen, wie ein großer Pulsschlag. Ein Schiff, das über diese Fläche segelt, steigt bald auf den Rücken einer Anschwellung, bald sinkt es in ein Wellental hinab. Aber in dem Maße, als das Meer nach dem Lande zu seichter wird, geht die auf und abwärts gerichtete Bewegung geradezu in ein Vorwärtsstürzen des Wassers über. Da die oberen Teile der Wellenbewegung schneller vorwärts gelangen als die tieferen, die durch die Reibung gegen den Boden gehemmt werden, so nehmen sie das Aussehen einer echten Welle an, die als eine mächtige Wand grünen Wassers fortschreitet, sich überstürzt und am Ufer in Schaum zerstiebt.

11. Für die verschiedenen Formen, die die Oberfläche des Meeres unter dem Einfluß des Windes annimmt, gibt es bestimmte Bezeichnungen. Die breiten, hügelförmigen Wogengänge, die die Wirkungen eines Sturmes weit über seine Grenzen fühlbar machen und oft bei vollständiger Windstille die Küste erreichen, nennt man „Dünung“. Wenn sich eine solche Dünung an einem Riff oder einem Felsen bricht, so nennt man die brausende, sich aufbäumende Wassermasse „Brandung“. Äußert sich die Bewegung der Meeresfläche in deutlichen, kürzeren Wellen, besonders in seichtem Wasser nahe beim Land, so sind das die rollenden Sturzwellen. Die Schnelligkeit, mit der diese sich fortbewegen, hängt hauptsächlich von der Tiefe und Weite des Wassers ab und von der Höhe der Wellen. Im offenen Meere kann diese Schnelligkeit 120 Kilometer in der Stunde erreichen; aber wo das Meer durch Land oder Inseln oder untermeerische Rücken unterbrochen ist, beträgt sie viel weniger.

12. Die Wellenbewegungen und die Dünung müssen in Meeresteilen von größerer Tiefe am Meeresgrunde unmerklich sein. Im Vergleich mit der großen Gesamtmasse des Meeres sind es bloße Oberflächenbewegungen, die sich wahrscheinlich selten tiefer als hundert Meter erstrecken. Wenn daher ein Orkan die Meeresfläche in die heftigste Bewegung versetzt, müssen wir uns doch die tiefen Abgründe darunter als dunkel, schweigsam, ruhig und kalt vorstellen. Und das ist von einiger Wichtigkeit, wenn wir die verschiedenen Arten der Tätigkeit des Meeres betrachten, was in dem folgenden Abschnitte geschehen soll.

13. Da die Wogen um so größer sind, je ausgedehnter nach Breite und Tiefe das Meer ist, über das der Sturm bläst, so müssen wir erwarten, die größten Wellen in den großen Weltmeeren anzutreffen. In den Erzählungen von Stürmen auf dem Meere begegnet man häufig Ausdrücken, wie: „Die Wellen waren berghoch“. Die Höhe der Wellen kann aber sehr leicht überschätzt werden. So hat eine Reihe von Messungen, die auf einer Reise über den nördlichen Teil des Atlantischen Ozeans angestellt wurden, als höchste Höhe der Wellen im Sturm 13 Meter, vom Wellental zum Kamm, ergeben. In der Nordsee, die zum großen Teile vom Atlantischen Ozean abgeschlossen ist, erreichen die größten Wellen noch nicht die halbe Höhe der obigen.

14. Niemand kann die mächtigen Sturmwogen sich dem Lande nähern sehen, ohne einen tiefen Eindruck von der ungeheuern Gewalt der Brandung an der Küste zu bekommen (s. Titelbild). Majestätisch rollen die langgestreckten Wellen heran und wachsen mit jedem Schritte zu immer höheren Wasserrücken an, mit schaumbedeckten Kämmen, die hohle Seite dem Lande zugekehrt. Die oberen Teile der Kämme überstürzen sich mehr und mehr, und die ungeheure Wassermenge schlägt endlich mit ihrer ganzen Wucht donnernd gegen die Felsen oder den Sand des Ufers. Nachdem die gebrochene Welle den Strand überströmt hat, fließt sie zurück unter die nächste anrückende Woge. Bei ihrem Zurückweichen schwemmt sie den Sand oder Kies des Strandes unter lautem Rasseln oder dumpfem Getöse mit sich — ein Geräusch, das zuweilen meilenweit hörbar ist und dadurch entsteht, daß die Steine des Strandes durch die Gewalt des Wassers aneinander zerrieben werden.

15. Die Gewalt, mit der diese Sturzwellen der Brandung gegen das Ufer prallen, hat man berechnet und gemessen. Die Woge einer sechs Meter hohen Dünung fällt nach dieser Messung mit dem Drucke von etwa neun Tonnen oder 9000 Kilogramm auf jeden Quadratmeter der in ihrem Bereiche liegenden Strandfläche. Im Sommer beträgt die durchschnittliche Kraft der Sturzwellen des Atlantischen Ozeans an der Westküste von England etwa 3000 Kilogramm auf den Quadratmeter; im Winter ist die Kraft mehr als dreimal so groß. Man hat gelegentlich einen Druck von mehr als 30 Tonnen (30000 Kilogramm) verzeichnet. Einige Wirkungen der Wellen auf das Land werden im nächsten Abschnitt behandelt. Über die durch Vulkane und Erdbeben hervorgerufenen Wogen siehe Abschnitt XXII § 8 und Abschnitt XXXIII § 9.

16. (2) **Strömungen.** Schon das fortgesetzte Wehen des Windes treibt die oberen Wasserschichten vorwärts und bewirkt dadurch eine Oberflächenströmung oder Drift in der Richtung des Windes. Diese Bewegung wird noch verstärkt, sobald die oberen Schichten zu Wellen aufgewühlt werden. Denn der Wind weht den Schaum von ihnen in die Luft und jagt ihn in Wolken von sprühendem Spritzwasser vor sich her, das etwas von seiner Bewegung dem Wasser mitteilt, in das es zurückfällt. Da das Meer also jede Bewegung der Luft so leicht annimmt, so können wir von vornherein vermuten, daß dem gesetzmäßigen Verlauf der Luftströmungen eine gesetzmäßige Anordnung der Meeresströmungen entsprechen wird. Daß dies in der Tat der Fall ist, haben Beobachtungen in allen Teilen der Welt bestätigt. Man hat nachgewiesen, daß das Meerwasser sich in beständigem Kreislauf befindet. Die in § 5 gegebenen Tatsachen gestatten keinen Zweifel an dem Vorhandensein und der weiten Ausdehnung der Oberflächenbewegungen. Diejenigen Oberflächenteile des Meeres, die eine fortwährende, regelmäßige Bewegung nach derselben Richtung haben, nennt man Meeresströmungen. Sie werden als Oberflächenströmungen bezeichnet, weil sie sich selten tiefer als 150 Meter hinab erstrecken, also nur auf einen kleinen Bruchteil der Tiefe der ganzen Flüssigkeitsmasse, über die sie sich hinbewegen.

17. Die Anordnung der Meeresströmungen zeigt in ihren Hauptzügen große Einfachheit. Sie entspringt in erster Linie aus der Tätigkeit der großen Luftströmungen, die beständig auf der Oberfläche des Meeres wehen und das obere Wasser vor sich hertreiben. Aber dies kann nicht vor sich gehen, ohne eine Einwirkung auf das darunter liegende Wasser auszuüben. Die unteren und kälteren Teile des Meerwassers werden gegen die Oberfläche zu aufsteigen und selbst in bestimmten Gebieten als kalte Strömungen erscheinen. Wenn wir die Erdkarte, die die Meeresströmungen verzeichnet (Tafel X), mit der andern vergleichen, die die vorherrschenden Winde darstellt (Tafel VII), so wird uns klar, wie sehr die Bewegungen des Meeres von denen der Luft abhängen. Aber auch andere Ursachen haben ihren Anteil an der Anordnung der Bewegungen des Meeres. Der große Temperaturunterschied zwischen den tropischen und den arktischen Gewässern muß eine Oberflächenbewegung auf beiden Seiten des Äquators gegen die Pole hervorrufen. Die vermehrte Dichte, die in einigen Gebieten der tropischen Meere durch starke Verdunstung bewirkt wird, und die verminderte Dichte, die sich anderswo als Folge übermäßigen Regens ergibt, müssen ebenfalls die Bewegung im Meerwasser fördern. Die allgemeinen Züge des Kreislaufes in den Meeren sind auf Tafel X dargestellt.

18. Die Passatwinde setzen das Oberflächenwasser des Meeres in Bewegung, so daß es allmählich eine Richtung nach dem Äquator zu einschlägt. Auf der nördlichen Hälfte kommt es aus Nordosten, auf der südlichen aus Südosten. Da es sich in dem äquatorialen Gürtel vereinigt, so nimmt es notgedrungen eine westliche Richtung an und durchschneidet den Atlantischen wie den Stillen Ozean der Breite nach als Äquatorialstrom. Im ersteren Ozean scheint dieser nicht tiefer als etwa 100 Meter zu reichen und sich mit einer Oberflächengeschwindigkeit von nicht mehr als 30 Kilometern täglich vorwärts zu bewegen.

19. Wenn dieser Äquatorialstrom nicht durch Land unterbrochen wäre, würde er die ganze Erde als ein beständiger Strom warmen Wassers umkreisen. Da aber die Festländer ihm quer im Wege liegen, wird er in seinem Lauf unterbrochen und nach verschiedenen Richtungen abgelenkt, wobei die einzelnen von einander unabhängigen Arme besondere Namen erhalten. Im Nord-Atlantischen Ozean wird der Nord-Äquatorialstrom durch den Nordostpassat vorwärts getrieben; er geht westlich an den Kap Verdischen Inseln vorbei, bespült Westindien und hält dann auf die Küste von Florida zu. Im Süd-Atlantischen Ozean entspringt der Süd-Äquatorialstrom einer kalten Strömung (Benguelastrom), die unter dem Einfluß des Südostpassats die Westküste von Südafrika begleitet. Von da bewegt er sich westlich Amerika zu, wo er auf das Kap S. Roque trifft und sich in zwei Arme spaltet. Der kleinere Arm wendet sich als Brasilianische Strömung südlich, folgt der Küste bis zur Mündung des La Plata, von wo er ostwärts umbiegt und zum zweitenmal den Atlantischen Ozean in der Richtung auf das Kap der Guten Hoffnung kreuzt. Der größere Arm strömt längs der nördlichen Küste von Süd-Amerika hin in das Karaibische Meer und den Golf von Mexiko hinein, aus dem er durch die Floridastraße wieder als der warme und reißende Meeresstrom austritt, der als Golfstrom allgemein bekannt ist. In einer Breite von 80 Kilometern, mit einer Tiefe von 650 Metern, einer Oberflächentemperatur von 27° Celsius und einer Geschwindigkeit von 8 Kilometern in der Stunde oder nahezu 200 Kilometern täglich bricht er aus der Meerenge hervor, nimmt den Nordäquatorialstrom auf und bespült die Küste von Florida, Georgia, Süd- und Nordkarolina. Am Kap Hatteras biegt er nach Nordosten um, verbreitert sich und vermindert seine Schnelligkeit. Aber selbst bis nach Neufundland hin ist er als warmer Strom wahrnehmbar. Weiterhin geht er indessen in die allgemeine Drift des Nord-Atlantischen Ozeans über, die unter dem Einfluß der vorherrschenden Südwestwinde sich nordostwärts bewegt. Diese ausgedehnte Masse von verhältnismäßig warmem Wasser kreuzt den Atlantischen Ozean. Ein Teil davon erreicht die Südküste von Island, ein anderer Teil fließt im Westen von Großbritannien und Norwegen vorbei und soll bis über Spitzbergen hinaus wahrnehmbar sein, während ein dritter Teil sich südwärts wendet, zwischen den Azoren und der Küste von Spanien hindurchgeht, um die Nordwestküste von Afrika herumbiegt und wieder unter den Einfluß der Passatwinde gerät, die ihn von neuem über den Atlantischen Ozean treiben. Einen bedeutenden Einfluß übt auf das Klima der Ostküste von Nord-Amerika eine kalte Strömung aus, der sogenannte Labrador-Strom, der aus der Baffinsbai kommt, die Küste von Labrador bespült, Neufundland umfließt und sich zwischen den Golfstrom und die Küsten von Neu-Schottland und den Neuenglandstaaten schiebt. Das kalte Wasser strömt an der Oberfläche bis zum Kap Hatteras, wo es unterzusinken oder den Golfstrom zu durchqueren scheint.

20. Innerhalb des weiten Umkreises, den der südöstliche Arm des Golfstroms umfaßt, liegt ein ausgedehntes Gebiet verhältnismäßig ruhigen Wassers, auf dessen Oberfläche zum Teil dichte Massen von Tangen wachsen; dieser Meeresteil ist unter dem Namen des Sargasso-Meeres bekannt.

21. Der Stille Ozean bietet eine ähnliche Anordnung der

Strömungen dar. Ein Strom kalten Wassers wird durch die vorherrschenden Südwinde längs der Westküste von Süd-Amerika (Peru-Strom) hingetrieben, biegt dann nach Nordwesten aus und wird zum Süd-Äquatorialstrom, der sich westwärts quer über die Breite dieses ungeheuren Meeres bewegt. Durch die zahlreichen Inseln und untermeerischen Rücken wird er aber in eine Anzahl getrennter Arme gespalten. Einer dieser Arme wendet sich in der Gegend der Hervey- oder Cook-Inseln nach Süden und vereinigt sich mit der Drift, die unter dem Einfluß der Westwinde ostwärts fließt. Ein anderer richtet sich an den Fidschi-Inseln vorbei nach Südwesten, bestreicht die Ostseite von Australien als ostaustralische Strömung und biegt an der Westseite von Neu-Seeland nach Norden zurück. Ein Teil des süd-äquatorialen Wassers gelangt durch die Torres-Straße in den Indischen Ozean. Aber die Hauptwassermasse bewegt sich nach dem Norden von Neu-Guinea zu und geht bei den Philippinen allmählich in den Nord-Äquatorialstrom über, der sich in der Höhe von Mittel-Amerika aus dem Kalifornischen Strom entwickelt. Zwischen dem Nord- und dem Süd-Äquatorialstrom entsteht ein östlich fließender Gegenstrom. Eine weitere Ähnlichkeit mit dem Wasserumlauf des Atlantischen Ozeans ergibt sich aus dem Vorhandensein der reißenden Strömung warmen Wassers, die um Formosa herumläuft und zum Japanischen Strom oder Kuro Shiwo wird. Ähnlich dem Golfstrom fließt auch dieser Strom nach Nordosten und verflacht sich allmählich in eine breite Drift, die sich von Westen quer über den nördlichen Stillen Ozean bewegt. Und wie ein kalter Strom die Küste von Neufundland bespült, so bricht ein kalter Strom aus dem Berings-Meer hervor und fließt längs der Ostküste von Japan zwischen dem Festland und dem eben erwähnten warmen Strom hin.

22. Diese Bewegungen der äquatorialen Wassermassen müssen notwendigerweise auch die Gewässer der nördlichen und südlichen Halbkugel in den allgemeinen Kreislauf mit hinein ziehen. So läßt sich im südlichen Stillen Ozean, südlich vom 40. Breitengrade, unter dem Einfluß der vorherrschenden Westwinde eine östliche Bewegung der Gewässer nachweisen, die unter dem Namen Westwind-Drift bekannt ist. Wie bereits bemerkt, ruft diese Wassermasse beim Anprall am südlichen Ende von Süd-Amerika die Peru-Strömung hervor. Ein Teil strömt aber um das südliche Ende des Weltteils als Kap Horn-Strömung. Weiter östlich ist es dieselbe Masse ostwärts fließenden kalten Wassers, die den Benguelastrom (§ 19) an der Küste von Afrika hervorruft. Ein anderer Teil davon wird durch Australien nach Norden abgelenkt und bildet die West-Australische Strömung.

Im Norden des Stillen Ozeans sind die Bedingungen für den Umlauf des Meerwassers ganz anderer Art. Da dieses große Meeresbecken nach Norden fast gänzlich geschlossen ist, so kann sich kein großer Strom warmen Wassers durch die Beringsstraße nach Norden ergießen. Anderseits kann auch keine bedeutende Masse kalten Wassers aus dem nördlichen Eismeere hervorbrechen, wenn auch eine kalte Strömung der Beringsstraße entspringt und längs der Westküste von Nordamerika hinzieht. Im Atlantischen Becken dagegen wo die Verlängerung des Golfstroms dessen Wärme bis weit in die kalte Zone hineinträgt, dringt das kalte Wasser des Eismeeres in Gegenströmungen auf beiden Seiten von Grönland nach Süden vor. Da Eisberge quer durch den Golfstrom schon bis zu 36° Breite nach Süden getrieben worden sind, so scheint daraus hervorzugehen, daß das unter ihm befindliche arktische Wasser stetig und in merklicher Bewegung weit nach Süden fließt.

23. Aber außer diesen Strömungen, die immer mehr oder weniger leicht wahrgenommen werden können, findet noch eine andere langsamere Bewegung der Gewässer der Meeresbecken statt, die sich bis zu den tiefsten Abgründen und vom Äquator bis zu den Polen erstreckt. Das Vorhandensein dieser allgemeinen Diffusion hat sich aus den Temperaturbestimmungen ergeben, die in Abschnitt XV beschrieben sind. Die sehr bemerkenswerte Tatsache ist festgestellt, daß selbst unter dem Äquator die Hauptmasse des Meerwassers kalt ist, mit Ausnahme einer vergleichsweise dünnen Schicht an der Oberfläche, die durch die Sonne erwärmt wird, und daß auf dem Grunde die Temperatur ebenso niedrig ist wie im nördlichen und südlichen Eismeere. Fände keine

Bewegung des kalten Polarwassers nach dem Äquator zu statt, so müßte die Temperatur daselbst verhältnismäßig hoch sein. Aber die Gegenwart kalten Wassers schon bei einer Tiefe von weniger als 600 Metern unter dem Meeresspiegel zeigt, daß unterhalb der Oberflächenströmungen eine tiefe und allgemeine Bewegung von den Polargegenden aus nach dem Äquator stattfinden muß, und zwar besonders von den weiten antarktischen Gebieten her, die in offener Verbindung mit den nördlich angrenzenden Meeren stehen.

24. (3) **Die Gezeiten oder Ebbe und Flut.** Als eine der merkwürdigsten und regelmäßigsten aller Bewegungen des Meeres war im § 6 das abwechselnde Fallen und Steigen des Wassers angeführt worden, welches man die „Gezeiten" nennt, und dessen Zusammenfallen mit den Stellungen des Mondes so auffallend ist, daß es schon in den ältesten Zeiten bemerkt wurde. Um diese Bewegung zu verstehen, müssen wir uns daran erinnern, daß alle Körper des Sonnensystems einander anziehen, und daß es deren zwei gibt, die unsere Erde ganz besonders beeinflussen: Die Sonne wegen ihrer ungeheuren Größe und der Mond wegen seiner Nähe. Jeder dieser beiden Himmelskörper übt auf unsern Planeten eine starke Anziehungskraft aus, deren Bestreben es ist, diejenige Seite der Erde, die ihm gegenüber liegt, zu sich hinzuziehen. Der feste Teil des Erdballes gibt nicht nach, wenigstens nicht in bemerkbarem Maße, aber die Wasserhülle besitzt diese Widerstandskraft nicht, sondern wird nach außen gezogen, so daß das Wasser sich auf der Seite anhäuft, nach der die Anziehung stattfindet.

25. Auf der dem Monde abgewandten Seite, wo die Entfernung von dem anziehenden Körper am größten, und deshalb die Anziehungskraft am geringsten ist, wird das Wasser nicht in demselben Maße angezogen wie der nähere Erdkern, der gewissermaßen von dem Wasser weggezogen wird. Daher bildet das Wasser auf dieser Seite ebenfalls eine ausgedehnte, aber nicht ganz so hohe Anschwellung, deren Scheitel genau dem auf der andern Seite der Erde befindlichen gegenüberliegt. Wäre kein Land vorhanden, das diese Bewegungen hinderte, so würde die Wassermasse, die unsern Planeten bedeckt, infolge dieser Verschiebung die Gestalt eines Ellipsoides annehmen, dessen längere Achse durch den Mittelpunkt der Erde und des Mondes ginge. Befänden sich die Erde und die andern Körper des Sonnensystems in Ruhe, so würden die beiden Anschwellungen des Meeresspiegels auf derselben Stelle bleiben. Aber infolge der Achsendrehung schreiten diese Flutwellen von Osten nach Westen fort und beschreiben mit großer Geschwindigkeit einen Kreislauf um den ganzen Erdball.

26. Wir wollen unsere Aufmerksamkeit zunächst auf die Seite der Erde richten, die zur Zeit gerade dem Monde gegenüberliegt. Infolge der Achsendrehung der Erde in Verbindung mit der Eigenbewegung des Mondes scheint unser Trabant sich in etwa 24 Stunden um die Erde zu bewegen. Die Anschwellung des Meeres, die durch die Anziehung des Mondes bewirkt wird, muß daher dem Monde folgen und in etwa 24 Stunden um die Erde kreisen; die Anschwellung auf der entgegengesetzten Seite der Erde muß denselben Lauf nehmen. Jede dieser beiden Wasseranhäufungen wird an jedem auf ihrem Wege liegenden Orte als eine breite Welle wahrgenommen, die einmal am Tage erscheint oder genauer alle 24 Stunden und 54 Minuten, da dies der Zeitraum zwischen dem jeweiligen Erscheinen des Mondes im Meridian ist. Daher findet an jedem Tage zweimal Flut und zweimal Ebbe statt.

27. Nicht nur der Mond wirkt in dieser Weise auf das Wasser des Meeres ein. Auch die Sonne zieht die Oberfläche des Meeres an, aber dieser Einfluß, der nur ein Drittel der Kraft des Mondes besitzt, verbindet sich mit der letzteren zur Erzeugung der Schwankungen in der Fluthöhe. Wenn Sonne und Mond in einer Linie mit der Erde stehen, was beim Neu- und beim Vollmonde eintritt, muß offenbar ihre gemeinsame Kraft die Oberfläche des Wassers am stärksten anziehen, während zur Zeit der Mondviertel ihre Wirkungen einander teilweise aufheben. Die beigegebene Figur (Fig. 19) zeigt, wie diese Wirkung hervorgebracht wird. Das höchste Steigen und natürlich auch das tiefste Sinken der Flutbewegung muß bei Neumond und bei Vollmond stattfinden. Diese Fluten heißen Springfluten. Das geringste Steigen und Fallen findet zur Zeit des ersten und letzten Mondviertels statt. Man nennt diese Fluten Nippfluten.

28. Da die Bewegungen der Ebbe und Flut von denen der Erde, der Sonne und des Mondes abhängen, können sie lange Zeit im voraus berechnet und angesagt werden. Auch hat man in allen Teilen der Erde Beobachtungen über die Flutzeiten und ihre Höhe angestellt, so daß die Länge der Zeit, die die Flutwelle braucht, um von einem Orte zum andern zu gelangen, genau bestimmt ist. Das Maß der Bewegung hängt von der Tiefe des Wassers und der Ab- oder Anwesenheit von Land ab. Im tiefsten Wasser und fern von

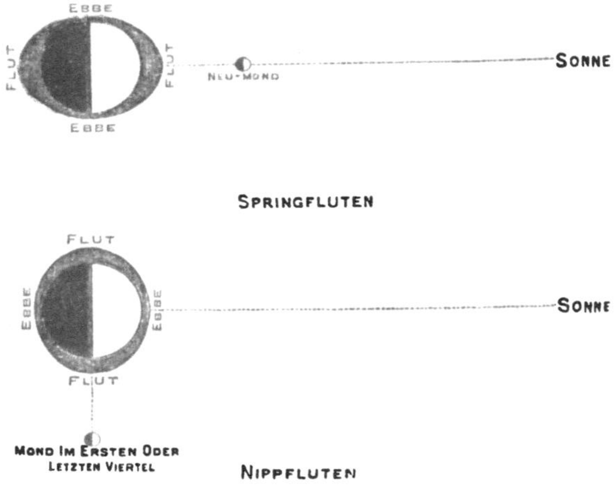

Fig. 19. Die Entstehung der Gezeiten.

allem Land ist die Bewegung der Flutwelle am schnellsten. In den Äquatorialgegenden des Atlantischen Ozeans beträgt die Geschwindigkeit mehr als 800 Kilometer in der Stunde. Man schätzt die Zeit, die sie von Südafrika nach Südwesteuropa braucht, auf 14 bis 15 Stunden; von da ab aber tritt sie in verhältnismäßig seichte Gewässer ein und muß sich durch viele enge Durchgänge zwängen. Auf die Südwestküste von Irland prallend, verzweigt sie sich, indem ein Teil an der Westküste von Irland und Schottland nach Norden dringt, um dann längs der Ostküste nach Süden umzubiegen, während der andere sich nach Osten den Kanal hinauf wendet. Die erste Abzweigung braucht 19 Stunden, um die Britischen Inseln bis zur Themsemündung zu umkreisen, wo sie sich mit derjenigen Welle vereinigt, die 12 Stunden später den gemeinsamen Ausgangspunkt verließ und in etwa 7 Stunden den Weg durch den Kanal zurücklegte.

29. Wenn auch die Flutbewegung eine Welle genannt wird und mit großer Schnelligkeit über die Tiefseebecken dahineilt, nimmt doch das Wasser an dieser Vorwärtsbewegung keinen Teil. Jedes Wasserteilchen wiegt sich nur in der schnellen, vorwärtsschreitenden Pulsbewegung, wie die Getreidehalme eines Feldes (§ 9). Aber wenn die Bewegung in ein schmales und seichtes Gewässer eintritt, wird sie zwischen die zusammenlaufenden Küsten eingezwängt und übt auf den Boden eine stets wachsende Reibung aus. Die Geschwindigkeit nimmt daher ab, aber im Verhältnis damit wächst die Flutwelle an Höhe und Kraft und wird zu einem wahren reißenden Strom.

30. In den tiefen Meeresbecken bringt der Vorübergang der hohen Flutbewegung wahrscheinlich keine merkliche Wirkung auf den Boden hervor. Die Oberfläche des Wassers steigt nur langsam sechs Stunden lang und fällt dann wieder, wobei die Gesamthöhe der Bewegung von der Ebbe zur Flut nur wenige Dezimeter beträgt. So beträgt die Höhe der Flut in der Mitte des Stillen Ozeans bisweilen weniger als $^1/_3$ Meter; im Atlantischen Ozean bei St.-Helena etwa 1 Meter. Wo aber die Bewegung auf den Widerstand zusammenlaufender Landmassen und seichter werdenden Wassers trifft, da wächst die Wassermenge bisweilen, wie in der Fundy-Bai, zu einer Höhe von 20 Meter und braust daher wie eine große brandende Woge. So rollt im Bristol-Kanal, der nach Westen zu offen ist, die Flutwelle eine sich schnell verengende Bucht hinauf und erreicht während der Springfluten in der Bai des Severn eine Höhe von 12 Metern. Das Herannahen der Flut wird durch eine 3 Meter hohe Welle verkündet, die vorauseilt, und der kleinere Wellen folgen, bis die Flut die Bucht gefüllt hat. Diese Woge, die an der Elbe und Weser das „Rastern“, in England „Bore“ genannt wird, bildet in vielen Buchten und Flußmündungen, die sich gegen die

Richtung der Flutwelle hin öffnen, einen besonderen Zug im Verlaufe der Flut. So zeigt sie sich an der Westküste Europas in der Elbe, Weser, Seine, Dordogne und Garonne. An der Seinemündung tritt die Flutwelle mit einer Geschwindigkeit von fünf bis sechs Metern in der Sekunde und einer Höhe von zwei bis drei Metern auf. Die Flutwelle auf dem Hugli in Ostindien stürmt mit solcher Gewalt stromaufwärts, daß sie den unvorbereiteten Schiffen großen Schaden zufügt.

31. Wenn die zusammenlaufenden Küsten am Ende nicht geschlossen sind wie in einer Flußmündung, sondern sich wieder nach einem breiteren Meere zu öffnen, wie bei einer Meerenge oder Straße, so nimmt die Flutbewegung die Form einer reißenden Strömung an. Auf der einen Seite aufgetürmt, erreicht das Wasser einen höheren Stand als auf der andern Seite des engen Durchgangs, durch den es daher mit großer Kraft und Schnelligkeit dahinschießt. Die Britischen Inseln bieten bei ihrer Lage am Rande des Atlantischen Ozeans viele Beispiele, von denen die Pentland-Straße zwischen den Orkneys und dem Norden von Schottland als eines der klarsten angeführt sein mag. Steht man bei Ebbe oder Flut auf einer der Landspitzen, die jene enge Straße überragen, so erblickt man einen Streifen blauen Meeres, der etwa neun bis zwölf Kilometer breit ist und sich nach Westen in den weiten Atlantischen Ozean, nach Osten in die Nordsee verliert. Sobald die Ebbe oder Flut eintritt, sieht man diesen ruhigen, glatten Wasserstreifen mehr und mehr in Unruhe geraten, bis auf der Höhe der Flutbewegung das Wasser mit einer Geschwindigkeit von zwanzig Kilometern in der Stunde dahinschießt, und dabei schäumt, wie ein riesiger Strom. An solchen Stellen, wo auf dem Wege der Strömung unter dem Wasserspiegel Felsen liegen, ist der Aufruhr des Wassers am stärksten; bei starkem, gegen die Richtung der Flut wehendem Winde türmen sich mächtige Wogen und Sturzwellen hoch auf, und die ganze Oberfläche der Meerenge bedeckt sich mit weißer Brandung. Kein kleineres Schiff darf dann wagen, seinen Weg durch die Straße zu erzwingen.

32. In andern Meerengen zwischen Inseln, wo die Flut von einer Seite auf die andere und gegen unterseeische Felsen geworfen wird, oder wo zwei entgegengesetzte Strömungen aufeinander treffen, bildet das Wasser Strudel. Sie finden sich z. B. in dem wohlbekannten Corryvreckan zwischen den Inseln Jura und Scarba an der Westküste von Schottland, wo der Strom mit einer Geschwindigkeit von stündlich zwanzig Kilometern abwechselnd nach Osten und nach Westen läuft. Der berühmte Maelstrom am Südende der Lofoten an der Norwegischen Küste ist ein weiteres Beispiel.

33. Der Küstenstreifen von Sand, Kies oder Schlamm, der durch das Steigen und Fallen des Wassers abwechselnd bedeckt und bloßgelegt wird, heißt **Strand.** Wenn die Flut auf ihrer Höhe ist, reicht die See bis zur oberen Grenze dieses Streifens, der Flutmarke, d. h. sie nimmt den Wasserstand der Flut ein, während bei der tiefsten Ebbe das Wasser nur bis zur untern Grenze des Streifens, der Niederwassermarke, reicht.

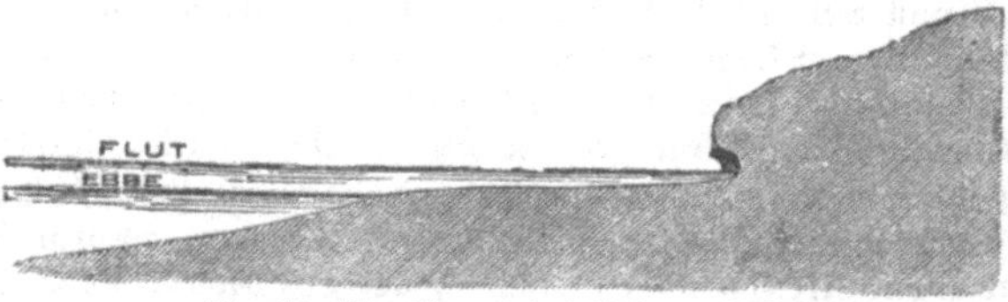

Fig. 20. Ein Strand bei Ebbe und Flut.

Die Entfernung zwischen diesen beiden Strandlinien hängt zum Teil von der Höhe der Gezeiten und zum Teil von der Neigung des Strandes ab. Sie ist natürlich am größten, wo das stärkste Fallen und Steigen mit der sanftesten Neigung der Küste verbunden ist.

Abschnitt XVIII. — *Die Tätigkeit des Meeres.*

1. In den vorhergehenden Abschnitten sind die wichtigsten Wirkungen beschrieben worden, die das Meer im allgemeinen Leben der Erde ausübt. Wir wollen sie noch einmal kurz zusammenfassend betrachten.

2. (1) **Das Meer liefert den größten Teil der Feuchtigkeit der Luft.** Wäre die über dem Lande liegende Luft für ihre Feuchtigkeit nur auf die Verdunstung, die auf dem Lande stattfindet, angewiesen, so würden Regen und Tau fast ganz aufhören, und es könnte weder tierisches noch pflanzliches Leben gedeihen. Die Wolken, die den Himmel bedecken und ihre Regenschauer auf die Erde ergießen, die Quellen, die die Bäche nähren, die unzähligen Flüsse, die große Ströme speisen, die Schneemassen, die sich über die Hochgebirge ausbreiten, der Tau, der die Erde erquickt selbst dort, wo kein Regen fällt: alles kommt unmittelbar oder auf Umwegen aus dem Meere. Trotz der ungeheuren Menge von Süßwasser, das sich fortwährend durch unzählige Flüsse in das Meer ergießt, ist keine Änderung in der Höhe des Meeresspiegels wahrzunehmen. Jenes Wasser verdunstet wieder, steigt in die Luft auf und wird von den Winden fortgetragen, bis es sich verdichtet und wieder auf das Festland niederfällt.

3. Der Einfluß des Meeres auf den Feuchtigkeitsgehalt der Luft zeigt sich deutlich in den viel größeren Regenmengen der Küstenländer, verglichen mit denen der Binnenländer (Abschnitt X, §29). Die Luft, die über dem Meere liegt, ist zum größten Teile nicht weit vom Punkte der Sättigung entfernt, so daß sie bei ihrer Bewegung landeinwärts leicht etwas von ihrem Wasserdampfe abgibt, sobald sie auf eine Land- oder Luftmasse trifft, die kälter ist als sie selbst. In der Nähe der indischen Küste beträgt die Verdunstung vom Meere in vierundzwanzig Stunden zwei Zentimeter, also im Jahre über 7 Meter. Ein ungefährer Überschlag ergibt für das Gebiet der Passatwinde auf dem Meere eine jährliche Verdunstungsschicht von vier bis fünf Metern.

4. In der heißen Zone, wo die Verdunstung am größten ist, fällt unzweifelhaft ein großer Teil der von dem Meere aufgestiegenen Feuchtigkeit ins Meer zurück, und zwar in Gestalt der starken und beständigen Regen, die jenen Gürtel der Erde kennzeichnen. Ein anderer Teil erzeugt gegewaltige Regen z. B. in den Gegenden der Khasiberge (Abschnitt X, § 31), des Himalaya und der Hochländer von Abyssinien. Zu den gemäßigten Zonen kann aber nur ein kleiner Teil dieses äquatorialen Wasserdampfes gelangen, da die damit getränkte Luft, nachdem sie in der Zone des beständigen Niederschlags schwere Regengüsse herabgesandt hat, als ein kalter und verhältnismäßig trockener Luftstrom in die höheren Regionen der Atmosphäre aufsteigt. Entfernt er sich dann vom Äquator und kommt mit der Erdoberfläche wieder in Berührung, so ist er eher geneigt, Feuchtigkeit aufzunehmen als abzugeben.

5. In Europa wird der Regen besonders von den feuchten Winden gebracht, die den Dampf der warmen Wasserfläche des Atlantischen Ozeans aufsaugen. Westliche und besonders südwestliche Winde sind feucht, östliche und nordöstliche trocken. Die ungeheure Verdampfungsfläche des Indischen Ozeans liefert die Regen von Südasien und Ostafrika. Wenn der Südwestmonsun weht, trägt er den Dampf dieses Ozeans nach Indien und China und entladet ihn in wahren Wolkenbrüchen. Die großen Flüsse Westafrikas werden von den Monsunen gespeist, die den Dampf des Atlantischen Ozeans in das Innere jenes Erdteils tragen. In Nordamerika empfängt die bergige westliche Meeresküste ihre Feuchtigkeit von den feuchten Winden, die aus Südwest über den Stillen Ozean wehen. In Südamerika trägt der Südost-Passat den Wasserdampf vom südlichen Teile des Atlantischen Ozeans über das Festland, bis er den letzten Rest davon auf den Abhängen der Anden entladen hat, worauf er als ein trockener, regenloser Wind über die Küste des Stillen Ozeans weht.

6. (2) **Das Meer regelt die Verteilung der Temperatur.** Seine Strömungen tragen die Wärme der heißen Zonen nach Norden und Süden, um damit die gegen die Pole zu gelegenen Gegenden zu erwärmen, während sie anderseits durch die polare Kälte die Hitze der niederen Breiten mäßigen.

7. Diesen allgemeinen Einfluß des Meeres, der durch die Karten der Isothermen gut veranschaulicht wird, haben wir bereits im Abschnitt IX, § 15 besprochen und die kalten und warmen Strömungen des nördlichen Atlantischen Ozeans als Beispiele aufgestellt. Das erwärmte Wasser des Golfstroms wendet sich nach Nordosten und strömt quer über den Atlantischen Ozean, breitet sich dabei über eine größere Fläche aus und verliert beim Vordringen an Wärme, läßt sich aber an der höheren Temperatur bis in das Polarmeer nachweisen. Die durchschnittliche Wintertemperatur des Meeres um Großbritannien ist beträchtlich höher als die des Landes selbst. Aber, wie schon bemerkt (Abschnitt XV, § 3), mäßigt die

See das Klima nicht durch direkte Berührung mit dem Lande, sondern durch Übertragung vermittelst der Luft. Sie erwärmt die über ihr liegende Luft, die dann fortströmt und die Wärme über das Land hinträgt. Daraus ergibt sich, welch großer Nutzen dem Westen Europas aus der Ausbreitung des Golfstroms erwächst. Wenn der genannte Strom mit derselben Breite und Geschwindigkeit, die er beim Austritt aus der Floridastraße besitzt, das Meer durchschnitte, würde er, selbst wenn er seine höchste Temperatur beibehielte, zu schmal sein, um auf das Klima von Westeuropa einen besonderen Einfluß auszuüben. Aber dadurch, daß er sich ausbreitet und sich mit der allgemeinen, warmen nordatlantischen Drift verbindet, bietet er den Südwestwinden eine weit größere Oberfläche dar, und sie gelangen durch ihn erwärmt und mit Feuchtigkeit beladen nach Europa.

8. Wie bedeutend diese günstige Einwirkung auf das Klima von Westeuropa ist, kann man am besten aus der Vergleichung der Wintertemperaturen von Orten derselben Breite ersehen. Hammerfest, der nördlichste Seehafen auf der ganzen Erde, ist sogar im Januar offen, während westlich davon die Ostküste von Grönland auf demselben Breitegrade mit Schnee und Eis bedeckt ist und das Meer auch während des Sommers auf weiten Strecken zugefroren bleibt. Noch weiter südlich sind die Häfen von Glasgow und Liverpool nicht nur niemals zugefroren, sondern haben eine mittlere Jahrestemperatur von 8° bis 10° Celsius. Unter den gleichen Breiten ist in Nordamerika der Küstensaum von Labrador das ganze Jahr hindurch mit Eis bedeckt. Selbst zu St. John auf Neufundland, das zwei Grade südlicher liegt als Liverpool, ist der Hafen schon im Juni durch Eis gesperrt gewesen.

9. Diese Gegensätze, die wahrscheinlich die auffallendsten ihrer Art auf der ganzen Erde sind, rühren indessen nicht ausschließlich von dem Einfluß der warmen Atlantischen Drift auf die Temperatur von Westeuropa her. Sie sind zum Teil auch durch den Einfluß der bereits beschriebenen kalten Polarströmung bedingt, die aus der Davisstraße hervorbricht, ihren Weg an der Amerikanischen Küste entlang nimmt und die Temperatur dort herabdrückt. Selbst bis zu 44° nördlicher Breite hinab, auf dem Parallelkreise von Südfrankreich

und Nord-Italien, besitzt das Wasser, das die Küste von Neuschottland bespült, nicht mehr als drei Grade über der Temperatur des schmelzenden Eises. Eine weitere Ursache der niederen Temperatur von Labrador und den angrenzenden Teilen von Nordamerika ist in dem niedrigen Luftdruck über dem Nord-Atlantischen Ozean zu erblicken, der ein ständiges Zuströmen von kalter Luft aus Nordwesten hervorruft.

10. Auf der südlichen Halbkugel, wo das Meer vorherrscht, ändert sich das Klima mit ziemlicher Regelmäßigkeit, der Breite gemäß. Auf der nördlichen Hemisphäre dagegen, wo der ausgleichende Einfluß des Meeres durch das Vorhandensein großer, abwechselnd sich erwärmender und abkühlender Landmassen gehemmt wird, findet man keineswegs die gleiche Regelmäßigkeit. Und doch macht sich selbst da die mildernde Einwirkung des Meeres längs der Küsten geltend, an denen weder die Winter so kalt, noch die Sommer so heiß sind wie im Innern der Erdteile. Daher ist ein kontinentales Klima ein solches, das große Gegensätze darbietet: im Sommer große Hitze, im Winter strenge Kälte; ein Inselklima oder Seeklima ist viel gleichmäßiger. — Dieser Unterschied erhellt am deutlichsten aus der Vergleichung der Sommer- und Wintertemperaturen einer Insel, z. B. Irlands, mit denen einer im Herzen des Festlandes gelegenen Gegend, wie etwa des inneren Rußland (siehe Abschnitt XXXI, § 4).

11. (3) **Das Meer zerstört seine Küsten und trägt dadurch zur Verminderung des Flächenraums des Festlandes bei.** Niemand kann die Tätigkeit der Wellen beobachten (Abschnitt XVII, § 14), ohne sich sofort von ihrer zerstörenden Gewalt, selbst an den felsigsten Küsten, zu überzeugen. Das bloße Gewicht so großer Wassermassen, wie sie von einer einzigen mächtigen Woge bei einem Sturm gegen das Land geschleudert werden, genügt, um Gesteinmassen abzulösen und fortzuführen. Selbst die härtesten Felsen werden unter dem Einfluß der Atmosphäre von Sprüngen durchzogen. Die Wellen werden also in ihrem Zerstörungswerk durch die Vorarbeit der Atmosphäre unterstützt.

12. Die Gesteinstrümmer, die auf diese Weise von einer Uferklippe abgelöst wurden, dienen als mächtiges Werkzeug zur weiteren Zerstörung des Gestades. Sie werden von den Wellen erfaßt und vorwärts gewirbelt, wobei sie die Klippen abschleifen und zugleich selbst weiter zerbröckeln. Durch das Vordringen und Zurückweichen der Wogen hin und her geschoben, nehmen sie die im Kies und Sand der Meeresküsten uns so bekannten geglätteten und abgerundeten Formen an. Aber selbst dann dauert ihre Zerstörung fort, denn sie werden immer wieder hin und her gerollt, bis sie zuletzt, zu bloßem Sand und Schlamm zerrieben, ins Meer hinausgespült werden und sich in seinen ruhigen Tiefen ablagern.

13. Das Meer lockert und zerstört die Felsen an der Küste noch in anderer Weise. Wer in einem Hafenort auf einer den Stürmen ausgesetzten Küste lebt, wird oft bemerkt haben, daß nach einem heftigen Sturm Teile des festen Gemäuers der Hafendämme und Wogenbrecher verschoben waren. Selbst durch die äußerste Sorgfalt beim Bau ist es kaum möglich, derartige Zerstörungen zu vermeiden; und ohne eine beständige Wachsamkeit und sofortige Ausbesserung jedes Sprunges und Risses kann die schnelle und vollständige Zerstörung eines solchen Dammes vor sich gehen. Das bloße Gewicht des Wassers, das gegen das Bauwerk geschleudert wird, oder der Stoß eines von den Wellen fortgewirbelten Steinblocks ist zwar nicht allein imstande, aus einer mit Sorgfalt aufgeführten Mauer die Steine herauszuwaschen. Wenn aber eine große Welle gegen eine derartige Fläche prallt, wird die Luft in jedem Riß der Mauer nach Innen getrieben. Beim Zurückweichen der Woge tritt hinter ihr eine starke Saugwirkung ein, die die zusammengepreßte Luft wieder aus der Mauer herauszieht. Dazu kommt, daß das Wasser mit großer Kraft in die Sprünge und Löcher des Mauerwerkes hineingetrieben wird und nach der Wirkungsart der hydraulischen Presse auf die Wände der Höhlungen denselben Druck ausübt wie die Welle, von der es eben einen Teil bildet. Dieser Druck beträgt oft 30 000 Kilogramm auf einen Quadratmeter. Nach einiger Zeit zeigt sich im Bau eine schwächere Stelle; einer oder mehrere Steine werden locker und darauf beim Zurückweichen einer großen Welle herausgerissen, so daß sich eine Bresche bildet, die sich beim Fortdauern des Sturmes schnell erweitert. Dieselbe Wirkung äußert sich auf Felsklippen. Jede Masse festen Gesteins ist mehr oder weniger von Sprüngen durchsetzt, die für die vereinte Tätigkeit der zusammengepreßten Luft und der Wellen Spielraum darbieten. Wenn das Meer am Fuße einer Klippe eine Höhlung ausgewaschen hat, lockert die Tätigkeit der beim Hinundherstürmen der Wellen abwechselnd verdichteten und verdünnten Luft das Gestein an der Innenseite der Höhlung, so daß, wenn das Gestein zu fest ist, um zu zerbröckeln, und der Steilrand nicht zu

Fig. 21. Klippen am Meeresstrande im Süden der Tynemündung (Vereinzelte Pfeiler von Dolomit, die bei der Zerstörung der Steilküste durch die Wellen stehen geblieben sind). Vergleiche auch Fig. 76.

hoch, die Höhlung sich zu einem Kanal verlängern und nach oben durchbrechen kann. Durch diese Öffnungen, „Fenster“, dringt beim Sturme der Sprühregen der Brandung empor. Bisweilen liegt die Mündung eines solchen Loches eine kurze Strecke vom Rande des Steilufers entfernt. Man ist dann erstaunt, am Abhange eines Hügels oder mitten in einem Felde oder Moore ein kesselartiges Loch anzutreffen, auf dessen Grunde das Meer ebbt und flutet.

14. Wenn selbst Klippen aus dem festesten Gestein durch die unablässigen Angriffe der Wogen zerstört werden, so muß die Zerstörung an Küsten von weniger dauerhaftem

Material eine ungleich schnellere sein. An einigen Stellen der Ostküste von England, wo die Wellen gegen Klippen aus bröckeligem Ton anprallen, beträgt der Landverlust oft bis zu einem Meter Breite im Jahre. Die Gebiete einiger der ehemaligen Häfen und Städte von Yorkshire liegen heutigen Tages unter dem ruhelosen Wasser der Nordsee, einen oder zwei Kilometer von der jetzigen Küste entfernt. Die jetzige Insel Helgoland ist nur ein geringer Rest einer im Mittelalter von mehreren Städten und vielen Dörfern bedeckten Insel. Die flachen Halligen an der deutschen Nordseeküste sind nur spärliche Überbleibsel einstiger großer bewohnter Inseln und stets in Gefahr, weggewaschen zu werden.

15. Wir dürfen indessen nicht annehmen, daß die See überall den Saum des Landes zerstört. Dies geschieht hauptsächlich an denjenigen Küsten, die vorwiegend den Stürmen ausgesetzt sind, und wo die Form des Gestades die Zerstörung erleichtert. Aber es gibt an jeder Küste geschützte Stellen, wo die Wellen entweder keine oder doch nur eine sehr langsame Wirkung ausüben. Wo z. B. das Meer auf beträchtliche Entfernung seicht ist, mit einem flachen, sandigen Strande und einer flachen Küste, da werden die größten Wellen heranrollen und ihre Kraft beim Überfluten des Strandes verbrauchen, ohne je das Ufer zu beschädigen. Aber an vielen Stellen wirft das Meer sogar feste Bestandteile an das Land, statt sie fortzuführen. Das feinere Sediment, das an einer Stelle von der Küste abgewaschen und von den Strömungen fortgetragen wird, setzt sich bisweilen in nicht bedeutender Entfernung davon wieder an der Küste ab. Wenn dies stattfindet, so kann das Land hier ebensoviel, oder nahezu ebensoviel gewinnen, wie es an der Stelle verliert, wo der Sand und Schlamm herstammen. So wachsen die flachen Küsten von Lincolnshire ins Meer hinein, weil sie fortwährend durch das von den Küsten von Yorkshire fortgeführte Material einen Zuwachs erhalten. In vielen Teilen der Erde, wie längs der Küste von Nordamerika von den Gestaden Mexikos bis zu denen von Virginia, ferner in Vorderindien auf beiden Seiten der Präsidentschaft Madras, wird soviel Schlamm und Sand von den Flüssen ins Meer getragen, daß sich Barren bilden, durch die das dahinterliegende Land vor den Meereswellen geschützt wird. Eine ähnliche Bildung sind die langen, Nehrungen genannten, Halbinseln, die das frische und das kurische Haff von der Ostsee trennen.

16. (4) **Das Meer nimmt die Materialien auf, aus denen sich im Laufe der Zeit neues Land bildet.** In einem späteren Abschnitte werden wir nachweisen, wie die Oberfläche des Landes einer beständigen Abtragung unterliegt. Auch die festesten Felsen zerbröckeln und diese Trümmer werden von Bächen und Flüssen in das Meer getragen. In den stillen Tiefen der Meeresgründe wird der vom Zerfall der Erdoberfläche herrühende Sand und Schlamm abgelagert. Dort bleiben sie ungestört, langsam sich anhäufend und ausbreitend, bis eine künftige Bewegung der Erdkruste sie wieder über den Meeresspiegel heben wird.

17. Untersucht man die Gesteine, aus denen das jetzige trokene Land besteht, so findet man in vielen von ihnen zahlreiche Reste von Korallen, Schaltieren, Fischen und anderen Seetieren. Diese Tiere lebten im Meere, wurden in den Ablagerungen des Meeresgrundes eingeschlossen und daselbst aufbewahrt; die Ablagerungen erhärteten allmählich zu Gestein und wurden später gehoben, so daß sie jetzt das Land bilden, auf dem wir leben. Dieser Vorgang, der in der Vergangenheit so häufig eintrat, wird wahrscheinlich in der Zukunft noch oft stattfinden.

18. Außer den Ablagerungen, die sich aus dem vom Festlande herstammenden feinen Sande und Schlamm gebildet haben, bedecken sich weite Flächen des Meeresgrundes in ähnlicher Weise mit den Resten kleinster Lebensformen, wie sie im Abschnitt XIV § 8—10 beschrieben wurden. Soweit unsere Kenntnis reicht, sind einige der Gesteine des Festlandes, wie die Kreide Englands, Frankreichs und der Insel Rügen, ähnliche Ablagerungen, d. h. sie sind durch die allmähliche Anhäufung der winzigen Schalen von Foraminiferen und anderen Meeresbewohnern entstanden.

19. Während also die Oberfläche des Landes unausgesetzter Verwitterung und Abflachung unterliegt, ist offenbar der Teil der festen Erdkruste vor Zerstörungen gesichert, der unter der verhältnismäßig geringen Tiefe (etwa 100 Meter) liegt, bis zu der sich die Wirkung des Wellenschlags erstreckt. Das Zerstörungswerk des Meeres geht hauptsächlich zwischen den Gezeitengrenzen, d. h. dem Wasserstand von Ebbe und Flut, vor sich (siehe Fig. 21). Wie wir sahen, rühren die Wogen die tieferen Stellen des Meeresbodens nicht auf; diese sind daher in ungestörter Ruhe. Wenn wir bedenken, ein wie großer Teil der Erdoberfläche vom Meer bedeckt ist, so erkennen wir, daß, obwohl die Wellen unausgesetzt die Küsten peitschen, die dadurch bewirkte Zerstörung nur an einem schmalen Streifen des Küstenrandes stattfindet, während die weiten Strecken unter dem Meere nicht nur vor Vernichtung bewahrt sind, sondern sogar beständig neue Ablagerungen erhalten. Wenn wir daher die Tätigkeit des Meeres im ganzen betrachten, so finden wir, daß sie weit mehr erhaltend als zerstörend wirkt.

KAPITEL IV.

DAS FESTLAND.

Abschnitt XIX. — *Festländer und Inseln.*

1. Von den beiden Hüllen, Luft und Wasser, die unsere Erde umgeben, gehen wir nun zur Betrachtung der festen Masse des Planeten über. In erster Linie fällt uns im Gegensatze zur Luft und zum Meere auf, daß sich nur ein sehr kleiner Teil des festen Landes der Erde aus dem Meere erhebt, und daß uns von diesem verhältnismäßig kleinen Teile wenig mehr als die bloße Oberfläche bekannt ist. Wir können das Land nicht nach Belieben durchbohren, wie wir das Meer durch Lotungen untersuchen können. Alles, was sich durch tatsächliche Beobachtung über den Bau des festen Erdballs entdecken läßt, muß daher offenbar aus Wahrnehmungen abgeleitet werden, die auf oder nahe an der Oberfläche des Festlandes gemacht werden.

2. Wie ist nun, nach den sichtbaren Teilen des festen Erdkerns zu urteilen, dieser letztere beschaffen? Wir sind mit dem Boden der Erdoberfläche bekannt und kennen die darunter liegenden Gesteine; — in dem einen Lande ist es Ton und Kalkstein, in einem andern Sand und Kies, in einem dritten Sandstein und Schiefer, in noch anderen Granit und sonstige kristallinische Gesteine. Wie sind diese verschiedenen Gesteinsarten entstanden? Können wir etwas über ihren Ursprung erfahren, und werfen sie in irgend einer Weise Licht auf die Geschichte der Erde? Wie konnte z. B. das Land in einer Gegend zu steilen Höhen ansteigen, in einer andern dagegen zu einer Tiefebene sich senken? Sind diese Höhen und Tiefen von Anfang an die gleichen gewesen wie jetzt?

3. In welchem Teile der Welt wir auch leben mögen, derartige Fragen müssen sich uns oft aufdrängen. Je auffallender die Umrisse eines Landes sind, desto dringender verlangen diese Fragen eine Beantwortung. In einem gebirgigen Land, oder einem solchen, wo man die Aussicht auf eine entfernte Gebirgskette hat, bilden die hohen Berggipfel und Kämme einen so scharfen Gegensatz zu den davorliegenden ebenen Strecken, dass wir uns unwillkürlich fragen müssen: wie und wann sind diese ausgedehnten Hebungen entstanden? Wir beobachten die Wolken auf den hohen Gipfeln, während sie sich zu Gewittern vereinigen oder in Regenschauern sich über die Täler ergießen oder die weißen Gipfel und Abhänge der Hochgebirge mit frischem Schnee bedecken. In der Luft dieser Höhen scheint eine ewige Unruhe zu herrschen. Welche Wirkung hat diese Bewegung auf die Form der Berge? Lassen diese stets sich wiederholenden Unwetter, diese häufigen Regen- und Schneefälle, die die Bergströme füllen und die großen Flüsse speisen, die Umrisse der Berge unverändert?

4. Aber selbst dort, wo die Landschaft durch keine auffallenden Formen ausgezeichnet ist, wird ein aufmerksames Auge dennoch vieles entdecken, das zur Untersuchung auffordert. So kann wohl kein Bild einförmiger sein als das der weiten Ebenen an den Mündungen grosser Flüsse. Und dennoch, wenn der Sinn einmal darauf gerichtet ist, an diesen Gegenständen zu haften, wird auch die Bodengestalt dieser flachen Länderstrecken Beachtung finden. Man wird sie unwillkürlich mit dem von dem Strome herabgeführten Schlamme in Verbindung bringen. Woher kommt der Schlamm? Wie lange ist der Fluß bereits tätig, ihn über diese Ebenen auszubreiten?

5. Dies sind einige der Fragen, die in den Abschnitten dieses Kapitels an uns herantreten werden. Bei ihrer Untersuchung werden wir gut tun, so viel wie möglich in dem Umkreise unseres Wohnorts nach Beispielen für unsern Gegenstand zu suchen. Wir werden sie zwar nicht in allen, ja vielleicht nicht einmal in den meisten Fällen finden; aber das Suchen nach Beispielen wird uns immerhin von größtem Nutzen sein, weil es uns mit der physischen Erdkunde unseres Landes, der Heimatkunde, näher bekannt macht und uns an stetes Beobachten gewöhnt. Die Eigentümlichkeiten einer Bergkette, einer Ebene, eines Tafellandes, einer Wasser-

scheide, einer Quelle, eines Baches, Flusses oder Sees und eines jeden andern Elementes der Landschaft müssen an Ort und Stelle untersucht werden, wo wir sie antreffen. Dabei dürfen wir uns nicht eher zufrieden geben, als bis wir alle Gesetze und Lehren der physischen Erdkunde an ihnen geprüft und ermittelt haben, wie weit sie durch unsere eigene Beobachtung in der Natur bestätigt oder erweitert werden.

6. Da das Festland aus den Teilen der festen Erde besteht, die über den Meeresspiegel hinausragen, so zeigt seine Verteilung die Lage der großen Runzeln an, in die die Oberfläche unseres Planeten gefaltet ist, während seine Gestalt und die Stoffe, aus denen das Land besteht, naturgemäß die Hauptquellen unserer Kenntnis von der Zusammensetzung und der Geschichte unserer Erde bilden. Zuerst haben wir die Verteilung des Festlandes über die Erde kennen zu lernen; darauf seine wagerechte Gliederung oder seine Küstenlinien, d. h. die Grenzen gegen das Meer; endlich seine senkrechte Gliederung oder seine Bodengestalt, d. h. die verschiedene Höhe seiner Erhebung über das Meer.

7. **Die Verteilung des Festlandes.** Die Gesamtfläche des trockenen Landes auf der Oberfläche der Erde berechnet man auf 144 Millionen Quadratkilometer. Im Abschnitt V wurde bereits erwähnt, daß der bei weitem größte Teil auf der nördlichen Halbkugel liegt (Abschnitt V). Innerhalb des nördlichen Polarkreises bildet es einen fast ganz zusammenhängenden Ring um die Nordpolgebiete, von denen es sich in langen unregelmäßigen Massen, die nach und nach in Spitzen auslaufen, nach Süden erstreckt. (Abschn. V, § 10.) An jeder dieser Landmassen kann man einen nördlichen und einen südlichen Teil unterscheiden. Auf der westlichen Hemisphäre sind beide Teile durch einen schmalen Streifen Landes, eine Landenge, einen **Isthmus** verbunden. Auf der östlichen Halbkugel sind Europa und Afrika durch ein verhältnismäßig schmales Binnenmeer, das Mittelländische Meer, getrennt. Europa und Asien bilden tatsächlich einen zusammenhängenden Erdteil, auch wohl Eurasia genannt, der einerseits seine Verlängerung in Afrika findet, anderseits in einem ausgedehnten **Archipel** d. h. zahlreichen Inselketten und -Gruppen nach Australien zu.

8. Bei der Betrachtung der Lage dieser Landmassen nehmen wir das allgemeine Bestreben wahr, sich in nordwestlicher und südöstlicher Richtung zu erstrecken. Dies ist besonders bei Amerika auffallend. Auch in dem Bogen, den die Inseln von der südöstlichen Küste Asiens nach Tasmanien und Neuseeland beschreiben, tritt dieselbe Erscheinung hervor. Selbst in der europäisch-afrikanischen Festlandgruppe beobachtet man sie, wenn man an den untermeerischen Rücken denkt, der Grönland mit Island, den Faröern und Britischen Inseln, also mit der Hauptmasse Europas verbindet; denn dann erkennt man, daß ein unebener und zerstückelter Landrücken sich von dem Polarkreise südöstlich bis zum Kap der guten Hoffnung erstreckt. So stellt sich die Gestalt des Atlantischen Ozeans als eine tiefe und lange Straße oder als ein Graben zwischen diesem Landrücken im Osten und dem amerikanischen im Westen dar. Infolge der Ausdehnung Asiens nach Nordosten treffen der amerikanische und der asiatische Erdteil an der Beringstrasse fast zusammen und schließen so den Großen oder Stillen Ozean von Norden her ein.

9. Um uns von den wichtigsten Höhen und Tiefen auf der Oberfläche des festen Erdkerns einen Begriff zu machen, müssen wir neben dem Verlauf der Festländer auch die Lage der zahllosen kleineren Landflächen berücksichtigen, die in der Form von zerstreuten Inselgruppen über den Meeresspiegel hinausragen. Alle diese Inseln sind nur die Gipfel unterseeischer Bodenwellen oder Gebirge; ihre Verteilung gibt uns die Richtung der unterseeischen Bodenerhebungen und die überschwemmten Teile der Festlands-Gebiete an. Wie bereits in Abschnitt XII dargetan wurde, ist unsere Kenntnis von der Beschaffenheit des Meeresbodens durch Tiefsee-Lotungen gewonnen worden. Karten wie die auf Tafel I sind ebenso belehrend für die ozeanischen wie für die Festlands-Gebiete.

Wenden wir uns nun dem Festland zu, so unterscheiden wir seine bereits erwähnten beiden Grenzen: erstens die Grenze gegen das Meer, d. h. seine Küstenlinien oder seinen Umriß; zweitens die Grenze gegen die darüberliegende Luft, seine Oberflächengestalt oder seinen Aufriß.

10. **Die Küstenlinien der Festländer.** Die Grenze zwischen

Land und Meer ist überall scharf gezogen; eine Weltkarte zeigt, wie mannigfaltig und unregelmäßig sie ist. Aber selbst die größte und genaueste Karte kann nur die bedeutenderen Krümmungen und Windungen der Küstenlinie angeben. Wenn man eine solche Karte des Küstensaumes mitführt und mit den wirklichen Uferlinien vergleicht, so bemerkt man viele kleine Vorsprünge und Einbuchtungen, die auf der Karte keinen Platz gefunden haben und wegen ihrer Kleinheit auch nicht finden konnten. Verhältnismäßig selten verläuft die Küste auf mehr als kurze Strecken in gerader Linie. Sie krümmt sich hin und her, springt in Landzungen und Vorgebirgen vor und zieht sich in weiten Busen und Buchten oder in schmäleren Einschnitten, Föhrden oder Fjorden zurück.

11. Außer diesem mannigfachen Wechsel in ihrer wagerechten Erstreckung bietet die Küstenlinie auch in der senkrechten Gliederung, im Aufriß, stets neue Bilder dar. An einigen Punkten steigt das Land in steilen und abschüssigen Klippen, gegen die fortwährend die Wellen branden, senkrecht aus dem Meere empor. An anderen Orten sehen wir die Küste sich allmählich unter das Wasser senken. Die Böschung des Landes über dem Meeresspiegel setzt sich meistens darunter fort. Daher deutet eine steile Küste auf tiefes Wasser (Fig. 22), während eine flache Küste im allgemeinen seichtes Wasser anzeigt (Fig. 23). Diese Beziehung zwischen der Gestalt der Küste und der Tiefe des Wassers ist so allgemein, daß man gewöhnlich ein Schiff von einer niedrigen Küste weit entfernt hält, während man es ohne Zögern nahe an ein hohes steiles Ufer lenkt.

12. In der Regel bestehen die steilen und höheren Küsten aus härteren Gesteinen, die niederen und flachen aus weicheren Stoffen. Dies gilt sowohl im Kleinen bei jedem vorspringenden Punkt am Strande, wie für die größeren Unregelmäßigkeiten der Küsten auf der ganzen Erde. Wo immer auf der Karte ein Vorgebirge kühn in das Meer hinausragt, ist der Schluß berechtigt, daß es aus hartem Gestein besteht, das den Wellen einen zähen Widerstand entgegensetzt. Wo dagegen das Land in ausgedehnten regelmäßigen Buchten ohne Einschnitte zurückweicht, kann man annehmen, daß es niedrig und aus weichem Ton zusammengesetzt ist, oder aus anderen Stoffen, die dem Vordringen des Meeres nachgegeben haben. In der großen Mehrzahl der Fälle wird diese Vermutung, die sich nur auf die Betrachtung der Karte stützt, zutreffen.

Fig. 22. Steile Meeresküste.

13. Vergleichen wir nun die Küstenlinien der drei Gruppen von Erdteilen, so bemerken wir einen auffallenden Gegensatz zwischen den Umrissen der nördlichen und der südlichen Hälfte. Die nördlichen Festländer sind durch so ge-

Fig. 23. Flache Meeresküste.

zackte Küstenlinien begrenzt, daß die Meere in vielen Buchten, Fjorden, Meeresarmen, Straßen, Sunden und Mittelmeeren tief ins Land einschneiden. Dagegen sind die südlichen Erdteile durch lange einförmige Küstenstrecken ausgezeichnet, ohne durch Buchten oder Meeresarme zerrissen zu sein. Über das Verhältnis der verschiedenen Küstenlinien zum Flächeninhalt der einzelnen Erdteile hat man folgende Zahlen ermittelt:

Erste Gruppe:

Nord-Amerika hat 1 Kilometer Küstenlinie auf 424 Quadratkilometer Oberfläche.

Süd-Amerika hat 1 Kilometer Küstenlinie auf 694 Quadratkilometer Oberfläche.

Zweite Gruppe:

Europa hat 1 Kilometer Küstenlinie auf 229 Quadratkilometer Oberfläche.

Afrika hat 1 Kilometer Küstenlinie auf 1432 Quadratkilometer Oberfläche.

Dritte Gruppe:

Asien mit den Inseln hat 1 Kilometer Küstenlinie auf 750 Quadratkilometer Oberfläche.

Australien hat 1 Kilometer Küstenlinie auf 531 Quadratkilometer Oberfläche.

14. Man sieht daraus, daß der Gegensatz zwischen Europa und Afrika am größten ist. Europa hat im Verhältnis zur Oberflächenausdehnung sechsmal soviel Küsten als Afrika. Es kann wohl kaum ein Zweifel darüber obwalten, daß dieser Gegensatz auf die Entwickelung der Kultur in beiden Erdteilen einen mächtigen Einfluß gehabt hat. In dem einen Falle boten zahlreiche Buchten und Einschnitte des Meeres der Entdeckung, Eroberung und dem Verkehr gute Gelegenheit. Ein Volk kam mit dem andern in Berührung; die Künste des Friedens und Krieges verbreiteten sich in alle Länder; keine noch so abgelegene Gegend lag gänzlich außerhalb des Bereichs der Verbindung mit den übrigen; und deshalb sind alle Staaten Europas, teils schnell, teils langsamer, in den allgemeinen Fortschritt der Menschheit hineingezogen worden. Man stelle diesem reichen Verkehr und stetigen Vorschreiten den Zustand von Afrika gegenüber, mit seinen weit ausgedehnten und noch jetzt unzugänglichen und uneröffneten Gebieten, von Rassen bevölkert, die mit anderen Stämmen, außer ihren unmittelbaren und gewöhnlich feindlich gesinnten Nachbarn, keinen Verkehr haben und seit unvordenklichen Zeiten auf derselben Stufe der Barbarei stehen. Zweifellos werden die mächtigen Flüsse und Seen Afrikas einst zu Hauptstraßen des Verkehrs und denselben Zwecken dienstbar gemacht werden, die schon im Altertum in Europa durch die tief einschneidenden Arme des Meeres erreicht wurden.

15. Allgemeine Oberflächengestalt der Erdteile. Die Umrisse des Landes oder die Küsten werden an Mannigfaltigkeit und Bedeutung durch seine Aufrisse oder die Oberflächengestalt weit übertroffen. Die ersteren lassen sich auf einer Karte leicht verzeichnen, aber weit schwerer ist es, die letzteren entsprechend darzustellen. Daher geben auch die besten Karten nur eine sehr unvollkommene Vorstellung von dem äußeren Anblick des Festlandes. Wir sparen die Einzelheiten für den nächsten Abschnitt auf und heben jetzt nur einige allgemeine Grundzüge hervor, für die es in allen Teilen der Erde Beispiele gibt.

16. Auch der höchste Gipfel des Landes steigt nur wenig über die durchschnittliche Höhe der Erdoberfläche empor. Denken wir z. B. an das Verhältnis zwischen der Höhe der allerhöchsten Gipfel des Himalayagebirges und dem ganzen Erdkörper. Die Spitze des Mount Everest befindet sich 8837 Meter über dem Meeresspiegel, eine ungeheuere Höhe im Vergleich mit den kleinen Bodenwellen der Ebenen oder selbst mit den Erhebungen mancher gebirgigen Länder. Und doch ist es nur $^1/_{1436}$ des Poldurchmessers der Erde, sodaß auf einem Erdglobus von 3 Metern Durchmesser der höchste Berg der Erde durch eine Erhöhung von nur $2^1/_{10}$ Millimeter dargestellt wird.

17. Wenn nun die höchsten Berge in der Tat so klein sind, kann offenbar die ganze Masse des erhöhten Festlandes nur einen unbedeutenden Bruchteil des ganzen Erdkörpers bilden. Denn der bei weitem größte Teil des Landes ist nicht gebirgig. Man hat Berechnungen über die durchschnittliche Höhe des Festlandes angestellt, die sich ergäbe, wenn die Berge eingeebnet und die Täler ausgefüllt würden, wenn also das gesamte Festland auf eine gleichmäßige Höhe gebracht wäre. Diese schätzt man auf ungefähr 640 Meter. Die Festländer sind indessen in dieser Hinsicht sehr von einander verschieden. Die durchschnittliche Höhe von Europa wird auf 292 Meter, die von Nordamerika auf 580 Meter, die von Südamerika auf 600 Meter, von Afrika auf 600 Meter, von Asien auf 900 Meter und von Australien auf 250 Meter geschätzt. Mächtige Gebirgsketten bilden keinen so großen Bruchteil der Masse des Landes, wie man glauben sollte.

Man hat z. B. berechnet, daß, wenn die ganze Masse der Alpen eingeebnet und über Europa verteilt werden könnte, die Höhe dieses Erdteils um nicht mehr als $6^1/_2$ Meter wachsen würde. Die Hochebenen und hohen Tafelländer machen die Hauptmasse des Festlandes aus.

18. In keiner Hinsicht bildet das Land einen größeren Gegensatz zum Meere, als in dem unbegrenzten Wechsel seiner Oberflächengestalt. Während die Oberfläche der Meere eine einzige wagerechte Fläche darstellt, bietet die des Landes alle Gegensätze der Formen, von den steilen Gipfeln und Abstürzen der Berge bis zu den ebenen Niederungen der Wiesen und Felder. Wir sind leicht geneigt, die Gesetzmäßigkeit dieser Anordnung zu verkennen. Berg und Tal scheinen in beliebiger Änderung ihrer Formen auf einander zu folgen; und doch zeigt eine aufmerksame Beobachtung, daß sie sich nicht aufs Geratewohl an ihrer Stelle befinden, sondern eine leicht verständliche Bedeutung und Geschichte, sowie eine nachweisliche Beziehung zu einander haben.

19. Zunächst ist zu bemerken, daß jedes der Festländer von einer Linie oder Achse durchschnitten wird, von der aus der Boden sich auf jeder Seite nach dem Meere zu senkt. Diese Achse fällt nicht notwendigerweise mit den höchsten Punkten des Landes zusammen; diese mögen bald auf der einen, bald auf der anderen Seite liegen, aber es ist die Linie der durchschnittlichen höchsten Erhebung, wie sich aus dem Abfluß der Gewässer nach beiden Seiten ergibt. Auch läuft diese Achse nicht durch die Mitte des Festlandes; gewöhnlich befindet sie sich auf der einen Seite. In Amerika z. B. liegt sie hart am Ufer des Stillen Ozeans. In Europa verläuft sie vom Kap Finisterre durch die Kette der Pyrenäen, Alpen, Karpathen und den Kaukasus nach den Küsten des Kaspischen Meeres.

20. Die Lage der Achse bestimmt den Grad der Abdachung des Landes auf jeder Seite. Wenn sie längs der Mitte eines Festlandes hinläuft, wird der Neigungswinkel auf beiden Seiten so ziemlich derselbe sein. Wenn sie ganz auf einer Seite liegt, muß der Winkel auf dieser Seite größer sein als auf der andern. Jedes Festland, so wie jeder Teil eines solchen, dessen Achse fern vom wirklichen Mittelpunkt des

Landgebietes liegt, hat deshalb einen kurzen und steilen Abfall auf der einen Seite und einen langsamen und allmählichen Abfall auf der andern. Südamerika bietet das bemerkenswerteste Beispiel dieser Art dar. Die Achse, deren höchster Gipfel Aconcagua eine Höhe von 6800 Metern erreicht, läuft längs der Linie der Anden dahin, in einer Entfernung von nur 90 bis 180 Kilometern vom Stillen Ozean, aber gegen 4000 Kilometer vom Atlantischen Ozean. In weit kleinerem Maßstabe zeigt sich dasselbe Verhältnis in Skandinavien, wo die Achse in nächster Nähe des Atlantischen Ozeans liegt, und wo sich folglich der Boden sehr schnell von den Schneefeldern Norwegens nach dem Meere hinabsenkt, während er nach Osten sanft über Schweden hinweg in den Bottnischen Meerbusen abfällt. Auch auf den Britischen Inseln ist der Westabfall in der Nordhälfte von Schottland und in Wales kurz und steil, während der Ostabhang lang und sanft ist.

21. Betrachten wir nun den Verlauf der Achsenlinie durch die großen Festländer. Im allgemeinen gilt als Regel, daß der kurze steile Abfall dem größeren Ozean zugewendet ist. So z. B. in Amerika mit seiner ausgedehnten Reihe von Gebirgsketten, die steil aus dem Stillen Ozean aufsteigen und sich auf der andern Seite allmählich Tausende von Kilometern nach dem Atlantischen Ozean zu senken. Auf der entgegengesetzten Seite des Stillen Ozeans erheben sich die steilen Höhen Asiens in einem mächtigen Gebirgsgürtel, der sich von Kamtschatka bis nach Arabien erstreckt und von dort durch Afrika bis zum Kap der guten Hoffnung verlängert. Der Abfall von diesen Gebirgsketten ist nach dem Stillen und Indischen Ozean verhältnismäßig kurz, während er auf der entgegengesetzten Seite nach dem Eismeere und dem Atlantischen Ozean zu sanft und lang ist.

22. Außerdem besteht meistens neben dieser Hauptachse eine kürzere Achse oder Bodenwelle, und zwar auf der andern Seite des Erdteils, längs dem kleineren Ozean. Auch hierfür bietet Amerika das deutlichste Beispiel. Die Kette der Alleghanies und der Weißen Berge liegt in Nordamerika nahe am Atlantischen Ufer, und die Brasilianischen Küstengebirge erheben sich in Südamerika nahe dem Meere. Die

Richtungen der Hebungslinien können nicht auf bloßem Zufall beruhen; sie müssen vielmehr auf dieselben Ursachen zurückgeführt werden, die die gesamte Masse der Festländer gehoben haben.

23. Auch ist es klar, daß die Festländer, die auf beiden Seiten von beträchtlichen Bodenerhebungen begrenzt sind, in der Mitte weite Ebenen oder wenigstens ausgedehnte Gebiete von Tiefland enthalten müssen. Amerika veranschaulicht diese Beschaffenheit durch die großen Ebenen von Kanada, des Mississippi, Orinoko, Amazonenstroms und des La Plata. Der größere Teil von Europa ist eine Tiefebene, die von der Kette der Alpen, den Karpathen und dem Kaukasus im Süden, vom Ural im Osten, und von den Hochländern von Skandinavien und Britannien im Westen begrenzt wird.

24. In den meisten Fällen hat sich die Hebung der Festländer so vollzogen, daß ihre Ebenen oder Tiefländer sich nach dem Meere zu neigen. Ihr Niederschlagswasser wird daher nicht auf ihnen zurückgehalten, sondern fließt ins Meer ab. Bei der Faltung und der Erosion der Oberfläche der Erde haben sich aber auch auf allen Festländern Senkungsgebiete gebildet, die tiefer liegen als das umgebende Land. In diesen sammelt sich das Wasser und füllt sie an, bis sie überlaufen und ihren Überschuß in Form von Strömen abgeben. Dieser Art sind die zahlreichen Wasserbecken, die wir als Seen kennen. Aber in Wüstengegenden verschwinden die Flüsse allmählich in dem sandigen Ödland, oder sie ergießen sich in einen See, der keinen Abfluß hat. In solchen Gegenden gleicht sich Verdunstung und Wasserzufluß aus. Beinahe ein Viertel der ganzen Landoberfläche zeigt diese Erscheinung der Binnen-Entwässerung und führt den Namen der **abflußlosen** Gebiete. Auf der Hochebene von Mittelasien befindet sich eine Wüstengegend von dieser Beschaffenheit, voller Salzseen, zwischen dem Hindukusch und dem Thianschan eingeschlossen, und erstreckt sich über eine Breite von etwa 3000 Kilometern durch Turkestan und die Mongolei. In Nordamerika sammelt ein weit kleineres Becken, zwischen den Ketten westlich der Felsengebirge eingeschlossen, seine Gewässer in ausflußlosen Seen, deren bedeutendster der große

Salzsee von Utah ist. Im Südosten von Europa senkt sich die Niederung des Kaspischen Meeres weit unter den Meeresspiegel hinab; sogar die Oberfläche dieses Binnen-Salzsees liegt etwa 27 Meter unter dem durchschnittlichen Meeresspiegel. Der Spiegel des Toten Meeres, das eine eigene kleine von Hochländern umschlossene Vertiefung füllt, liegt 394 Meter unter dem des Mittelmeeres.

Wir haben jetzt die Lage und die Umrisse der großen Erhebungswellen auf der Erdoberfläche im allgemeinen festgestellt. Der folgende Abschnitt handelt von der Bodengestaltung der Erde und deren Gliederung.

Abschnitt XX. — *Die senkrechte Gliederung des Festlandes — Berge, Ebenen und Täler.*

1. Die großen Unebenheiten des Festlandes, das an einigen Stellen, wie im Himalaya, sich gegen 9000 Meter erhebt und an anderen Punkten, wie in der Vertiefung des Kaspischen Meeres, über 1000 Meter unter den Meeresspiegel hinabsinkt, zeigen keineswegs eine ganz regellose Anordnung. Vielmehr hat jeder Erdteil seine eigene Verteilung der Höhen und Tiefen, und diese ordnen sich stets um die Hauptachse an.

2. Den Hauptzug eines Erdteils bildet der Verlauf seiner **Gebirgsketten.** Längs dieser Linien ist die Hebung am größten gewesen. Es sind gleichsam die Kämme der großen Wellen, in die sich die Kruste des festen Erdkerns gelegt hat. Sie bestimmen die Richtung der Haupttäler und die Lage der Ebenen, sie regeln das Klima, die Winde, den Regen und die Flüsse der Länder. Sie müssen daher in jeder Beschreibung der allgemeinen Merkmale eines Landes zuerst betrachtet werden; dann gehen wir zu den Tälern, Ebenen und Tafelländern über.

3. Die Gebirge. Der Ausdruck „Berg" wird gebraucht, um eine große und hohe Erhebung zu bezeichnen, die auffällig über das umgebende Land emporragt. Bisweilen türmt sich ein einzelner Kegelberg über einer Ebene auf oder ragt aus dem Meer empor. Einzelnstehende Kegel dieser Art sind gewöhnlich Vulkane, wie der Ätna, der Vesuv und der Pik von Teneriffa. Häufiger ist ein Berg nur ein besonders hoher Teil eines langen hohen Kammes und ist seitlich mit anderen ähnlichen Bergen verbunden, in die jener Kamm durch Quertäler zerteilt ist. Eine solche Reihe mit einander verbundener Berge heißt ein G e b i r g e oder eine **Bergkette**. Oft kommt es vor, daß zwei oder mehrere solcher Bergreihen parallel zu einander verlaufen als ein einziges und zusammenhängendes Gebirge, ein Gebirgssystem. Zur Erläuterung dieser Verhältnisse der Erdoberfläche diene das folgende Beispiel:

4. Die Alpen in Europa sind seit dem grauen Altertum das uns am besten bekannte Hochgebirge, so daß ihr Name als Bezeichnung für Hochgebirge anderer Länder gebräuchlich geworden ist. Dem Reisenden, der sich diesem stolzen Hochgebirge von Norden her nähert, enthüllt es seine Eigentümlichkeiten nur Schritt für Schritt. Durchwandert man die Ebenen Deutschlands oder Frankreichs bis zu den Gebieten des Jura,

Fig. 24. Querdurchschnitt eines Festlandes.

so bemerkt man das allmähliche Steigen und Sinken des Bodens in langgestreckten Bergrücken und Tälern, wie die Wellen auf einer großen Meeresfläche in gleichlaufenden Linien auf einander folgen. Die flachen Täler sind grün und fruchtbar; die Bergrücken, größtenteils sanft geneigt, haben auf ihren Abhängen fette Weiden und schattige Wälder, aber oft weisen sie auch längs ihrer Kämme lange schmale Furchen oder rundliche Kessel auf, die von steilen Felswänden begrenzt sind. Hier und da durchkreuzen tiefe Querschluchten die Kämme und führen den Abfluß des Wassers in die Ebenen hinaus. Wenn der Wanderer seinen Weg durch diese Quertäler nimmt, findet er zu beiden Seiten immer höhere Bergrücken und steilere Abstürze, bis er eine der letzten und höchsten dieser gleichlaufenden Erhebungen erreicht. Von ihrem Gipfel aus sieht er auf der einen Seite, wie auf einer Landkarte, die Aufeinanderfolge wellenförmiger Bergrücken und Talfurchen, die er durchwandert hat; auf der anderen Seite genießt sein Auge jenseits einer breiten Ebene, die zu seinen Füßen liegt, das ganze Gesamtbild der Alpen —

ein mächtiger Wall von Bergen, die sich am Horizont hintereinander auftürmen, und deren höhere Abhänge und Kämme von Schnee bedeckt sind, so daß sie zu Zeiten nur schwer von den weißen Wolken zu unterscheiden sind, die auf ihnen lagern.

5. Bei näherem Zusehen zeigt sich, daß diese Schneekette von niedrigen Vorbergen begleitet wird, die zwar zunächst des Hauptzuges höher und steiler als der Jura, aber bis zum Gipfel mit Wald bedekt sind, ausgenommen an den steilen oder zerrissenen Abhängen, wo der nackte Fels schroffe Abstürze bildet. Jenseits dieser Vorberge erheben sich die inneren Ketten, mit Wiesen und Kornfeldern oder tiefen blauen Seen an ihrem Fuße, dunklen Nadelwäldern und grünen Weiden an ihren Abhängen, während die Gipfel über die Baumgrenze und die Matten hinaus in das Reich des ewigen Schnees emporragen.

6. Erst wenn wir einen beherrschenden Aussichtspunkt über der Schneegrenze erreicht haben, können wir uns einen richtigen Begriff von der Riesenhaftigkeit des Maßstabes machen, nach dem diese Gebirgszüge aufgetürmt sind. Der Punkt, den wir nach einigen Stunden mühsamen Steigens erreicht haben, schien, als wir tief unten im Tale standen, der eigentliche Gipfel des Berges zu sein. Und nun finden wir eine Anzahl weit höherer Gipfel rings um uns her. Spitze taucht hinter Spitze auf, Kamm über Kamm, mit unendlichem Wechsel in den Umrissen und mit einer wilden Erhabenheit, die oft an die sich bäumenden und schäumenden Wellen eines stürmischen Meeres erinnert. Bei ruhiger Luft liegt auf dem ganzen Bilde eine Stille, die den erhabenen Eindruck der Bergwelt noch steigert. Kein Bienensummen oder Vogelgezwitscher ist in dieser Höhe zu vernehmen. Keinen Sturzbach oder Wasserfall gibt es inmitten dieser schneeigen Gipfel. Die gewohnten Töne der tieferen Gelände sind verschwunden. Dann und wann vernimmt man ein Tosen, wie fernen Donner, wenn eine losgelöste Schnee- oder Eismasse unter Krachen die Abhänge hinab ins Tal stürzt; oder der Wind bringt in unterbrochenen Stößen das Murmeln der Wildbäche zu uns hinauf, die tief unten die Täler entlang eilen.

7. Selten sind diese hohen Gipfel den ganzen Tag hindurch frei von Wolken. Sie erheben sich so hoch in die Luft, daß sie oft wochenlang vollständig in Nebel eingehüllt sind. Der Wanderer, der sie besteigt, findet häufig, daß die höheren Spitzen über den Wolkengürtel in den hellen Sonnenschein hinaufragen, und er kann selbst dann und wann auf ein Gewitter hinabschauen, das längs der wilden Bergkämme tobt und Ströme von Regen über die Talgründe entlädt, während er über sich den blauen Himmel sieht.

8. Eine andere Erscheinung, die auf das Gemüt einen nachhaltigen Eindruck macht, ist der Gegensatz zwischen dem Klima und Pflanzenwuchs der Ebenen und dem des Hochgebirges. In den Schweizer oder Tiroler Tälern bedecken z. B. Kornfelder, Gärten, Obstbäume und Weinberge die tieferen Lagen, während sich dichte Wälder auf den Abhängen finden. Beim Emporsteigen verschwinden allmählich die Pflanzen der Täler, andere Arten, die der höheren und kälteren Luft der Berge entsprechen, nehmen ihre Stelle ein. Die Nadelbäume werden nach einiger Zeit seltener und hören zuletzt auf, bis nach weiterem Aufsteigen in einer Höhe von etwa 2800 Meter über dem Meere die Grenze des ewigen Schnees erreicht ist (Fig. 75). Über dieser Grenze hat das Klima ein arktisches Gepräge, mit kaum einigen Spuren pflanzlichen oder tierischen Lebens. Innerhalb der heißen Zone sind die Gegensätze in den Bergen noch auffallender. So zeigen die feuchtheißen Ebenen am Ganges einen üppigen tropischen Pflanzenwuchs; an den mittelhohen Abhängen des Himalaya ähnelt Klima und Pflanzenwuchs dem der gemäßigten Zone, während die höheren Teile in der Temperatur und teilweise auch in den Pflanzen den Polargegenden gleichen.

9. Jede Gebirgskette wird von einem Netz von Tälern durchschnitten. Die Täler, die in der Richtung des Gebirges verlaufen und die einzelnen Bergzüge oder Rücken trennen, heißen Längstäler; die quer zu den Ketten durchziehenden, und diese in einzelne Berge zerteilenden: Quertäler. So umfassen die Schweizer Alpen die beiden gleichlaufenden Ketten des Berner Oberlandes und der Penninischen Alpen, die durch die Längstäler der Rhone und des Rheines getrennt sind. Die erstere dieser Ketten ist von vielen Quertälern und Pässen durchschnitten, wie dem Rawyl-Paß, der Gemmi, der Grimsel, zwischen denen sich mächtige schneebedeckte Berge erheben. Die andere Kette ist ebenfalls tief von Tälern und Pässen durchkreuzt, die einige der Riesen unter den Schweizer Bergen von einander trennen, den Montblanc, das Matterhorn, den Monte Rosa und den St. Gotthard.

10. Die Richtung der großen Gebirgszüge des Erdballs steht in enger Beziehung zu der Richtung der Festländer. Auch für diese Regel ist Amerika, das in vielen Beziehungen einen Muster-Erdteil darstellt, ein ausgezeichnetes Beispiel. Die lange zusammenhängende Reihe von Bergketten, die sich vom südlichsten Ausläufer der Anden bis zur nördlichsten Erhebung der Felsengebirge erstreckt, fällt auf eine Strecke von etwa 15000 Kilometern mit dem allgemeinen Zuge des Festlandes zusammen und bildet die Achse oder das Rückgrat dieser weiten Ländermasse. Diese Hauptlinie der Erhebung in der Neuen Welt läuft von Nordwesten nach Südosten. In der Alten Welt erstreckt sich ein ungeheurer Zug von Gebirgen mit vielen Verzweigungen vom Nordosten von Asien quer durch die Mitte des Erdteils und den Süden von Europa bis zu den nordwestlichen Vorgebirgen Spaniens, in einer Ausdehnung von etwa 19000 Kilometern. Hier ist die allgemeine Richtung im ganzen ostwestlich. Dies sind die beiden Hauptgebirgszüge der Erde.

11. Wir werden in einem späteren Abschnitte (Abschn. XXIX) den Bau und Ursprung der Gebirge behandeln, nachdem wir die Beschaffenheit und die Anordnnng der Stoffe, aus denen die feste Erdkruste besteht, betrachtet haben. Erst haben wir aber einige der anderen Hauptformen in der senkrechten Gliederung des Festlandes zu betrachten — Ebenen und Tafelländer.

12. Die Ebenen. Die hauptsächlichen Flachländer des Erdballs liegen zwischen gleichlaufenden Gebirgsketten; Flächen geringerer Ausdehnung kommen als schmale Streifen vor, die die nach dem Meere zu gelegenen Abhänge von Gebirgen oder Hochländern umsäumen. Wir wollen wieder Amerika als Beispiel nehmen. In Nordamerika erstreckt sich eine weite Ebene, zwischen den Felsengebirgen im Westen und den Alleghanies und Weißen Bergen im Osten, vom Golf von Mexiko bis hinauf zum nördlichen Eismeer. Natürlich ist diese ungeheure Landfläche keine einförmige Ebene ohne irgend welche Erhöhungen. Sie ist im Gegenteil reich an niedrigen Gebirgszügen und Taleinsenkungen, aber über Tausende von Kilometern hin sind weder ihre Höhen noch ihre Vertiefungen bedeutend genug, um den Eindruck einer Ebene zu zerstören. Westwärts erhebt sie sich langsam bis zu 1200 bis 1500 Meter über dem Meeresspiegel und bildet ein weites Tafelland, aus dem die Felsengebirge und andere gleichgerichtete Gebirgszüge westlich davon aufsteigen. Die ungeheure Ebene, die der Mississippi samt seinen Nebenflüssen entwässert, besteht hauptsächlich aus fruchtbaren, mit Gras bewachsenen **Prärien.** Diese bilden eine so ausgesprochene Ebene, daß Schiffe in sie bis zu einer Entfernung von etwa 6000 Kilometern vom Meere eindringen können.

13. Mehr als die Hälfte der Oberfläche von Europa bildet eine ungeheure Ebene, die von den Höhen von Skandinavien, Schottland und Wales im Nordwesten, von den Ketten des Ural im Osten, von den Pyrenäen, Alpen, Karpathen und dem Kaukasus im Süden begrenzt ist. Vom Westen von England an dehnt sich die Ebene östlich über den Norden von Frankreich und Deutschland aus, erstreckt sich über den größten Teil von Rußland und senkt sich in die Depression des Kaspischen Meeres hinab; sie setzt sich dann nach Asien hinein fort, wo sie zwischen dem Ural und den Gebirgen von Mittelasien eine nördliche Richtung einnimmt und dort einen Landgürtel von zwei bis dreitausend Kilometern Breite und fast siebentausend Kilometern Länge bedeckt. In den Ländern der „schwarzen Erde" Rußlands ist der Boden ein dunkler, fetter, fruchtbarer Lehm, der reiche Kornernten liefert. Weiter südlich, wo er sich nach dem Kaspischen Meere zu unter den Meeresspiegel senkt, ist er von Seen mit salzigem oder brackigem Wasser bedeckt und nimmt ein ödes und nacktes Aussehen an. Um das Kaspische Meer herum und nördlich nach Asien hinein bedeckt sich der tonige oder sandige Boden im Frühlinge mit Gras, wird aber durch die sengende Hitze des Sommers ausgetrocknet und gefriert in dem dort herrschenden strengen Winter. Diese Landstriche sind die Russischen **Steppen**. Innerhalb einer Entfernung von sechs- bis achthundert Kilometern vom nördlichen Eismeere verschwinden Bäume und Graswuchs von der Steppen-Oberfläche und werden durch Moos ersetzt; der Boden gefriert bis zu einer beträchtlichen Tiefe und taut nur im Hochsommer einige Zentimeter tief auf. Diese nördlichen Einöden sind die **Tundras** von Sibirien.

14. Einige Tiefebenen haben eine so ungünstige Lage, daß sie nackte Sandflächen bilden, unbewohnbar und ohne jeglichen Pflanzenwuchs. In Nordafrika liegt z. B. eine ausgedehnte Ödfläche, die **Wüste Sahara**, eine lange und breite Ebene, die sich hier und da zu Hügeln und Tafelländern erhebt, an ihrem östlichen Ende dagegen bis zu einer Tiefe von dreißig bis fünfzig Metern unter dem Meeresspiegel hinabsinkt. Hier und da, wo Quellen an die Oberfläche treten, unterbrechen kleine mit Pflanzenwuchs bedeckte Strecken, die man Oasen nennt, die allgemeine Einöde. Im übrigen bildet diese Ebene ein Gebiet des trockenen, nackten, beweglichen Sandes, wo kein Regen fällt, und die Sonnenglut heftiger empfunden wird als irgendwo auf der ganzen Erde.

15. Die ebenen Landstriche sind nicht immer Tiefländer. Sie liegen vielmehr zum Teile in beträchtlicher Höhe. Wenn ihre Höhe mehr als 300 Meter über dem Meere beträgt, nennt man sie gewöhnlich **Hochebenen** oder **Tafelländer**. Aber es läßt sich, wie im Fall des Gebietes westlich vom Mississippi, keine scharfe Grenze zwischen Ebenen und Hochebenen oder Tafelländern ziehen; diese gehen vielmehr in einander über. Eine Hochebene ist, wie das Wort deutlich ausdrückt, weiter nichts als eine erhöhte Ebene und weist, wie eine Tiefebene, Erhöhungen und Vertiefungen auf, ist zuweilen durch Täler und Schluchten tief zerschnitten und erhebt sich hier und da zu hohen Bergketten.

16. Eine Hochebene kann zwischen gleichlaufenden Bergketten eingeschlossen sein. Das großartigste Beispiel für diese Gestaltung der Erdoberfläche ist das ausgedehnte 4000 Meter über dem Meere liegende Hochland von Tibet, mit seinen Gebirgswällen, dem Kuenlun im Norden und dem

Himalaya im Süden. Ein anderes nennenswertes Beispiel ist das Hochland im Westen von Nordamerika, 12–1500 Meter hoch, von dem sich die Rocky Mourtains erheben, und das sich westlich bis zur Sierra Nevada und den Küstenketten am Stillen Ozean ausdehnt. Es ist von zahlreichen gleichgerichteten Gebirgszügen unterbrochen, die, wie die Felsengebirge, eine im allgemeinen nördliche Richtung haben. Sein Wasserabfluß erfolgt nach beiden Seiten des Erdteils; es enthält ferner das „große Becken", das keinen Abfluß hat und dessen tiefste Mulden von Salz- und Bitterseen angefüllt sind.

17. Andere Tafelländer erheben sich aus dem Meere oder aus niedrigen Ebenen, die an das Meer grenzen. So ist Afrika eine einzige Reihe von Tafelländern, deren Ränder nur von einem schmalen Saume von Tiefland umgeben sind. Aus diesen Tafelländern erheben sich verschiedene Gebirgsketten und Einzelberge bis zu 6000 Meter Höhe, wie z. B. der Kilimandscharo in Deutsch-Ostafrika, der Götterberg in Kamerun. Die Wasserläufe haben sich in die Tafelländer tief eingeschnitten, besonders an ihrem Saum, wie z. B. in Natal und längs der Grenze zwischen dem Oranje-Staat und Transvaal. Spanien und Portugal bilden ein weiteres Beispiel eines sich steil aus dem Meere erhebenden Tafellandes. Diese Halbinsel besteht aus einer etwa 800 Meter hohen Hochebene, die von 5 Gebirgsketten (spanisch: *Sierras*) durchzogen und mehr oder weniger tief von Flüssen durchschnitten ist (dem Duero, Ebro, Tajo, Guadalquivir und andern).

18. Hier und da ist ein Tafelland so sehr durch Täler zerrissen, daß seine ursprüngliche Gestalt fast ganz verschwunden ist. Ein Beispiel solcher Veränderung ist Skandinavien. Die mittleren Teile des Tafellandes bilden noch eine ausgedehnte wellige Hochfläche, zwischen 1200 und 1400 Meter hoch, aber die äußeren Teile sind derart von Tälern durchzogen, daß nur schmale Kämme übrig geblieben sind. Das Schottische Hochland ist noch gründlicher von Tälern durchschnitten, so daß das ursprüngliche Tafelland kaum noch zu erkennen ist (Abschnitt XXIX).

19. Nachdem wir nun die wichtigsten Gestaltungen der

Oberfläche des Festlandes besprochen haben, gelangen wir zu der Frage, ob dafür eine Erklärung gefunden werden kann. Wie sind die großen Bergketten entstanden? Haben sie immer bestanden, und sind ihre Kämme und Gipfel, ihre Wände, Schluchten und Täler immer in dem heutigen Zustande gewesen? Diese Fragen lassen sich mit großer Sicherheit und erschöpfend beantworten, wenn wir die folgenden zwei Punkte näher untersucht haben werden: 1. die Beschaffenheit des Erdinnern und die Einwirkung des Innern auf die Oberfläche; 2. den Kreislauf des Wassers auf dem Lande und die anderen äußeren Vorgänge, von denen die Oberfläche des Landes beeinflußt wird.

Die nächsten acht Abschnitte werden davon handeln; und wir werden dann im Abschnitt XXIX auf die Frage nach dem Ursprunge des gegenwärtigen Aussehens des Festlandes zurückkommen.

Abschnitt XXI. *Die Zusammensetzung der Erde.*

1. Aus was für Stoffen besteht das feste Land? Wie sind diese Stoffe in der Erdmasse angeordnet? Der Mensch kann nicht in das Innere des Planeten eindringen; er kann nur gleichsam die äußere Haut durchbohren; kann er da überhaupt hoffen, je die wahrscheinliche Zusammensetzung des Erdinnern kennen zu lernen? Dies sind die Fragen, deren Beantwortung wir uns jetzt zuzuwenden haben. Hierbei wollen wir mit dem Nächstliegenden und allgemein Bekannten beginnen.

2. In jedem Teile der Erde, wo wir unsere Wohnung aufschlagen, besteht die oberste Lage oder Decke des Landes fast stets aus Pflanzenwuchs. Hier Gras, dort Wald; hier Schilfdickicht, da Buschwerk. An manchen Orten besteht allerdings die Oberflächenschicht des Bodens aus Flugsand, auf dem keine Pflanze Wurzel zu fassen vermag, oder aus hartem Gestein, aus dem kahle Felsen in die Lüfte ragen. Aber selbst an solchen Stellen bemerken wir oft einzelne verkümmerte Kräuter oder Sträucher, die sich bemühen, im losen Sand oder zwischen den Felsspalten Wurzel zu fassen.

3. Unter der Pflanzendecke finden wir die Ackerkrume

oder Humusschicht oder den fruchtbaren Boden, worauf die Pflanzen wachsen. Sie breiten ihre Wurzeln in dieser Erdschicht aus und entnehmen ihr die zu ihrem Wachstum notwendigen löslichen Mineralstoffe. Die Farbe und Zusammensetzung dieser Schicht ist sehr verschieden; bald ist es fetter grauer Ton, bald weicher dunkler Lehm, bald brauner oder gelber Sand, bald ein steiniger Kiesgrund. In allen Fällen aber findet man, daß diese Bodenschicht aus kleineren und größeren Teilchen besteht, die zerbröckelt oder zerrieben scheinen und offenbar sämtlich irgend einem festen Gestein entstammen. Betrachtet man sie durch ein Vergrößerungsglas, so zeigt sich dies noch deutlicher. Wurzeln von Pflanzen dringen in den Boden, schließen ihn auf und verschaffen dem Regen und der Luft Zutritt; der Regenwurm ist in derselben Weise tätig, indem er die feineren Lehmteilchen verschlingt und sie auf der Oberfläche wieder von sich gibt, also untere Bodenteilchen nach oben schafft.

4. Der Boden enthält außer dem Sand, der Erde und dem Ton noch in größerer oder geringerer Menge organische Stoffe, die von den verwesenden Pflanzen- und Tierresten stammen. Dieser Bestandteil ist wesentlich für die Fruchtbarkeit des Bodens, da die lebenden Pflanzen ihn brauchen. Wenn ein Ackerfeld jahrelang bebaut worden ist, so hat eine jede der aufeinanderfolgenden Ernten dem Boden so viel mineralische und organische Stoffe entzogen, daß er zuletzt erschöpft ist und ihm frische Stoffe in Form von Dünger zugeführt werden müssen, damit er imstande sei, weitere reiche Ernten zu liefern. In einigen Ländern, wo der Ackerboden tief und fruchtbar ist, können allerdings Jahrhunderte vergehen, ehe eine derartige Erschöpfung eintritt.

5. Der Ackerboden hat eine sehr wechselnde Tiefe. Die gewöhnliche ist ungefähr 1 Meter, aber auf Felsplatten ist er bisweilen nur einige Zentimeter dick, in reichen Ebenen dagegen mehrere Meter. Die nächste Schicht unter ihm heißt „Untergrund“. Sie besteht aus denselben Stoffen wie der Ackerboden, aber weniger fein zerbröckelt und mit weniger organischer Materie. In der Tat ist der Ackerboden nur der obere Teil des Untergrundes, der verwittert ist und sich mit den verwesten Resten von Tieren und Pflanzen vermengt hat.

Gewöhnlich reichen nur die längeren Wurzeln der Pflanzen, wie z. B. der Waldbäume, bis in den Untergrund hinab. Aber in dem Maße, wie die Humusschicht vom Regen fortgeschwemmt wird, gelangen die oberen Teile des Untergrundes näher an die Oberfläche, werden der Luft, dem Regen und der Einwirkung der Pflanzenwurzeln sowie der Tätigkeit der Regenwürmer mehr und mehr ausgesetzt und verwandeln sich allmählich in Ackerboden.

6. Unter dem Untergrunde liegt das Gestein oder Anstehende, woraus sich infolge allmählicher Verwitterung der Untergrund gebildet hat. So hängt die Beschaffenheit des Bodens wesentlich von der Natur des darunterliegenden

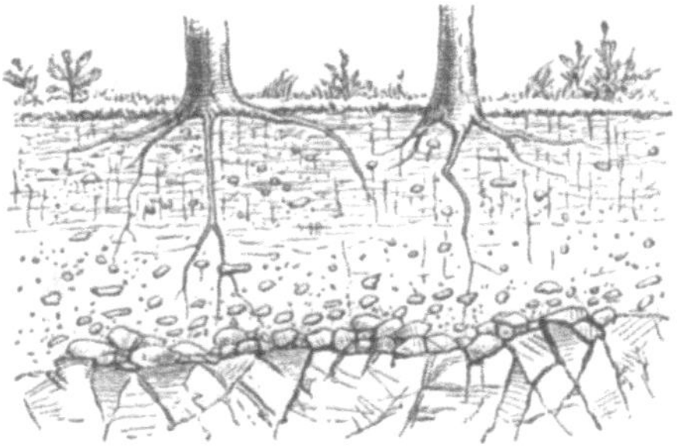

Fig. 25. Querdurchschnitt des Erdbodens. 1. Ackerkrume oder Humusschicht. — 2. Untergrund. — 3. Gestein.

Gesteins ab. Wir werden in späteren Abschnitten zeigen, wie allgemein und in die Augen fallend die Oberfläche des Landes verwittert, selbst da, wo sie aus den festesten Gesteinen, wie Granit, Kalkstein oder Sandstein, besteht. Für jetzt wollen wir uns merken, daß sich die so allgemein über das Land ausgebreitete Bodendecke, von der seine Fruchtbarkeit abhängt, durch den allmählichen Zerfall der Gesteine und aus den Resten von vielen Geschlechtern von Pflanzen und Tieren gebildet hat, die nacheinander auf der Erde gelebt haben.

7. Unter dem verwitterten Humus und Untergrund liegt also das unzersetzte Gestein. Die meisten Länder der Welt weisen eine große Mannigfaltigkeit von Gesteinen auf. Diese zu beschreiben und ihren Ursprung und ihre Geschichte zu erforschen, ist die Aufgabe der Geologie. Aber wenn wir wenigstens einige der wichtigsten Eigentümlichkeiten dieser Gesteine untersuchen, werden wir besser verstehen, wie die Stoffe des Festlandes zusammengesetzt sind, und wie die wahrscheinliche Beschaffenheit des Innern unseres Planeten ist.

8. Zunächst genügt schon eine flüchtige Beobachtung, um zu sehen, daß die meisten Gesteine des Festlandes gleich dem Ackerboden aus zertrümmerten Bruchstücken älterer Gesteine zusammengesetzt sind. So besteht der Sandstein, aus dem so große Teile des festen Gerüstes der Ebenen, Hügel und Berge aufgebaut sind, aus bloßem Sande, der zu festem Stein erhärtet ist. Schiefer ist nur festgewordener

Fig. 26. Die Schichtung der Gesteine. *a)* Konglomerat. — *b)* Sandstein. — *c)* Schieferton.

Ton oder Schlamm. Konglomerat oder Nagelfluhe ist nichts weiter als eine aus verwitterten Kieseln zusammengebackene, festgewordene Masse. In allen diesen Fällen sind die Stoffe, aus denen die Gesteine bestehen, von noch älteren Gesteinen losgelöst und im Wasser hin und her gerieben worden; auf dieselbe Weise entstehen ja noch heutigen Tages, wie wir wissen, Kies, Sand und Schlamm.

9. Aus solchen vom Wasser zerriebenen Stoffen sind viele tausend Meter mächtige Gesteine entstanden, die jetzt häufig hohe Gebirgswälle bilden. Sie breiten sich auch über Tiefländer aus; die meisten der weiten Ebenen der ganzen Erde haben Gesteine dieser Art zur Unterlage. Eines ihrer auffallendsten Kennzeichen ist ihre Anordnung in Bänken, Schichten oder Formationen, die in der Mächtigkeit von weniger als einem Zentimeter bis zu mehreren Metern wechseln und regelmäßig übereinander geschichtet sind. Daher hat eine Felsmasse aus solchen Gesteinen ein gestreiftes oder gebändertes Aussehen (Fig. 26). Sie sind als **geschichtete Gesteine** bekannt.

10. Zugleich mit diesen Arten treten oft andere Gesteine auf, die ganz oder großenteils aus den Resten von Tieren oder Pflanzen bestehen. So trifft man mitten in einem Stück Sandstein oder verhärtetem Tone gelegentlich Spuren des

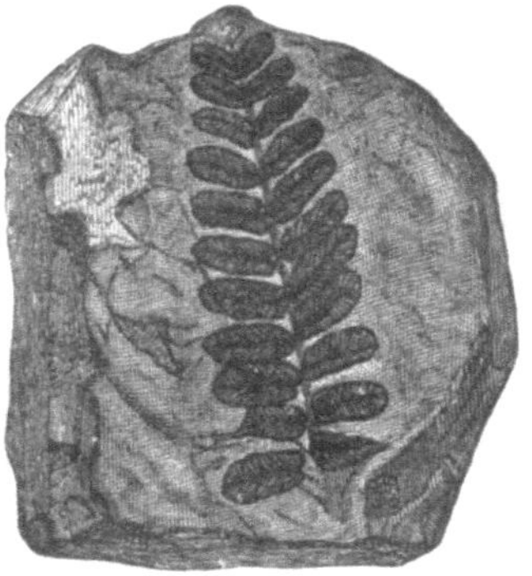

Fig. 27. Schieferton mit versteinertem Farnkraut.

Laubes von Farnkräutern (Fig. 27) und die von Samenzapfen, Blättern, Stämmen und Wurzeln anderer Pflanzen. Diese Überreste haben sich stellenweise so angehäuft, daß sie schwarze oder braune Kohlenschmitze bilden, und dann einen großen Teil der Brennstoffe (z. B. Steinkohle) liefern, die wir heutigen Tages verbrauchen.

11. Noch häufiger trifft man auf Gesteine, die hauptsächlich oder ganz aus zerbrochenen Schalen, Korallen und anderen tierischen Resten bestehen. Diese Zusammensetzung zeigen z. B. viele Kalksteine. In der beigegebenen Figur (Fig. 28) ist ein Stück Kalkstein abgebildet, das aus den angehäuften Stielgliedern des Enkrinus oder der Steinlilie besteht, — eines Seetieres, von dem noch gegenwärtig einige kleine Arten leben. Ähnlich ist die Schreibkreide aus den zerbrochenen Resten kleinster Formen des tierischen Lebens im Meere zusammengesetzt, wie dies Fig. 29 zeigt, die man mit Fig. 14 vergleichen möge, die den jetzigen Schlick des Atlantischen Meeresgrundes darstellt.

12. Die Bildung des Kalksteins, der ausschließlich aus den angehäuften Überresten von Korallen, Muscheln, Seeigeln und anderen Seetieren besteht, geht noch heute in ausgedehntem Maße auf den unterseeischen Bänken in tro-

Fig. 28. Ein Stück Kalkstein, an dem ersichtlich ist, daß das Gestein aus tierischen Resten besteht.

pischen Meeren vor sich. Gesteine ähnlicher Art und in der Vorzeit in gleicher Weise auf dem Meeresgrund entstanden, bedecken auf dem Festland Tausende von Quadratkilometern und erstrecken sich nicht nur unter großen Gebieten der Tiefländer hin, sondern erheben sich auch, dem Sandsteine und Schiefer gleich, zu hohen Bergen. Die äußeren Bergrücken der Alpen, der Himalaya, die Rocky-Mountains und die Anden sind tatsächlich großenteils aus Kalkstein und anderen Gesteinen aufgebaut, die ganz oder teilweise aus tierischen Resten bestehen.

13. Daraus geht hervor, daß der größte Teil des Landes, soweit wir es untersuchen können, aus Gesteinen besteht, die entweder aus den zerbrochenen und zusammengepreßten Resten ehemaliger Pflanzen und Tiere entstanden oder erhärteter Kies, Sand und Ton sind. Aus diesen Tatsachen schließen wir: erstens, daß alles, was jetzt Land ist, einst unter Wasser

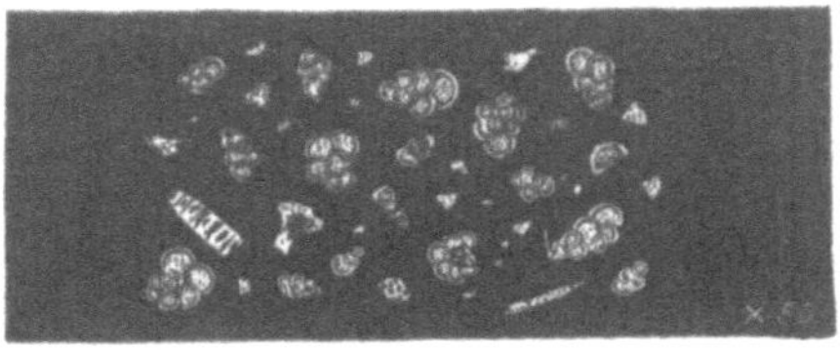

Fig. 29. Kreidestaub unter dem Mikroskop, 50mal vergrößert.

gewesen, und zweitens: daß, da der Kalkstein und andere Gesteinsschichten hauptsächlich im Meere lebende Tiere enthalten, jenes Wasser das Meer gewesen sein muß. Drittens müssen wir annehmen, daß die Stoffe, aus denen das Land hauptsächlich gebildet ist, im Meere abgelagert, und end-

Fig. 30. Ein Stück Granit, um die Zusammensetzung eines kristallinischen Gesteins zu zeigen.

lich, daß diese alten Ablagerungen durch irgend welche Kräfte in Festland verwandelt worden sind.

14. Ferner kann man neben diesen verschiedenen geschichteten Gesteinen, die hauptsächlich aus der Zertrümmerung älterer Gesteine entstanden sind, andere beobachten, in denen keine Lagerung oder Schichtung erkennbar ist. Diese bestehen nicht aus Bruchstücken älterer Gesteine, sondern sind im großen und ganzen **kristallinisch**, d. h. aus

Kristallen aufgebaut, die entweder mit einander verwachsen oder in eine Glasmasse oder Grundmasse eingebettet sind. Granit, Porphyr und Basalt sind Beispiele derartiger kristallinischer Gesteine. Statt sich in ausgedehnten Platten über die Erdteile auszubreiten, wie die Reihe der geschichteten Gesteine, treten die kristallinischen Gesteine in Streifen oder als Buckel auf und erheben sich manchmal durch die geschichteten Gesteine hindurch in mächtigen zerrissenen Massen, oder auch in Gängen und vielgestaltigen Stöcken. Man beobachtet sie besonders längs der mittleren und höchsten Zone der Gebirgsketten, wo sie selbst durch die ältesten geschichteten Gesteine hindurchbrechen. Ebenso treten sie in den Ausbrüchen feuerspeiender Berge auf, denn das aus Schmelzfluß erstarrte Gestein, das wir Lava nennen, gehört auch zu den kristallinischen Gesteinen.

15. Es kann kaum zweifelhaft sein, daß in der Regel die Gesteine dieser zweiten oder kristallinischen Reihe aus dem Erdinnern stammen und entweder in geschmolzenem Zustande zwischen die anderen Gesteine hineingepreßt worden sind oder sich auf ihrer Oberfläche als Lava ausgebreitet haben. Daher nehmen wir an, daß sich unter der äußeren Lage geschichteter oder Trümmergesteine, mögen diese auch viele tausend Meter Mächtigkeit besitzen, eine innere Lage oder Masse kristallinischer Stoffe befindet, die hier und da durch die geschichteten Gesteine hinaufgepreßt worden, wie z. B. in der Achse der Gebirgsketten, und an anderen Orten durch die Schlote der feuerspeienden Berge an die Oberfläche gekommen ist.

16. Bis hierher sind unsere Folgerungen auf dem tatsächlich Wahrnehmbaren begründet. Man kann sie deshalb auch als feststehende Wahrheiten ansehen. Wir haben die Baustoffe der festen Erdkruste von der dünnen äußern Lage der Ackerkrume hinab durch die dicken Lager der geschichteten Sandsteine, Tone, Kalksteine und anderer Gesteine bis zu den noch tiefer liegenden Graniten, Laven und anderen kristallinischen Massen verfolgt. Wir sahen, daß die meisten Bestandteile des Festlandes im Meere geformt und daß Teile der die Unterlage bildenden kristallinischen Gesteine bis mitten in den Kern der Gebirge hinauf getrieben worden sind. Wenn nun auch keine Proben tiefer liegender Massen, deren Zusammensetzung von denen der kristallinischen Gesteine abweichend ist, zur Oberfläche heraufgepreßt worden sind, so können wir doch Tatsachen in genügender Anzahl sammeln, aus denen wir uns mit einiger Wahrscheinlichkeit die Beschaffenheit der noch tieferen Lagen vorstellen können.

17. Die meisten Gesteine an der Erdoberfläche wiegen zwei bis dreimal soviel als Wasser. Mit anderen Worten: ihr spezifisches Gewicht beträgt 2,0 bis 3,0, wenn das des destillierten Wassers gleich 1,0 gesetzt wird. Versuche, die man mit dem Pendel und dem Lot über die Anziehungskraft der Erde angestellt hat, zeigen, daß das Gewicht unseres Planeten doppelt so groß ist wie das der Oberflächengesteine, mit anderen Worten: die Dichtigkeit der Erde ist etwa 5,5. Es scheint also, daß das Erdinnere aus Stoffen besteht, die schwerer sind als die Bestandteile der Erdkruste.

18. Infolge der Zunahme der Schwere nach dem Mittelpunkte der Erde wird eine jede Substanz in dem Maße dichter, als sie sich dem Mittelpunkte nähert. Aber wir wissen sehr wenig von dem Maße der Zusammendrückbarkeit der Körper bei der im Erdinnern herrschenden hohen Temperatur. Wenn die Zunahme der Dichte ungehindert vor sich ginge, so wäre bei einer Tiefe von 60 Kilometern die Luft so schwer wie das Wasser, und Wasser wäre bei einer Tiefe von 590 Kilometern so schwer wie Quecksilber. Aber die Wirkung der Wärme besteht darin, die Körper auszudehnen und folglich ihre Dichte zu vermindern; ohne Zweifel verhindert also die Hitze im Erdinnern, daß die Dichte unseres Planeten so groß ist, wie sie es durch die Schwere allein wäre.

19. Die tiefsten Bergwerke erreichen nicht mehr als 1500 Meter Tiefe, oder etwa nur $^1/_{4000}$ der Entfernung von der Oberfläche bis zum Mittelpunkte der Erde. Wir können auch in der Tat nicht hoffen, jemals tief in das Innere unseres Planeten einzudringen. Jedoch gibt es mehrere Beweise für die hohe Temperatur im Innern der Erde. Diese finden wir in der Beobachtung 1. der Schachte, Brunnen und Bohrlöcher; 2. der heißen Quellen; 3. der Vulkane.

20. (1) Es ist längst bekannt, daß die Luft in tiefen Bergwerken wärmer ist als über der Erde, und daß als Regel gilt: je tiefer das Bergwerk, um so wärmer die Luft. So zeigt das tiefste Bohrloch der Erde, in Paruschowitz in Oberschlesien, das die preußische Bergwerksverwaltung bis zu 2003 Meter hinabgetrieben hat, in dieser Tiefe eine Temperatur von über 58° Celsius. Das bedeutet eine Durchschnittszunahme von 1° Celsius auf 34 Meter Tiefe. Man nennt die Anzahl von Metern, die man abwärts gehen muß, um eine Temperaturzunahme von 1° Celsius zu erhalten, die geothermische Tiefenstufe. Diese weicht an verschiedenen Orten von einander ab. Das aus tiefen Bohrlöchern stammende Wasser ist sehr warm. So entströmt dem Brunnen, der bei Grenelle in der Nähe von Paris über 500 Meter hinabgetrieben worden ist, Wasser mit einer Temperatur von 27°,6 Celsius. Als Ergebnis aller Beobachtungen, die man in allen Teilen der Erde angestellt hat, zeigt sich eine allgemeine Zunahme der Wärme nach dem Innern, deren Betrag zwar nach der Beschaffenheit des Gesteins verschieden ist, aber im Durchschnitt auf je 100 Meter Tiefe 3° Celsius beträgt.

21. Wenn dieses Verhältnis nach unten zu gleich bliebe, so müßte offenbar in geringer Tiefe selbst die festeste Substanz ihren Schmelzpunkt erreichen, wenn vielleicht auch die Einwirkung des ungeheuren Druckes den tatsächlichen Übergang in eine Flüssigkeit verhinderte. Bei 4000 Metern wäre das Wasser so heiß wie siedendes Wasser an der Oberfläche. In einer Tiefe von etwa vierzig Kilometern würde es, wenn seine Bestandteile überhaupt verbunden blieben, die Temperatur des schmelzenden Goldes erreichen.

22. (2) In fast allen Ländern der Welt brechen heiße Quellen aus dem Boden hervor. In vulkanischen Gebieten ist das Wasser sogar oft auf dem Siedepunkt und bleibt es durch Jahrhunderte.

Warme Quellen kommen aber auch in weiter Entfernung von tätigen Vulkanen vor. Die Quellen von Bath in der Niederung des südwestlichen England haben eine Temperatur von 50° Celsius und sind von den feuerspeienden Bergen Islands mehr als 1500 Kilometer, vom Vesuv auf der andern Seite mehr als 1800 Kilometer entfernt. Den Quellen von

Wiesbaden entspringen Wasser von 70° Celsius, die Karlsbader haben 75° Celsius, ja im nordwestlichen Spanien gibt es Quellen, deren Temperatur 88° Celsius beträgt. Alle diese Orte sind weit entfernt von tätigen Vulkanen; aber oft finden sich heiße Quellen längs der Bergketten, d. h. der Falten- und Bruchgebirge oder wenigstens längs solcher Linien, wo die Gesteine stark zusammengeschoben erscheinen und bei dem Zusammenschub stark erhitzt worden sein mögen. Im nächsten Abschnitte werden wir sehen, daß sich hie und da Spuren ehemaliger Vulkane vorfinden, die jetzt vollständig kalt und erloschen sind, und aus denen seit Menschengedenken kein Ausbruch stattgefunden hat. Jedoch sind bei einigen dieser erloschenen Vulkane noch immer heiße Quellen vorhanden. So befinden sich in dem alten vulkanischen Gebiete von Mittelfrankeich zahlreiche Quellen, deren Temperatur zum Teil bis 79° beträgt.

23. Weitaus die merkwürdigsten heißen Quellen, sofern sie die große Wärme wenigstens eines Teiles des Erdinneren beweisen, sind diejenigen, die ihren Inhalt gewaltsam ausstoßen. Diese finden sich in vulkanischen Gebieten und heißen G e i s e r von der örtlichen Benennung (Geysir d. h. Strömer) der auf Island befindlichen, die zuerst beschrieben wurden. Der Teil von Island, in dem sie sich hauptsächlich befinden, ist ein flaches, breites Tal inmitten vulkanischer Gesteine. Dort ist auf dem engen Raume von etwa 5 Quadratkilometern der Boden von zahlreichen Öffnungen durchlöchert, aus denen Strahlen von Dampf und heißem Wasser hervorbrechen. Diese Öffnungen, etwa 100 an der Zahl, sind gewöhnlich von beckenförmigen Rändern oder Umwallungen aus weißen, grauen und bunten Inkrustationen von Kieselsäure, **Kieselsinter** genannt, umgeben, die sich aus der Lösung im heißen Wasser abgesetzt hat. Sie schwanken in der Größe zwischen winzigen Näpfchen von wenigen Zentimetern Durchmesser und mächtigen Kesseln, wie der große Geysir, der sich fünf Meter über den Boden erhebt und 17 Meter Durchmesser hat. Im Mittelpunkt der Vertiefung des großen Geysirs geht ein zwei und einen halben Meter weiter schlotförmiger Kanal in die Erde hinab. Aus dieser Öffnung steigt beständig siedendes Wasser auf und läuft am tiefsten Punkte des Kesselrandes über. In Zwischenräumen von einigen Stunden vernimmt man ein lautes Brausen im Schlot, das Wasser im Becken fängt an aufzukochen, und Strahlen siedenden Wassers, mit Wolken von Dampf gemengt, werden ein paar Meter hoch emporgeschleudert. Wenn diese stoßweisen Eruptionen etwa einen Tag lang gedauert haben, erfolgt ein weit heftigerer Ausbruch. Der Boden er-

Fig. 31. Die Geiser auf Island. Der große Geysir im Zustande der Eruption.

zittert schwach, während das Brausen an Stärke zunimmt, bis endlich eine gewaltige Säule kochenden Wassers unter lautem Getöse und mit Wolken von Dampf 50 bis 60 Meter hoch empor geschleudert wird. Dabei entleeren Kanal und Becken ihr Wasser, aber nur um sich nach und nach wieder zu füllen; das Brausen und die Dampf- und Wasserstrahlen stellen sich wieder ein, bis am nächsten Tage ein neuer großer Ausbruch den Geysir leert. Es ist durch Beobachtung festgestellt, daß die unteren Teile der unterirdischen Säule heißen Wassers manchmal die Temperatur von 127° Celsius aufweisen, also 27° über dem Siedepunkt. Wenn dieses überhitzte Wasser sich der Oberfläche nähert und dadurch von dem Druck der darüber befindlichen Wassersäule befreit wird, verwandelt es sich mit lautem Getöse auf einmal in Dampf und schleudert Wasser- und Dampfstrahlen aus.

24. Der Nationalpark am Yellowstone-Flusse in den Vereinigten Staaten enthält mehrere hundert über einen weiten vulkanischen Landstrich zerstreute Geiser, unter denen einige den großen Geysir auf Island sowohl an Größe übertreffen, wie an Umfang und Höhe der Dampf- und Wassermassen, die sie bei ihren Ausbrüchen ausspeien (vgl. Vollbild 4). Einer der merkwürdigsten, bekannt als der „alte Getreue" (old faithful) schleudert mit großer Regelmäßigkeit stündlich einen hohen Strahl heißen Wassers und Dampfes aus. Es scheint, daß die unterirdischen Geiserherde von Zeit zu Zeit ihre Lage wechseln. Einige der Mundlöcher bestehen erst seit kurzem, denn die von ihren Absätzen umfluteten Bäume sind noch nicht abgestorben. Andere Geiser sind nicht mehr tätig und bilden Lachen ruhigen, heißen Wassers oder flache Kegel, denen nur Dampf entströmt. Noch andere sind gänzlich erloschen; ihre über den Boden sich erhebenden Becken aus Kieselsinter bezeichnen die Stelle, der das kochende Wasser einst entquoll, und der umgebende Wald rückt gegen die verwitternden Sinterhaufen vor.

25. Eine andere merkwürdige Reihe von Geisern befindet sich auf Neuseeland, in Verbindung mit tätigen und erloschenen Vulkanen. Die heißen Sprudel von Orakeikorako entströmen in großer Zahl den beiden Ufern eines Flußtales; bei Tetarata ist das Wasser so reich an Kieselsäure, daß es eine Reihe von Terrassen und Becken gebildet hat, die sich längs des Steilufers hinab erstrecken, an dessen oberem Rande das Wasser entspringt. Leider sind die „roten und weißen Terrassen", die diese Gegend so berühmt gemacht haben, dem vulkanischen Ausbruch vom Jahre 1886 zum Opfer gefallen.

26. (3) Die Vulkane bilden eine so merkwürdige Erscheinung auf der Erde, daß wir sie im nächsten Abschnitte etwas genauer beschreiben wollen. Hier genügt es, festzustellen, daß die Vulkane Öffnungen sind, aus denen Wasserdampf und andere heiße Gase, sowie Ströme geschmolzener Gesteinsmasse hervorbrechen, daß sie in vielen Teilen der Welt vorkommen und so das Vorhandensein einer Temperatur im Erdinnern beweisen, die mindestens so hoch sein muß wie die Weißglühhitze der dem Krater entquellenden Lava.

27. Aus diesen Tatsachen geht deutlich hervor, daß das Erdinnere eine ungeheuer hohe Temperatur besitzen muß. Man hat viel darüber gestritten, ob das Innere fest oder flüssig sei. Man hat behauptet, die Erde sei ein Ball geschmolzener Massen mit einer äußeren Kruste, deren Dicke verschiedentlich auf dreißig bis über tausend Kilometer geschätzt worden ist. Aber ein Planet von solcher Beschaffenheit könnte nicht so rotieren, wie es die Erde tut, deshalb nimmt man jetzt allgemein an, daß unser Erdball bis zum Mittelpunkt hin fest sein müsse.

28. Wenn die Wärme in größerer Tiefe in demselben Maße zunimmt, wie in den im Vergleich mit der ganzen Erdkugel wenig tiefen Bohrlöchern, die man in den Boden hinabgetrieben hat, so müssen selbst die am schwersten schmelzbaren Stoffe bei verhältnismäßig geringer Tiefe unter der Oberfläche ihren gewöhnlichen Schmelzpunkt erreichen. (§ 21.) Aber daraus folgt noch nicht, daß die Körper des Innern sich wirklich in flüssigem Zustande befinden. Der Druck erhöht den Schmelzpunkt von derartigen Substanzen, wie sie die meisten Gesteine zusammensetzen, d. h. verhindert sie am Schmelzen, bis sie einer noch höheren Temperatur unterliegen. Der Druck muß in großer Tiefe in der Erde ungeheuer sein. Daher kann jenseits einer Tiefe von einigen Kilometern, wo die Temperatur den gewöhnlichen Schmelzpunkt der meisten Gesteine an der Erdoberfläche erreicht, jede folgende Schicht der Erdmasse tatsächlich sich in ungeschmolzenem Zustande befinden, aber doch nahe dem Schmelzpunkt, der ihrer Tiefe entspricht. So könnte der ganze Erdkern fest sein, aber die mindeste Verringerung des Druckes an irgend einem Punkte würde die so entlasteten Teile sofort schmelzen lassen. Dies scheint, soweit man es beurteilen kann, die Beschaffenheit des Erdinnern zu sein.

29. Da die innere Hitze so groß ist, so liegt in der Annahme, daß die innersten Teile unseres Planeten aus Metall bestehen, wie etwa Gold und Eisen, nichts Seltsames. Und in der Tat haben wir Grund zu glauben, daß der Erdkern wirklich metallisch ist. Die Gesteine, die die Oberfläche der Erde bilden, sind von zahlreichen Klüften durchsetzt, und in vielen davon treten metallische Erze auf, von denen man mit großer Wahrscheinlichkeit annimmt, daß sie aus einer tieferen metallischen Zone emporgekommen sind. Die Untersuchungen über die Zusammensetzung der Sonne und der andern Planeten haben zur Befestigung dieser Ansicht von der metallischen Beschaffenheit der innersten Teile der Erde beigetragen.

30. Fassen wir zusammen, was in diesem und den vorhergehenden Abschnitten über die Zusammensetzung der Erde gesagt worden ist, so fanden wir, daß unter den äußeren Hüllen der Atmosphäre und des Meeres die feste Erde eine obere Schicht aus lockerem, zerbröckeltem Material besitzt — auf dem Meeresboden Kies, Sand und Schlamm, auf dem Lande die Ackerkrume, — unter der sich eine mächtige Lage geschichteter und aus älteren entstandener Gesteine befindet; daß noch tiefer kristallinische Gesteinsmassen, die an vielen Punkten durch die überlagernden Schichten emporgedrückt wurden, bis zu unbekannten Tiefen hinabgehen, und daß im Innern sich wahrscheinlich ein metallischer Kern befindet. Wir sahen überdies, daß bei der schnellen Zunahme der Wärme nach dem Innern die innersten Teile des Erdballes eine Temperatur besitzen müssen, die wahrscheinlich weit mehr als ausreichend ist, um jeden bekannten Körper zu schmelzen, daß aber der Druck der Schwere groß genug ist, um die Hauptmasse der Erde im festen Zustande zu erhalten, außer an den Stellen, wo Lavaströme durch die Vulkane an die Oberfläche gelangen.

Abschnitt XXII. — *Die Vulkane.*

1. Das Wort Vulkan kommt von Vulkanus, dem Namen des römischen Feuergottes, von dem die Alten annahmen, daß er im Innern der Vulkane oder Feuerberge im Mittelmeer, besonders des Ätna und des Stromboli, seine unterirdische Schmiede hätte. Man wendet das Wort auf jeden kegelförmigen Hügel oder Berg an, der aus Stoffen besteht, die in geschmolzener oder fester Form aus dem Innern der Erde ausgeworfen worden sind. Ein Vulkan heißt **tätig**, wenn er aus seinem Gipfel oder aus anderen Öffnungen an seinen Seiten Gase, Dampf, Wasser, Schlamm, Steine oder geschmolzenes Gestein zutage fördert. Der Ausdruck vulkanische Tätigkeit bedeutet gewöhnlich alle von einem Vulkane hervorgebrachten Wirkungen. Ein Vulkan **ruht**, wenn er längere Zeit ohne Ausbrüche ist, mögen auch heiße Quellen von der hohen Temperatur in seinem Innern Zeugnis ablegen; und er heißt **erloschen**, wenn er, vielleicht ohne Veränderung seiner Kratergestalt, seit vielen Jahrhunderten keinen Ausbruch gehabt hat und keinerlei Art vulkanischer Tätigkeit verrät, höchstens Kohlensäuregas ausstößt.

2. Die Größe der Vulkane schwankt zwischen der eines kleinen Hügels von wenigen Metern Durchmesser, wie einige der Schlammvulkane am Kaspischen Meer, und derjenigen eines ungeheuren Berges wie der Cotopaxi, der sich in den Anden bis zu einer Höhe von 5995 Metern über dem Meere erhebt, und dessen oberste 1000 Meter einen glatten schneebedeckten Kegel bilden, mit einer Öffnung an der Spitze, aus der heiße Asche und Steine weit und breit über das umgebende Land ausgestreut werden.

3. Den ersten Abschnitt in der Geschichte eines Vulkans bildet das Auftreten heftiger Explosionen inmitten eines Erschütterungsgebiets. Allmählich oder auch urplötzlich bohrt sich ein Eruptionskanal bis zur Oberfläche; das Gestein wird durch die gespannten Gase und Dämpfe zersprengt; die in die Luft geschleuderten Bruchstücke fallen um die Ausbruchsöffnung wieder zur Erde und bilden einen Kegel mit einem Schlot im Mittelpunkt. Beim Aufsteigen des geschmolzenen Gesteins werden dessen oberen Teile durch die Explosion der absorbierten Dämpfe, die dem Druck des Erdinnern entfliehen, zu Staub zerblasen. Dieser in die Luft geschleuderte Staub wird teilweise durch Winde auf weite Entfernungen fortgetragen, teilweise fällt er auf die Abhänge des Kegels nieder, der so an Höhe und Breite wächst. Auf dem Gipfel des Kegels befindet sich eine beckenförmige Höhlung, der **Krater** genannt; von seinem Boden führt der Schlot oder Schacht hinab, durch den die vulkanischen Erzeugnisse an die Oberfläche kommen. Oft rinnen Ströme geschmolzener Gesteinsmasse, die **Lava**, teils über den niedrigsten Teil des Kraterrandes abfließend, teils aus Rissen oder Spalten an den Seiten des Berges hervorbrechend, die Abhänge hinab und erstarren dabei, vermehren also ebenfalls die Masse des Berges.

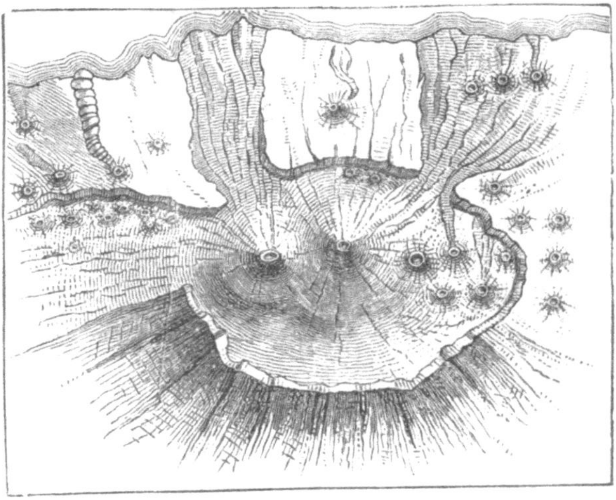

Fig. 32. Karte des Pik von Teneriffa; der große Krater ist zum Teil zerstört, aus den kleineren Kratern treten Lavaströme aus.

4. Wenn ein Vulkan an Größe zunimmt und sich an schwachen Stellen des Kegels Sprünge bilden, entstehen auf seinen Abhängen durch das Ausstoßen von Staub, Steinen und Lava aus diesen Spalten kleinere Kegel. Ein großer feuerspeiender Berg, wie der Ätna oder der Pik von Teneriffa, ist manchmal ganz mit kleinen Vulkanen bedeckt, die eine Höhe von 150—200 Metern erreichen. Die Figur 32 gibt den Grundriß eines dieser großen Vulkane mit seinen Scharen von kleineren Kegeln.

5. Im Anfange eines vulkanischen Ausbruchs vernimmt man ein Getöse wie das Rollen fernen Donners, während der Boden schwach erbebt. Diese Geräusche und das Beben nehmen an Stärke zu, im Schlote des Vulkans folgen laute Explosionen auf einander, und endlich werden Wolken von feinem Staube und Dampf mit ungeheurer Gewalt hoch in die Luft geschleudert. Der Dampf verdichtet sich schnell zu Regen, der in Strömen auf die äußeren Abhänge des

Fig. 33. Ansicht einer Straße zu Pompeji.

Berges niederfällt. Der feine Staub wird bisweilen in solchen Mengen herausgeschleudert, daß er den Himmel viele Meilen in der Runde verdunkelt. Während des berühmten Ausbruchs des Vesuv, der im Jahre 79 die römischen Städte Herkulanum, Pompeji und Stabiä zerstörte, war die Luft zwanzig bis fünfundzwanzig Kilometer ringsumher so dunkel, wie um Mitternacht, und eine dicke Lage von feiner Asche und von Steinen fiel auf das ganze Gebiet nieder. Wie vollständig dieser Aschenauswurf das Land bedeckte, davon kann man sich aus der beigegebenen Zeichnung einen Be-

Aschenwolke des Vulkans Santa Maria
in Guatemala i. J. 1902, vergl. Abschnitt XXII S. 205
(Aus „W. von Knebel, Der Vulkanismus [Sammlung Die Natur 3. Band]",
Verlag von A. W. Zickfeldt in Osterwieck und Leipzig).

Geiser „Excelsior“ im Yellowstone-Park, Nordamerika, vergl. S. 203
(Aus „S. Arrhenius, Das Werden der Welten“, Akademische Verlagsgesellschaft m. b. H. in Leipzig).

griff machen, die eine Straße in Pompeji in ihrem jetzigen Zustande darstellt, nach Hinwegräumung der vulkanischen Stoffe, unter denen die Stadt sechzehn Jahrhunderte lang begraben lag. Am hinteren Ende der Straße, wo die Ausgrabungen aufgehört haben, bezeichnet die schwarze Schicht über den Mauern, worauf die Pinie wächst, die Dicke der durchschnittlichen Aschenbedeckung. Bei einigen vulkanischen Ausbrüchen gelangte der feinere Staub bis in einen oberen Luftstrom und wurde Hunderte von Kilometern fortgeführt, ehe er wieder zu Boden sank. Im Abschnitt XI haben wir Beispiele eines derartigen Transportes angeführt, um das Vorhandensein von oberen Strömungen in der Atmosphäre zu beweisen.

6. Außer dem leichten Staube werden große Massen weiß- oder rotglühender Felsblöcke und kleinerer Gesteinsbruchstücke aus dem Krater ausgespieen. Viele davon fahren bei ihrem Fluge gegeneinander und bieten bei Nacht ein wunderbares Schauspiel, wenn ihr Funkeln und Blitzen die Dunkelheit erhellt. Von der Kraft, womit die Steine gelegentlich herausgeschleudert werden, gibt die Tatsache Zeugnis, daß der Vulkan Cotopaxi einen 200 000 Kilogramm schweren Block sechzehn Kilometer weit geschleudert hat. Der Vulkan von Antuko in Chile hat Steine bis auf eine Entfernung von sechzig Kilometern geschleudert.

7. Es ist nicht schwer einzusehen, warum im Anfange eines heftigen Ausbruches eine so große Menge Bruchstücke ausgeworfen werden. Während der auf einander folgenden Ausbrüche werden die Wände des Kraters und die angesammelte Lava, sowie andere Auswürflinge, die nach und nach den Schlot verstopft hatten, zertrümmert und endlich zu kleinen Bruchstücken zerblasen. Möglicherweise ist in den tiefsten Tiefen eines Vulkans die Temperatur so hoch, daß das Wasser in seine Elemente zerlegt ist. Wo diese Elemente aber unter dem ungeheuren Druck, trotz einer Temperatur weit über dem Siedpunkt, verbunden bleiben können, explodiert das Wasser, mit dem vielleicht die geschmolzenen und festen Gesteine im Schlote des Vulkans durchtränkt sind, sobald es bei seinem Aufsteigen das Hemmnis des darüberlastenden Druckes bewältigen kann. So heftig

ist die Verwandlung dieses überhitzten Wassers in Dampf, daß die geschmolzene Lava zu dem feinsten Staube zerblasen wird. Das Freiwerden immer neuer Mengen hoch überhitzten Wassers und die Verwandlung in den Gaszustand erzeugt die Explosionen, die bei einer großen vulkanischen Eruption eine so prächtige Erscheinung bilden. Bei jeder Explosion schießt ein mächtiger Dampfball in die Luft, verdichtet sich sofort zu weißen Wolken und rollt in weiten Falten aus-

Fig. 34. Ansicht des Vesuvs von Neapel aus, während des Ausbruches vom Jahre 1872.

einander (Fig. 34), die sich entweder auflösen und in höhere Teile der Atmosphäre steigen, oder mehr und mehr ververdichtet als Regen herabfallen.

8. Der obere Teil eines Kegels verschwindet bisweilen während der ersten Zeit einer gewaltigen Eruption. Er wird durch die Ausbrüche gesprengt und in Bruchstücke zerblasen, die in den Krater zurück oder auf den äußeren Hang des Kegels hinabfallen. Der Vesuv bot mehrere Male Beispiele

von dieser Art der Zerstörung. Vor dem ersten Jahrhunderte der christlichen Zeitrechnung war dieser Berg ein ruhender Vulkan, bei dem man niemals einen Ausbruch wahrgenommen hatte, auf dessen Gipfel sich aber ein ungeheurer Krater befand, der damals mit Buschholz und wildem Wein bewachsen war, wie der Krater von Astroni und einige andere der erloschenen Vulkane in der Nähe von Neapel (Fig. 4). Als plötzlich im Jahre 79 der große Ausbruch stattfand, der Pompeji zerstörte, wurde die Südwestseite des Kegels weggerissen und es bildete sich ein neuer Kegel von weit geringerer Ausdehnung innerhalb des Umfanges des früheren Kraters. Auf der Abbildung des Vesuv (Fig. 35), von dem Meere aus gesehen, erscheint die halbmondförmige Hälfte des alten Kraters hinter dem neueren kleineren Kegel. Im August 1883 wurde der vulkanische Kegel, aus dem die Insel Krakatau bestand, durch den gewaltigsten vulkanischen Ausbruch unserer Zeit fast ganz zerstört. Während einiger Wochen waren Ausbrüche erfolgt, als schließlich am Morgen des 27. August vier riesenhafte Explosionen stattfanden, durch die ein großer Teil der Insel in die Luft geblasen wurde. Eine Seite des Kegels blieb als eine steile Wand von 800 Metern Höhe stehen, während da, wo die Insel stand, jetzt das Meer 300 Meter tief ist. Ungeheure Mengen von Bimsstein (eine schaumige Form der Lava, voll von Löchern, die durch die Ausdehnung des Dampfes und der anderen Gase in der geschmolzenen Masse entstanden) wurden ausgeworfen und bedeckten meilenweit das Meer, stellenweise meterdick. Die Asche wurde 30000 Meter hoch in die Luft geschleudert, und zwar in solcher Menge, daß bis auf eine Entfernung von 150 Kilometern der Tag zur Nacht wurde. Der feinere Staub wurde durch die oberen Luftströme rund um den Erdball getragen (Abschnitt VI, § 9). So groß war die Erschütterung der Luft, daß zu Batavia in einer Entfernung von 150 Kilometern die Fensterscheiben zersprangen und die Mauern Risse bekamen. Die durch die Explosion entstandene Luftwelle machte nach den Aufzeichnungen der Barometer dreimal die Runde um den Erdball. Auf dem Meere waren die Wirkungen nicht minder erstaunlich. Es entstand eine Reihe von 30 Meter hohen Wellen; diese verwüsteten die Küsten der umliegenden Inseln, brachten viele Schiffe zum Scheitern und vernichteten ungefähr 36000 Menschenleben.

9. Wahrscheinlich ist in dem ungeheuren Druck des in der feuerflüssigen Masse gelösten Dampfes die treibende Kraft zu suchen, die Schlacken und Lava durch den Schlot des Vulkans emporpreßt. Nach den ersten Explosionen, die von dem Aufsteigen des flüssigen Gesteins im Schlot begleitet sind, sieht man die Lava entweder vom Gipfel oder von einem oder mehreren Punkten an den Seiten des Kegels ausfließen. Wenn die Wände des Berges fest genug sind, um dem ungeheuren

Fig. 35. Der Vesuv von der Seeseite gesehen, dahinter der übriggebliebene Teil des alten Kraters.

Drucke der emporsteigenden Lavasäule zu widerstehen, so findet die letztere natürlich keinen Ausweg und füllt den Krater bis zum tiefsten Punkte seines Randes an, um dann dort überzufließen und sich einen Weg abwärts zu bahnen. Häufiger aber sind in den Wänden des Kraters, durch die früheren Ausbrüche verursacht, schwache Stellen, z. B. Spalten vorhanden, wodurch die Lava einen Ausweg nach den äußeren Abhängen des Kegels findet.

10. Wenige Naturerscheinungen sind schrecklicher, als ein Lavastrom, der an den Abhängen eines Berges hinabrinnt. Zuerst ist er weißglühend und fließt frei dahin, wie geschmolzenes Eisen. Schnell wird er rot und dunkel. Bald erhärtet seine Oberfläche zu einer schwarzen oder braunen Kruste, die in rauhe, schlackenartige Stücke aufbricht, unter denen man durch die Sprünge hindurch die noch rotglühende innere Masse erblicken kann. Eine kurze Strecke von der Ausbruchstelle entfernt erscheint der Lavastrom als ein Fluß von unregelmäßigen Blöcken aus Schlacke, die sich mit rauhem metallischen Klange gegen und über einander schieben und hin

Fig. 36. Häuser, von der Lava des Vesuv (1872) umgeben und teilweise zerstört.

und wieder einen Schimmer der feurigen Flut enthüllen, auf der sie sich hinabwälzen. Wolken von Dampf und heißen Gasen erheben sich aus allen Teilen der sich fortbewegenden Masse. Die Geschwindigkeit ihrer Bewegung ist verschieden je nach dem Gefälle des Bodens, der Entfernung vom Ausflußpunkte und anderen Ursachen. So schoß im Jahre 1805 ein Lavastrom die ersten fünf Kilometer des Vesuvabhanges in vier Minuten hinab, brauchte aber drei Stunden, um seinen fernsten Punkt zu erreichen, der nur zehn Kilometer entfernt war. Im Jahre 1840 beobachtete man, daß eine der flüssigeren Laven des Mauna Loa auf den Sandwichinseln in zwei Stunden dreißig Kilometer zurücklegte.

11. Wenn man vor einem langsam vorrückenden Lavastrom steht, so erblickt man eine Art von riesiger Blockhalde, die einigermaßen an die Schlackenhaufen der Eisenhütten erinnert; oder an einen neuen Eisenbahndamm, der noch die nackte Erde und die Steine zeigt. Die rauhen Blöcke stürzen über einander, während der Wall sich langsam vorwärts wälzt. Der von der Lava kommende Lufthauch ist heiß und erstickend, denn er führt etwas von dem Dampfe und den sauren Gasen mit sich, die in Menge der geschmolzenen Masse entweichen. Bäume, Mauern, Gärten und Weinberge werden nach einander unter der brennenden Flut begraben. Ein Haus oder eine Häuserreihe kann eine zeitweilige Schranke sein; aber zuletzt werden diese Gebäude wie Kartenhäuser umgestürzt und überflutet (Fig. 36), oder die Lava häuft sich dagegen an, umgeht sie, um sich unterhalb wieder zu vereinigen und läßt vielleicht nur die höchsten Spitzen der Häusertrümmer mitten aus einer wogenden See von Lavablöcken hervorragen. Bisweilen ereignet es sich, daß die noch flüssige innere Masse seitlich oder vorn an der Zunge die erhärtete Kruste durchbricht und sich in einer andern Richtung hinabwälzt. Dies ist eine der Gefahren, die in so bevölkerten und angebauten Landstrichen, wie längs der Abhänge des Vesuv, stets drohen.

12. Der Endpunkt des Weges, den ein Lavastrom nimmt, kann niemals vorausgesagt werden, selbst wenn dieser mit großer Schnelligkeit von einem Berge abwärts rinnt. Am Vesuv haben viele Lavaströme das Meer erreicht; andere sind nur einige hundert Meter weit von ihrem Ausflußpunkte aus vorgedrungen. Die fürchterlichsten Lavaergüsse, die man je an einem Vulkane beobachtet hat, waren diejenigen des Skaptar-Jökul auf Island, im Jahre 1783. Mächtige Ströme glutflüssigen Gesteins entquollen einer riesigen Spalte, ergossen sich über das Land, füllten Flußbetten, Schluchten und Seen an und zerstörten die Oberfläche des Landes vollständig. Die Lava erreichte in der einen Richtung eine Entfernung von

45, in der andern sogar von 80 Kilometern. An einigen ebenen Stellen, wo sie sich ausbreitete, erreichte der Strom eine Breite von 25 Kilometern und eine Dicke von 30 Metern, aber in engen Tälern häufte sich die Lava zum Teil bis zu einer Höhe von zweihundert Metern an. Man hat berechnet, daß die Gesamtmasse der Lava, die während jener Reihe von Eruptionen ausfloß, einen Felsblock von 10 Kilometern Länge, 5 Kilometern Breite und 540 Metern Höhe bilden würde.

13. Die erstarrte Kruste eines Lavastromes bildet eine ausgezeichnet nichtleitende Schicht zwischen der darunter befindlichen noch geschmolzenen Masse und der Luft. Man kann die Kruste begehen, während man durch die Spalten die rotglühende Lava nur wenige Zentimeter unter sich liegen sieht. Offenbar können die inneren Teile eines solchen Stromes selbst in beträchtlicher Entfernung vom Ausflußpunkte noch lange, nachdem der Strom bereits zur Ruhe gekommen, eine sehr hohe Temperatur beibehalten. So stieß die Lava des Vesuvausbruches von 1858 noch im Jahre 1873 fortwährend Rauch und heiße Dämpfe aus und war noch so heiß, daß man seine Hand nur wenige Sekunden in eine der Spalten hineinhalten konnte, obwohl die Oberfläche des Stromes überall ganz kalt war.

14. Wenn die Lava anfängt, reichlich aus einem Vulkane auszufließen, nimmt gewöhnlich die Gewalt des Ausbruches ab. Die Aschenregen hören nach und nach auf oder erstrecken sich doch nicht mehr über den Kraterrand und seine nächste Nachbarschaft hinaus. Die Explosionen und das unterirdische Donnern wiederholen sich nicht mehr, und schwebte nicht beständig über dem Gipfel des Berges eine Wolke, die erkennen läßt, daß noch fortwährend Dampf in großer Menge aus dem Krater aufsteigt, so bliebe für den Beobachter aus der Ferne kein Anzeichen davon zurück, daß die vulkanische Tätigkeit noch nicht erloschen ist, sondern nur für einige Zeit ruht. Aber ein Besuch des Kegelgipfels während einer solchen Zwischenzeit würde ergeben, daß noch immer heiße Dämpfe und Gase dem Krater und der die Abhänge bedeckenden Lava entströmen. Gelegentlich beobachtet man nach einem Ausbruche des Vesuv, daß durch die Menge von giftigem Kohlensäuregas, welche er aushaucht, unter den Hasen und Vögeln an den Abhängen des Berges eine große Verheerung angerichtet wird. Viele Jahrhunderte, nachdem eine vulkanische Gegend von einem Ausbruche heimgesucht worden ist, steigt noch fortwährend dieses Gas auf, bisweilen in großen Mengen, teils im Wasser der Quellen emporsprudelnd, teils aus Spalten im Boden hervorkommend. (Abschnitt XXIV, § 32.)

15. Die tätigen Vulkane sind nicht unregelmäßig über die Erdoberfläche zerstreut, sondern folgen bestimmten Linien, wie aus der Karte XI ersichtlich ist. Man wird bemerken, daß diese Linien im allgemeinen mit einigen jener Gebirgsrücken zusammenfallen, die wir bereits im Abschnitt XIX besprochen haben. Fast alle Vulkane finden sich nahe an einem Meere und besonders an dem einen oder andern der großen Weltmeere neben einander gereiht. Die Festland- und Inselwälle, die den stillen Ozean umgeben, bilden einen einzigen ungeheuren Ring tätiger Vulkane. Im Osten dieses Meeres beginnend, finden wir in der riesigen Kette der Anden eine Reihe tätiger Vulkane, darunter die höchsten der ganzen Erde, längs des Westrandes von Südamerika. Die Kette setzt sich durch Guatemala und Mexiko nach Nordamerika bis Alaska fort und erstreckt sich durch die Aleuten und Kurilen, wo sie eine dichte Einfassung um den nördlichen Stillen Ozean bildet. Die Linie verlängert sich dann durch Japan, Formosa und die Philippinen hinab bis zum Malayischen Archipel, um sich dort in zwei Arme zu teilen. Der eine wendet sich südöstlich über Neuguinea und die Neuen Hebriden nach Neuseeland. Die Kette verlängert sich dann, wenn auch mit weiten Lücken, quer über den Stillen Ozean in den Vulkanen der Freundschafts-, Gesellschafts-, Marquesasinseln und der Osterinsel nach der Küste von Südamerika hin und schließt so den weiten Ring von Vulkanen. Aber auch im Mittelpunkte jenes Beckens erscheinen riesige tätige Vulkane auf dem unterseeischen Rücken (siehe Abschn. XII, § 8) in den Sandwichinseln, von denen einige auf Hawaii mehr als viertausend Meter Höhe erreichen.

16. Zu dem Malayischen Archipel zurückkehrend, können wir den zweiten Arm der Vulkanlinie in nordwestlicher Richtung bis nach Java und Sumatra verfolgen, wo auf engem Raume mehr tätige und ruhende Vulkane zusammengedrängt sind, als sonstwo auf der ganzen Erde und wo die Ausbrüche manchmal von ungeheurem Umfang waren (§ 8). Er verlängert sich durch die Inseln der Westküste von Birma; nach weiter Lücke treffen wir ihn wieder in der Mandschurei, darauf am Südufer des Kaspischen Meeres, von wo aus er sich durch die Griechischen Inseln, den Vesuv und Sizilien nach den Azoren, Kanarischen und Kapverdischen Inseln verfolgen läßt.

17. Außerhalb dieser Hauptlinien liegen noch zerstreute Vulkane auf andern entlegenen Inseln oder auf den Rändern der Festländer. Im nördlichen Eismeere liegen die tätigen Krater von Island und Jan Mayen. Im südlichen Teil des Atlantischen Ozeans offenbaren die erloschenen Vulkane von Ascension, St. Helena und Tristan d'Acunha weit zerstreute Mittelpunkte vulkanischer Tätigkeit in diesem großen Weltmeere. Auf der Westseite des Beckens des Indischen Ozeans finden wir kleine Vulkane am Roten Meere und auf der Insel Bourbon. Die Vulkanreihe auf dem Feuerland an der Südspitze von Amerika scheint sich in der Kette der Süd-Shetlands-Inseln fortzusetzen, und selbst bis in das rätselhafte Südpolarland zu erstrecken, wo Sir James Roß im Jahre 1841 einen 4000 Meter hohen tätigen Vulkankegel inmitten der ungeheuren Schneefelder jenes Gebiets entdeckte.

18. Aber außer diesen tätigen Vulkanen gibt es eine noch größere Zahl ruhender und erloschener. Es scheint sogar, daß nur in wenigen größeren Länderstrichen sich gar keine frühere vulkanische Tätigkeit nachweisen läßt. In einigen Fällen, wie in Mittelfrankreich (Fig. 37), sind die Kegel noch jetzt so frisch, als wären sie erst vor kurzem aufgeworfen worden, und doch ist uns keine Nachricht von einem Ausbruch in geschichtlicher Zeit erhalten. Aber in der großen Mehrheit der Fälle hat die allmähliche Abtragung des Landes (Denudation) die Kegel, Krater und alle anderen äußeren Spuren der Vulkane entfernt und nur die Lavadecken und die verfestigten Aschendecken übrig gelassen, die sich einst aus ihnen ergossen und an ihren Abhängen angesammelt haben. Eine lange Aufeinanderfolge von Ausbrüchen kann in einigen Gebieten bis in frühere Zeitalter der Erdgeschichte zurückverfolgt werden; wir erkennen daraus, daß seit allem Anfange vulkanische Tätigkeit stattfand, und selbst Länder

Fig. 37. Ansicht der erloschenen Vulkane in Mittelfrankreich, vom Puy de Pariou aus gesehen.

wie Deutschland, die weit entfernt von tätigen Vulkanen liegen, weisen oft eine reiche Geschichte früherer vulkanischer Tätigkeit auf. So sind die Mare und Krater der

Eifel und der schwäbischen Alb, die Basalte des Westerwaldes, die Kuppen der Rhön, der Vogelsberg, der Kaiserstuhl bei Freiburg i. B. einige Beispiele von teils noch gut erhaltenen (Eifel), teils mehr oder weniger zerstörten Vulkanen. Sie zeigen, daß Deutschland bis in die jüngste geologische Vergangenheit überaus reich an Punkten vulkanischer Tätigkeit gewesen ist. Wenn wir also zu der langen Liste tätiger Vulkane noch die erloschenen hinzufügen, so finden wir, daß die gesamte Oberfläche des Festlandes mit Gebieten vulkanischer Tätigkeit übersät ist.

19. Wenn wir bedenken, daß jedes dieser Gebiete eine oder mehrere Öffnungen besitzt, aus denen überhitzte Stoffe noch heute herausbefördert werden, oder in früheren Zeiten wurden, und daß sie über die ganze Erde verbreitet sind, so sehen wir, wie wichtig ihr Zeugnis für eine hohe Temperatur des Erdinnern ist (Abschnitt XXI, § 27).

20. Im letzten Abschnitte (§ 28) wurde festgestellt, daß zwar das Erdinnere als Ganzes wahrscheinlich fest ist, daß aber von der Tiefe von einigen Kilometern an abwärts jeder Teil sich in der Nähe des Schmelzpunktes befindet und sofort in den flüssigen Zustand übergeht, sobald die geringste Druckverminderung eintritt. Die Falten auf der Oberfläche der Erde, die während der Zusammenziehung und daraus folgenden allgemeinen Senkung der äußeren Teile des Erdballes entstanden sind, haben ohne Zweifel durch ihre Erhebung den Druck auf die unter ihnen liegenden Teile verringert. Diese Verringerung hat wahrscheinlich bewirkt, daß Teile des Innern in den flüssigen Zustand übergingen. Man beachte, daß die tätigen Vulkane der Erde größtenteils längs derartigen Erhebungslinien liegen, sei es nun auf einem Festlande, wie in Südamerika, oder auf Inselketten, wie an dem westlichen und nördlichen Rande des Stillen Ozeans. Diese Anordnung kann kaum zufällig sein. Sie deutet auf den Zusammenhang zwischen der Faltenbildung der Erdkruste und den vulkanischen Erscheinungen, denn sie zeigt, daß wir im Untergrunde der Gebiete, wo sich tätige Vulkane befinden, große Strecken geschmolzener Gesteinsmassen vermuten dürfen. Indessen wird nicht jede Bergkette von Vulkanen durchbrochen, wenn man auch in einigen Fällen nachweisen kann, daß sie einst vorhanden waren, aber seit langer Zeit erloschen sind.

21. In der Tiefe können lavagefüllte Räume vorhanden sein, ohne zu wirklichen vulkanischen Explosionen Anlaß zu geben, so lange kein Ausweg nach der Oberfläche vorhanden ist und sich nichts ereignet, was die vulkanischen Kräfte entfesselt. Die Dämpfe, mit denen die Lava gesättigt ist, können teilweise ursprüngliche Bestandteile des Erdinnern sein, teilweise aber auch von dem Wasser stammen, das aus Regen, Flüssen, Seen oder dem Meere durch die oberen Gesteinsmassen sickert. In den tiefen, äußerst heißen Gebieten muß das absorbierte Wasser, gleichviel ob seine Gase verbunden bleiben oder nicht, in einer ungeheuer hohen Temperatur vorhanden sein und in einem Zustand, der nur unter einem außerordentlich starken Druck denkbar ist. Wenn es Teilen dieses überhitzten Wassers gelingt, zu entweichen und eine Öffnung in der Erdkruste auszublasen, so wird dadurch der Druck auf die unten gelagerte Masse geschmolzener Gesteine ermäßigt und diese aufwärts getrieben. Mit lautem Getöse wird das flüssige Gestein zu Staub zerblasen, während sein Wasser in Dampf zerstiebt, worauf dann die tiefer liegenden Massen ruhig oder stürmisch als Lavaströme auszufließen beginnen.

Abschnitt XXIII. — *Die Bewegungen des Landes.*

1. Längs bestimmter Linien oder an bestimmten Punkten, wo sich zwischen der Oberfläche unseres Planeten und den ungeheuer heißen Stoffen in seinem Innern eine Verbindung gebildet hat, sind Aschen- und Steinregen und Ströme geschmolzenen Gesteins in solchen Mengen ausgeworfen worden, daß sie mächtige Berge, wie den Ätna, den Pik von Teneriffa und den Cotopaxi aufgetürmt, haben. Aber noch andere bemerkenswerte Wirkungen lassen den Einfluß der inneren Beschaffenheit des Erdballs auf seine Oberfläche erkennen. Die feste Erde ist sowohl plötzlichen und gewaltsamen, als auch langsamen und unmerklichen Bewegungen unterworfen. Zuweilen wird sie erschüttert und aufgerissen, zuweilen ein Landstrich ganz allmählich über den Meeresspiegel gehoben, während ein anderer nach und nach hinabsinkt. Wir teilen diese Bewegungen in drei Arten ein: 1. die Erdbeben; 2. die Hebungen; 3. die Senkungen.

2. (1) **Erdbeben.** Es ist eine allgemein verbreitete Annahme, daß die feste Erde, auf der wir leben, starr und unbeweglich sei, und gerade deswegen im scharfen Gegensatz zu dem ewig unruhigen Meere stehe. Aber durch fein ersonnene Instrumente haben die Forscher winzige Schwankungen und Zitterbewegungen der Erdkruste entdeckt, die sogar meßbar sind, obgleich sie sich der Wahrnehmung durch unsere Sinne entziehen. Diese Bewegungen gehen Tag und Nacht vor sich, aber ihre Ursachen sind noch nicht vollständig ergründet. Einige davon mögen auf die tägliche Erwärmung und nächtliche Abkühlung der Erdoberfläche zurückzuführen sein, andere auf den Niederschlag oder die Verdampfung der Feuchtigkeit, wieder andere auf die Veränderungen des Luftdrucks, auf Ebbe und Flut und andere Ursachen. Aber weit stärker als diese steten oder häufigen Schwankungen sind die ruckweise und in unregelmäßigen Zwischenräumen auftretenden Erschütterungen, die unter dem Sammelnamen „Erdbeben" bekannt sind. Ihre Stärke wechselt sehr; von einem bloßen schwachen Zittern, wie das durch das Fahren eines beladenen Wagens auf dem Straßenpflaster hervorgebrachte, bis zu so gewaltsamen Erschütterungen, daß dabei der Boden in Wellenbewegungen gerät, die Felsen gelockert, Bäume entwurzelt und Dörfer und Städte in Trümmerhaufen verwandelt werden.

3. Gewöhnlich sieht man die schreckliche Verwüstung von Leben und Eigentum als die Haupteigentümlichkeit eines Erdbebens an. In einem Augenblick, ohne die mindeste Warnung irgend welcher Art, hört oder fühlt man ein Rollen wie von fernem Donner oder dem Abfeuern eines Geschützes, und ehe man Zeit hat, sich nach der Ursache des Geräusches zu fragen, tritt plötzlich das Erdbeben ein. Der Boden steigt und sinkt unter den Füßen; Häuser wanken hin und her, bis sie von oben bis unten Risse und Spalten haben oder unter Krachen in Trümmer fallen; an vielen Stellen öffnet sich die Erde und schließt sich wieder. In wenigen Sekunden ist eine ganze Stadt zerstört und Hunderte oder

Tausende ihrer Einwohner sind tot oder verwundet. Das Erdbeben von Lissabon im Jahre 1755 vernichtete z. B. 60000 Menschenleben. Das Calabrische Erdbeben, ein Menschenalter später, wurde für nicht weniger als 40000 verhängnisvoll. Auch ist die Zerstörung nicht auf ein engbegrenztes Gebiet beschränkt. Häufig dehnt sie sich über Tausende von Quadratkilometern aus und trägt Tod und Verderben weit und breit durch verschiedene Provinzen und Staaten.

4. Wenn wir indessen die Erdbeben als einen Teil des Ineinandergreifens der Naturkräfte betrachten, beansprucht nicht sowohl ihr Einfluß auf menschliches Leben und Eigentum, als vielmehr ihre dauernden Wirkungen auf die Oberfläche des Landes unsere besondere Aufmerksamkeit. Ein Erdbeben wird nicht gleichzeitig in dem ganzen von ihm betroffenen Gebiete verspürt. Es fängt an einer Seite, an einem Ende an und geht schnell bis zum andern fort, oder man empfindet es zuerst und zwar am heftigsten über einem bestimmten mittleren Raum, von dem aus es sich, schwächer und schwächer werdend, nach allen Richtungen hin ausbreitet. Das Geräusch seiner Annäherung kann, wie dasjenige fernen Donners, der Kanonenschläge oder rasselnder Wagen, der Ankunft des Erdbebens um einige Sekunden vorauseilen. Wenn der Stoß kommt, fühlt man den Boden abwechselnd auf- und niedergehen, wie wenn eine Wellenbewegung, wie die Dünung des Meeres, unter uns hindurchginge. Mehrere Stöße nach einander, aber gewöhnlich weniger verderblich als der erste folgen nicht selten innerhalb einiger Sekunden nach.

5. In der Tat ist das Erdbeben eine Art von Welle, die sich durch die feste Erdmasse fortpflanzt. Genau so wie die Masten der Schiffe, die in einem Hafen liegen, hin und herschwanken, wenn das Wogen des Meeres unter ihnen hinweggeht, so hat man während eines Erdbebens Bäume und andere große Gegenstände sich vorwärts und rückwärts bewegen sehen.

6. An steilen Ufern und Bergen werden zuweilen durch Erdstöße große Massen von Erde oder Gestein losgelöst und in den Wasserlauf oder das Tal hinabgestürzt. So werden Ströme gestaut und bilden vorübergehend Seen,

bis das Wasser diese Dämme wieder mit großer Gewalt durchbricht und talabwärts weitere Verheerungen anrichtet.

7. Oft hat man wahrgenommen, wie der Boden während eines Erdbebens aufklafft. Die so entstandenen Spalten verschlingen zuweilen Bäume, Häuser oder andere an der Oberfläche befindliche Gegenstände und schließen sich dann wieder. Zuweilen bleiben sie offen und werden in der Folge durch das fließende Wasser zu Schluchten und Tälern vertieft und erweitert.

8. Auch hat man gefunden, daß nach einem Erdbeben der Boden dauernd über seine frühere Lage erhoben wurde oder darunter hinabsank. So erhob sich im Jahre 1835 während eines heftigen Erdbebens, das die Küste von Chile in Südamerika verheerte, der Boden der Insel Santa Maria plötzlich 2,40 bis 3 Meter über die Fluthöhe, sodaß die an den Felsen hangenden klaffenden Muscheln der Luft ausgesetzt waren und alsbald zu verwesen begannen. Das Tal des Mississippi war der Schauplatz einer Aufeinanderfolge von Erdbeben von Ende 1811 bis 1813; am Ende dieses Zeitraums blieben im Boden an vielen Stellen mächtige gähnende Spalten zurück, und in einzelnen Bezirken sank er so tief, daß sich Seen bildeten, von denen einige 80 Kilometer Umfang haben. Die Gegend heißt seitdem „das Versunkene Land." Noch jetzt kann man große Bäume, Walnuß, Weißeiche, Maulbeerbäume und Cypressen drei bis sechs Meter tief oder noch tiefer unter Wasser erkennen, und der Kahn fährt zwischen ihren untergetauchten Zweigen hindurch. Besonders wichtig als Beleg dafür, daß Verschiebungen im festen Erdgerüst die Ursache von Erdbeben sind, ist das Erdbeben von San Franzisko vom 18. IV. 1906, da hier sofort die sorgfältigsten Beobachtungen angestellt wurden. Diese ergaben, daß sich der Boden längs einer Linie von über 450 km Länge derart seitlich verschoben hatte, daß der Westrand der Spalte um durchschnittlich 5 m gegen den östlichen nach Norden bewegt war. Zahllose Wege, Zäune, Röhrenleitungen, Gräben ließen den Betrag der Verschiebung genau messen und im Bilde festhalten. Die Linie ist durch viele frühere Störungen in auffallender Weise im Gelände kenntlich und fällt zum Teil mit der jetzigen Küstenlinie von Kalifornien zusammen. Also: die Verschiebungen der Erdkruste, denen die Küste Kaliforniens ihre jetzige Lage und ihren Verlauf verdankt, erfolgen in zahllosen Rucken seit geologischen Zeiträumen; einer der letzten rief das verheerende Beben vom 18. IV. 1906 hervor.

9. Die verheerendsten Erdbeben, die bisher beobachtet wurden, hatten ihren Ursprung im Meere, gegenüber einem Festlande oder einer Insel. Bei solchen Anlässen schwankt nicht nur das feste Land hin und her, sondern auch die Gewässer des Meeres werden erschüttert und mit furchtbarer Gewalt gegen die Küste geschleudert. Vom Ausgangspunkte der Erschütterung verbreitet sich eine lange niedrige Wellenbewegung über die Oberfläche des Meeres nach allen Seiten hin. Wenn diese seichtes Wasser erreicht, staut sich das Wasser, wie das der Flutwelle in einer Flußmündung, (Abschn. XVII, § 30) und stürmt mit großer Geschwindigkeit vorwärts. Die Küstenbewohner bemerken oft, daß der Annäherung dieser Welle ein Zurückweichen des Meeres vom Gestade voraus geht. Strecken, die vorher niemals bloßlagen, werden durch das Zurückgehen des Wassers dem Auge sichtbar, aber nur einige Sekunden lang. Die Welle nimmt das zurückweichende Wasser auf, stürzt mit einem bisweilen zwanzig Meter hohen Kamm vorwärts und bedeckt nicht allein den Strand, sondern überschwemmt noch weithin das Land.

10. Diese Meereswelle gelangt nicht so schnell über den Ozean, wie der Stoß des Erdbebens in der festen Erdkruste. Daher erreicht sie die Küste etwas später und vollendet das Werk der Zerstörung. So geschah es bei dem bekannten Erdbeben vom Jahre 1755, durch das Lissabon zerstört wurde; ebenso 1868, als Peru und Ecuador durch ein schreckliches Erdbeben verwüstet wurden. Am 13. August des letztgenannten Jahres überschwemmte und zerstörte eine große Meereswelle Arica, die Hauptstadt im südlichen Peru, mit solcher Schnelle und Vollständigkeit, daß in wenigen Minuten alle Schiffe im Hafen entweder gestrandet oder zertrümmert waren, oder kieloben umher schwammen. Ein Kriegsschiff wurde eine Viertelmeile landeinwärts geschwemmt; ein anderes Schiff verschwand, und nie wurde mehr eine Spur von ihm gesehen. Und schließlich verursachte bei dem großen Ausbruch des Krakatau im August 1883 die Meereswelle einen ungeheuren Verlust an Menschenleben und Eigentum, wie schon im Abschnitt XXII § 8 hervorgehoben wurde.

11. Die eigentliche Ursache der Erdbeben ist noch nicht vollständig bekannt. Wahrscheinlich entstehen sie aus mehr als einer Ursache. Da sie so häufig in Gebirgen oder in deren Nähe oder auf dem Meeresgrund vor der steilen Böschung eines Festlandes entstehen, so liegt die Vermutung nahe, daß sie oft, wenn nicht meistens, durch das Abgleiten von Gesteinsmassen innerhalb der Erdkruste entstehen und zwar längs Linien der Faltung und Hebung. Der plötzliche Bruch solcher Massen, die sich unter ungeheurer Spannung befinden, muß eine Erschütterung hervorrufen, die sich als Welle in der Erdkruste fortpflanzt. In anderen Fällen und besonders in denen von geringerer Heftigkeit mag die Quelle der Störung in dem Einsturze der Decken von Höhlungen zu suchen sein, wie sie sich ohne Zweifel in vulkanischen Gebieten finden, wo im Laufe der Zeit viel Material nach der Oberfläche ausgeworfen worden ist. Ferner geben ohne Zweifel die Explosionen bei vulkanischen Ausbrüchen Anlaß zu Erdbeben, die örtlich von großer Wirkung sein können. Was immer ihre Entstehungsursache sei, stets wird ein plötzlicher Ruck im Innern der Erde die Erscheinungen der Erdbeben hervorrufen. Der Punkt der Oberfläche, der sich gerade über dem Orte des Ausgangspunktes oder **Herdes** befindet, das **Epizentrum**, erleidet den stärksten Stoß, dessen Stärke sich mit der Entfernung von diesem Mittelpunkt vermindert. Die Wirkung ist der auf einer ruhigen Oberfläche stehenden Wassers hervorgerufenen zu vergleichen, in die ein Stein geworfen wurde. Von der Einwurfsstelle aus bilden sich Ringe, die in immer größeren Kreisen sich fortpflanzen, aber immer flacher werden und weiter von einander abstehen, je mehr sie sich vom Entstehungspunkt entfernen.

12. Verschiedene Methoden sind schon ersonnen worden, um die Tiefe, in der Erdbeben entstehen, zu bestimmen; aber keine liefert ganz sichere Ergebnisse, obwohl man die allgemeine Folgerung aus ihnen ziehen kann, daß Erdbeben im allgemeinen keiner großen Tiefe entstammen, sondern ihren Ursprung in der äußeren Erdkruste haben, wahrscheinlich nicht tiefer als 35 bis 50 Kilometer. Entstehen sie auf dem Festland, so beobachtet man, daß von einem Punkte, dem Epizentrum, Wellen ausgehen, die sich durch die elastische Kruste fortpflanzen. Da diese Kruste in Zusammensetzung und Bau in den verschiedenen Ländern verschieden ist, so breiten sich die Wellen nicht mit gleicher Geschwindigkeit nach allen Richtungen aus. Auch scheint ein und derselbe Stoß mehrere Wellen von verschiedener Geschwindigkeit im Boden auszulösen. Diese gelangen daher nach einander an einen andern Ort, so daß hier das Beben längere Zeit die Seismographen in Bewegung erhält, um so länger, je weiter der zweite Ort vom ersten entfernt ist. Bei 10000 km Entfernung kann das Beben der Instrumente über zwei Stunden dauern. So gestattet die Länge der Aufzeichnung einen Schluß auf die Entfernung des Herdes. Die schnellsten Wellen, Vorbeben genannt, durcheilen in 1 Sekunde 13—14 km; das Hauptbeben, d. h. die stärkste Welle, etwa 5 km.

13. Erdbeben sind, wie die Tafel XI zeigt, gleich den Vulkanen längs der großen Hebungslinien der Erdkruste oder unmittelbar davor am häufigsten. Das große Erdbebengebiet der Alten Welt erstreckt sich von den Azoren am Mittelmeerbecken entlang durch das Herz von Asien bis nach Japan und dehnt sich südwärts über Indien und die Inselgruppen zwischen dem Indischen und Stillen Ozean aus, und über die Nordküste von Australien und Neu-Guinea nach Neu Seeland. In der Neuen Welt hat der Westrand des Erdteils am meisten von Erdbeben zu leiden, besonders von Guatemala südlich durch Ecuador, Peru und Chile. Aber das Schüttergebiet umfaßt auch Westindien und den Golf von Mexiko und verlängert sich nordwestlich auf der Westseite des Erdteils bis zu den Aleutischen Inseln und Kamschatka, und trifft in Japan den Gürtel der Erdbebenherde der alten Welt.

14. Meistens sind die wahrnehmbaren Wirkungen eines Erdbebens verhältnismäßig örtlich beschränkt, wenn auch gelegentlich Schwingungen in Seen und auf dem Meere in weiter Entfernung vom Herde des Bebens beobachtet werden. Während des großen Lissaboner Erdbebens waren einige schottische Seen in Unruhe und die von ihm hervorgerufene Meereswelle wurde an der amerikanischen Küste verspürt. Manchmal ist das wirkliche Beben des Erdbodens auf große Entfernungen deutlich bemerkbar, wie beim Erdbeben vom 13. August 1868, das in Peru über 3600 Kilometer weit verspürt wurde.

15. (2) **Langsame Hebungen.** Nach dem Aufhören eines Erdbebens findet man bisweilen, wie schon in § 8 bemerkt, daß der Boden sich über seine frühere Höhenlage gehoben hat oder darunter hinabgesunken ist. Aber außer diesen plötzlichen Bewegungen haben Veränderungen in dem Verhältnis der Höhe von Meer und Land verschiedene Teile der Erde hetroffen, die manchmal das Auftauchen, manchmal das Versinken von Land zur Folge hatten. Es besteht eine Meinungsverschiedenheit unter den Geologen darüber, ob das Meer oder das Land seine Höhenlage ändert. Nach der einen Ansicht ist der Meeresspiegel großen Schwankungen unterworfen, so daß er in den verschiedenen Erdteilen abwechselnd über das Land vorrückt oder sich davon zurückzieht. Die andere und allgemeiner verbreitete Annahme betrachtet das im Lauf der Jahrhunderte sich vollziehende Auftauchen und Versinken von Land als das Ergebnis langsamer Bewegungen der Gesteinshülle oder Lithosphäre der Erde.

16. Als Beweise, die für die Hebung des Landes sprechen, seien folgende Tatsachen erwähnt: Man findet alte Häfen und Dämme, die heutzutage selbst bei der höchsten Flut im Trocknen liegen. Inseln, die einst vom Lande durch eine Meerenge getrennt waren, sind jetzt mit ihm vereinigt. Höhlungen, die offenbar vom Meere ausgewaschen wurden, kann man hoch über dem Bereiche der Wellen erblicken. Bohrwürmer, Meeresmuscheln und Korallen findet man noch heute an Felsen festhängen, die sich jetzt in Höhen von einigen Zentimetern bis zu 100 und mehr Metern über dem Spiegel des Meeres befinden, in dem die Tiere einst lebten und starben. Sand- und Kiesterrassen, dem jetzigen Gestade ganz ähnlich und voller Seemuscheln, treffen wir in verschiedenen Höhen über dem Meere an (Fig. 37 u. 38). Diese

Terrassen sind alte Ufer- oder Strandlinien, und jede von ihnen bezeichnet einen frühern Stand des Meeres, ehe das Land sich zu seiner jetzigen Höhe hob. Viele derartige Terrassen umsäumen die Küsten von Groß-Britannien. Sie bilden im nördlichen Norwegen eine auffallende Eigentümlichkeit der Küste (Fig. 38). Am Westrande von Südamerika sind sie besonders deutlich ausgebildet und erreichen zum Teil eine Höhe von 400 Metern über dem Meere, mit Meeresmuscheln, die sich noch in der Lage befinden, wie sie lebten, und damit den Betrag der Hebung bezeugen.

Fig. 37. Eine alte Strandlinie (oder gehobenes Gestade), am innern Rande mit von der See ausgewaschenen Höhlen.

17. Durch so verschiedenartige Beweise hat man festgestellt, daß viele langgestreckte Küstenlinien sich langsam aus dem Meere erheben. So scheinen die Küsten Schwedens bei Stockholm und nördlich davon in langsamer Hebung begriffen, deren Maß in hundert Jahren von 20 cm bis zu 70 cm beträgt. Weiter im Norden ist die Insel Spitzbergen bis zur Höhe von 40 Metern mit gehobenen Strandlinien umgürtet. Die Küste des nördlichen Rußland und Sibiriens ist in einer Breite von Hunderten von Kilometern in neuerer Zeit aus dem Meere gehoben worden, wie aus gehobenen mit Meeresmuscheln bedeckten Strandlinien ersichtlich ist. Das Gestade des Mittelländischen Meeres bietet ein schlagendes Beispiel von Hebung und Senkung zugleich am berühmten Serapis-Tempel von Pozzuoli im Golf von Neapel. Dieser Tempel stand, als die Römer ihn neben einer warmen Quelle am Meeresufer erbaut hatten, sicherlich über dem Meeresspiegel. Aber nach verschiedenen vulkanischen Ausbrüchen aus benachbarten Schloten füllte sich der Bau, dessen Dach unterdessen eingestürzt war, mit vulkanischer Asche und Lapilli. Von 46 Marmorsäulen waren 3 aufrecht stehen geblieben, aber ihr unterer Teil bis zur Höhe von 3½ Metern

Fig. 38. Gehobene Seeufer im Altenfjord in Norwegen.

war von dem Schutt bedeckt, der sich im Tempel angesammelt hatte. Dann sank der Boden ins Meer und mit ihm die 3 aufrechtstehenden Säulen, die wahrscheinlich noch lange Zeit aus dem Meerwasser herausragten. Während dieser Zeit wurden sie von zahlreichen Bohrmuscheln angebohrt, die gern im Kalkstein Löcher aushöhlen und darin ihr Leben verbringen. In einer Länge von ungefähr 3 Metern haben diese Löcher die Oberfläche der Säulen zerfressen. Die Senkung muß danach mehr als 6 Meter betragen haben. Und seitdem hat sich der Erdboden wieder um mindestens 7 Meter gehoben, wohl hauptsächlich infolge der merkwürdigen Veränderungen, die die Entstehung des benachbarten kleinen Vulkans Monte Nuovo i. J. 1538 mit sich brachte. Es unterliegt keinem Zweifel, daß diese Schwankungen in der Meereshöhe mit der vulkanischen Tätigkeit zusammenhängen, deren Schauplatz seit langem der Golf von Neapel ist.

18. (3) **Langsame Senkungen.** Während in einigen Gegenden die langsame, unmerkliche Bewegung des Bodens nach oben gerichtet ist, geht sie in anderen abwärts. Dies läßt sich aus verschiedenen Tatsachen beweisen. So zeigen einige Seehäfen im südlichen Schweden unter ihren jetzigen Straßen Spuren älterer Gebäude, die jetzt unter dem Meeresspiegel liegen. An verschiedenen Punkten der schottischen Küste und im Südwesten von England trifft man Baumstümpfe an, deren Wurzeln noch in den Boden eingebettet sind, auf dem sie wuchsen, und die gegenwärtig unter dem Meeresspiegel liegen. Ferner waren die Fjorde und Meeresbuchten an den nordwestlichen Küsten von Europa wahrscheinlich einstmals Täler des festen Landes, durch laufendes Wasser ausgenagt, wie noch jetzt Täler durch Erosion gebildet werden. Jede dieser Buchten setzt sich in der Tat auf dem Lande als ein wirkliches Tal fort. Aber die meerwärts liegenden Teile dieser Täler sind versunken, sodaß sie jetzt tiefe, lange, enge Meeresarme bilden. Aus dieser Tatsache hat man gefolgert, daß nach der Aushöhlung der Täler im nordwestlichen Europa dieses ganze Gebiet der zerschnittenen Küsten vom westlichen Irland bis zum Nordende von Skandinavien unter den Meeresspiegel gesunken ist.

19. Bis vor kurzem hat man geglaubt, daß der überzeugendste Beweis von der Senkung großer Teile der Erdoberfläche durch die Korallenriffe des Stillen und des Indischen Ozeans erbracht werde. Dies sind Riffe oder unter Wasser befindliche Bänke aus einer Art von Kalkstein, der einzig und allein durch das Wachsen von Korallentieren entstanden ist. Darwin hat drei Arten von Riffen unterschieden. Erstens die Saumriffe, die die Küste in einer Entfernung von 2 oder 3 Kilometern umgürten, nur durch einen seichten Kanal, eine Lagune, davon getrennt. Die Außenseite des Riffes ist sein höchster Teil; dort leben die großen und starken Korallenarten, die das Spiel und die Unruhe der Wellen lieben; die feineren und verzweigten

Arten ziehen die stilleren Gewässer der Lagune vor. Riffe dieser Art umsäumen die Ostküste von Afrika und finden sich auch in Westindien und vor den Küsten von Brasilien. Die beigegebene Figur 39 zeigt den Durchschnitt einer Insel, deren Land (L) von einem Saumriffe (R) umgeben ist.

Fig. 39. Durchschnitt einer Insel (L) mit einem Strandriff von Korallen (R).

20. Eine zweite Art von Riffen sind die Wall-Riffe. (Fig. 40.) Ein solches kann ein Festland umsäumen, wie im Nordosten von Australien, wo das große Riff das Land auf eine Länge von 1500 Kilometern begleitet; oder es kann eine Insel umschlingen, wie bei Tahiti. Die Böschung nach dem Meere zu ist in ihrem oberen Teil nahezu absturzartig steil; aber unter diesem jähen Steilhang geht der Boden sanft und allmählich in den Meeresgrund ringsherum über. Auf der Innenseite ist das Wallriff durch einen tiefen lagunenartigen Kanal vom Lande getrennt. Innerhalb eines Wallriffes kann sich auch mehr als Eine Insel befinden.

21. Die dritte Gattung von Riffen hat den Namen der Atolle oder Koralleninseln erhalten. (Fig. 41 und 42.)

Fig. 40. Durchschnitt einer Insel (L) mit einem Wallriff (R).

Dies sind ringförmige Korallenbänke, die sich mitten aus einem tiefen Meere erheben und etwa einen halben Kilometer breit sind. Die äußere Böschung gegen das Meer zu bildet in ihrem oberen Teil einen Steilabsturz, wie beim Wallriff. Innen befindet sich eine Lagune von verhältnismäßig seichtem Wasser, voll von den zarten und verästelten Korallenarten. Die Wogen brechen vom äußeren Rande des Riffes Stücke ab und häufen sie oberhalb der Grenzen auf, die das Wasser gewöhnlich erreicht. Nach und nach bildet sich auf dem Riffe ein schmaler Streifen Land. Samen werden hingeweht und keimen, und zuletzt siedelt sich eine menschliche Bevölkerung daselbst an und findet Obdach und die Mittel zum Lebensunterhalte.

22. Man hat festgestellt, daß die riffbildenden Korallen nicht im tiefen Wasser leben können. Folglich können sie nicht vom Boden jener tiefen Abgründe aus heraufgewachsen sein, auf denen die Atolle sich erheben. Nach Darwins Annahme konnten sie ihre Bautätigkeit nicht tiefer als etwa 40 Meter unter dem Meeresspiegel beginnen. Er nahm daher an, daß eine allmähliche Senkung des Meerbodens stattgefunden habe, und daß die bauenden Korallen mit dieser Senkung gleichen Schritt hielten und ihr Riff stetig nahe am Meeresspiegel weiter bauten. Die drei abgebildeten Durch-

Fig. 41. Durchschnitt eines Atolls oder einer Koralleninsel (R R), die auf untergesunkenem Lande (L) aufgebaut ist.

schnitte (Fig. 39, 40 und 41) stellen drei Stufen der angenommenen Senkung dar: Zuerst entsteht das Saumriff mit seiner seichten Lagune und dem mäßig tiefen Wasser an der Außenseite. Dann verwandelt sich bei zunehmender Senkung das Saumriff in ein Wallriff mit einer tieferen Lagune innen und viel tieferem Meer außen. Das innere Land nimmt an Höhe und Umfang ab, je mehr es unter dem Meeresspiegel versinkt. Schließlich verschwindet es gänzlich und nur das Wallriff bleibt als Atoll übrig.

23. Diese Darwinsche Theorie ist so langezeit alleingültig gewesen und gibt ein so anschauliches Bild von weitausgedehnten Senkungen in den Weltmeeren, daß sie noch immer viele Anhänger hat. Aber neuere Untersuchungen von Semper, Murray, Rein und Agassiz haben viele Tatsachen ans Licht gebracht, die Darwin unbekannt waren und die dartun, daß das Wachstum der Korallenriffe und Inseln auch ohne die

Annahme einer Senkung des Meerbodens befriedigend erklärt werden kann. So ist vor allem nachgewiesen worden, daß sowohl im Oberflächenwasser wie auf dem Boden tropischer Meere ein so überaus reiches tierisches Leben herrscht, daß die Reste der Kalk abscheidenden Wesen auf dem Meeresgrunde sich als eine stetig wachsende Schicht anhäufen. Durch diese fortdauernde Anhäufung von Kalkstein können die unter dem Meeresspiegel liegenden Gipfel, Rücken und vulkanischen Kegel bis zu der Tiefenzone aufgeschüttet werden, wo die riffbildenden Korallen leben. Nachdem diese sich einmal auf der für sie geschaffenen Unterlage angesiedelt haben, bauen sie weiter, bis sie den Meeresspiegel der Ebbe erreichen. Können sie dann auch nicht höher bauen, so

Fig. 42. Ansicht eines Atolls oder einer Koralleninsel.

gedeihen sie doch am äußeren Rand des Riffes kräftig weiter, wo ihnen die Brandung ihre Nahrung zuführt. Die Sturzwellen reißen gewaltige Korallenblöcke los und streuen sie über die Böschungen hinunter, türmen sie auch hie und da zu steilabstürzenden Wällen auf. Unterdessen baut die Koralle auf der Oberkante dieser Blockmauer, die durch die chemische Einwirkung des Seewassers und durch das Eindringen des Korallensandes in ihre Zwischenräume zu einer festen Masse zusammengekittet wird, nach außen weiter. So erklärt sich die steile Außenseite der Wallriffe und Atolle. Die inneren Teile eines Korallenriffs, die von dem offenen Meere, dem sie ihre Nahrung entnehmen, abgeschlossen werden, verkümmern und sterben ab. Daher wächst das Korallenriff in den Lagunen nicht weiter. Man nimmt im Gegenteil an, daß es dort durch die lösende Einwirkung des Seewassers allmählich aufgezehrt wird, so daß möglicherweise die Lagunen erweitert und vertieft werden.

So ergibt sich also, daß Darwins berühmter Beleg für die Annahme weitausgedehnter Senkungen des Meeresbodens in den Gebieten, wo Korallenriffe wachsen, also das Vorhandensein aus großen Tiefen aufragender Riffe auch anders erklärt werden kann; daß mithin seine Darstellung nicht als die einzig mögliche Erklärung für die Lage, den Bau und die Geschichte dieser Riffe gelten kann, ebensowenig also auch als unanfechtbarer Beweis für die Senkung des Meerbodens. Die Theorie mag in einigen Fällen wohl begründet sein, aber in andern haben wir Beweise dafür, daß statt einer Senkung eine Hebung stattgefunden hat, und man findet dort Korallenriffe in verschiedenen Höhen über dem Meeresspiegel.

Abschnitt XXIV. — *Die Gewässer des Festlandes. I.*

Quellen und unterirdische Wasserläufe.

1. Von jeder Wasserfläche auf der Erde steigen unsichtbare Dämpfe in die Luft auf, verdichten sich zu Wolken und kehren als Regen, Tau, Schnee oder Hagel auf die Erde zurück. Beim Niederfallen auf das Festland versinkt das Wasser teilweise im Boden, um in Form von Quellen wieder emporzusteigen; teilweise fließt es in Bächen, Flüssen und Strömen dem Meere zu, von wo es durch abermalige Verdunstung von neuem in die Atmosphäre übergeht und wieder denselben Kreislauf beginnt. (Abschnitt X.)

2. So besteht also ein beständiger Austausch von Wasser zwischen der Luft, dem Land und dem Meer. Je mehr wir diesen Kreislauf beobachten, um so größere Bedeutung werden wir ihm im Leben der Erde beimessen. Die Wolken bilden sich, lösen sich auf, bilden sich von neuem. Tag für Tag oder Jahreszeit für Jahreszeit stellen sich immer wieder die Regengüsse ein, um den ausgedörrten Boden anzufeuchten. Bäche und Wasserfälle rauschen seit uralten Zeiten abwärts und werden ständig von oben mit neuer Nahrung gespeist. Der Fluß trägt noch immer seine Wasserfülle dem Meere zu, wie zur Zeit, als die ersten Stämme der Menschen sich an seinen Ufern niederließen. Das Meer steigt, obwohl es den Überschuß der Gewässer von allen Ländern in sich aufnimmt, dadurch nicht höher, sondern gibt an die Luft die reichlichen Dampfmassen ab, die, wieder auf das Land zurückgetragen und zu fließendem Wasser verdichtet, von dort aus aufs neue die Reise zum Meere hinab antreten. Dieses fortwährende Kommen und Gehen des Wassers kann man als das Kreisen des eigentlichen Lebensblutes unserer Erde ansehen, die nur dadurch zu einem bewohnbaren Weltkörper wird.

3. Erinnern wir uns auch daran, daß das Wasser in großer Menge in den Aufbau der Tier- und Pflanzenkörper eingeht. Würde der Kreislauf unterbrochen, so hörte unsere Erde auf, der von Tieren und Pflanzen belebte Planet zu sein, als den wir sie gegenwärtig kennen. Wolken, Quellen, Flüsse würden verschwinden, wenn Verdampfung und Verdichtung aufhörte. Von der unerträglichen Hitze der Sonne den Tag über versengt und nachts durch die starke Wärmeausstrahlung erstarrend, würde das Land einsam und alles Lebens bar werden.

4. Die Feuchtigkeit der Luft kehrt entweder in flüssiger Form, als Wasser, oder in fester Form, als Eis, auf das Land zurück. (Abschnitt X.) Im ersteren Zustand erscheint sie meistens als Regen, im letzteren als Schnee. Die überaus wichtige Rolle, die in jeder dieser beiden Formen das Wasser im Haushalt der Natur spielt, verdient die aufmerksamste Betrachtung. In diesem und den folgenden Abschnitten soll die Wanderung des Wassers über das Land genauer untersucht werden und zwar zuerst der Regen und seine Folgeerscheinungen und dann der Schnee.

5. Wenn der Regen die Oberfläche des Landes trifft, versinkt ein Teil in den Boden, und der Rest fließt in Bäche und Flüsse ab, durch die er wieder ins Meer zurückgetragen wird. Diese beiden Teile der Regenmenge haben jeder seinen besondern Verlauf und werden am besten auch besonders behandelt. In diesem Abschnitt wollen wir den unterirdischen Weg, im nächsten den oberirdischen verfolgen.

6. Man könnte zunächst annehmen, daß derjenige Teil des Regens, der in der Erde versinkt, dauernd dem Kreislaufe des Wassers an der Oberfläche der Erde entzogen sei. Bei einigem Nachdenken überzeugen wir uns aber, daß, wenn dies der Fall wäre, die über das Land hinfließende Wassermenge sich verringern müßte. Flüsse und Seen würden in ihrer Wassermenge zurückgehen oder gänzlich austrocknen. Dies ist aber nicht der Fall. Also muß das Wasser, das in den Boden versinkt, auf irgend einem Wege wieder an die Oberfläche gelangen. Dies geschieht durch die **Quellen.** Eine Quelle ist ein Ausfluß des unterirdischen Wassers aus Öffnungen im Erdboden.

7. Der innige Zusammenhang zwischen gewöhnlichen Quellen und dem Regenfall ist einem jeden bekannt. Wir wissen, daß in einer Zeit der Trockenheit viele Quellen und Brunnen nur eine geringe Wassermenge liefern oder ganz versiegen, während sie sich wieder füllen, sobald feuchtes Wetter eintritt. Offenbar erhalten sie ihre Speisung durch das Regenwasser, das durch die Gesteine unter der Oberfläche durchgesickert ist. Anderseits werden solche Quellen, die einen tiefern Ursprung haben, weniger von regnerischen oder trocknen Zeiten beeinflußt, da sie ihre Fülle aus einem ausgedehnteren Gebiete unterirdischer Wasserläufe sammeln, wo die Wirkungen des Regenmangels sich erst später fühlbar machen als in der Nähe der Oberfläche.

8. Alle Gesteine, selbst die härtesten, sind porös und deshalb für Wasser durchdringlich. Die Fluß- und Bachrinnen, die Seebetten und der Meeresboden sind sämtlich mehr oder weniger zerklüftet. Daher bleibt das Regenwasser nicht in den oberen Schichten des Bodens, sondern sinkt tiefer und tiefer, und bahnt sich seinen Weg durch die Poren und Sprünge der darunter liegenden Gesteine. Seen, Flüsse und Meere geben in derselben Weise Wasser ab, das teils durch die Masse des Gesteins, teils durch die offenen Spalten hinabsickert, wobei es Sand und andere Verunreinigungen mit sich führt.

9. Beim Bohren tiefer Brunnen hat man in einigen Gegenden Frankreichs beobachtet, daß Blätter und andere Pflanzenteile mit dem ersten Wasserstrahle aus einer Tiefe von über 100 Metern heraufkamen. Diese organischen Reste waren verhältnismäßig frisch, und man glaubt, daß sie in unterirdischen Kanälen von Bergen aus dahingelangt waren, die an dreihundert Kilometer entfernt sind, und daß sie zu ihrer Reise drei bis vier Monate gebraucht haben. Dieselbe Erscheinung hat man an anderen Orten ebenfalls wahrgenommen; zuweilen wurden selbst lebende Fische aus Bohrlöchern von über fünfzig Metern Tiefe ans Tageslicht befördert.

10. Infolge dieses stetigen Einsickerns von Wasser in den Boden sind die Gesteine an vielen Stellen bis zu einer gewissen Tiefe mit Feuchtigkeit getränkt. Beweise für dies fast beständige Vorhandensein von Wasser kann man in Steinbrüchen, Schächten und Bergwerken sammeln, kurz an beinahe allen Orten, wo irgend größere Gesteinsmassen durchschnitten werden. Dieses unterirdische Wasser bildet eines der größten Hindernisse bei Steinbruchs- und Bergwerksarbeiten. Vor Einführung der Dampfmaschinen mußte man viele Kohlengruben, nachdem man sie bis zu einer gewissen Tiefe ausgebeutet, verlassen, da es unmöglich war, das Wasser zu bewältigen. In der Sprache der Bergleute heißen solche Gruben „ersoffen“. Die mächtigen Dampfpumpen, die man jetzt überall in den Kohlenbezirken erblickt, deuten auf den Wasserreichtum unter der Erde und auf die Mühe und die Kosten hin, die zur Entfernung des Wassers aufgewendet werden müssen.

11. Ein weiteres sehr bekanntes Beispiel dafür, wie das Wasser überall den Boden und das Gestein durchdringt, bietet sich beim Graben von **Brunnen** dar. Es sind dies durch Menschenhand angelegte Vertiefungen zur Ansammlung des durch den Boden sickernden Wassers. Man kann sie selbst an solchen Orten mit Erfolg anlegen, wo man kaum auf Wasser zu stoßen vermuten sollte. So werden am Rande der afrikanischen Wüsten, wo wenig oder kein Regen fällt und deshalb nur ein dürftiger Zufluß von Wasser von der Oberfläche stattfinden kann, ergiebige Brunnen gegraben. Die französischen Kolonisten in Algier bohren sogenannte „Artesische Brunnen“ (§ 18) am nördlichen Saume der großen Wüste Sahara, und die sandigen Striche zwischen Kairo und Suez liefern in der geringen Tiefe von sechzehn Metern unter der Oberfläche Wasser. In Deutsch-Südwestafrika, wo der

Wassermangel das größte Hindernis für die Urbarmachung bildet, ist man neuerdings mit Erfolg bemüht, solche Brunnen anzulegen. Das Dasein der fruchtbaren grünen Oasen, inmitten der nackten Wüsten Afrikas und Arabiens, ist dem Aufsteigen von Quellen zuzuschreiben. Ferner ist man im Tale des Mahanadi und anderer indischer Flüsse, wo in der trockenen Jahreszeit wenig oder kein Regen fällt, sicher, daß sich ein zehn bis zwölf Meter tief gegrabenes Loch auch dann zum Teil mit Wasser füllt.

12. Die Tiefe, bis zu der das Wasser hinabsteigt, hängt großenteils von der Beschaffenheit und Lagerung der Gesteine an jedem einzelnen Orte ab. Sehr tiefe Stollen sind oft frei von Wasser. Als die Alpen durchbohrt wurden, zur Anlage des Eisenbahntunnels zwischen Frankreich und Italien, war das Gestein in einer Tiefe von mehr als 1600 Meter unter dem Gipfel des Mont-Cenis ganz trocken. Wir brauchen daher nicht anzunehmen, daß das Wasser im allgemeinen bis zu einer sehr großen Tiefe sinke. Aber hie und da findet es seinen Weg ohne Zweifel selbst in das außerordentlich heiße Erdinnere hinab, von wo es in den heißen Dampfwolken wieder emporsteigt, die eine so große Rolle bei den Ausbrüchen der tätigen Vulkane spielen. (Abschnitt XXII.) Es ist wahrscheinlich, daß, unbeschadet der reichlichen Entwicklung von Dampf an den Kratermündungen, ein Teil des Wassers, das so tief hinabsinkt, dadurch verschwindet, daß es vom geschmolzenen Gestein aufgenommen oder in seine Elemente zerlegt und chemisch gebunden wird. Ist dies wirklich der Fall, so muß die Erde etwas von ihrem Wasser einbüßen; langsam und unmerklich zwar, aber, wenn unaufhörlich, doch mit dem wahrscheinlichen Endziel, daß unser Planet die trockene und unfruchtbare Beschaffenheit des Mondes annimmt.

13. Obgleich das Wasser, wenn es auf das Land fällt, sich als Regen über die ganze Oberfläche verbreitet, so quillt es bei seinem Wiedererscheinen doch nicht überall gleichmäßig aus dem Boden hervor. Beim Einsickern findet es längs der Sprünge und Höhlungen der unten anstehenden Gesteine seinen Weg, bis es an ganz bestimmten Punkten wieder hervorkommt. Gerade wie das auf der Erdoberfläche bleibende

Regenwasser sofort in die Bäche, Flüsse und Ströme abfließt, bis es schließlich auf ganz bestimmten Bahnen ins Meer gelangt, so sammelt sich in ähnlicher Weise das unterirdische Wasser in zahlreichen und vielverzweigten Kanälen und tritt in Form von Quellen an die Oberfläche.

14. Es mag Schwierigkeiten bieten, sich vorzustellen, wie das Wasser, das einmal hinabgesunken ist, je wieder heraufgetrieben werden kann. Aber wir müssen uns daran erinnern, daß die Quellen, die an der Oberfläche entspringen, tiefer liegen als der Boden, der ursprünglich das Wasser als Regenwasser empfing. Einige Überlegung wird uns überzeugen, daß der unterirdische Kreislauf auf zweierlei Weise erfolgen muß: entweder durch bloße Schwerkraft, so bei den Oberflächenquellen, oder durch hydrostatischen Druck bei den aus der Tiefe kommenden Quellen.

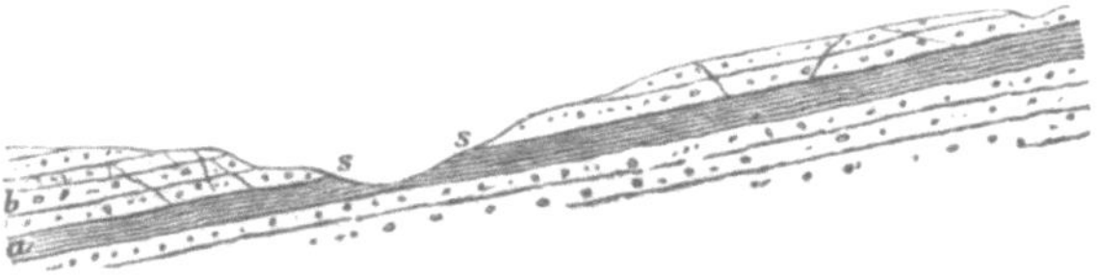

Fig. 43. Entstehung der Oberflächenquellen.

15. (1) Bei den **Oberflächenquellen** gelangt das Wasser, das beständig in seinem unterirdischen Laufe ab- und zugleich vorwärts fließt, zu einem Punkte, wo es infolge irgend einer Vertiefung im Boden wieder zutage tritt. Der beigegebene Holzschnitt (Fig. 43) erläutert die Entstehung derartiger Quellen. Ein durchlässiges Gesteinslager (b), oder ein solches, das von Sprüngen oder Klüften durchsetzt ist, liegt zunächst unter der Oberfläche und läßt das Regenwasser hindurchsickern bis zu einer festen, undurchlässigen Schicht (a), die das weitere Hinabsinken des Wassers hemmt. Dieses fließt auf der Oberfläche des tieferen undurchlässigen Lagers abwärts. Schneidet nun ein Tal in diese Schichten ein, so entstehen an der Grenzlinie der beiden Gesteinsarten längs den Talseiten eine Reihe von Quellen (s). Ebenso kann der Regen, der auf einen Berg fällt, in den Boden sickern und am Fuße des Berges in Gestalt von Quellen hervorbrechen. In Quellen dieser Art sinkt das Wasser nur auf gewöhnliche Weise durch die Schwere hinab und tritt da hervor, wo die Oberfläche zufälligerweise unter dem Spiegel der unterirdischen wasserführenden Schicht liegt. Bei heftigen Regengüssen dringt eine große Menge Wasser durch den Boden in die nächsten Bäche, ohne erst wirkliche Quellen zu bilden.

Wo sich immer Wasser im unterirdischen Gesteine sammeln mag, ob in den Poren oder in offenen Spalten, so daß ihm die Gesteine als unterirdische Behälter dienen, — immer wird es in ihnen bis zu dem niedrigsten Stande steigen, bei dem es einen Abfluß nach der Oberfläche findet, und erscheint dort in Form von Oberflächenquellen. Dieser Wasserspiegel muß von einem Brunnen erreicht sein, ehe er dauernd Wasser liefern kann.

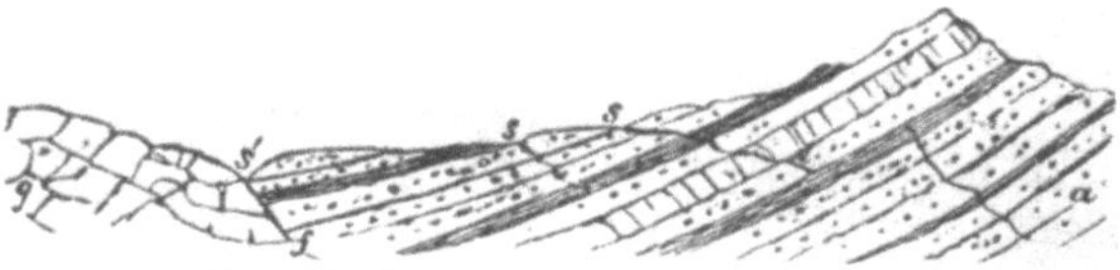

Fig. 44. Entstehung der tiefen Quellen.

16. (2) In den **Quellen mit tiefem Ursprunge** ist dagegen das Wasser auf seiner Wanderung unter den Spiegel seines Zutagetretens hinabgesunken und durch hydrostatischen Druck wieder emporgestiegen, wie in einem VRohr. Die Arme einer V förmigen Röhre können offenbar beliebig lang sein: immer muß, wenn der eine Schenkel länger ist als der andere und beständig bis zum Rande mit Wasser gefüllt wird, dieses an der Öffnung des kürzeren Schenkels ausfließen. In gleicher Weise kann der unterirdische Kanal einer Quelle tiefern Ursprungs Hunderte von Metern hinabsteigen, und doch fließt das ihn fütternde Wasser unaufhörlich hindurch und steigt wieder an die Oberfläche empor. Wenn das Wasser seine größte Tiefe erreicht hat, oft weit unter dem Meeresspiegel, so sammelt es sich dort und durchtränkt die durchlässigen Gesteine, die auf seinem Wege liegen, bis der Druck der Wassersäule über ihm es durch irgend eine Spalte hinauftreibt, die sein Entweichen an die Oberfläche gestattet, und dort sprudelt es als Quelle hervor. Das auf den Hochflächen niederfallende Regenwasser, das von den Gesteinen und dem Boden aufgesogen wird, fließt durch mehr oder weniger durchlässige Gesteine, die in verschiedenen Lagern oder Schichten (a) über einander liegen (Fig. 44). Ein Teil des Wassers dringt in die sich gelegentlich darbietenden Spalten ein, steigt empor und bildet Quellen (s, s). Bei f sind die Schichten durch einen großen Bruch, eine Verschiebung oder Verwerfung abgeschnitten, die sie gegen ein hartes, festes Massengestein

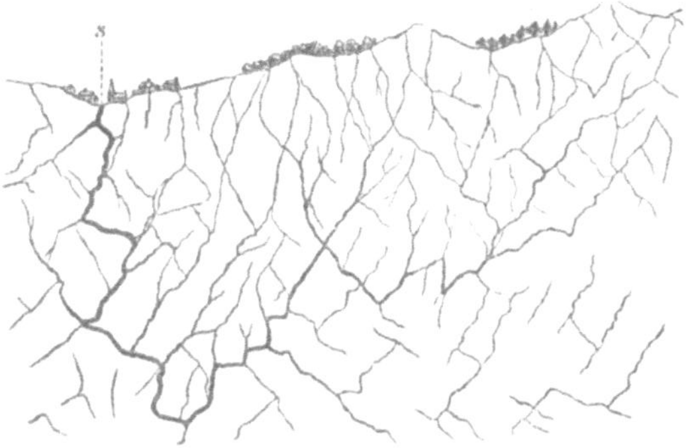

Fig. 45. Durchschnitt, um die verwickelte unterirdische Wasserführung zu zeigen, die in einer tiefgelegenen Quelle mündet. Die zahlreichen Absonderungsflächen und Sprünge leiten das Wasser zuletzt in einen Hauptkanal, durch den es als Quelle bei s wieder zutage tritt.

(g) stoßen läßt. Hier kann eine beträchtliche Menge Wassers am oberen Ende der Spalte bei s' heraustreten. Daher läßt sich die Richtung einer großen Verwerfung der Gesteine oft an der Oberfläche durch eine Reihe von Quellen verfolgen.

17. In der Natur ist der unterirdische Weg des Wassers in Wirklichkeit meistens weit verwickelter, als der obige Durchschnitt (Fig. 45) zeigt. Alle Gesteine sind von einer großen Menge von teilenden Ebenen, den Absonderungsflächen, durchsetzt; sie sind ferner voller Spalten und bieten endlich mannigfache Verschiedenheiten in ihrem Aufbau dar. Daher findet das Wasser ein sehr verwickeltes Netz von Durchgängen vor, durch die es sich den Weg suchen muß. Oft mag es nahe an die Oberfläche kommen, um dann wieder durch andere Spalten hinabzusinken; es macht so eine Zickzackreise auf- und abwärts, ehe es schließlich in einer Quelle austritt. Eine andeutende Darstellung dieser Art von Kreislauf gibt die Figur 45.

18. Es ist ferner einleuchtend, daß es viele unterirdische Gesteine geben muß, die beständig mit Wasser gesättigt sind. Kann man diese erreichen, so liefern sie eine ausgiebige und immer gleiche Wassermenge. Diese Erfahrung benutzt man bei der Anlage der „artesischen" Brunnen, so genannt nach der französischen Provinz Artois, wo sie seit alter Zeit in Gebrauch sind. Die Überlegung, auf Grund deren diese tiefen Brunnen ausgeführt werden, ist folgende: Wo undurchlässiges Gestein über einen beträchtlichen Landstrich hin durchlässiges Gestein bedeckt, sammelt

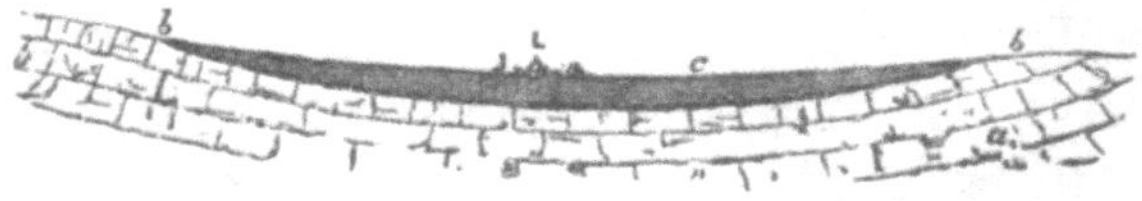

Fig. 46. Durchschnitt der Lagerung der wasserführenden Gesteine unter dem Tone bei London.

sich das Wasser, das außerhalb der Grenzen des undurchlässigen Gesteins in das tiefere Lager einsickert, dort wie in einem großen Behälter an. Treibt man nun durch die obere hemmende Schicht ein Bohrloch, so steigt das Wasser sofort in diesem ebenso in die Höhe wie in einer natürlichen Spalte; ja es kann sogar über den Boden emporsteigen. Manchmal bricht das Wasser aus dem Bohrloch mit solcher Kraft empor, daß es natürliche Springbrunnen von mehr als zehn Meter Höhe bildet. Im nördlichen Frankreich benützt man die Kraft des Strahles, um Mühlen zu treiben. Viele Brunnen sind auf Grund solcher Verhältnisse in London und seiner Nachbarschaft gegraben worden. Der beigefügte Durchschnitt (Fig. 46) durch die Gegend von London zeigt ungefähr, wie das Niederschlagswasser auf die nördlich und südlich gelegenen höheren Teile des Landes fällt, durch Sand- und Kieslager (b) und durch die Kreide (a) hinabfiltriert und sich unter dem undurchlässigen „Londonton" (c) ansammelt, der das Wasser an dem Wiederemporsteigen verhindert.[1]) Werden die Brunnen bis zu dieser wasserführenden Zone hinabgebracht, so steigt Wasser in Fülle empor. Indessen sind jetzt so viele Brunnen angelegt, daß der Wasserspiegel in ihnen allmählich Jahr für Jahr gesunken ist; demnach ist der Verbrauch stärker, als die Zufuhr zu den unterirdischen Sammelbehältern.

19. Wenn wir versuchen, uns von der Wassermenge, die beständig unterirdisch wandert, ein Bild zu machen, dürfen wir sie nicht nur nach dem Wasser bemessen, das man in deutlichen Quellen zu Tage treten sieht. Denn erstens ist zu bedenken, daß die Zahl der Quellen in Wirklichkeit viel größer ist, als es auf den ersten Blick den Anschein hat. Ein großer Teil des aus der Tiefe kommenden Wassers sprudelt nicht in der Gestalt deutlich wahrnehmbarer Quellen hervor. Wenn es die Oberfläche erreicht, sickert es durch die Ackerkrume oder tröpfelt in schwachen Rinnsalen darüber hin. Auf unbebautem Lande sind solche Stellen durch grünere Vegetationsflecke oder durch Binsengestrüpp und sumpfigen Boden kenntlich. Bisweilen kann man sie auch auf gepflügten Feldern aufgedeckt sehen, besonders zur Frühlingszeit bei trockenem Wetter. Bei Regenmangel wird der nackte Boden trocken und licht, aber hier und da ist er mit dunkelbraunen Flecken bedeckt. Diese deuten auf Stellen hin, wo das Wasser von unten heraufquillt und trotz der Abflußröhren der Landleute den Boden durchdringt. In diesen und ähnlichen Fällen sinkt das Wasser, nachdem es an die Oberfläche gekommen, wieder in die Erde hinab und beginnt eine neue unterirdische Wanderung.

20. Zweitens müssen wir bedenken, daß der natürliche Abfluß des Wassers von einem höheren zu einem niederen Punkte vieles von dem unterirdischen Wasser notwendigerweise in die unter dem Meere gelegenen Gesteine führt, so daß das Wasser beim Aufsteigen an die Oberfläche sich auf den Meeresboden ergießt und nicht auf dem Lande

[1]) In dem obigen Durchschnitte ist die Krümmung der Schichten bedeutend übertrieben, denn in Wirklichkeit ist kaum ein Becken vorhanden.

zum Vorschein kommt. Quellen längs des Strandes innerhalb der Flutmarken sind sehr häufig, und im Mittelmeere gibt es viele Stellen, wo starke Quellen oder selbst unterirdische Flüsse in einiger Entfernung von der Küste an die Oberfläche des Meeres emporsteigen, so daß man tatsächlich an diesen Punkten süßes Wasser für den Bedarf der Schiffe erhalten kann.

21. In einigen Ländern, wo es keine Flüsse gibt und wenig oder kein Regen fällt, sind die Einwohner für die Versorgung mit Wasser einzig und allein auf Quellen und künstliche Brunnen angewiesen. Aber auch in Gegenden, wo Regen und Flüsse in Menge vorhanden sind, ist der Nutzen der Quellen kaum weniger augenfällig. Man stelle sich einen Augenblick vor, was geschehen würde, wenn alles Regenwasser sofort von der Oberfläche des Festlandes abliefe, ohne daß ein Teil davon in die Erde sinken könnte. Abgesehen von der Speisung durch schmelzenden Schnee, würden Bäche und Flüsse nur nach Regengüssen fließen. Ihr Bett würde bei Abwesenheit von Regen austrocknen. Der unterirdische Kreislauf zeigt hier seine Bedeutung; er füllt durch Quellen die Wasserläufe eines Landes auch bei Trockenheit an und erhält so die Oberfläche des Landes frisch und grün.

22. Regen ist nahezu chemisch reines Wasser. Bei seinem Fallen nimmt dieses etwas Luft und einige der Verunreinigungen auf, die in der Luft schweben (Abschn. VI). Aber diese Beimengungen bilden nur einen sehr geringen Bruchteil im Regenwasser, besonders in einer gewissen Entfernung vom Rauch und Dampf der Städte und Fabriken. Nehmen wir dagegen das durchsichtigste und klarste Quellwasser, so finden wir, daß dieses, obschon es als reines oder fast reines Wasser in den Boden sank, mit verschiedenen Stoffen beladen wiedererscheint. Diese sind oft so reichlich vorhanden, daß man sie durch Kochen und Verdampfen des Wassers sichtbar machen kann, da sie dann als Satz auf dem Boden des Gefäßes zurückbleiben. Sie sind im Wasser gelöst und beeinträchtigen seine Klarheit und seinen Glanz nicht, ja sie verleihen ihm auch in den meisten Fällen keinen besonderen Geschmack. Sie finden sich in jedem Quellwasser, aber ihre Menge schwankt beträchtlich. Manchmal finden sie sich nur in dem geringen Verhältnis von fünfzig Teilen in einer Million Teilen Wasser vor; in den Mineralwässern können es aber auch bis 32700 Teile in einer Million Teilen Wasser sein.

23. Drei Fragen drängen sich in bezug auf diese bemerkenswerten Bestandteile alles Quellwassers naturgemäß auf: erstens, welcher Natur sind die im Wasser vorhandenen Stoffe? zweitens, wie nimmt das Wasser sie auf? und drittens, was ergibt sich daraus, daß sie beständig durch das Wasser fortgeführt werden?

24. (1) Die im Quellwasser enthaltenen Stoffe. Nimmt man ein Glas klaren perlenden Quellwassers und läßt es einige Zeit stehen, so kann man kleine Bläschen bemerken, die an der inneren Wand des Glases haften. Dies ist Luft oder Gas, das im Wasser gelöst war. Nach und nach steigen sie auf und entweichen, und damit verliert das Wasser den frischen, kräftigen Geschmack, den es besaß, als es eben der Quelle entnommen wurde. Ebenso nimmt gekochtes Wasser einen unangenehmen matten Geschmack an, nicht weil etwas hinzugekommen wäre, sondern weil die Luft oder das Gas, das in ihm enthalten war, ausgetrieben ist. Daraus geht hervor, daß die Anwesenheit von gasförmigen Stoffen im Quellwasser wenigstens eine der Ursachen seines angenehmen Geschmackes ist.

25. Die Chemiker haben diese Stoffe sorgfältig untersucht und gefunden, daß sie hauptsächlich aus Sauerstoff und Stickstoff bestehen, also aus den gewöhnlichen Gasen der Luft. Reines, mit Luft gesättigtes Wasser enthält 17,95 Raumteile Luft in 1000 Teilen Wasser. Das Verhältnis der beiden atmosphärischen Gase, Sauerstoff und Stickstoff, in dieser im Wasser gelösten Luft weicht bedeutend von dem in der freien Atmosphäre ab: auf je 100 Teile kommen 65,09 Teile Stickstoff und 34,91 Teile Sauerstoff. Da Sauerstoff leichter löslich ist, findet er sich in verhältnismäßig größerer Menge im Wasser als in der Luft (Abschnitt X, § 35). Quellwasser enthält auch Kohlensäuregas und hier und da Schwefelwasserstoffgas, Sumpfgas oder andere Gase.

26. Das feine weiße Häutchen mineralischer Stoffe, das

beim Kochen und Verdampfen einer gewissen Menge Quellwassers zurückbleibt, erweist sich in seiner Zusammensetzung, je nach den Quellen, als sehr verschiedenartig. Gewöhnlich besteht es aus Sulfaten oder Karbonaten von Kalzium, Magnesium, Natrium, auch enthält dieser Niederschlag oft Chlornatrium, das gewöhnliche Küchensalz. In Kalksteingebieten, wo das Wasser stark kalkhaltig ist, braucht man beim Waschen viel Seife, weil sich die mineralischen Bestandteile mit der Fettsäure der Seife verbinden und eine zähe unlösliche Masse bilden. Solches Wasser heißt *hart.* Wenn die Härte durch das Vorhandensein von Karbonaten bedingt ist, so verschwindet sie beim Sieden des Wassers. Eine harte Kruste setzt sich dann im Innern der Kessel oder Töpfe an. Wenn die Härte aber von der Beimischung von Sulfaten herrührt, so kann sie nicht durch Sieden beseitigt werden. Wo die Menge der mineralischen Bestandteile klein ist, nennt man das Wasser *weich.* Das weichste Wasser für den Hausgebrauch ist natürlich das Regenwasser, denn es enthält wenig oder keine mineralischen Stoffe.

27. Alle Quellen enthalten wenigstens Spuren mineralischer Beimengungen gelöst; einige von ihnen sind so reich daran, daß dadurch der Geschmack ihres Wassers verändert wird, oder die Beimengungen sogar beim Dahinfliessen der Quelle sichtbar werden. Diese nennt man **Mineralquellen.** Ein häufig in Lösung befindlicher Bestandteil ist Kalziumkarbonat. Dieses setzt sich, wenn das Wasser bei seinem Fortrinnen von der Quelle zu verdunsten beginnt, als weiße Kruste auf Steinen oder anderen Gegenständen auf seinem Wege ab; es wird aber häufig auch durch die Tätigkeit von lebenden Pflanzen, besonders gewisser Moose niedergeschlagen. Eine weiße Kalkkruste überzieht jede Faser und schließt sie vollständig ein, sodaß beim Absterben der Pflanze die weiße Kruste übrig bleibt und die äußere Form des Mooses beibehält, während zugleich weiterer Kalk ins Innere dringt und das Moos in eine Art Stein, *Kalksinter* genannt, verwandelt. Diese *kalkhaltigen* Quellen finden sich in Kalkgebieten in Menge. In anderen Quellen enthält das Wasser hauptsächlich Eisensulfat und setzt beim Abfluß Eisenhydroxyd als gelbe oder braune Schicht an den

Rändern seiner Rinne ab. Derartige Quellen sind als eisenhaltige oder *Stahlquellen* bekannt. Auch Kochsalz ist einigen Quellen eigentümlich, und diese führen, wenn sie erhebliche Mengen davon enthalten, den Namen *Soolquellen*. Bisweilen sind sie mit Salz nahezu oder ganz gesättigt. Viele Quellen, die eine beträchtliche Beimengung mineralischer Bestandteile enthalten, sind in bestimmten Krankheiten heilsam, teils als Getränk, teils als Bäder. Man nennt sie *Heilquellen*. So enthält das Wasser von Ems viel Natriumkarbonat und Chlornatrium, das von Wiesbaden ist reich an Chlornatrium und enthält daneben andere Chloride und Kalziumkarbonat; der Brodelbrunnen von Pyrmont ist besonders reich an Kalziumkarbonat und Eisenkarbonat, sowie Kalziumsulfat und Magnesiumsulfat, auch die Karlsbader Quellen enthalten viel Sulfate, die von Vichy sind zugleich alkalisch und sauer durch die bedeutenden Mengen Soda, Pottasche und Kohlensäuregas.

28. In gebirgigen und schneebedeckten Gegenden trifft man Quellwasser an, das sich kaum über dem Gefrierpunkte befindet. Von dieser untern Grenze bis zu den siedenden Quellen der Geiser ist jeder Temperaturgrad in den verschiedenen Quellen vertreten. Offenbar hängt die Temperatur der Quelle von derjenigen der Gesteine ab, aus denen das Wasser hervorquillt. Kommt das Wasser von schmelzendem Schnee und Eis, so muß es natürlich kalt sein. Sinkt es tief in die Erde, sodaß es unter den Einfluß der Wärme des Innern gelangt, so ist es warm. Deshalb hat man offenbar guten Grund, die Temperatur als Anzeichen für die wahrscheinliche Tiefe anzusehen, aus der das Wasser an die Oberfläche kommt.

29. Heißes Wasser hat für die meisten Stoffe ein größeres Lösungsvermögen als kaltes. Daher sind warme Quellen oder Thermen oft mit großen Mengen mineralischer Stoffe beladen. Viele Heilquellen sind warm. Die von Baden-Baden besitzen z. B. eine Temperatur von 46°—70° Cels., diejenigen von Wiesbaden 68° und die Karlsbader 74° Cels. Einer der besonders in heißem Wasser löslichen Stoffe ist die Kieselsäure (Sand, Feuerstein), von der schon erwähnt wurde, daß sie im Wasser siedender Quellen vorkommt und sich in Gestalt einer festen Kruste um die Öffnungen festsetzt, aus denen das Wasser hervorsprudelt, wie bei den Geisern Islands, des Yellowstone-Park und Neuseelands (Abschn. XXI, § 24, 25).

30. Das Verhältnis der Mengen in Lösung befindlicher Stoffe ist in den verschiedenen Quellen sehr verschieden. Im gewöhnlichen Quellwasser wechselt es von 50 bis 500 Teilen in 1 000 000 Teilen Wassers (§ 22). Aber in Gegenden, wo das Wasser „hart" ist, kann die Menge auf 2000 Teile in einer Million steigen. In den Mineralquellen ist der Bruchteil sehr viel größer. So betragen die festen Teile im Wasser von Pyrmont $\frac{2692}{1000000}$, das Wasser von Ems enthält $\frac{2832}{1000000}$, Wasser von Wiesbaden $\frac{8262}{1000000}$, dasjenige von Püllna in Böhmen $\frac{32771}{1000000}$ feste Teile. Der Bruchteil beträgt für das Wasser des Atlantischen Ozeans etwa $\frac{35000}{1000000}$, im toten Meere aber $\frac{240483}{1000000}$.

31. Wenn der Wasserausfluß und zugleich der Bruchteil der aufgelösten Mineralbestandteile groß ist, so muß die Menge der Stoffe, die aus den unterirdischen Gesteinen gelöst und durch Quellen zu Tage gefördert wird, ungeheuer groß sein. So nimmt man an, daß eine der heißen Quellen von Leuk in der Schweiz bei einer Temperatur von 62° jedes Jahr nahezu $4\frac{1}{2}$ Millionen Kilogramm Gips an die Oberfläche befördert. Könnte diese ganze Mineralmasse gesammelt werden, so würde sie eine quadratische Säule von 200 Meter Höhe und acht Meter Dicke bilden. Die Soolquelle von Neusalzwerk bei Minden liefert nach den Untersuchungen in einem Jahre genug Soole, um daraus einen 24 Meter hohen Salzwürfel herstellen zu können. Die Quellen von Bath fördern alljährlich soviel mineralische Substanzen zu Tage, daß man daraus einen viereckigen Pfeiler von drei Meter Länge und Breite und 26 Meter Höhe aufbauen könnte.

32. (2) Der Ursprung der im Quellwasser gelösten Stoffe. Wir haben gelernt, daß der Regen beim Niederfallen etwas Luft auflöst, aber vielmehr Sauerstoff und Kohlensäuregas davon aufnimmt, als den Bruchteilen dieser Gase in der freien Atmosphäre entspricht (§ 25 und Abschnitt X § 35). In der Tat ist der Gehalt an Kohlensäuregas 30 bis 40 mal größer. Beim Einsickern in den Boden nimmt das Regenwasser von verwesenden Pflanzen- und Tierresten noch mehr Kohlensäure und verschiedene organische Säuren auf. In alten vulkanischen Gebieten, wie z. B. in der Auvergne in Mittelfrankreich und der Eifel in der Rheinprovinz, wird das Kohlensäuregas in großen Mengen von unterirdischen Herden ausgehaucht und gelangt hier und da durch Quellen an die Oberfläche, die, wie z. B. diejenige des Bades Tönnistein im Brohltal, so reich daran sind, daß es in zahlreichen Blasen emporsprudelt, wenn das Wasser zu Tage tritt.

33. Der Sauerstoff und die Kohlensäure, die durch das einsickernde Regenwasser in das unterirdische Gestein hineingeführt werden, spielen eine wichtige Rolle bei der gesteinzersetzenden Tätigkeit des Wassers. Das Vorhandensein der Kohlensäure macht es zu einem guten Lösungsmittel für verschiedene Mineralien. Wie diese Lösung vor sich geht, das läßt sich über der Erde leicht an den Vorgängen an vielen Brückenbogen erläutern. Auf der Unterseite eines Bogens oder einer gewölbten Kellerdecke ist oft jede Mörtelfuge mit einer Reihe zarter weißer, herabhängender Zapfen bedeckt. Am Ende eines jeden dieser hängenden Zapfen befindet sich oft ein klarer Wassertropfen, der nach einiger Zeit zu Boden fällt und allmählich durch einen neuen Tropfen ersetzt wird. Falls der Boden unter dem Gewölbe unbetreten bleibt, wächst an den Stellen, wo die Tropfen auffallen, ein weißer Niederschlag, dem an der Decke befindlichen ähnlich, in kleinen Wülsten aufwärts, deren jeder durch das beständige Tropfen des Wassers feucht gehalten wird. Diese weißen Krusten nehmen von Jahr zu Jahr zu, wie man sich leicht überzeugen kann. Es ist klar, daß sie aus dem Gemäuer gekommen sind, und daß jenes tropfende Wasser etwas mit ihrer Bildung zu tun hat.

34. Da das Regenwasser Kohlensäure enthält, so besitzt es die Fähigkeit, Kalk aufzulösen und ihn in der als Bikarbonat des Kalzium bekannten Verbindung gelöst zu halten. Der Mörtel, der das Gemäuer zusammenhält, besteht hauptsächlich aus Kalk. Da er gewöhnlich durchlässiger ist als die Steine oder Ziegel, die er zusammenkittet, so läßt er einen Teil des Regenwassers in die Fugen des Gemäuers einsickern. Das Wasser nimmt auf seinem Wege von der oberen nach der unteren Seite des Gewölbes etwas Kalk auf und führt ihn gelöst mit sich fort. Jeder Tropfen, der an der Decke erscheint und dort eine Zeitlang hängen bleibt, ehe er hinabfällt, verliert einen Teil seines Wassers durch Verdunstung und damit einen Teil seiner Kohlensäure und kann daher nicht mehr so viel Kalk gelöst halten wie vorher. Folglich muß er den Überschuß als weißes Häutchen auf dem Gewölbe ablagern. Dann fällt der Tropfen und wird durch den nächsten ersetzt, der dieselben Schicksale durchmacht, und so wächst der ursprüngliche Kalkring um die Ränder des ersten Tropfens, durch Ablagerung immer neuer Teilchen, zu einer schlanken hohlen Röhre, oder zu einem Zacken an, der wie ein steinerner Eiszapfen aussieht. Wenn dieser nicht zerstört wird, kann er sich verlängern, bis er den Boden erreicht, und seine Seiten können sich durch weiteres tröpfelndes Wasser bis zu einer schlanken Säule verdicken, oder selbst bis zu einem Pfeiler, der die Decke zu tragen scheint. Diese hängenden Zapfen oder Säulen aus Kalk nennt man *Stalaktiten*.

35. Aber die Tropfen lassen nicht allen Kalk an der Decke zurück. Einen Teil davon nehmen sie beim Herabfallen mit sich. Dort unten verdunsten sie weiter und setzen daher eine weitere Menge Kalk als eine weiße feste Kruste ab, die man *Stalagmit* nennt. Dieser Vorgang des Lösens und Wiederabsetzens, den man so gut im Kleinen an gemauerten Gewölben beobachten kann, vollzieht sich zuweilen in großartigem Maßstabe in mächtigen Kalksteinhöhlen (§ 39—41).

36. Wenn nun das Regenwasser schon beim Durchdringen eines wenige Dezimeter dicken Mauerwerks so große Veränderungen hervorbringen kann, was für Wirkungen dürfen wir da unter der Erde erwarten, wo das Wasser ausgedehnte Gesteinsmassen durchdringt, und wo seine auflösende Kraft wohl noch durch die Wärme des Erdinnern erhöht wird!

37. (3) Die Folgen der Fortführung unterirdischer Stoffe durch das Quellwasser. Was ist die Folge dieser allgemeinen Durchtränkung der unterirdischen Gesteine mit Wasser und der Fortführung so großer Mengen ihrer festen Stoffe? Die Beantwortung dieser Frage erfordert eine Untersuchung nach zwei Richtungen: erstens, die Feststellung der Wirkungen an der Oberfläche, zweitens, die der unterirdischen Wirkungen.

38. Was den Einfluß der Lösung der unterirdischen Gesteine auf die Erdoberfläche betrifft, so mögen wir bedenken, daß die Quellen den Flüssen und Seen und so mittelbar dem Meere Kalk, Eisen, Soda und andere lösliche Stoffe zuführen. Im süßen Wasser und im Meere leben eine Unzahl Tiere, die aus dem Kalk oder anderen im Wasser befindlichen Verbindungen die Stoffe zu ihren Schalen oder Skeletten entnehmen. Würden diese Stoffe eine Zeitlang ausbleiben, so wäre das Ergebnis die Vernichtung eines großen Teils der Bewohner unserer Seen, Flüsse und Meere. Selbst der Mensch würde darunter leiden, nicht nur durch den Verlust einiger der wertvollsten seiner Nahrungsmittel — Mollusken (Austern etc.), Krustentiere (Hummer, Krabben) und Fische —, sondern allein schon durch das bloße Fehlen von mineralischen Stoffen im Trinkwasser, die zur Erhaltung seiner Gesundheit nötig sind. Ebenso würde das Versiegen der Heilquellen ihn eines wichtigen Mittels bei der Behandlung vieler Krankheiten berauben.

39. In den unterirdischen Veränderungen indessen und in ihrem Einfluß auf die Oberfläche ist die Wirkung der Wegführung mineralischer Bestandteile durch Quellen besonders auffallend. Da eine jede Quelle beständig Teile der festen Stoffe des Erdinnern auflöst und an die Oberfläche befördert, und da der Betrag, der auf diese Weise von vielen Quellen fortgeschafften Stoffe groß genug ist, um schon in einem einzigen Jahre umfangreiche Hügel aufzuwerfen, falls jene Stoffe in fester Gestalt gesammelt würden, so müssen mit der Zeit Höhlungen in den unterirdischen Gesteinen entstehen. In den Kalkgebieten kann man sich von der Richtigkeit dieses Schlusses am leichtesten überzeugen. Kalkstein ist löslich und kann durch Sickerwasser ebenso gelöst werden wie der Mörtel eines Brückenbogens (§ 33). Er ist voller Sprünge und Klüfte, durch die das Wasser seinen Weg nach unten findet. Jeder dieser Durchgänge erweitert sich allmählich durch die Auflösung und Fortführung des seine Seiten bildenden Gesteins. Daher ist in Gegenden, wo der Kalkstein das oberste Gestein bildet, der Boden manchmal voller Löcher, die durch das tröpfelnde Regenwasser in dem festen Gesteine ausgenagt wurden, und die in zahlreiche sich verzweigende Kanäle und Kammern unter der Erde führen.

40. Eines der bemerkenswertesten Beispiele dieser Art von Gebilden bietet der Karst in Krain, die Fortsetzung der Julischen Alpen: ein Kalksteintafelland, so voller Höhlen, daß es einem Schwamm gleicht. Der darauf fallende Regen wird sogleich aufgesogen und verschwindet in unterirdischen Kanälen; auf der Oberfläche vernimmt man das Rauschen des Wassers in dem Gestein. Einige der Höhlen, die sich nach aussen öffnen, sind mehr als hundert Meter tief. Einige sind gewunden und gehen in Gänge über, in denen sich das gesammelte Wasser in Gestalt großer und reißender unterirdischer Flüsse fortbewegt und entweder, wie der Timavo, am Außenrande des Tafellandes hervortritt, oder eine Strecke weit über die Küste hinaus unterirdisch weiter fließt und auf dem Boden des Meeres in dieses mündet. Hier und da erweitern sich die Irrgänge der durchlöcherten Gesteine zu einer großen Höhle, von deren Decke Tropfsteine aus schneeweißem kristallinischen Kalkstein herabhängen, die oft als mächtige Pfeiler und Wände bis auf den Boden reichen. Derart ist die berühmte Adelsberger Grotte bei Triest beschaffen — eine Reihe von Höhlen und Gängen, durch die ein Fluß rauscht.

41. Noch ausgedehnter ist die Mammuthöhle in Kentucky — eine etwa sechzehn Kilometer lange Höhle mit vielen verzweigten Gängen, die zusammen eine Länge von über dreihundert Kilometern haben sollen. Auf der Insel Antiparos liegt eine berühmte Grotte zweihundert Meter unterhalb des Erdbodens, die eine geräumige Halle von hundert Meter Weite und achtzig Meter Höhe bildet.

42. Teils von der auflösenden Wirkung des einsickernden Wassers auf die Wände der Klüfte des Kalksteins, teils vom Einstürzen der Decken der unterirdischen Gänge ist der Erdboden in einigen Kalkgebieten so voller Löcher und zugleich so entblößt von Ackerkrume, daß er zu einer nackten und trockenen Wüste wird. Der ganze Regenniederschlag, die Quellen und Flüsse verschwinden unter der

Oberfläche. Im Laufe der Zeit hat sich der Boden hier und da in solcher Ausdehnung gesenkt, daß er Höhlungen bildet, in denen sich das Wasser zu Seen sammelt. Diese haben aber keinen Abfluß an der Oberfläche. Das Wasser tritt aus Öffnungen im Gestein hervor, um sie zu füllen, und fließt durch andere Öffnungen derselben Art wieder ab. Der Zirknitz-See in Krain ist ein Beispiel eines derartigen Sees. Er ist etwa neun Kilometer lang und zwei bis drei Kilometer breit, aber gewöhnlich nicht mehr als zwei bis drei Meter tief. Sein Boden soll von etwa 400 Löchern durchbohrt sein, durch die das Wasser aufsteigt. Bei nassem Wetter steigt er bis zur dreifachen Höhe. Aber auch bei Hochwasser ist er rings von höher gelegenem Boden so umgeben, daß er keinen oberirdischen Abfluß besitzt, sondern seinen Wasserüberfluß durch die unzähligen Höhlungen im Kalke ablaufen lassen muß (Abschn. XXVI, § 13).

43. In einigen Teilen der Erde, besonders in Kalksteingebieten, erleidet also die Oberfläche des Landes durch die chemische Tätigkeit des unterirdischen Wassers bedeutende Veränderungen. Doch wird die Gestalt der Oberfläche durch die Wanderung des Wassers in der Erde noch in anderer Weise beeinflußt. Da, wo der Regen durch eine durchlässige geneigte Schicht von Erde oder Gestein hinabsinkt, bildet er bisweilen ein lockeres wasserreiches Lager, zerstört dadurch die Unterlage der überlagernden Massen und bewirkt so, daß diese den Abhang hinabgleiten und unten in Stücke zerfallen. Dies nennt man einen Bergrutsch (oder Landschlipf). Veränderungen dieser Art können natürlich nur an Berghängen, Klippen, in Schluchten oder allgemein an Steilabhängen eintreten, wo durch die Schwerkraft eine Bewegung von einem höheren nach einem tiefer gelegenen Punkte stattfinden kann. Sie sind längs der Seeküste häufig, und viele Teile der englischen Küstenlinien sind von alten Landrutschen umsäumt. Wenn die abgestürzte Masse eine große Ausdehnung hat und sich mit Pflanzenwuchs bedeckt, bildet sie einen Streifen zerrissenen und malerischen Landes vor den höheren dahinter liegenden Klippen. Derart ist das Unterkliff der Insel Wight und die lange Reihe rauher Felsen und begraster Wälle, die die steilen Klippen von Antrim umsäumen. Am letzteren Ort (Fig. 47, 48) erhebt sich ein großes Tafelland aus alten harten Lavadecken (b) an der Küste in einer Reihe stolzer Klippen, die auf Schichten von viel weicheren und durchlässigeren Gesteinen

Fig. 47. Durchschnitt durch die Klippe und den Erdrutsch bei Antrim.

(s) ruhen. Durch das Einsickern von Wasser in die Schichten der unteren Hälfte der Klippe hat sich die Unterlage des oberen Teils gelockert, und so sind mächtige Stücke der schweren festen Lavagesteine in die Tiefe gerutscht.

Fig. 48. Ansicht eines Teiles der Klippen und des Erdrutsches bei Antrim.

Viele dieser herabgestürzten Bruchstücke sind für sich allein groß genug, um den Namen von Hügeln zu verdienen.

44. In gebirgigen Gegenden, die heftigen Regengüssen ausgesetzt sind, bilden die Erdrutsche eine häufige Erscheinung. Die Erde und die obern Schichten des Gesteins saugen sich voll Wasser, werden locker und gleiten die

Abhänge hinab, Bäume und Felder mit sich in die Täler hinabreißend und dort unten mächtige Trümmerhalden aufhäufend. In Sikkim und in anderen Gegenden im Süden des Himalaya verändert sich aus diesem Grunde die Bodengestalt nach heftigen Regengüssen, weite Strecken der Bergabhänge von vielen Hektaren Ausdehnung lösen sich ab und gleiten mit ihrer Waldbedeckung in die Tiefe. Zuweilen legen sich diese abgerutschten Schuttmassen quer über ein Tal, dämmen so den Fluß ab und bilden einen See. Da aber der Damm nur aus losen Trümmern besteht, gibt er leicht dem Drucke der sich sammelnden Wassermassen nach; diese ergießen sich mit großer Gewalt das Tal hinab, schwemmen alles mit sich fort und verwüsten auf ihrem Wege die Gegend viele Kilometer weit.

45. Wenn Erdrutsche in starkbevölkerten und bebauten Tälern stattfinden, so verursachen sie bisweilen große Verluste an Menschenleben und an Eigentum. So setzte sich im Tale von Goldau in der Schweiz im Jahre 1806 nach andauernder nasser Witterung eine Gesteinschicht von 30 Meter Mächtigkeit, die auf durchtränkten sandigen Schichten ruhte, talabwärts in Bewegung. Die ganze Seite des Roßberges schien in Bewegung begriffen zu sein. In wenigen Minuten war die hinabgleitende Masse unter schrecklichem Getöse in das Tal hinabgestürzt und hatte fünf Dörfer und etwa 500 Menschen unter einer 30 bis 80 Meter hohen Masse von Gesteinstrümmern begraben.

Abschnitt XXV. — *Die Gewässer des Festlandes. II.*

Fließendes Wasser. Bäche und Flüsse.

1. Nachdem wir im letzten Abschnitte den Teil des Regenwassers in seinem Laufe verfolgt haben, der im Erdboden verschwindet, haben wir noch zu untersuchen, was aus dem übrigen wird. Da die Oberfläche des Landes höher ist als das Meer und sich nach dem Meeresspiegel zu senkt, so kann das vom Himmel herabgefallene Wasser nicht auf dem Lande stehen bleiben, sondern muß, der Schwerkraft gehorchend, nach dem tiefsten Punkte streben.

Dies kann es nur dadurch tun, daß es entweder, wie im letzten Abschnitt erklärt wurde, in den Boden sickert oder auf der Oberfläche abwärts fließt, bis es das Meer erreicht. Wäre das Land von einem in der Mitte gelegenen Rücken aus nach beiden Seiten gleichmäßig geneigt, wie das Dach eines Hauses, so könnte der Regen leicht in Wasserschichten ablaufen. Aber statt solcher Einförmigkeit bietet das Festland überall die denkbar unregelmäßigste Oberfläche dar. Selbst auf einer Fläche, die uns völlig eben und glatt zu sein scheint, wie z B. eine gut gebaute Straße, befinden sich unzählige kleine Erhöhungen und Vertiefungen, die bei einem Regen sofort sichtbar werden; denn dann sind die Vertiefungen durch dünne Rinnsale kennbar, in denen das Wasser abwärts läuft.

2. **Wasserläufe und Flußgebiete.** Infolge der Unebenheit der Oberfläche des Landes rinnt also das überschüssige Regenwasser in die Vertiefungen, bis es den tiefsten Punkt erreicht hat. Diese Vertiefungen oder Kanäle, die den Abfluß des Wassers aufnehmen und weiter leiten, heißen Wasserläufe. Sie schwanken in der Größe zwischen dem kleinsten Bache und dem breiten Strome, der das abfließende Wasser eines halben Erdteils ins Meer führt.

3. Man nehme die Karte irgend eines großen Landes oder eines Erdteiles in die Hand, und beachte darauf die Anordnung der Wasserläufe. Man sieht, daß sie einigermaßen wie die Zweige und der Stamm eines Baumes angeordnet sind. In den Tiefländern nach dem Meere zu durchschneidet ein einziger mächtiger Stamm in großen Windungen das Land. Aber weiter landeinwärts teilt er sich in verschiedene Äste, diese wieder in noch kleinere Zweige und so fort, bis zur obersten Grenze des von dem Flusse entwässerten Gebietes. Dies ist die allgemeine Anordnung der Gewässer des Festlandes: unzählige kleine Bäche im Herzen des Landes, die beim Abwärtsfließen mehr und mehr zusammenströmen, bis sie sich alle zu einem oder ein paar Hauptströmen vereinigen.

4. Verfolgen wir in Gedanken den Lauf eines großen Stromes von seinem Ursprunge inmitten eines Landes bis zu seiner Einmündung in das Meer. In den fernen Gebir-

gen, wo die Quellen des Stromes gesucht werden müssen, sind die höheren Gipfel wahrscheinlich mit Schnee bedeckt, während lange Schnee- und Eiszungen weit in die oberen Teile der Täler hinabreichen. Vielleicht entspringt der Strom in dem schmelzenden Eise eines Gletschers (Abschn. XXVIII). In diesem Falle bricht er als reißender Bergstrom mit schlammigem Wasser aus dem Gletscher hervor und rauscht das Tal hinab, wobei er von beiden Seiten her unzählige kleinere Wildbäche aufnimmt, die, teils dem schmelzenden Rande des Schnees, teils zahlreichen klaren, murmelnden Quellen entstammend, die steilen Hänge hinab ihm zueilen. Oder der Fluß entspringt als eine einfache Quelle, die vielleicht nicht größer ist als viele andere in ihrer Nachbarschaft, aber seit frühen Zeiten von der menschlichen Bevölkerung des Gebietes als die eigentliche Flußquelle betrachtet worden ist. Eine solche Quelle, die entweder ruhig aus dem Boden hervorrinnt oder mit starker Wasserfülle heraussprudelt, bildet den ersten kleinen Strom, der in seinem steinigen Bette hinabschießt und von beiden Seiten beim Herabfließen viele Nebenbäche aufnimmt, bis er, in schäumenden Fällen von Stein zu Stein hüpfend und sich durch tiefe Schluchten hindurch windend, den ebneren Teil des Tales erreicht. Auf diesem ersten Teile seines Laufes, als Bergstrom, ist der jugendliche Fluß nur einer von vielen ähnlichen Strömen, von denen die Seiten der höheren Berge durchfurcht sind.

5. Wenn er aber das Tal erreicht, tritt er in einen zweiten und deutlich unterschiedenen Teil seines Laufes ein. Sein Fließen ist weniger reißend, sein Bett weniger steil und uneben. Er windet sich in vielen Biegungen hin und her durch die flachen Teile des Talbodens und rauscht die engen Schluchten hinab, die von Zeit zu Zeit sich ihm entgegen stellen. Er wächst beständig durch Aufnahme vieler kleinerer Bäche auf beiden Seiten und wird, je weiter er vorrückt, mehr und mehr zu einem wirklichen Flusse. Diese im Tale liegende Strecke ist bei weitem die längste und wichtigste seines Laufes. Auf ihr erhält er das meiste Wasser und nimmt die hauptsächlichsten Eigentümlichkeiten eines Flusses an. Seine Zuflüsse sind nicht mehr bloße

Gebirgsbäche, sondern Flüsse, die bisweilen ebenso lang sind wie er selbst. Aber je mehr diese an Größe zunehmen, desto weniger zahlreich werden sie, so daß der Hauptstrom im letzten Teil seines Laufes, dem Unterlauf, wenige oder gar keine Zuflüsse mehr empfängt.

6. Wenn der Strom endlich nach Verlassen des Tales, das ihn durch die Berge und das niedere Hügelland geführt hat, die Tiefebene erreicht, so tritt er in den letzten Abschnitt seines Laufes, in das **Delta** ein. Bis dahin hat er immer nur Zweige aufgenommen, aber keine abgegeben.

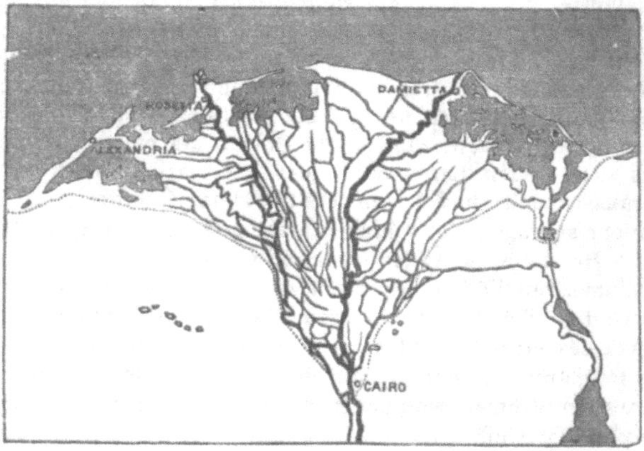

Fig. 49. Delta des Nil.

Nun aber beginnt er sich in viele Arme zu teilen, die sich hin und her winden und von neuem in der sumpfigen Niederung verzweigen. Der Strom kann sich auf dieser Strecke seines Laufes so oft gabeln, daß er sich in vielen Mündungen ins Meer ergießt; diese sind vielfach so gleich an Größe, daß es schwer wird, zu entscheiden, welche von ihnen die Hauptmündung genannt zu werden verdient. Dazu kommt, daß diese verschlungenen Kanäle beständig ihre Lage verändern, während das Wasser des Stromes sich dem Meere zuwälzt. So kann sich die einstige Hauptmündung vielleicht zur Hälfte verstopfen und die Hauptmasse des Wassers einen anderen Kanal in einiger Entfernung zum Ausflusse wählen.

7. Ein Blick auf die Landkarte zeigt, daß die meisten Flüsse nur auf sehr geringe Entfernungen in gerader Linie dahinfließen, es sei denn, daß ihr Weg durch ein gerades Tal führt. Dies gilt für jeden Teil ihres Laufes. Das Bett windet sich fortwährend von einer Seite zur andern. Im Kleinen findet dieselbe Erscheinung statt, wenn der Regen während eines heftigen Gusses eine geneigte Strecke der Landstraße hinabrinnt. Am oberen Ende können die Rinnen, wenn schon immerfort abwärts strebend, doch wegen der Unebenheiten des Bodens nicht in geraden Linien dahinfließen, sondern wenden sich bald auf die eine, bald auf die andere Seite wegen der auf der Straße befindlichen Steine oder anderer Unebenheiten. Wo für sie von den Wagenrädern gerade Furchen gezogen sind, benutzen sie diese und fließen dann in geradem Laufe, wie ein Fluß in einem Längstale. Aber es dauert nicht lange, so verlassen sie die Furche und nehmen ihren gewundenen Lauf wieder auf, vereinigen sich beim Hinabfließen und schwellen die Hauptrinne an, die den Weg hinabeilt und vielleicht in einem benachbarten Tümpel endigt. Was die Kiesel, Gleise und andere Unebenheiten auf dem Wege für den Regen sind, das ist die unebene Oberfläche des Landes für Bäche und Flüsse. In jedem Falle sucht das Wasser den bequemsten Weg auf, um zu tiefer gelegenen Teilen des Bodens zu gelangen. Aber dieser Weg ist selten der kürzeste. Jedes Hindernis, das vom Wasser nicht überwältigt oder beseitigt werden kann, bewirkt eine Ablenkung, und da Hindernisse dieser Art in Fülle vorhanden sind, so ist der Weg des Wassers eine fortlaufende Reihe von Drehungen und Windungen. Bodenwellen und Mulden, Höhen und Täler lenken die Ströme bald hier- bald dorthin, bis das Wasser endlich nach einer Wanderung, die meistens vielmal länger ist als die gerade Entfernung von der Quelle, im Meere zur Ruhe kommt. Die schlangenartigen, maeandrischen Windungen des fließenden Wassers bilden eines seiner bezeichnendsten Merkmale. Sie zeigen sich sowohl bei kleinen Bächen, die in seichten Betten durch ebene

Wiesen fließen, wie bei mächtigen Flüssen, die sich in tiefen Schluchten durch ungeheure Tafelländer winden. Die Biegungen eines Teiles des mächtigen Mississippi-Stromes sind in Figur 50 dargestellt; aber die Zeichnung könnte ebenso gut den Lauf irgend eines kleinen Baches darstellen.

8. Bei diesen Biegungen geschieht es wohl auch, daß der Fluß gelegentlich den schmalen Teil einer Schlinge

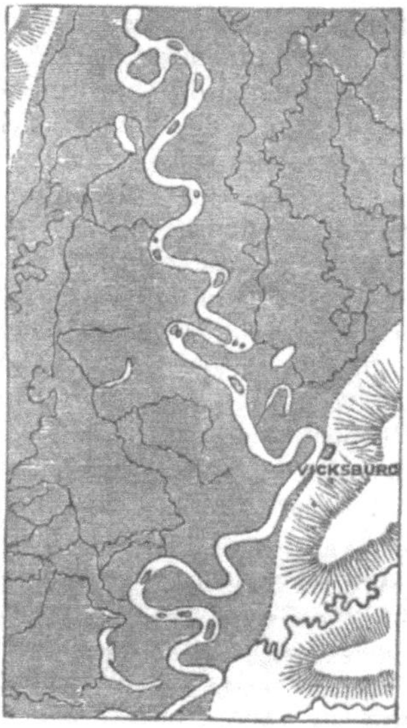

Fig. 50. Windungen des Mississippi. Der schattierte Teil bezeichnet die Alluvialebene.

durchschneidet und so sein Bett abkürzt und gerade macht. Die Biegung wird allmählich durch die Anhäufung von Sand und Schlamm abgeschnitten und wird zu einem halbmondförmigen Teiche oder einer Lagune von stehendem Wasser. Beispiele dieser Art sind längs des Laufes von Strömen, die durch flaches Land fließen, häufig; so beim Mississippi (Fig. 50). Im Rhonedelta heißen sie „Aigues mortes“ (tote Wasser), längs des Rheines in der oberrheinischen Ebene „Altwasser“.

9. Eine Folge der häufigen Änderung in der Richtung eines Flußlaufes ist die, daß es unmöglich wird, von der östlichen oder westlichen Seite, oder dem nördlichen oder

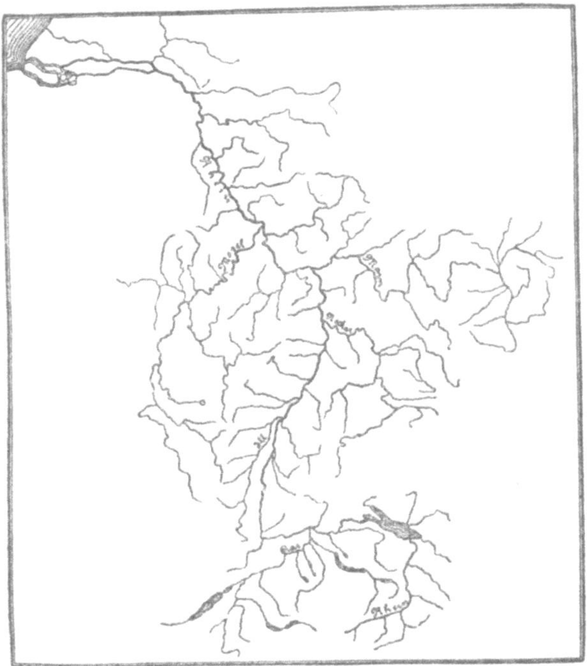

Fig. 51. Das Stromgebiet des Rheins (1:8000000).
(Aus Hann, Hochstetter und Pokorny, Allgem. Erdkunde Bd. II. Verlag G. Freytag, Leipzig.)

südlichen Ufer zu sprechen. Offenbar kann dieselbe Seite, die an einem Punkte die östliche ist, nacheinander im Laufe weniger Kilometer die nördliche, südliche oder westliche werden. Daher ist es üblich, die eine Seite das **rechte Ufer**, die andere das **linke Ufer** zu nennen, wobei der

Beobachter den Fluß in der Richtung seines Laufes hinabsehend gedacht wird.

10. Eine zweite Tatsache, die wir auf jeder Landkarte erkennen können und die auch durch Fig. 51 veranschaulicht wird, besteht darin, daß jeder große Strom den natürlichen Abflußkanal für ein weites Gebiet bildet. So werden alle Wassermassen des größten Teils von Nordamerika, sei es, daß sie von Regen, schmelzendem Schnee oder Quellen herrühren, durch einen einzigen Strom, den Mississippi, dem Meere zugeführt. Der von diesem Strome entwässerte Flächenraum wird auf 3 000 000 Quadratkilometer geschätzt. Man nennt ein solches Gebiet das **Strom- oder Fluß- oder Entwässerungsgebiet** eines Wasserlaufs. Das Flußgebiet des Ganges schätzt man auf 1 060 000 Quadratkilometer, dasjenige des Rheines auf 224 400 Quadratkilometer, das der Elbe auf 146 500 und dasjenige der Weser auf 48 000 Quadratkilometer.

11. Wenn man auf einer Landkarte von Mitteleuropa rings um die Quellen aller Zuflüsse des Rheinstroms eine Linie zieht, so stellt diese die **Wasserscheide** des Rheinstromgebiets dar. Im Osten findet man die Stromgebiete der Ems, der Weser, der Elbe zur Nordsee und der Donau mit Inn zum Schwarzen Meer, im Süden den Po und die Rhone zum Mittelmeer fließend; im Westen führen die Seine und Maas die Wassermassen der westlichen Abdachung von Mitteleuropa in den Atlantischen Ozean.

12. Die Wasserscheide eines Landes ist also diejenige Linie, die das Abfließen der Bäche und Flüsse nach zwei entgegengesetzten Abhängen abgrenzt. Auf vielen Karten findet man sie verzeichnet, als wäre sie eine Bergkette. Aber in Wirklichkeit fällt sie nicht notwendigerweise mit den höchsten Erhebungen zusammen. Zieht man zum Beispiel auf der Karte von Europa eine Bleistiftlinie zwischen den Strömen, die zum Atlantischen Ozean, der Ostsee und der Nordsee, und denen, die zum Mittelmeer, Schwarzen und Kaspischen Meer abfließen, so hat man damit die Hauptwasserscheide des Erdteils. Man findet dann, daß diese Linie, statt mit der Achse dieses Festlandes (Abschnitt XIX § 19) oder mit irgend einer mittleren Gebirgskette zusammenzufallen, alle großen Gebirge, Hochländer und Ebenen quer durchschneidet. Von Gibraltar ab durchquert sie das Hochland der spanischen Halbinsel, kreuzt in schiefer Richtung die Pyrenäen, setzt quer über das Hochland von Mittelfrankreich und läuft auf dem rechten Rhoneufer zu den Vogesen; dann kehrt sie nach Süden um über den Jura zu den Alpen, geht längs und über die Höhenzüge der Alpen, zum Schwarzwald, dem schwäbischen Jura, Fichtelgebirge, Böhmerwald und den Karpathen und steigt dann in die weiten Ebenen von Rußland hinab, durch die sie sich im allgemeinen in nordöstlicher Richtung bis zum Uralgebirge hindurchwindet. Daß die Wasserscheide nicht ein hoher Gebirgskamm zu sein braucht, kann man oft in sanft hügeliger Gegend beobachten, wo demselben Tal an jedem Ende ein nach der entgegengesetzten Richtung fließender Wasserlauf entströmen kann, während die Wasserscheide zwischen beiden eine ganz unmerkliche Erhebung des Bodens ist.

13. Der Lauf der Wasserscheide gewährt wichtige Aufschlüsse über die Gestalt eines Landes. Diese Linie durchschneidet selten die Mitte einer Gegend, wie etwa der First eines Daches. Gewöhnlich liegt sie ganz auf einer Seite und windet sich in großen Biegungen durch das Land. Nun genügt aber die Lage der Wasserscheide, wie die im Abschnitt XIX § 19—24 beschriebene Achse, zur Bestimmung des Verhältnisses der Senkungen der beiden Seiten eines Landes oder Erdteils, besonders da, wo diese beiden Seiten sich bis zum Meeresspiegel erstrecken. Betrachten wir z. B. Südamerika. Die Wasserscheide fällt nahezu mit der Achse größter Erhebung zusammen und liegt nahe der westlichen Küste. Der Abfall nach dem Stillen Ozean muß daher sehr viel steiler sein als der nach dem Atlantischen Ozean. Ein heftiger Regenguß, der auf die Wasserscheide fällt, wird natürlich teils nach Westen, teils nach Osten abfließen. Der nach Westen fließende Teil wird von der Höhe von über 3000 Meter hinab den Stillen Ozean nach einem Wege von nicht mehr als 120 Kilometern in gerader Richtung erreichen; während die andere Hälfte, von derselben Höhe aus abfließend, eine Reise von über 3000 Kilometern in gerader Linie zurücklegen muß, ehe sie zum Atlantischen Ozean kommt. Die Wasserscheide der Halbinsel Vorderindien, im Süden des Golfes von Cambay, der nördlich von Bombay liegt, ist ein weiteres Beispiel für diese seitliche Lage der Wasserscheide. In kleinerem Maßstabe zeigen Skandinavien, England und Spanien dieselbe Erscheinung.

14. Wenn eine Wasserscheide nahe am Rande eines Festlandes verläuft, so ist auf dieser Seite für große Flüsse kein Platz; sie müssen sich auf der entgegengesetzten Seite befinden. Auch von dieser leicht verständlichen Verteilung liefert Amerika wiederum ein vorzügliches Beispiel. In Südamerika gibt es auf dem kurzen Abhang zwischen den Anden und dem Stillen Ozean keinen großen Fluß, aber auf der Ostseite führen einige der größten Ströme der Erde die abfließenden Wasser in den Atlantischen Ozean.

15. **Die Quellen der Flüsse.** Jeder herabfallende Regenschauer und jede hervorsprudelnde Quelle in einem Stromgebiete kann als eine der Quellen des Flusses betrachtet werden. In der Tat stammt in vielen Teilen der Erde das Wasser, das in den Regenmonaten die Flüsse anschwellt, zum größten Teile von dem Regen her, der von dem gesättigten Boden abläuft. So z. B. in den mittleren und südlichen Teilen von Indien, wo es trockene und regenreiche Jahreszeiten gibt, und wo die Flüsse nicht aus hohen Firnfeldern entspringen. In der gewöhnlichen Ausdrucksweise versteht man unter der Quelle eines Flusses dagegen den Punkt, wo die Gewässer des Hauptarmes des Flusses ihren Ursprung nehmen. Oft ist es schwierig, den Hauptarm eines großen Stromes zu bestimmen. Der eine kann an Wassermasse, der andere an Länge des Laufes der größere sein. Gewöhnlich hat die Bevölkerung der betreffenden Gegend einen der Arme ausgewählt und ihn als Hauptstrom bezeichnet. Die Donau z. B. entspringt nach der üblichen Bezeichnung im Schwarzwald als kleiner Fluß eines Mittelgebirges, während der im Hochgebirge des Engadin entspringende Nebenfluß Inn viel mächtiger ist. In diesem Falle mag der Umstand, daß der Strom nach Vereinigung beider die Richtung der Donau beibehält, sowie daß die Donau weit hinauf schiffbar blieb, entscheidend gewesen sein.

16. Große Flüsse haben einen vielfältigen Ursprung, — sie entstehen aus Quellen, Regen, schmelzendem Schnee oder aus den Enden von Gletschern (Abschn. XXVIII) und aus Seen. Eine große Anzahl kann man aufwärts verfolgen, bis zum äußersten Bächlein, das als Quell am Abhang eines Hügels oder Berges zu Tage tritt. In Kalkgebieten strömen, wie wir im vorhergehenden Abschnitte sahen, große Flüsse zuweilen aus den Höhlungen hervor, von denen das unterirdische Gestein dort durchlöchert ist. Ein Beispiel bietet die Aach, die bei Engen im Höhgau mit mächtiger Wasserfülle empor quillt und zum Bodensee fließt. Gelegentlicher oder periodischer Regen liefert manchen Flüssen unmittelbar einen großen Teil ihres Wassers. So verdankt der Nil sein alljährliches Steigen den massenhaften Niederschlägen der Regenzeit in den Bergen von Abessinien. Die Schneefelder des Hochgebirges liefern vielen der größten Flüsse der Erde ihre Wasserfülle. So wird in Europa das Hochwasser des Rheines und der Rhone durch das Schmelzen des Schnees und Eises der Alpen bewirkt. In Asien kommen die Flüsse des nördlichen Indien von den Schneefeldern und Eismassen der Riesenkette des Himalaya herab. In Nordamerika liefern die zahlreichen Schneeansammlungen in den höheren Teilen der Felsengebirge einen Teil des Wassers, das von Westen her in das große Tal des Mississippi abfließt. Hier und da halten zwischen den höheren Gipfeln des Festlandes kleine Vertiefungen die ersten Rinnsale des schmelzenden Schnees und Eises zurück und bilden kleine Seen, deren Ausfluß den Anfang wichtiger Ströme bildet. Oder ein See, der sich durch den Zusammenfluß mehrerer Nebenflüsse auf tieferem Grund gebildet hat, füllt eine weite Mulde des Landes an, aus der die gesammelte Wassermenge als ein großer Strom abfließt, wie der Rhein aus dem Bodensee oder die Rhone aus dem Genfer See.

17. Der Bruchteil der Niederschlagsmenge, der von den Flüssen dem Meere zugeführt wird. Da die Größe der Flüsse von der Regenmenge oder dem Schneefall innerhalb ihres Abflußgebietes abhängig ist, so liegt die Frage nahe, wie viel von der gesamten aus der Luft auf das Land niedergefallenen Feuchtigkeit wirklich von den Flüssen dem

Meere wieder zugeführt wird. Das Verhältnis zwischen der Regenmenge und der Menge des durch die Flüsse in das Meer geführten Wassers ist noch niemals ganz sicher bestimmt worden, schwankt aber zwischen $^1/_3$ und $^1/_4$, das heißt: nur etwa ein Drittel bis ein Viertel des Wassers, das als Regen oder Schnee auf das Land fällt, wird von den Flüssen wieder an das Meer abgegeben. Der größere Teil steigt durch Verdunstung wieder in die Luft auf. Aus dem feuchten Boden, von jeder Wasser- oder Schneefläche, aus jedem Quell, Bach, See und Flusse geht fortwährend Dampf in die Luft über. Daher tragen die Flüsse nicht einmal alles in sie geflossene Wasser zum Meere zurück, sondern verlieren fortwährend Wasser durch Verdunstung an der Oberfläche.

18. Das Fallen der Flüsse, das Austrocknen von Bächen und das Versiegen von Quellen während der trockenen Jahreszeit zeigt, wie sehr die Bewegung des Wassers über das Land hin von seinem Kreislaufe durch die Luft abhängig ist. In Ländern, die wie Deutschland fast während des ganzen Jahres starke atmosphärische Niederschläge aufweisen, haben die Flüsse einen unregelmäßig wechselnden Wasserstand. In den Gegenden aber, wo eine regenarme und eine regenreiche Jahreszeit in bestimmten Zwischenräumen aufeinander folgen, sind die Flüsse einem periodischen Steigen und Fallen unterworfen. Das bekannteste Beispiel dieser Art liefert uns der dadurch altberühmte Nil. Ägypten, das dieser Strom bewässert, ist an sich ein außerordentlich trockenes Land. Regen fällt dort selten, und doch beginnt der Strom in jedem Jahre mit solcher Regelmäßigkeit zu steigen, daß fast der Tag dieses Vorganges vorausgesagt werden kann, und er fährt darin fort, bis die niedrigen Uferflächen zu beiden Seiten weit überflutet sind. Dann sinkt er allmählich unter Zurücklassung eines Niederschlages von feinem Schlamme und nimmt seinen früheren Stand wieder ein. Diese merkwürdige Erscheinung setzte die Alten sehr in Verlegenheit. Sie nahmen zu ihrer Erklärung an, daß der Nil in schneebedeckten Gebirgen weit im Süden seinen Ursprung habe, und daß die Überschwemmungen durch die Schneeschmelze verursacht würden. Aber in neuster Zeit hat man die eigentliche Ursache davon festgestellt. Das hohe und felsige Tafelland von Abessinien wird während der Monate März und April von heftigen Regengüssen heimgesucht. Die zahlreichen Schluchten und Engen, die jenes gebirgige Land zerklüften, und die vor der Regenzeit ganz trocken sind, füllen sich dann mit rauschenden Wassermassen, die den als blauen Nil bekannten Arm des mächtigen Stromes anschwellen. So verursachen also diese jährlichen Regen in den entlegenen Hochländern von Abessinien die regelmäßige Überschwemmung der regenlosen Ebenen Ägyptens.

19. In Ländern, die heftigen periodischen Regen unterworfen sind, wird die Beziehung zwischen dem Wasserstand der Ströme und dem atmosphärischen Niederschlag den Einwohnern sehr deutlich zum Bewußtsein gebracht. So liegt das Flußgebiet des Mahanadi in Mittel-Indien in dem Gebiete, dem die Südwestmonsune die schweren, im Abschnitt X erwähnten Niederschläge bringen. Der Regen fällt auf felsiges Hochland und fließt sofort in unzähligen Kanälen abwärts, um den Hauptfluß anzuschwellen, der für dieses Übermaß an Wasser in seinem Bette keinen Platz hat, daher die anliegenden Landstriche überschwemmt und große Zerstörungen anrichtet. Aber in der trockenen Jahreszeit, vom Februar bis zum Mai, ist der Fluß seicht, denn dann fällt wenig oder gar kein Regen, und jener führt nur das Wasser, das er aus Quellen empfängt.

20. Eine weitere Erläuterung der Beziehung zwischen dem Regen und den Flüssen liefern jene eigentümlichen Schluchten und Kiesbetten, die so häufig in Syrien, Arabien und dem Tale des Euphrat auftreten und „Wadi" genannt werden. In den Landstrichen, die eine Regenzeit besitzen, verwandeln sich die Wadis während dieser Regenzeit in Wasserläufe. Aber auf einen großen Teil des Gebietes, wo sie sich vorfinden, fällt wenig oder gar kein Regen, so daß sie beständig trocken bleiben. Daß sie einst die Betten von Bächen und Flüssen waren, kann keinem Zweifel unterliegen. Anscheinend hat im Klima dieser Länder eine Änderung stattgefunden, die teilweise durch die Zerstörung der alten Wälder und das Aufgeben der Bodenbebauung verursacht oder wenigstens gesteigert wurde. Die Niederschläge, die einst das

Land erquickten, haben zu fallen aufgehört; die Flußbetten, die den Wasserüberschuß zum Meere abführten, sind jetzt trocken und die Täler ausgedörrt und verödet.

21. In einem Lande, das wie Deutschland zu verschiedenen und unbestimmten Zeiten des Jahres reichlichen Niederschlägen ausgesetzt ist, können die Flüsse im Laufe eines Tages anschwellen, und da heftiger Regen oft auf trockenes Wetter folgt, sehr schnell aus dem Niederwasserstande in den Hochwasserstand übergehen. Aber dort, wo der Regen regelmäßig zur selben Jahreszeit eintritt, wie im Falle des Nil, schwillt und fällt der Strom mit großer Langsamkeit und Gleichmäßigkeit. Das regelmäßige wie das unregelmäßige Anschweilen der Flüsse hat aber noch eine andere Ursache. Naturgemäß hat ein Strom, der seine Wassermenge zum großen Teile aus schmelzendem Schnee vom Hochgebirge erhält, im Sommer und Herbst eine größere Wassermasse als im Winter und Frühling. Der Rhein und die Rhone, die inmitten der Schneefelder und Gletscher der Alpen entspringen, haben einen hohen Wasserstand während des trockenen Wetters der Monate Juli und August, und fallen während der kalten und nassen Monate des Jahres. Außer diesem jährlichen Wachsen und Fallen sind dieselben Ströme in ihrem oberen Laufe noch gelegentlichen und bisweilen sehr verderblichen Hochwassern im Sommer ausgesetzt, die gleichfalls nicht durch starke Regengüsse, sondern durch trockenes und warmes Wetter verursacht werden. Wenn der „Föhn", der bekannte warme Wind die schneeigen Häupter der Alpen trifft, führt er plötzliches, starkes Tauwetter herbei. Sturzbäche milchweißen Schneewassers schießen die Hänge der Berge hinab und nähren die Bäche; diese schwellen schnell an und ergießen sich in die Flüsse, die dann plötzlich steigen und ihre Ufer überfluten, Brücken wegreissen, Wiesen unter Wasser setzen und sie mit Kies bedecken oder auch Häuser in den tiefgelegenen Teilen der Dörfer und an ihren Ufern gelegene Städte zerstören.

22. Das Fließen der Ströme. Wenn wir am Ufer eines breiten Stromes stehen, so fragen wir uns wohl, mit welcher Geschwindigkeit das Wasser sich bewege, und wie viel in einer Stunde oder einem Tage an uns vorüberfließen mag.

In den meisten Fällen werden wir wahrscheinlich die Geschwindigkeit überschätzen, denn der breite Strom mit seinen Wirbeln und Strudeln erregt in uns die Vorstellung des Reißenden und Gewaltigen. Die Geschwindigkeit des Fließens wird hauptsächlich durch den Winkel des Gefälles, teilweise auch durch die Wassermenge und die Gestalt des Bettes bestimmt. Wenn wir den durchschnittlichen Winkel messen, unter dem die Flüsse abwärts strömen, so finden wir ihn bedeutend kleiner, als wir ihn zu finden erwartet hätten. Das mittlere Gefäll der größeren Flüsse des Festlandes beträgt wahrscheinlich nur 0,40 Meter auf einen Kilometer. Der Missouri hat ein mittleres Gefäll von 0,45 Meter auf den Kilometer, aber die Wolga fällt in einem Kilometer ihres Laufes nur 0,08 Meter. Um leicht schiffbar zu sein, darf ein Fluß kein größeres Gefäll haben, als etwa 0,16 Meter auf einen Kilometer oder 1 zu 6334. Natürlich haben die Ströme auf ihrem Gebirgslaufe weit größere Neigungswinkel. Derjenige der Arve bei Chamounix beträgt 1 : 616, der der Durance schwankt von 1 : 467 bis 1 : 208. So starke Neigungen findet man gewöhnlich nur bei reißenden Gebirgsbächen, nicht bei Flüssen. Das Gefälle des Oberrheins beträgt bei Basel 0,95 m; bei Kehl 0,66 m; bei Lauterburg 0,40 m; bei Mannheim 0,15 m; bei Mainz 0,13 m; bei Köln 0,18 m; bei Emmerich 0,13 m auf den Kilometer.

23. Eine mäßige Geschwindigkeit der Strömung eines Flusses ist etwa 2 km in einer Stunde, diejenige eines reißenden Bergstromes geht nicht über 33 bis 36 km stündlich hinaus. Die größeren Ströme Deutschlands haben im Unterlauf eine Geschwindigkeit von etwa 2 bis 5 km in der Stunde. Daher können wir am Ufer eines Flusses entlang gehend ihn leicht an Schnelligkeit übertreffen. Der Rhein hat noch bei Basel eine Geschwindigkeit von 14 km, bei Kehl von 11 km, bei Lauterburg von 8 km, bei Mannheim von 4,5 km in der Stunde.

24. Aber das Wasser eines Flusses strömt nicht in allen Teilen des Bettes gleich schnell. Infolge der Reibung an den Wänden des Flußbettes bewegt es sich an beiden Ufern und auf dem Grunde langsamer als in der Mitte. An einem schmalen Flusse kann man dies leicht dadurch nachweisen, daß man Holzstückchen hineinwirft und dann sieht, wie die in die Mitte gefallenen sich weit schneller bewegen als die nahe am Ufer schwimmenden. Daher wird offenbar jeder Zuwachs an Wasser in einem Flussbette die Geschwindigkeit des Flusses vergrößern. Wenn sich zwei Flüsse zu einem einzigen vereinigen und ihre vereinte Wassermasse ein Bett benutzt, dessen Weite nicht größer ist als die des einen allein, so wird das Wasser auch ohne eine stärkere Neigung des Bettes schneller dahin fließen, weil es nunmehr nur die Reibung eines einzigen Kanales statt zweier zu überwinden hat. Aus demselben Grunde fließt ein Fluß, in eine tiefe enge Schlucht gezwängt, schneller, als da, wo er bei gleicher Neigung sich über ein weites kiesiges Bett ausbreiten kann. Wenn wir diesen Umstand in Betracht ziehen, so finden wir die seltsame Tatsache erklärlich, daß ein Fluß oft durch die Aufnahme selbst bedeutender Nebenflüsse nicht an Breite zunimmt. So wird der Mississippi nach der Aufnahme seiner mächtigsten Zuflüsse nicht breiter. 3000 km oberhalb seiner Mündung ist er 1 $^1/_2$ km breit. Aber bei New-Orleans tritt er mit einer Breite von nur 800 Metern in den Golf von Mexiko ein, obgleich er unterdessen die mächtigsten Ströme, den Missouri, Ohio, Arkansas und Red River aufgenommen hat; in diesem verhältnismäßig schmalen Kanale wird also die abfließende Wassermenge fast des halben Erdteils ins Meer befördert.

25. Die Größe der von den Flüssen beförderten Wassermenge. Man hat über den Betrag des alljährlich ins Meer fließenden oder des stündlich an gewissen Punkten vorüber strömenden Wassers bei verschiedenen Flüssen Messungen und Schätzungen angestellt. So hat man gefunden, daß der Mississippi nach den genauesten Beobachtungen jährlich 710000000000 Kubikmeter Wasser an das Meer abgibt; genug, um einen See zu bilden, der so groß wie ganz England und Wales und dabei vier Meter tief wäre. Die Donau ergießt in jeder Sekunde 6900 Kubikmeter Wasser in das Schwarze Meer, also 210000000000 Kubikmeter im Jahre.

Abschnitt XXVI. — *Die Gewässer des Festlandes. III.*

B. Seen und Binnenmeere.

1. Infolge der Unebenheiten des Erdbodens kann der atmosphärische Niederschlag nicht immer sofort in das Meer abfließen. Es gibt Vertiefungen, die seinen Abfluß aufhalten, bis sie angefüllt sind und das Wasser über den niedrigsten

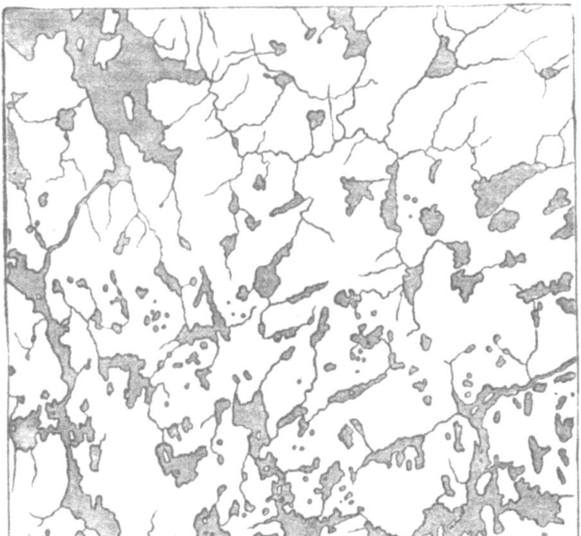

Fig. 52. Ein Teil der Insel Lewis, zur Veranschaulichung des Seenreichtums im nordwestlichen Europa.

Punkt ihres Randes abfließen oder auf anderem Wege entweichen kann. Derartige mit Wasser gefüllte Becken heißen **Seen,** sind sie aber von bedeutender Größe und salzhaltig, so führen sie den Namen **Binnenmeere.**

2. Seen. Von vorn herein könnten wir erwarten, Seen regellos in allen Teilen der Erde zu treffen. Jede gute Weltkarte zeigt uns aber, daß sie nicht aufs Geratewohl verteilt sind, sondern nur in gewissen Gegenden häufig vorkommen. Eine nähere Betrachtung dieser Verteilung wirft einiges Licht auf die Frage nach dem Entstehen der Mulden, sowie auf den Grund ihrer besonderen örtlichen Verteilung.

3. (1) Auf der nördlichen Halbkugel findet sich ein außerordentlicher Reichtum an Seen über den nördlichen Teil von Europa bis zum 52sten, und über Amerika bis etwa zum 42sten Breitengrade hinab zerstreut. In einigen Teilen dieser Gebiete scheint beinahe ebensoviel Wasser vorhanden zu sein wie Land. In Finnland z. B. ist nahezu ein Drittel des Landes mit Seen und Sümpfen bedeckt, und da es dort keine Gebirge und keine hervortretenden Tallinien gibt, so sieht die wellige Fläche wie ein zur Hälfte im Wasser versunkenes Land aus. Im Nordwesten von Schottland findet sich ein ähnliches Landschaftsbild; von mehreren der dortigen Berghöhen sieht man die wellige Fläche des Tieflandes reichlich mit Seen überstreut. Auf der beigegebenen Karte (Fig. 51) ist im Maßstabe von 1 : 70000 ein Teil der Insel Lewis, einer der äußern Hebriden, abgebildet, wonach man sich von der großen Anzahl und unregelmäßigen Verteilung dieser Wasserflächen einen ungefähren Begriff machen kann. Die mecklenburgisch-preußische Seenplatte hat ihren Namen von einer ähnlichen Häufigkeit der Wasserflächen. Auch in Nordamerika sind die britischen Besitzungen und ein großer Teil der nordöstlichen Staaten mit einer Menge von Seen bedeckt, die in der Größe von bloßen Tümpeln bis zu den ungeheuren Wasserbecken der großen Seen schwanken. Der Obere See (Lake Superior), der größte Süßwassersee der Welt, bedeckt einen Flächenraum von 83000 Quadratkilometern und ist mehr als 300 Meter tief. Dieses weite Gebiet weist in seiner Gesamtheit die hervorragendste Seen-Bildung der Welt auf. Von den Küsten des nördlichen Eismeeres das weite Becken des Mackenzie-Stromes aufwärts und östlich der Felsengebirge bis zur Hudsons Bai und zur Küste von Labrador ist die Oberfläche des Landes so reichlich mit Seen bedeckt, daß in einigen Gebieten ebensoviel Wasser wie Land vorhanden ist. Einige dieser Wasserflächen sind von großem Umfang, wie der Große Bärensee, der Große

Sklaven-See und der Winnipeg-See. Viele davon sind lang und verhältnismäßig schmal und können als Verbreiterungen der Ströme angesehen werden, die hindurchfließen.

4. In diesen nördlichen Gebieten sind die Seen nicht auf die Talmulden beschränkt, sondern finden sich in jeder Höhe über das Land zerstreut, vom Meeresspiegel bis zu den Wasserscheiden. Der Boden ist im allgemeinen mehr wellig und hügelig als gebirgig. Der Seenreichtum ist von vielen Geologen mit der Tatsache in Zusammenhang gebracht worden, daß diese Gegenden mit Eis bedeckt waren, das die Oberfläche des Landes abgehobelt und es mit Lehm, Kies und Sand bedeckt zurückgelassen hat (Abschnitt XXVIII). Viele der Seen liegen in Vertiefungen, die im festen Gestein ausgehöhlt sind (Fig. 53), das noch jetzt mit Schrammen und

Fig. 53. Durchschnitt eines im festen Gestein ausgehöhlten Seebeckens.

Kritzen bedeckt ist, die die Bewegung des Eises auf ihm hervorgebracht hat. Andere Wasserflächen sind zwischen Schuttmassen eingeschlossen, die das schmelzende Eis auf dem Lande zurückließ (Fig. 54).

5. (2) Bei weiterem Durchforschen der Landkarten bemerkt man, daß ein großer Teil der Seen in Gebirgen liegt. Nehmen wir Europa als Beispiel. Selbst in den vergleichsweise niedrigen Berglandschaften von Schottland, Cumberland und Wales sind zahlreiche Seen vorhanden und bilden einen der großen landschaftlichen Reize jener Gegenden. In den Alpen befindet sich je eine Reihe von großen Seen auf jeder Seite der Hauptachse der Gebirgskette, und unzählige kleinere Wasserflächen liegen zerstreut in allen Höhen inmitten der Gebirgsstöcke bis zur Schneegrenze hinauf. Nicht alle Gebirge besitzen den gleichen Reichtum an wassergefüllten Mulden; ja in einigen finden sich nur wenige oder gar keine. Seen dieser Klasse können Vertiefungen sein, die sich während der Erhebung des Gebirges (Abschn. XXIX) gebildet haben; oder wie bei den in § 4 erwähnten mag ihr Becken von Gletschern ausgehöhlt oder durch die unregelmäßige Anhäufung von Schutt, den das Eis dahingeführt hat, gebildet worden sein (Fig. 55). In den meisten Vulkan-

Fig. 54. Durchschnitt eines Seebeckens, das in einer Vertiefung aus Oberflächengerölle liegt.

gebieten finden sich Seen als Ausfüllung von Vertiefungen, die ehemals durch unterirdische Explosionen erzeugt wurden, so der Laacher See und die Maare der Eifel.

6. (3) Eine dritte Art von Seen findet man in Einsenkungen der Hochländer. Die bemerkenswertesten Beispiele sind die großen Seen des äquatorialen Afrika. Von diesen liegt der Viktoria Njansa in einer Höhe von 1190 Meter über dem

Fig. 55. Durchschnitt eines Sees, der durch einen Wall von Erde oder Kieseln aufgedämmt ist.

Meere, mit einem Flächeninhalt von 68480 Quadratkilometer. Im Westen des Viktoria Njansa erstreckt sich eine bedeutende Einsenkung über 3000 Kilometer lang in Windungen von Norden nach Süden, die eine Kette von großen Seen enthält. Von diesen gehören die zwei nördlichsten, der Albert Njansa und der Albert Edward Njansa in das Stromgebiet des Nil. Weiter südlich schließt sich der viel größere und längere Tanganjika-See an, der sein Wasser in einen Nebenfluß des Congo ergießt, während noch weiter nach Süden der Nyassa-See einen Abfluß nach dem Sambesi hat. Auf dem großen Hochlande von Asien liegt eine Menge von Seen über Tibet, Turkestan und die Mongolei zerstreut. Der größte davon, der Baikal-See, liegt 469 Meter über dem Meeresspiegel in einer Länge von 623 Kilometer, einer Breite von 15—82 Kilometer und mit einem Flächeninhalt von 34179 Quadratkilometer. Seine größte Tiefe erreicht 1350 Meter; diese bedeutende Landeinsenkung reicht also ungefähr 900 Meter unter den Meeresspiegel hinab.

7. Viele dieser Hochlandseen besitzen keinen Abfluß, sondern liegen in Vertiefungen unterhalb der allgemeinen Höhe des umliegenden Landes, und während sie von den Strömen, die in sie münden, fortwährend große Wassermengen erhalten, befindet sich selbst am niedrigsten Teile des Uferrandes kein Ausfluß. Das Wasser der meisten ist salzhaltig, eine notwendige Folge der lösenden Einwirkung der fließenden Wasser auf die Erdkruste (Abschnitt XXIV § 22—43). Wasser, das über oder durch Gesteine fließt, löst einige ihrer löslichen Bestandteile auf. Unter den so fortgeführten Stoffen sind gewöhnliches Salz, Kalziumsulfat und -Karbonat und Magnesiumsulfat besonders häufig. Diese gelösten Salze werden von den Flüssen abwärts geführt und finden in den meisten Fällen schließlich ihren Weg ins Meer. Aber in den Senkungsgebieten der großen Tafelländer fließt das Wasser in Mulden hinein, aus denen es auf keinem andern Wege entweichen kann als durch Verdunstung. Diese Mulden sind gewissermaßen große Verdunstungspfannen, den Vorrichtungen gleich, worin das Meerwasser zur Salzgewinnung eingesotten wird. Wasser ergießt sich fortwährend in sie hinein, aber keines fließt aus; und doch bleibt der Wasserstand derselbe, weil in dem Maße des Zuflusses auch die Verdunstung vor sich geht. Zufluß und Verdunstung gleichen sich aus. Aber der von diesen Binnenseen aufsteigende Wasserdampf läßt im Wasser die verschiedenen Salze, die von den Flüssen hineinbefördert werden, in Lösung zurück. Daher werden diese Seen und Teiche von Jahr zu Jahr salziger. Wenn sie austrocknen, lassen sie auf dem Boden eine Salzkruste zurück. Der Boden ist an solchen Stellen derart von Salz durchdrungen, daß darauf keine

Pflanzen wachsen können; eine trockene sandige Fläche erstreckt sich meilenweit als eine unwirtliche Einöde.

8. Da, wo in solchen Gebieten ein Süßwassersee vorkommt, findet man immer, daß er einen Abfluß hat, durch den sein Überschuß an Wasser entfernt und damit die Zunahme des Salzgehaltes verhindert wird. Der Tsadsee in Mittelafrika z. B. liegt in einer Vertiefung, aus der kein Fluß nach dem Meere hin abfließt, und man glaubte daher, daß dieser Süßwassersee keinen Abfluß besitze, demnach von der allgemeinen Regel eine Ausnahme mache. In jüngster Zeit hat man indessen einen Fluß entdeckt, der am nordöstlichen Rande ausströmt und den Wasserüberschuß während der Regenzeit durch ein weites Tal führt, in dem das Wasser schließlich inmitten salzüberkrusteter Sandwüsten verschwindet.

9. In den Ländern, die das Mittelländische Meer östlich umgeben, trifft man sowohl viele Salzseen an, als auch Stellen, die mit Salz bedeckt oder davon durchtränkt sind. Das natürlich gebildete Salz wird seit undenklichen Zeiten von den umwohnenden Völkern benutzt. Ein wenig Nachdenken über die Art seiner Bildung und seiner Zusammensetzung erklärt den Sinn einer auffälligen Stelle in der Bibel, die an sich nicht ganz verständlich ist. Sie findet sich in der Bergpredigt. «Wenn das Salz seinen Geschmack verliert («dumm wird» in Luthers Übersetzung; μωρανθῇ), womit soll man salzen?» (Matthäi V, 13.) Wäre die hier in Rede stehende Substanz unser gewöhnliches Küchensalz (Chlornatrium), so wäre es schwer, zu begreifen, wie es seinen Geschmack verlieren könnte, ohne überhaupt aufzuhören, zu bestehen. Sein Geschmack ist für uns eine ebenso wesentliche Eigenschaft wie seine chemische Zusammensetzung. Aber ohne Zweifel war die besagte Substanz die weiße von den Ufern der Salzseen und dem Grunde der ausgetrockneten Salzteiche erhaltene Kruste. Nun besteht diese Krustenbildung außer dem Kochsalz auch aus den Karbonaten und Sulfaten von Magnesium, Kalzium, Natrium und andern Körpern. Von diesen verschiedenen Bestandteilen ist das Kochsalz der am leichtesten lösliche (Abschnitt XIII § 5). Es erscheint zuletzt beim Verdunsten des

Wassers und verschwindet zuerst, wenn wieder Feuchtigkeit zugeführt wird. Daraus können wir ersehen, daß die weiße auf natürlichem Wege gebildete Kruste, die das Volk in Syrien als Salz verwendet, all ihr Salz verlieren kann, wenn sie eine Zeitlang aufbewahrt worden ist und der Feuchtigkeit oder dem Regen ausgesetzt war. Der schwerer lösliche Rückstand, aus Gips, Kalziumkarbonat usw. zusammengesetzt, ist zwar im Aussehen unverändert, aber ohne oder fast ohne Geschmack, und daher für die Verwendung als Salz ungeeignet geworden. Die Frage hat daher ihre Berechtigung: «Wenn das Salz seinen Geschmack verloren hat, womit soll man salzen?»

10. (4) Eine vierte Gattung von Seen findet sich längs vieler Küsten, wo der Boden flach ist und aus weichen sandigen, tonigen oder kieseligen Stoffen besteht. Diese Küstenseen sind unter dem Namen «**Lagunen**» bekannt. In Europa umsäumen sie die ganze preußische Ostseeküste, wo sie **Haffe** heißen, erscheinen im Westen von Dänemark, in Holland und Belgien wieder und finden sich in Zwischenräumen längs der Nordküste des Mittelmeeres von Ostspanien bis Westgriechenland. In Asien erstrecken sie sich Hunderte von Kilometern weit längs der Ost- und Westküste von Vorderindien. In Amerika umsäumt eine lange Reihe die Atlantische Küste der Vereinigten Staaten.

11. Lagunen längs der Meeresküste sind größtenteils seicht und schmal und laufen der Küste entlang, von der sie durch einen Streifen niedrigen Landes (an der Ostsee «**Nehrung**» genannt) getrennt sind, der aus Sand, Kies oder anderen lockeren Stoffen besteht. Wenn das Meer zu ihnen Zutritt hat, ist ihr Wasser salzig oder brackisch. Sind sie nur durch einen schmalen Abfluß mit dem Meere verbunden, oder haben sie keinen Abfluß, sondern geben ihr Wasser durch die durchlässige Barre ab, die sie vom Meere trennt, so haben sie süßes Wasser.

12. Die meisten Seen erhalten ihre Wasser von Strömen, die sich in sie ergießen. In der Fig. 51 ist dieser Zusammenhang sehr deutlich erkennbar, wenn auch die Bäche, die die kleineren Teiche speisen, zu winzig sind, als daß sie auf der Karte hätten eingezeichnet werden können. Viele Täler enthalten ganze Ketten von Seen. Ein Fluß, der ein solches Tal durchfließt, scheint sich abwechselnd zusammenzuziehen und auszudehnen und hat eine verhältnismäßig schnelle Strömung da, wo er seinen eigentlichen Flußcharakter beibehält; er verwandelt sich dagegen in stillstehendes Wasser, wenn er sich zum See ausbreitet. Es ist wahrscheinlich, daß diese Erscheinung früher häufiger gewesen ist als heutzutage, denn in vielen Gebirgsgegenden winden sich die Flüsse in flachen Wiesen hin und her, wo ohne Zweifel früher Seen waren. In der Tat sind die Wiesenflächen Ebenen von Schwemmland, die entstanden, als der Fluß durch die mitgeführten Sinkstoffe die Seebecken allmählich auffüllte (Abschnitt XXVII, § 30).

13. Aber die Seen erhalten auch einen Teil ihres Wassers von Quellen, die in ihrer Tiefe aufsteigen. In einigen Fällen stammt das gesamte Wasser aus solchen unterirdischen Quellen. Der Zirknitzsee bei Triest (Abschn. XXIV, § 42) ist ein ausgezeichnetes Beispiel dieser Erscheinung. Er bildet sich und vergeht mit den Jahreszeiten. Nach anhaltender Trockenheit verschwindet er; sind aber auf den umliegenden Bergen von Krain, die aus beinahe wabenartig durchlöchertem Kalksteine bestehen, starke Regen gefallen, so versinkt das Wasser auf diesen Bergen vollständig und bricht nach Anfüllung der unterirdischen Kanäle mit gewaltigem Rauschen aus den Löchern und Spalten hervor, die sich auf dem Grunde der Vertiefung von Zirknitz befinden. Diese Vertiefung wird dann in einen See umgewandelt. Kein Strom entfließt demselben, da die ihn bildenden und anschwellenden Wassermengen durch unterirdische Kanäle abfließen. Dieses Beispiel zeigt, daß die Seen, wie die Flüsse, schließlich von dem Regen abhängen und mit den größern oder geringern Feuchtigkeitsmengen in den verschiedenen Jahreszeiten ihren Wasserstand ändern. In Nordafrika füllt sich der Sebcha-el-Farun, eine Vertiefung von zweihundert Kilometer Länge im Süden von Tunis, mit einem Wasserspiegel, der mehrere Meter unter dem des Mittelmeeres liegt, zur Winterzeit mit etwa einen Meter tiefem Wasser. Bei dem Mangel eines Abflusses und unter dem Einflusse der schnellen Verdunstung in dem sengenden Sommer jenes heißen Klimas verschwindet der See und läßt einen salzbedeckten Boden zurück.

14. Die großen Seen gleichen in dieser Beziehung dem Meere. Kreuzen wir sie, etwa in einem Segelboot, so kommt oft das Land außer Sicht. Sie haben ihre Strandlinien von Kies und Sand. Ihre weiten Wasserflächen sind von Stürmen heimgesucht, die an Heftigkeit kaum den auf dem Meere wütenden nachstehen. Da das Süßwasser leichter ist als Meerwasser, so wird es stärker als jenes vom Winde aufgewühlt Es kräuselt sich bei dem leisesten Lufthauch; ist der See tief und groß und befindet er sich unter dem Drucke eines anhaltenden Sturmes, so bilden sich mächtige Wogen, die gegen die in der Windrichtung liegende Küste rollen und sich unter Schäumen an ihr brechen; dabei häufen sie Kies und Sand auf oder nagen an den Klippen, geradeso wie es die Wogen des Meeres tun (Abschn. XVIII, § 11).

15. Die Tiefe der Seen schwankt in fast ebenso weiten und unbestimmten Grenzen wie ihre Größe. Die Gestalt des Landes rings um einen See bietet gewöhnlich einen Fingerzeig für die wahrscheinliche Tiefe des Beckens, ebenso wie wir aus der Küstenform einen Schluß auf die Meerestiefe nahe am Ufer machen. Wenn das Ufer niedrig ist und allmählich in das Wasser hinabsinkt, so können wir mit einiger Sicherheit annehmen, daß der See flach ist. Erhebt sich dagegen das Land steil aus dem Wasser, z. B. da, wo der See ein Tal zwischen zwei abschüssigen Bergen ausfüllt, so können wir darauf rechnen, große Tiefen in dem See zu finden. Der bereits erwähnte Baikalsee ist das tiefste Wasserbecken des gesamten Festlandes der Erde. Eine große Tiefe besitzen auch mehrere der Alpenseen. So ist der Bodensee 276 Meter tief, der Comer See 412 Meter, der Lago Maggiore 372 Meter. In letzteren beiden Seen reicht das Wasser unter den Meeresspiegel hinab, da der Lago Maggiore nur 194 Meter, der Comer See nur 199 Meter über dem Spiegel des Mittelmeeres liegt. Aber alle drei haben Ausflüsse, und ihr Wasser ist süß. In Schottland bildet der Loch (See) Ness eine auffallende Erscheinung in der großen Senke, die das Hochland in zwei Hälften teilt; sein Spiegel liegt etwa 20 Meter über dem Meere, seine größte Tiefe beträgt 260

Meter. Daher befindet sich sein Boden nicht nur unter dem Meeresspiegel, sondern liegt auch noch beträchtlich tiefer als irgend ein Teil der Nordsee zwischen Schottland und Dänemark. Noch tiefer ist der Loch Morar im westlichen Argyllshin in Schottland, dessen Boden nicht weniger als 311 Meter unter dem Meeresspiegel liegt: die tiefste Einsenkung auf der Oberfläche der britischen Inseln.

16. Für die Untersuchung der Tiefen dieser Einsenkungen auf dem Festlande bleibt noch viel zu tun. Einige davon waren in einer verhältnismäßig jungen Zeit noch mit Meerwasser angefüllt. Wenn auch jede Spur des Salzwassers seitdem längst verschwunden ist, so hat doch wahrscheinlich manche pflanzliche oder tierische Lebensform den Wechsel überdauert, hat sich möglicherweise den neuen Lebensbedingungen angepaßt und fristet noch jetzt in den ruhigen Abgründen ihr Leben, etwa in ähnlicher Weise, wie einige Küstenpflanzen, z. B. der Meerstrandswegerich, *Plantago maritima*, die auf den Gipfeln der schottischen Berge vorkommen. Es ist bemerkenswert, daß gewisse Arten von Seehunden sowohl im Kaspischen Meer wie im Baikalsee leben, während doch die Heimat der übrigen Arten das Meer ist.

17. Die Hauptwassermasse in den tiefen Seen ist kalt. Einige der frühesten Beobachtungen, die diese wichtige Tatsache festgestellt haben, wurden am Loch Lomond in Schottland gemacht. Die Tiefe dieses Sees beträgt etwa 200 Meter; er liegt 7½ Meter über dem Meeresspiegel. Eine annähernd beständige Temperatur von ungefähr 5½° Celsius wurde für die tiefste, etwa 30 Meter hoch den Boden bedeckende Wasserschicht ermittelt. Im Genfer See zeigt im Herbst das Oberflächenwasser eine Temperatur von 25° Cels., das tiefste Wasser bei 285 Meter Tiefe 7° Cels. Ähnliche Beobachtungen in den anderen tiefen Seen der Schweiz und Norditaliens zeigen, daß auf dem Grunde dieser Seen beständig eine kalte Wassermasse lagert. Weiter im Süden fand man im Lago Sabatino bei Rom an der Oberfläche eine Temperatur von 25°, auf dem Grunde in einer Tiefe von 147 Metern eine solche von 7° Cels.

18. Die Ursache dieser Temperaturverteilung ist leicht zu verstehen. Im Winter kühlt sich das Oberflächenwasser eines Sees ab und wird dadurch schwerer. Es sinkt also auf den Boden. Süßes Wasser hat seine größte Dichte bei 4° Celsius, und wenn die Abkühlung anhält, nimmt das ganze Seewasser diese Temperatur an. So wird die ganze Wassermasse durch die Winterkälte abgekühlt. Dagegen erwärmen sich im Sommer nur die obersten Wasserschichten, etwa bis 10 Meter Tiefe, durch die Sonnenstrahlen, und da ihre Dichte dadurch verringert wird, sie also leichter werden, so bleiben sie an der Oberfläche und können ihre Wärme nach abwärts nur äußerst langsam durch Leitung abgeben. So kann selbst die Wärme des heißesten Sommerwetters nicht die tiefen Schichten eines Sees erreichen; dessen Hauptwassermasse bleibt also beständig kalt. Bei Frostwetter tritt ein merkwürdiger Wechsel in der Dichte des Wassers ein. Ehe das ganze Wasser seine größte Dichte bei 4° Celsius über Null erlangt hat, kann die Temperatur nicht weiter sinken. Wenn dann die Temperatur unter 4° Celsius fällt, vermindert sich die Dichte des Wassers an der Oberfläche wieder. Es sinkt also nicht, sondern bleibt oben; sobald es auf 0° abgekühlt ist, wird es fest. Die Ausdehnung des Wassers unterhalb 4° C. bewirkt also die Eisbildung an der Oberfläche, statt auf dem Seegrund. Die Eiskruste kann bis über 15 Zentimeter dick werden, aber sie ist auf die Oberfläche beschränkt. Die tieferen Wasserschichten behalten im allgemeinen ihre beständige Temperatur von 4°.

19. Eine mächtige Triebkraft ist imstande, das Wasser eines Sees in Umlauf zu bringen. Wenn ein starker Sturmwind der Länge nach über einen See bläst, so treibt er die oberen, warmen Wasserschichten vorwärts und bewirkt das Aufwärtsquellen des unteren kalten Wassers, das nunmehr den Platz des an das andere Ende des Sees getriebenen Wassers einnimmt. Dieses kältere Wasser wird an der Oberfläche ebenfalls warm und macht beim Forttreiben abermals kälterem Wasser aus der Tiefe Platz. Durch diesen Kreislauf wird das Wasser des Sees einigermaßen vermischt. Die Oberfläche wird zeitweilig kälter, und die Temperatur der unteren Schichten kann sich über die der größten Dichte, also etwas über 4° Celsius erhöhen.

20. Eine große und nützliche Tätigkeit der Seen besteht in ihrem ausgleichenden Einfluß auf die Temperatur ihrer Umgebung, indem sie verhindern, daß die Luft im Sommer so heiß und im Winter so kalt wird, wie es sonst der Fall wäre. (Abschnitt XXXII, § 20.) Die jährliche Durchschnittstemperatur des Oberflächenwassers im Genfer See ist beim Ausfluß der Rhone $2^1/_2$° Celsius höher als die der Luft. Eine zweite und noch wichtigere Wirkung der Seen besteht in der Regelung der Flüsse, die aus ihnen entspringen. Sie nehmen das von starken Niederschlägen oder plötzlichen Schneeschmelzen herabkommende Wasser auf, breiten es über eine große Fläche aus und geben es nur allmählich durch den austretenden Fluß ab. Dadurch verhindern sie das Auftreten jener plötzlichen und verheerenden Fluten, die bei Abwesenheit solcher natürlichen Sammelbehälter überall da eintreten, wo häufige und massenhafte Niederschläge vorkommen, oder wo große Schneemassen rasch zum Tauen gelangen. Eine dritte Tätigkeit der Seen besteht in dem Ansammeln des Kieses, Sandes und Schlammes, die von den einmündenden Bächen und Flüssen hineingeschwemmt werden. Diese Beimengungen, die so oft die Bergströme und Bäche trüben, fallen zu Boden, wenn die Strömung beim Eintritt in das ruhige Seewasser aufhört. Auf diese Weise filtrieren die Seen die Flüsse. So ist die Rhone beim Eintritt in den Genfer See ein schlammiger Strom, aber beim Verlassen des Sees an seinem untern Ende ist ihr Wasser so klar und durchsichtig wie das einer Quelle. Ihre Beimengungen haben sich auf dem Boden abgesetzt, der sich daher langsam erhöhen muß. Der Genfer See geht seiner allmählichen Auffüllung entgegen in ähnlicher Weise, wie es in § 12 beschrieben ist (vgl. Abschnitt XXVII, § 30).

Binnenmeere.

21. Nach dem in § 6—9 dieses Abschnittes Gesagten ist es nicht schwer, auf einer Karte diejenigen Gebiete der Erde zu bezeichnen, wo die Seen salzhaltiges Wasser haben. In jedem Landstriche, in den sich Ströme ohne Abfluß ergießen, und in dem daher das Wasser durch Verdunstung entweichen muß, können wir salzige oder brackige Seen zu finden erwarten. Ein Salzsee braucht daher nicht notwendig einst mit dem Meere in Verbindung gestanden zu haben. So allgemein sind Salze in süßem Wasser vorhanden, daß jeder Süßwassersee, aus dem das Wasser nur den einen Ausweg durch Verdunstung hat, nach und nach zu einem Salzsee werden muß. Die Salzseen auf den Hochländern von Asien und Afrika waren ohne Zweifel einst Süßwasserseen und sind allmählich salzig geworden, da der Vorgang der Verdunstung viele Jahrhunderte fortdauert. In Nordamerika zeigt der Große Salzsee im Territorium Utah, der in einer Höhe von 1260 Metern über dem Meere liegt und einen Flächenraum von 114 Kilometern Länge und bis 56 Kilometer Breite einnimmt, zugleich mit vielen anderen kleineren Seen derselben Gegend, das Walten desselben Vorganges an, durch den Süßwasserseen infolge einer Klimaänderung, die die Niederschläge verringert und die Verdunstung vermehrt hat, allmählich salzig und sogar stark bitter werden.

22. Aber in einigen Teilen der Erde gibt es Salzwasserflächen, von denen man nachweisen kann, daß sie einst mit dem Weltmeere in Verbindung standen und von ihm durch Krustenbewegungen getrennt worden sind. Diese jetzt gänzlich abgetrennten **Binnenmeere** können tiefer liegen als der Meeresspiegel, doch gibt es auch solche, die mit dem sie umgebenden Lande gehoben worden sind, sodaß sie höher liegen als das Meer. Am merkwürdigsten unter diesen Wasserbecken ist die Kette von Salzseen, die sich östlich vom Schwarzen und Asowschen Meere in das Becken des Kaspischen Meeres und des Aralsees hinein erstreckt. Das nördliche Eismeer dehnte sich in vorgeschichtlicher Zeit in südlicher Richtung über die „Tundras“, die gefrorenen Ebenen Sibiriens, aus, während das Schwarze und das Kaspische Meer sowie der Aralsee ein zusammenhängendes Mittelmeer bildeten, das wahrscheinlich in sehr früher Zeit mit dem Eismeer verbunden war. (Vgl. Abschnitt XII § 21 u. XXIII, § 17.) Europa und Asien waren also bis zu einem gewissen Grade durch Meeresarme von einander getrennt. Durch Krustenbewegungen ist diese Trennung großenteils aufgehoben worden. Aber in den tieferen Mulden der alten Einsenkung sind Meeresteile zurückgeblieben, die bis heute eine Meerfauna, Muscheln, Fische und Seehunde aufweisen, die schon vor der Hebung jenes Meeresbeckens seine Wasser bevölkerten. Das größte und wichtigste dieser Überbleibsel ist das Kaspische Meer, das 26 Meter unter dem Spiegel des Schwarzen Meeres liegt, eine Tiefe bis zu 1098 Meter aufweist und eine Fläche von 438 688 Quadratkilometern bedeckt. Es erhält den Abfluß vom ganzen Südosten des Europäischen Rußlands durch mächtige Ströme, wie die Wolga und den Ural, aber es besitzt keinen Ausfluß. So bedeutend ist die dem Kaspischen Meere zugeführte Masse süßen Wassers, daß der Salzgehalt im größten Teile nicht mehr als etwa ein Drittel des im gewöhnlichen Seewasser enthaltenen beträgt (Abschn. XIII, § 6). Aber längs der Küsten liegen zahlreiche Lagunen, auf denen bei der heißen und trockenen Witterung im Sommer eine so starke Verdunstung stattfindet, daß das Wasser durchdringend bitter und salzig wird und sich auf dem Grunde und am Strande Salzkrusten bilden. Auf der Ostseite des Meeres liegt die weite, aber seichte Karabugas-Bai, die man als eine riesige Verdampfungspfanne ansehen kann. Durch die enge Öffnung geht eine ständige Strömung hinein, aber es führt, soviel man weiß, keine entsprechende Unterströmung hinaus, so daß, da auch der Wasserspiegel nicht steigt, dieser beständige Zufluß nur den durch die Verdunstung entstandenen Verlust ersetzt. Daher wird die Bucht mit jedem Jahre salzhaltiger. Ein festes Salzlager bildet sich auf dem Grunde einiger der flacheren Teile ihrer Küstenstrecken, und das Wasser ist so salzig, dabei die Luft so trocken, daß ein hinabgelassenes und wieder herausgezogenes Seil sich sofort mit einer Salzkruste überzieht. Die Seehunde, die früher dort gediehen, sollen durch den wachsenden Salzgehalt des Wassers vertrieben worden sein.

23. Der Aralsee füllt eine andere der Vertiefungen aus, die in der ausgedehnten Senke zwischen dem Europäischen und dem Asiatischen Hochlande liegen. Er ist ein See brakkigen Wassers von 373,3 Kilometern Länge und 309,4 Kilometern Breite, von 65 252 Quadratkilometern Flächeninhalt. Er liegt nur 49 Meter über dem Meeresspiegel. Auf seiner Südseite nimmt er den Amudarja auf, der den Abfluß von den nördlichen Abhängen der großen Gebirgskette des Hindukusch sammelt. Ebenso erhält er Wasser- und Schlammmassen durch den Syrdarja, der in dem hohen Thian-Schan-Gebirge entspringt. Auch der Aralsee hat gleich dem Kaspischen Meere keinen Abfluß. Er verliert durch die Verdunstung ebensoviel Wasser, wie er aufnimmt. Ja, der Verlust mag gegenwärtig sogar größer sein als der Zufluß, denn der See soll merklich an Umfang abnehmen.

24. Das Tal des Toten Meeres ist dadurch merkwürdig, daß es der tiefste Punkt des Festlandes auf der ganzen Erde ist. Die Wasserfläche liegt nämlich 394 Meter unter dem Spiegel des Mittelländischen Meeres. Das Wasser ist so salzig wie eine Salzsoole; denn es enthält in je 100 Teilen mehr als 24 Gewichtsteile Salze oder etwa 7 mal so viel als das Wasser des Meeres.

Abschnitt XXVII. — *Die Gewässer des Festlandes.* IV.

Die Arbeit des fließenden Wassers.

1. In den beiden vorhergehenden Abschnitten haben wir den Lauf des fließenden Wassers über das Festland verfolgt. Er vollzieht sich in einem vielteiligen Geäder verzweigter Wasserläufe, die sich von den Abhängen der Gebirgsstöcke bis zur Meeresküste erstrecken und die überschüssigen Wassermassen des Landes in das Meer zurückbefördern. Wir haben gesehen, wie sich in den Vertiefungen des Landes die Gewässer zu Seen vereinigen, sich aber doch nicht unbeschränkt ansammeln, sondern entweder überfließen und so wieder zu Strömen werden, oder durch Verdunstung wieder in die Atmosphäre aufsteigen. Das Wasser, das in das Meer zurückgelangt und sich wieder mit dieser großen Wassermasse vereinigt, erhebt sich durch die Wirkung der Sommerwärme aufs neue als unsichtbarer Dampf, wird von den Winden über das Land getragen und beginnt damit seinen Kreislauf von neuem.

2. Eine so ungeheure Wassermasse muß bei ihrer unaufhörlichen Bewegung über das Festland hin natürlich die Gestalt der Berge, Hügel, Täler und Ebenen, auf die sie herabfällt, langsam, aber gründlich verändern. Wir wollen nun die Natur dieser Veränderungen kennen lernen, indem wir mit dem winzigen Regentropfen anfangen und die Wirkungen des fließenden Wassers bis zu den Mündungen der großen Ströme ins Meer verfolgen.

3. **Der Regen.** Die Tätigkeit des Regens, soweit sie in der Reinigung der Luft besteht, ist im Abschn. X, § 35 beschrieben worden. Seine weitere Mitwirkung bei der Zersetzung der Gesteine unter der Oberfläche des Bodens haben wir in Abschn. XXIV kennen gelernt. Eine ähnliche Veränderung geht auch an der Oberfläche des Festlandes vor sich. Das Regenwasser greift mittels der Kohlensäure und des Sauerstoffs, die es aus der Luft aufnimmt, oder der organischen Säuren, die es den in Zersetzung begriffenen Pflanzenstoffen entzieht, die der Luft ausgesetzten Gesteine an, löst und entfernt ihre löslichen Teile, lockert dadurch ihren Zusammenhang und bewirkt, daß sie allmählich verwittern. Kalkreiche Gesteine, wie der Marmor, leiden unter dieser Art der Zerstörung sehr beträchtlich; aber selbst harte Gesteine, wie der Granit, entgehen ihr nicht. Wenn die äußere Gesteinskruste in dieser Weise gelockert ist, spült der Regen die zerbröckelten Teilchen ab und legt damit eine neue Oberfläche für die Verwitterung frei. Der Vorgang, der zuerst chemischer Natur war, wird damit zu einem mechanischen. Diese beiden Vorgänge beeinflussen gemeinschaftlich das Aussehen eines Landes in beträchtlicher Weise. (Abschn. XXIX).

4. Die kleinen Eindrücke, die herabfallende Regentropfen auf einer feuchten Lehm- oder Sandfläche hervorbringen, bieten das einfachste Beispiel der mechanischen Tätigkeit des Regens dar (Fig. 56). Man kann viele Mittelglieder nachweisen zwischen so anscheinend geringfügigen Wirkungen und den mächtigen Pfeilerbildungen, wie sie Fig. 57 zeigt, und die durch die Kraft unzähliger Regentropfen ausgemeißelt sind. Der Baustoff dieser Säulen ist feste Erde oder Lehm, voller Steine und großer Felsblöcke, der unter dem Einflusse der Witterung schnell zerbröckelt. Die großen Felsblöcke, die natürlich unzerstört bleiben, dienen jedesmal der unter ihnen liegenden Erdmasse zum Schutz, während der rings umher befindliche Lehm herabgewaschen wird.

So bildet jeder Felsblock das Kapitäl einer Säule, die sich allmählich aus der übrigen Erdmasse erhebt. Jeder Pfeiler bildet ein Wahrzeichen der vor sich gehenden Zerstörung, etwa in derselben Weise, wie die Pfeiler von Gestein oder Lehm, die die Arbeiter bei dem Abgraben einer Bodenerhebung, bei Anlage eines Bahneinschnittes oder in einem Steinbruche stehen lassen, damit man an ihnen die Menge der entfernten Erde messen kann, und die man daher Zeugen nennt. Auf dem ebenen Grunde angelangt, setzen die Rinnsale der Regentropfen die von den Abhängen abgespülten Erdteilchen ab und breiten sie über den Boden aus.

5. Daher können wir in der Wirkung der Regentropfen eine Art Vorbild der Wirkung aller großen Flüsse des Erdballs erblicken. Diese ist dreifacher Art. Zuerst ist es

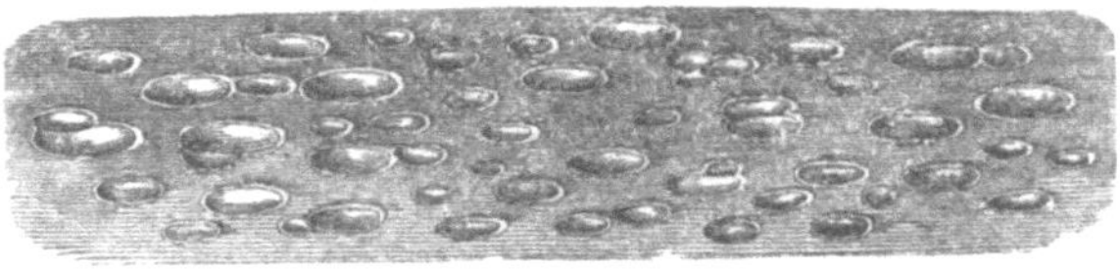

Fig. 56. Eindrücke, durch Regentropfen in weichem Schlamme oder feuchtem Sande verursacht.

die Erosion, das Loslösen der Erd- oder Gesteinsteilchen; dann die Fortschaffung, das Entfernen der gelockerten Teilchen und in Verbindung damit die Bloßlegung neuer Flächen für die Zerstörung; und drittens die Ablagerung, das Absetzen einer neuen Schicht aus Teilen des abgespülten Gesteinschuttes. Sehen wir nun, in welcher Weise diese drei Arten der Tätigkeit der Flüsse sich an der Oberfläche des Landes kundtun.

6. **Die Erosion.** Jeder Quell, Bach oder Fluß, kurz jeder Wasserlauf, wie klein er auch sei, der sich über das Land bewegt, schwemmt Teile des Bodens oder Gesteins, über das er fließt, mit sich fort. Diese Tätigkeit ist zweifacher Art wie die der Regentropfen. In erster Linie lösen Regen und Flußwasser gewisse Teilchen der festen Erdkruste auf, führen sie auf chemischem Wege fort und bewirken so eine starke Abtragung in Gebieten, wo die Gesteine aus Kalkstein

bestehen oder einen großen Bruchteil von leicht löslichen Substanzen enthalten, wobei das Wasser in Farbe oder Durchsichtigkeit nicht merklich verändert erscheint. Eine ungefähre Vorstellung von der Menge der so dem Lande

Fig. 57. Erdpfeiler in Tirol (nach einer Photographie).

entzogenen Stoffe kann man sich nach der Menge gelöster Stoffe bilden, die sich im Flußwasser vorfinden (§ 14).

7. In zweiter Linie verwittert, wie wir bereits gesehen haben (Abschn. IX, § 25) die Oberfläche bloßliegender Gesteine zu losem Ton, Sand und Steinschutt, da selbst die härtesten Gesteine dem Einfluß der auf sie einwirkenden

Kräfte nicht widerstehen können. Dieser Schutt, der vom Regen und von den Bächen fortgespült wird, bildet ein Werkzeug weiterer Zerstörung. Während er dahingeschwemmt wird, reiben sich die Bruchstücke gegen einander, werden immer kleiner und zugleich glatt und rund gerieben. So nehmen sie das bekannte Aussehen der **Gerölle** an, das wir als das auffälligste und deutlichste Kennzeichen der Ablagerungen im Bette eines Flusses betrachten. Dieses Aussehen ist so allgemein, daß wir beim Auffinden scharfkantiger Bruchstücke an irgend einem Punkte im Lauf eines Flusses sofort schließen, daß sie nicht sehr lange in der Strömung gelegen haben und auch nicht sehr weit hergekommen sein können. Je länger die Bruchstücke herumgerollt, und je weiter sie fortgeschafft werden, desto kleiner werden sie, so daß man sie im Unterlaufe des Flusses nur noch als feinen Sand und Schlamm antrifft. Will man diesen feinen Sand bis zu seinem Ursprunge verfolgen, so muß man diesen in den Gesteinen der fernen Gebirge im Oberlaufe des Flusses aufsuchen. In vielen Flüssen, so im Rhein und seinen Nebenflüssen, läßt er sich aufwärts in jeder Abstufung von Sand, Kies, feinerem und gröberem Geröll verfolgen, bis sein Ursprung dort in den großen Blockmeeren und Schutthalden aufgefunden wird, die von den steilen Hängen des Gebirges herabziehen. Seit undenklichen Zeiten liefern diese Felswände dem Flusse einen beständigen und reichlichen Tribut von Abfällen. In gewisser Hinsicht kann man einen Fluß mit einem riesigen Pochwerke vergleichen, in das an einem Ende große Steinblöcke eingefüllt werden, während nur feiner Sand und Schlamm aus dem andern Ende hervorkommt.

8. Aber die losen Geschiebe, die von den Flüssen fortgeschwemmt werden, zerreiben sich nicht bloß gegenseitig, sondern hobeln auch die Seiten und den Boden der Wasserläufe aus. Das abgeschliffene Aussehen weist nicht nur der Sand und Kies auf, sondern es ist ebenso an dem festen Gestein zu beobachten, über das die Geschiebe hinbewegt werden. Selbst die härteste Felsart kann der beständigen Reibung nicht widerstehen. Ihre Oberfläche wird glatt und glänzend, während sie vielleicht oberhalb des Wasserspiegels oft rauh ist und scharfe Ecken aufweist. Die obere Grenze

der glättenden Tätigkeit der Strömung bei Hochwasser ist an den Wänden einer Felsschlucht deutlich sichtbar.

9. Im Laufe der Zeit gräbt sich der Strom selbst in dem härtesten Gestein ein Bett ein. Diese Rinne ist indessen selten ein einfacher, gerader, tiefer Einschnitt. Da die Gesteine verschiedene Grade des Widerstandes gegen die Erosion darbieten, so werden sie ungleichmäßig abgeschliffen und ausgehöhlt, tiefer da, wo sie leichter zerstörbar sind, weniger tief an widerstandsfähigeren Stellen. Der Fluß wird dadurch von einer Seite auf die andere abgelenkt, schießt schnell

Fig. 58. Ansicht von Schluchten, die durch Flüsse in einem Hochlande entstanden sind.

dahin, schwemmt Sand und Schlamm mit sich fort, wälzt ihn über sein felsiges Bett hin und höhlt so jene tiefen, sich schlängelnden malerischen Talschluchten aus, die an den Flußläufen aller Länder bekannte Erscheinungen sind.

10. Längs der Wände dieser Schluchten bemerkt man bei niedrigem Wasserstande oft seltsame runde, kesselförmige Höhlungen mit glatten Seiten. Man nennt sie **„Riesentöpfe"** (Fig. 59). Sie entstehen in starker Strömung durch die mahlende Tätigkeit loser Steine, die von Wirbeln des Wassers erfaßt und in schneller Drehung erhalten werden. Natürlich werden beim Aushöhlen dieser Löcher auch die Steine selbst zu Sand oder feinem Kies zerrieben, aber die starke Strömung treibt stets neue Steine in den Strudel. An den Wänden so mancher engen Schlucht, durch die ein Bergstrom sich hindurch zwängt, sieht man Spuren zahlreicher einstiger

Fig. 59. Wasserfall und Riesentöpfe in einem Bachbett.

Riesentöpfe hoch über dem jetzigen Wasserstande. Sie deuten die ehemalige Höhe des Strombettes an und zeigen, wie tief sich das felsige Bett nach und nach eingegraben hat.

11. Ein weiteres Mittel, sein Bett tiefer zu graben, besitzt ein Flußlauf in den **Wasserfällen** (Fig. 60). Es ist nicht immer möglich, die erste Entstehungsursache eines bestimmten Wasserfalles zu ermitteln; eine ursprüngliche Steilwand, als der Fluß seinen Lauf begann, oder eine härtere Felsmasse, die er bei der Erosion einer Schlucht antraf, mag das Vorhandensein erklären. Aber man kann in jedem Falle nachweisen, daß der Wasserfall seit Jahrtausenden stromaufwärts gewandert ist und zwischen dem Punkte seines ursprünglichen Auftretens und seiner jetzigen Lage eine Rinne gegraben hat. Diese Aushöhlung wird durch die Stoßkraft des Wassers und die Wirbel an seinem Fuße bewirkt; beide Kräfte vereint lockern und unterwaschen das untere Gestein der Fallwand. Verwittert dieses leichter als das obere, so wird die Felswand, über die sich das Wasser hinabstürzt, überhängend. Nach und nach stürzt der überhängende Teil in die Schlucht hinab, während die Unterwaschung am Fuße ungestört ihren Fortgang nimmt und neue überhängende Teile zum Herabstürzen zwingt. Der Wasserfall bewegt sich auf diese Weise langsam in der Schlucht aufwärts, ohne im allgemeinen sein Aussehen zu ändern. Wenn dagegen die oberen Gesteine weicher sind als die unteren, so wird sich die zerstörende Tätigkeit der Strömung hauptsächlich an der Spitze des Wasserfalls bemerkbar machen, d. h. der obere Teil der Schlucht wird sich allmählich abschleifen und diese wird weniger steil werden. Im Laufe der Zeiten wird dann der Wasserfall seinen Charakter immer mehr verlieren, bis er in den Zustand einer **Stromschnelle** übergeht, womit man das schnelle Dahinschießen des Wassers über einen felsigen und unebenen Teil des Flußbettes bezeichnet. Auch die Stromschnelle kann allmählich abgeschliffen werden und somit jede Spur des Wasserfalles verschwinden, mit Ausnahme der Schlucht, die er während seines Zurückweichens aushöhlte.

12. Fast jeder große Fluß, der durch eine hügelige oder gebirgige Gegend fließt, liefert für diese Erscheinungen der aushöhlenden Tätigkeit des fließenden Wassers Beispiele. Das großartigste bietet der Niagarafluß dar. Der berühmte Niagarafall besteht aus zwei ungeheuren Fällen, die durch eine kleine Insel getrennt sind und zusammen eine Breite von 917 Metern und eine Höhe von 44 und 47 Metern haben. Man nimmt an, daß in jeder Minute 670000000 kg Wasser über diese Fälle in die gähnende und brausende Tiefe stürzen, aus der sich mächtige Sprühwolken in die Luft erheben. Ursprünglich lagen die Fälle bei Queenstown, wo der Kalkstein eine über eine weite Ebene hervorragende Felswand bildet. Seit jenem Zeitpunkte ist der Wasserfall allmählich etwa 12 Kilometer bis zu seinem jetzigen Orte zurückgegangen. Daß er sich noch immer stromaufwärts bewegt, beweisen die großen Felsstücke, die von Zeit zu Zeit von dem überhängenden Rand abbrechen, über den das Wasser hinabstürzt. Man hat das Maß des jährlichen Zurückweichens auf etwa 30 Zentimeter geschätzt. Wahrscheinlich ist diese Schätzung über-

Fig. 60. Durchschnitt durch einen Wasserfall und seine Schlucht.

trieben; nimmt man sie als Durchschnitt für die von dem Flusse verrichtete Arbeit, so hat dieser etwa 35 000 Jahre gebraucht, um die Schlucht zwischen dem jetzigen Fall und Queenstown auszuhöhlen.

13. Jeder Wasserlauf also, der auf seinem Grunde Sand und Kies fortwälzt, übt die Tätigkeit der Erosion aus. Selbst bei gewöhnlichem Wasserstande kann man sich hiervon überzeugen; wie viel mächtiger aber muß die Wirkung sein, wenn bei Hochwasser jeder kleine Zufluß angeschwollen ist, wenn Sand, Erde und Steine durch den Regen vom Boden losgeschwemmt werden, wenn ferner die Flüsse weit über ihren gewöhnlichen Stand steigen und durch das Wachsen ihrer

Wassermassen eine vermehrte Stromgeschwindigkeit erhalten, das Land überschwemmen und die ungeheure Last ihrer Geschiebmassen ins Meer wälzen. Ein Fluß übt bei Hochwasser in wenigen Stunden eine größere Erosionstätigkeit aus, als bei gewöhnlichem Wasserstand in vielen Tagen oder Wochen. Daher erreicht diese Art Stromtätigkeit ihre Höhe bei höchstem Wasserstand und größter Stromgeschwindigkeit.

14. Die Fortschaffung. Die beim Vorgang der Erosion entstandenen Trümmer werden von den Flüssen fortgeführt und in mannigfacher Weise verteilt. So lange das Wasser eine hinreichende Schnelligkeit besitzt, hält es die Sinkstoffe in Bewegung und schwemmt sie bisweilen große Strecken weit fort. Jede Verminderung der Geschwindigkeit bewirkt, daß ein Teil der Trümmer sich absetzt. Um die Art und Weise und den ganzen Umfang der von den Flüssen bei Fortschaffung der mineralischen Stoffe ausgeübten Tätigkeit zu würdigen, müssen wir uns vergegenwärtigen, daß diese Stoffe nicht nur in sichtbarer Gestalt als Kies, Sand und Schlamm, sondern teilweise auch unsichtbar im Wasser gelöst vorhanden sind. Da jede Quelle die Mineralstoffe, die das Wasser aus den Gesteinen der Tiefe ausgezogen und gelöst hat, an die Oberfläche bringt, und da der Regen und die Wasserläufe an der Oberfläche dasselbe tun, so muß eine ungeheure Menge gelöster Stoffe ins Meer befördert werden. Man kann sich unschwer einen annähernden Begriff von dem Betrage der unsichtbaren mineralischen Stoffe machen, die von einem Flusse verfrachtet werden. Zuerst berechnet man die Wassermenge des Flusses, dann stellt man den durchschnittlichen Bruchteil der in einem Liter oder einer andern bestimmten Menge Wassers enthaltenen Mineralbestandteile fest. Das Produkt aus beiden ergibt das verlangte Resultat. Der berühmte Chemiker Bischoff hat berechnet, daß der Rhein alljährlich genug Kalziumkarbonat gelöst bei Emmerich vorüberführt, um das Material für 332 539 000 Austern der gewöhnlichen Größe abzugeben, und daß diese Austern übereinander gelegt einen Würfel von 168 Meter Seitenlänge bilden würden. Der Rhonefluß soll alljährlich 8 290 464 000 kg gelöste Salze in seinen Fluten bei Avignon vorüberführen. Der jährliche Abfluß von mineralischen Stoffen durch die Themse wird oberhalb Londons bei Kingston auf 548 230 000 kg geschätzt, wovon zwei Drittel aus Kalziumkarbonat bestehen.

15. Aber die bei weitem größte Masse der von Flüssen fortgeführten Mineralstoffe befindet sich im Wasser in der Form mechanischer Beimengungen: als Kies, Sand und Schlamm. Jeder Fluß ist mehr oder weniger schlammig. Nach heftigem Regen hat selbst der klarste Bach von dem Schlamme, den er mit sich führt, ein trübes Wasser. Daher ist schon die Trübung ein Beweis für den beständigen Transport von festen Bestandteilen durch das fließende Wasser. Die Menge der so verfrachteten Stoffe hängt teils von der tragenden Kraft des Flusses ab, die durch seine Wasserfülle und seine Stromgeschwindigkeit bestimmt wird; teils von der Natur des Bodens und der Gesteine seines Gebietes: ob diese erdig und leicht zerstörbar sind, oder das Gegenteil; teils von der Verteilung des atmosphärischen Niederschlags: ob dieser sich über alle Jahreszeiten erstreckt oder auf einige Wochen oder Monate zusammendrängt, und schließlich, falls der Fluß aus einem Gletscher entspringt, von der Menge von Schlamm, die durch das Schmelzen des Eises am untern Ende frei wird (Abschnitt XXVIII).

16. Ein Strom, der eine Geschwindigkeit von etwa einem Kilometer in der Stunde also eine verhältnismäßig schwache Strömung besitzt, kann gewöhnliche sandige Erde im Wasser schwebend mit sich fortführen. Bei einer Geschwindigkeit von 0,35 Meter in der Sekunde, also etwa 1260 Meter in der Stunde, kann er auf der Sohle seines Bettes feinen Kies fortrollen, während er bei einer Steigerung der Geschwindigkeit auf 1 Meter in der Sekunde oder 3600 Meter in der Stunde Steine von der Größe eines Eies fortschwemmen kann. Wir können es nun leicht verstehen, daß in Bergströmen, deren Stromgeschwindigkeit die im Abschnitt XXV § 22 angegebene Höhe erreicht, die bewegende Kraft ungeheuer sein muß. Während starker Hochwasser sind schon riesige hausgroße Felsmassen in Bewegung gesetzt worden

17. Daraus geht hervor, daß in einem reißenden Bache oder Flusse der Schlamm, der sein Wasser trübt, nur einen Teil der fortgeschafften festen Substanz bildet. Zugleich mit ihm wird eine Masse Sand und Kies oder selbst grobes Geröll am Boden vorwärts geschoben. Diese Stoffe sehen wir nicht, aber bisweilen können wir das Rasseln der Steine hören, die von der Strömung weiter gerollt werden.

18. Man hat über die Mengen der Sinkstoffe im Wasser verschiedener Flüsse Messungen angestellt und Schätzungen vorgenommen. Diese Mengen sind nach den Jahreszeiten verschieden; sie sind während der Hochwasser am größten, bei niedrigem Wasserstande am geringsten. Der Ganges enthält während der 4 Monate seines hohen Wasserstandes in je 428 Gewichtsteilen Wasser einen Gewichtsteil an Sinkstoffen, während das durchschnittliche Verhältnis des ganzen Jahres 1 Teil in 510 ist. Im Irawaddy fand man das Verhältnis 1 : 1700 bei Hochwasser, 1 : 5725 während der trockenen Jahreszeit. Im Wasser des Mississippi fand man ein durchschnittliches Verhältnis von 1 : 1500 Gewichtsteilen und von 1 : 2900 Raumteilen Wasser. Die Donau ergab das Durchschnittsverhältnis von 1 : 3060 dem Gewichte nach; sie entlädt während ungewöhnlich hohen Wasserstandes in 24 Stunden 2 500 000 000 kg Schlamm in das Schwarze Meer.

19. Aber bei jeder Schätzung des Gesamtbetrages der ins Meer geführten Sinkstoffe muß auch das grobkörnige, schwere Geröll berücksichtigt werden, das auf der Sohle fortgeschoben wird. Bei dem Mississippi hat man berechnet, daß diese auf dem Grunde des Strombettes sich fortbewegende Schicht alljährlich die ungeheure Menge von 25 000 000 kbm Erde, Sand und Kies in den Golf von Mexiko führt.

20. Wenn wir die durchschnittliche Menge mineralischer Stoffe kennen, die sich im Wasser schwebend befinden oder auf der Sohle fortbewegt werden, und wenn wir die durchschnittliche Wassermenge gemessen haben, die ein Fluß an das Meer abgibt, so erhalten wir durch einfache Multiplikation leicht die Gesamtmenge der Sinkstoffe, die der Fluß in einem Jahre in das Meer befördert. So glaubt man, daß die Rhone alljährlich etwas mehr als 20 000 000 Kubikmeter an festen Bestandteilen in das Mittelländische Meer führt. Die von der Donau in das Schwarze Meer beförderte Menge schätzt man auf jährlich 67 760 000 Tonnen. Der durchschnittliche Jahresbetrag fester Massen, die der Mississippi hinabschwemmt, wird auf etwa 362 723 000 Tonnen veranschlagt; und diese Masse würde einschließlich des Sandes und Kieses, der am Grunde entlang geschoben wird, einen Block von einem Quadratkilometer Grundfläche und von 270 Meter Höhe bilden. Wir können uns eine Vorstellung von dieser Masse machen, wenn wir annehmen, daß täglich das ganze Jahr hindurch 1000 Kauffahrteischiffe, je mit 1000 Tonnen beladen, an der Mündung des Mississippi erschienen und ihre Ladung in das Meer auslüden. Sie würden etwa dieselbe Arbeit leisten wie dieser einzige Fluß.

21. Aber viele Ströme übertreffen den Mississippi an Menge der von ihnen beförderten festen Stoffe. Während der Regenzeit werden die Ströme in Indien zu Schlammströmen. Dr. Livingstone traf auf seiner Reise in Afrika auf Sandflüsse — fließenden Sand, der sich mit einer im Verhältnisse geringen Menge Wasser fortbewegte. Als er sie zu durchwaten versuchte, fühlte er selbst bei trockenem Wetter, wie Tausende von Sandteilchen und Kieseln seine Beine streiften, und er berechnete, daß nach der Regenzeit die von diesen Strömen in Bewegung gesetzte Menge von Gesteinsschutt ungeheuer sein müsse.

22. Der Betrag an festen Bestandteilen, die im Laufe eines Jahres von einem Flusse ins Meer geführt werden, stellt die Größe des Verlustes dar, den die von jenem Flusse entwässerte Gegend in derselben Zeit erlitten hat. Kennen wir daher die Menge der fortgeführten Stoffe und den Flächenraum des Gebietes, aus dem sie fortgeführt sind, so können wir berechnen, um wieviel die Gesamtoberfläche des Flußgebietes niedriger geworden ist. So erniedrigt der Mississippi nach dem Maßstabe seiner jetzigen Tätigkeit die Oberfläche seines Stromgebietes durchschnittlich alljährlich um $\frac{1}{18000}$ Meter, also in 18 000 Jahren um einen Meter. Wenn die Denudation oder Abschwemmung beständig über der gesamten Oberfläche Nordamerikas, dessen durchschnittliche Höhe man auf 580 Meter schätzt (Abschnitt XIX, § 17), in gleichem Maß andauerte, so wäre dieses ganze Festland in etwa 4 320 000 Jahren bis zum Meeresspiegel abgetragen. Solche Berechnungen sind deshalb von Wichtigkeit, weil sie zeigen, daß die gegenwärtige Oberfläche des Landes sich beständig verändert und daher verhältnismäßig nicht sehr alt sein kann.

23. Die Ablagerung. Alle Flüsse zermahlen also fortwährend Kies, Sand und Schlamm und führen diese Substanzen über die Oberfläche des Festlandes hin. Um uns über das Schicksal aller dieser Stoffe zu vergewissern, wollen wir in Gedanken nochmals dem Laufe eines Flusses von den Bergen bis zum Meere folgen und darauf achten, was mit den festen Beimengungen des Wassers unterwegs vorgeht.

24. Wenn die Geschwindigkeit des fließenden Wassers sich vermindert, verliert es einen Teil seiner Kraft, feste Substanzen fortzubewegen, und diese sinken zum Teil zu Boden. Das kann eintreten, wenn ein Strom auf eine sanftgeneigte Ebene hinaustritt, auf der er sich langsam bewegen muß, oder wenn er sich mit einem größeren und langsamer fließenden Wasserlaufe vereinigt, oder wenn er in stehendes Wasser einmündet, etwa in einen See oder in das Meer. Daher trifft ein Fluß sowohl in seinem Laufe als auch an seiner Mündung auf viele Hindernisse, die seinen Fortschritt hemmen, und durch die er gezwungen wird, seine Bewegung zu verlangsamen und einen Teil seiner Sinkstoffe abzusetzen. Die durch fließendes Wasser gebildeten Ansammlungen von Schwemmstoffen nennt man **Alluvium.**

25. Fangen wir im Gebirge an, so treffen wir auf zahlreiche Beispiele derartiger Ablagerungsstellen für Gesteinsschutt, den die Gießbäche die Abhänge hinabgeschwemmt haben. Ein steiler Abhang ist oft tief von Rissen durchfurcht, die durch die Sturzbäche in den Boden oder das Gestein eingeschnitten worden sind. Wo am Fuße dieser Schluchten die Talsohle als ebener Streifen vorliegt, da häuft sich unter jeder Rinne ein Schuttkegel auf, den der jäh herabstürzende Bach durch die Verminderung seines Gefälles im Laufe gehemmt, abzusetzen genötigt wurde. Im Gebirge sind die Bäche oft so zahlreich und die Kies- und Steinhaufen, die sie von den Bergen herabwälzen und am Fuße der Abhänge anhäufen, so groß, daß es manchmal schwierig ist, einen Weg instand zu halten, da dieser leicht an einem Punkte unter mächtigen Schutthalden begraben, dagegen an einem andern durch einen angeschwollenen Wildbach fortgerissen wird.

26. Aber nur die größeren Gesteinstrümmer bleiben gewöhnlich am Fuße dieser Bergabhänge liegen. Die feineren Teilchen und selbst einige der größeren Kiesel werden weiter ins Tal hinabgetragen, wo sich die verschiedenen Bäche zu einem großen Flusse vereinigen. An jeder Stelle, wo die Schnelligkeit des Stromes sich vermindert, findet man eine Ablagerung von Trümmern. An jeder Windung eines Flusses drängt sich die Strömung an die äußere Seite der Biegung, während an dem inneren Bogen das Wasser langsam dahinfließt. An diesem Ufer findet man daher gewöhnlich Sand- und Kiesbänke.

27. Wenn der Fluß steigt, füllt er nicht nur sein Bett an, sondern er tritt oft aus und überschwemmt die Talebene zu beiden Seiten. Diese ebenen Flächen verringern die Geschwindigkeit des sich darüber ergießenden Wassers, das folglich einen Teil seines Sandes und Schlammes darauf absetzt. Ist die Talebene mit Gebüsch bewachsen, so wirken außerdem die Zweige und Blätter als Filter und halten ebenfalls feste Stoffe zurück. Nachdem der Strom wieder in sein Bett zurückgekehrt ist, findet man auf dem überschwemmten Boden einen Niederschlag von feinem Schlamm oder zuweilen selbst von grobem Kies. Die niedere Ebene zu den Seiten eines Flusses, die bei Hochwasser der Überflutung ausgesetzt ist, nennt man das **Überschwemmungsgebiet.**

28. Wenn nun jedes Hochwasser den ebenen Boden auf dem Überschwemmungsgebiet erhöht, so muß eine Zeit kommen, wo das Wasser auch bei dem höchsten Hochwasser nicht mehr imstande ist, sich über die Ebene auszubreiten. Diese Wirkung wird aber nicht nur durch die Erhöhung des ebenen Landes infolge häufiger Absetzung von Sinkstoffen, sondern auch durch die allmähliche Vertiefung des Strombettes erzielt. Während das Bett sich vertieft, fährt die Strömung fort, die Ufer zu unterwaschen, sich hin und her zu winden und eine neue Ebene in tieferer Lage zu bilden. Dieser Vorgang findet seit undenklichen Zeiten in den meisten Flußtälern statt. Eine Aufeinanderfolge von Terrassen, die die früheren Hochwasserstände des Flusses bezeichnen, ist oft selbst bis zu Höhen von über hundert Meter über dem jetzigen Flusse zu sehen. Die beigegebene Figur (Fig. 61) stellt einen Durchschnitt durch eines dieser Flußtäler dar und zeigt die niedere, eben in der Bildung begriffene Terrasse (3) in ihrem Verhältnis zu den höheren und deshalb älteren. In einigen der letzteren hat man in verschiedenen Teilen Europas Spuren des Urmenschen gefunden, z. B. behauene Steine als steinerne Lanzenspitzen, und andere Steinwerkzeuge, die beweisen, daß zur Zeit, als die Flüsse die Höhe dieser oberen Terrassen einnahmen, bereits der Mensch in Gegenden angesiedelt war, in denen die Flußtäler innerhalb der geschichtlichen Zeit keine nennenswerte Veränderung erlitten haben.

29. Viele Flüsse haben in dem gebirgigen oder hügeligen Gebiete ihres Laufes einen oder mehrere Seen zu durchkreuzen. Jede dieser Flächen ruhigen Wassers hemmt den

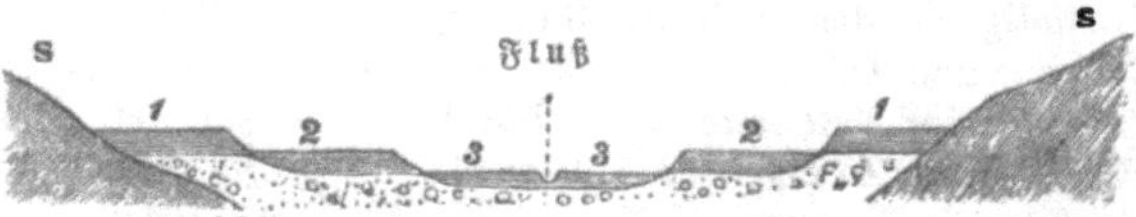

Fig. 61. Querdurchschnitt eines Flußbettes mit den über einander lagernden Terrassen (1, 2, 3) von Kies, Sand und Schlamm.

Lauf des Flusses und zwingt ihn, seine Ladung abzusetzen. Die Seen filtrieren das Flußwasser, das seinen Schlamm und Sand auf ihrem Grunde zurückläßt und an dem unteren Ende ganz klar wieder ausfließt. (Abschnitt XXVI.) Die Hauptmasse lagert sich an der Mündung des Flusses in den See ab. Nach und nach wird jener Teil des Sees ausgefüllt und in ein ebenes Vorland verwandelt, das, nachdem es durch die Hochwasser allmählich mehr und mehr erhöht worden ist, zuletzt ganz über die Hochwassergrenze hinausragt. Auf diese Weise ist das obere Ende des Genfer Sees durch die Ablagerungen der Rhone bereits so weit ausgefüllt, daß ein römischer Hafen, der noch jetzt Port Valais heißt, über drei Kilometer vom Seegestade entfernt liegt, während zwischen ihm und dem Ufer sich Wiesen und Sümpfe ausbreiten.

30. Die Seen müssen naturgemäß im Laufe der Zeit durch den in sie hineingeschwemmten Sand und Schlamm ausgefüllt werden. Dieses Schicksal hat bereits viele Seen erreicht. Die einst verbundenen Seen von Thun und Brienz in der Schweiz sind durch die Landzunge, die die Bergströme von beiden Seiten her bei Interlaken gebildet haben, getrennt worden. In der großen Zahl der Seen von Nordeuropa ist jedes Mittelglied in diesem Vorgange des Verschwindens der Seen vertreten, von der bloßen Landzunge am Ufer eines tiefen Bergsees bis zu dem flachen Moor oder der fruchtbaren Wiese, die den Ort bezeichnet, wo vor Jahrtausenden ein See war, der nunmehr aufgefüllt ist.

31. Wenn der Fluß die Niederung erreicht, so bewirkt das verringerte Gefälle seines Laufes, daß er mit geringerer Stromgeschwindigkeit dahinfließt und daher einen Teil seiner Ladung von Schlamm und Sand absetzt. Während er sich hin und her windet, unterwühlt er an einer Stelle die Ufer und häuft an einer andern Sandbänke auf, so daß im Laufe der Zeit alle Teile einer weiten Fläche von dem sich hin und herwindenden Strome eingeebnet werden. Die Ebene wird in der Tat aus den Schwemmmassen gebildet, die von dem Wasser aus höhergelegenen Landstrichen herabgeführt werden. Ein Brunnen oder Schacht, der irgendwo in den Boden getrieben wird, zeigt, daß unter der Ackerkrume Schichten von Sand, Schlamm oder Kies liegen, ganz ähnlich den Stoffen, die der Fluß noch jetzt mitführt und absetzt.

32. In einem breiten Flachlande mit geringem Gefälle gegen das Meer kann die Strömung des Flusses so träge sein, daß sie, statt ihr Bett auszubaggern, nicht imstande ist, die Bildung von Absätzen darin und eine Erhöhung des Flußbettes zu verhindern. Dazu kommt die Hauptablagerung auf beiden Ufern des Flusses während der Hochwasser. Diese Ufer werden also höher als die sich anschließende Ebene, die weniger Sinkstoffe erhält, weil sie den Hochwassern nicht mehr in vollem Maße ausgesetzt ist. So gelangt also der Fluß in eine höhere Lage als das umliegende Land und fließt zwischen breiten Uferdämmen dahin, die er selbst aufgebaut hat. Von Zeit zu Zeit durchbricht er diesen Damm an einer niedrigeren oder schwächeren Stelle und überschwemmt die Ebene, gräbt sich vielleicht auch hier und da ein neues Bett. In angebauten Gegenden, wie am untern Laufe des Rheines oder in den von den Flußläufen des Po und der Etsch bewässerten Landstrichen Norditaliens, wird große Sorgfalt auf die Instandhaltung der Uferdämme aufgewendet, um Überschwemmungen zu vermeiden. Die Flüsse haben bisweilen ihr Bett so bedeutend erhöht, daß ihr Wasserspiegel zur Zeit der Hochwasser höher liegt als die Straßen ihrer Uferstädte.

33. Das bekannteste Beispiel einer breiten Ebene, die sich durch die Anhäufung von Schlamm gebildet hat, der aus dem Innern des Landes hingeführt und während lang andauernder und oft wiederholter Überschwemmungen abgesetzt wurde, ist Unterägypten, das schon im Altertum als ein „Geschenk des Nils" galt. Im Hochsommer beginnt der Nil alljährlich zu steigen und überströmt das flache Land zu beiden Seiten seines Laufes. In etwa drei Monaten erreicht die Überschwemmung ihren Höhepunkt; dann ziehen sich die Gewässer in ihr früheres Bett zurück, nachdem sie etwa vierzehn Tage lang den höchsten Stand behauptet haben. Dieses alljährliche Steigen hängt mit der Regenzeit in dem gebirgigen Hochlande von Abessinien zusammen. (Abschnitt XXV § 17.) Wenn der Monsun vom indischen Ozean herweht, so bringt er strömenden Regen, der die steilen Abhänge Abessiniens hinunterstürzt und eine unglaubliche Menge Schlamm mit fortführt. Tausende angeschwollener und schlammiger Ströme vereinigen sich zuletzt im Blauen Nil, der diese gewaltige Masse trüben Wassers nach Ägypten hinabwälzt. Wenn die Überschwemmung vorüber ist, findet man den Boden mit einem dünnen Überzuge sehr fruchtbaren Schlammes bedeckt, den das Wasser zurückgelassen hat. Man hat berechnet, daß diese jährliche Schicht im Durchschnitt nicht dicker ist als ein dünnes Blatt Pappe, so daß eine kaum meterdicke Schicht des Bodens in Unterägypten die Ablagerungen von tausend Jahren darstellt. Es ist klar, daß das Anwachsen des ägyptischen Tieflandes auf Kosten des Hochlandes von Abessinien stattfindet. Die feineren Teilchen, die von den Felsen dieser Quellländer abgespült werden, bilden den über Ägypten ausgebreiteten Schlamm. Hier sehen wir, wie die Erosion, die Fortschaffung und die Ablagerung durch fließendes Wasser sich vereinigen, um ein Tiefland zu bilden und seine Fruchtbarkeit alljährlich zu erneuern.

34. Die großen Ebenen von Indien sind ebenfalls ausgezeichnete Beispiele für den gleichen Vorgang. Die Täler des Indus, Ganges und Brahmaputra sind allmählich durch die Anhäufung von Erdmassen ausgefüllt worden, die von diesen großen Strömen aus der Himalayakette herabgeschwemmt wurden. Der Euphrat und Tigris haben in ähnlicher Weise die obere Hälfte der Einsenkung mit Sinkstoffen ausgefüllt, deren noch übrige untere Hälfte der persische Golf ist. Auf dem amerikanischen Festlande bietet sich derselbe Vorgang im großartigsten Maßstabe dar. Ein großer Teil der östlichen Küste der Vereinigten Staaten ist eine Ebene, die aus den vom Gebirge fortgeführten und wieder abgelagerten Stoffen besteht. Viele tausende Quadratkilometer nahezu ebenen Landes in den Tälern des Mississippi und seiner Nebenflüsse haben eine Unterlage von alluvialen Ablagerungen. Das Tal des Amazonenstroms, mit seinen ungeheuren Wäldern, bildet eine so weite und ebene Fläche von Schwemmland, daß die Schiffe auf diesem Strome bis zum Fuße der Anden vordringen können, also eine Strecke von 3000 Kilometern in das Land hinein.

35. Wir haben schließlich noch zu untersuchen, was aus den von den Flüssen fortgeführten Sinkstoffen wird, wenn sie das Meer erreichen. Viele Flüsse haben an ihrer Mündung eine **Barre**, d. h. eine Kies- oder Sandbank, die quer vor der Mündung liegt und immer unter Wasser ist. Aus dem bereits in diesem Abschnitte Gesagten ist der Ursprung dieser Barre verständlich. Sie verdankt ihre Entstehung hauptsächlich der Anhäufung der Sinkstoffe an der Stelle, wo die Strömung des Flusses durch das Zusammentreffen mit dem Wasser des Meeres gebrochen wird. Der gröbere Kies und Sand, die von dem Flusse auf dem Grunde seines Bettes weitergeschoben wurden, treffen jetzt auf den Widerstand des Salzwassers, während das leichtere Flußwasser als obere Schicht weiter fließt. Das Meer lagert ebenfalls stets neue Anschwemmungen an der Außenseite der Barre ab, während anderseits bei Hochwasser der Fluß die Barre weiter in das Meer hinein schiebt. Daher verändert dieser der Schiffahrt vorgeschobene Riegel an der Flußmündung beständig seine Lage, Gestalt und Größe, je nachdem die Gewalt des Meeres oder die des Flusses das Übergewicht hat.

36. Einige der größeren Ströme der Erde üben an ihrer Mündung dieselbe Art der Tätigkeit aus — nur in größerem Maßstabe —, die wir bereits an der Mündung eines Flusses in einen See beobachtet haben. Die im Meere abgelagerten Sedimente sind im Laufe der Zeiten so sehr angewachsen, daß sie die Bai oder den Golf, in den der Fluß sich einst ergoß, ausfüllen und in eine Niederung verwandeln. Ein solches vorrückendes, vom Flusse gebildetes Land hat gewöhnlich die Form eines Dreiecks, dessen eine Spitze stromaufwärts weist. Diese Ähnlichkeit mit dem griechischen Buchstaben Δ (Delta) ist der Grund, warum derartigen Ablagerungen an den Flußmündungen der Name „Delta" beigelegt wurde. Bis zur Spitze seines Deltas (Fig. 49) wächst ein Fluß gewöhnlich durch Nebenflüsse von beiden Seiten und verzweigt sich nicht auf weitere Strecken, sondern umschließt höchstens eine kleine Insel in seinem Laufe. Seine Strömung wird somit mächtiger. Wenn er aber das Delta erreicht, beginnt er sich zu teilen und verzweigt sich oft in so kleine Arme, daß in einigen Fällen die flachen Niederungen und Sümpfe von unzähligen Wasserkanälen durchschnitten sind. (Abschnitt XXV, § 6.) Durch diese Verzweigung über das flache Land hin wird die Stromgeschwindigkeit vermindert und daher die Ablagerung von Sedimenten erleichtert; daher werden die Kanäle beständig ausgefüllt, während sich neue Flußarme durch die weiche Erde und den Schlamm hindurchwühlen. Zwei oder mehr Hauptarme des Flusses führen die Hauptmasse des Wassers in das Meer hinaus, und an ihren Mündungen ist das Anwachsen des Deltas am auffallendsten.

37. Die allgemeine Form eines echten Deltas ist in dem des Nils bereits gezeigt (Fig. 49), der sich in das ebbe- und flutlose Mittelländische Meer ergießt. Der Mississippi dagegen (Fig 62) führt eine solche Masse Sinkstoffe mit sich, daß dadurch nicht nur sein Tal ausgefüllt wurde, sondern daß er nunmehr Zungen jungen Schwemmlandes in den Golf von Mexiko hinausschiebt. Man hat das durchschnittliche Maß des Vorrückens dieses Deltas auf 78 Meter jährlich geschätzt. Die Tiber schiebt ihr Delta alljährlich um etwa vier Meter vorwärts. Das Delta des Po hat sich in solchem Maße vergrößert, daß der Hafen von Adria, der in diesem Delta lag und zur Zeit der Griechen und Römer wichtig genug war, um dem Adriatischen Meere seinen Namen zu geben, jetzt 25 Kilometer weit landeinwärts entfernt liegt.

38. Die Deltas einiger der größern Ströme der Erde sind von ungeheurer Größe. Das des Mississippi umfaßt einen Flächenraum von etwa 31 860 Quadratkilometern. Das Ganges- und Brahmaputradelta ist so groß wie ganz Bayern und

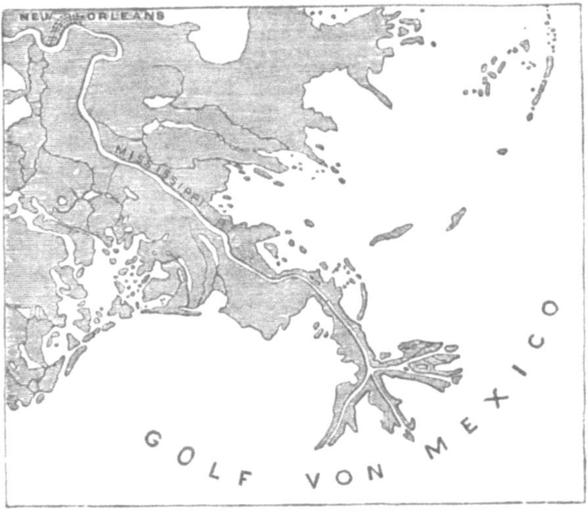

Fig. 62. Das Delta des Mississippi.

Sachsen. Die große Ausdehnung dieser Deltas weist natürlich auf ein hohes Alter hin. Wir müssen im Auge behalten, daß sie durch die allmähliche Ausfüllung von Meerbusen entstanden sind, und daß an tiefen Stellen dieser Golfe eine lange Zeit nötig war, um den Boden bis an den Wasserspiegel zu erhöhen, ehe ein Vorrücken der Fläche des Deltas eintreten konnte. Da, wo die Gezeiten und Strömungen die Ablagerungen zum Teil wieder fortschwemmten, mußte es noch längere Zeit währen, bis derartige Bildungen ihre jetzige Gestalt erhalten konnten. Das Delta des Ganges ist bei Kalkutta durch Bohrungen erschlossen worden, und man hat gefunden, daß seine Ablagerungen, aus Sand, Kies, Schlamm und Pflanzenlagern bestehend, 125 Meter mächtig sind. Noch größer ist die Mächtigkeit der Alluvionen in der Ebene des Rheindeltas, das einen großen Teil von Holland bildet; sie beträgt bei Utrecht 160 Meter.

39. Wenn die Gestalt der Küste der Bildung von Ablagerungen ungünstig ist, oder wenn die Strömung der Flüsse hinreichend stark ist, um ihren Schlamm weit ins Meer hinauszutragen, oder Meeresströmungen dicht an den Flußmündungen vorbei gehen und die Ablagerungen mit fortführen, können sich keine Deltas bilden. Der Amazonas und der La Plata z. B. haben kein Delta. Aber nichtsdestoweniger führen sie eine bedeutende Menge Schlamm in den Atlantischen Ozean hinaus. Selbst noch auf eine Entfernung von über 500 Kilometer von der Mündung ist das Meer vom Schlamme des Amazonenstroms merklich getrübt, und der Schlamm des schnellfließenden Congo wird an 1000 Kilometer weit ins Meer hinaus getragen.

Abschnitt XXVIII. — *Die Gewässer des Festlandes.* V.

Frost, Schneefelder, Gletscher.

1. Die Feuchtigkeit der Luft verwandelt sich in Eis, wenn die Temperatur auf den Gefrierpunkt sinkt (Abschnitt X, § 37). Nun haben wir zu untersuchen, was aus diesem Eise wird, wenn es aus der Luft auf den Boden niederfällt, und in welcher Weise das Wasser des Festlandes durch seine Abkühlung unter den Gefrierpunkt beeinflußt wird. In festes Eis umgewandelt, muß es natürlich ganz neue Eigenschaften besitzen, völlig verschieden von denen, die in den vier letzten Abschnitten besprochen worden sind. Welche Rolle spielt nun das gefrorene Wasser des Festlandes im Leben der Erde? Wir finden auf diese Frage eine Antwort, wenn wir die drei Erscheinungsweisen des Eises auf dem Festlande betrachten: Frost, Schneefelder und Gletscher.

2. Der Frost. Die meisten Körper erleiden durch die Kälte eine Zusammenziehung und nehmen an Dichte zu. So wiegt ein Liter reinen Wassers bei einer Temperatur von 5° Cels. mehr als dasselbe Maß bei 15°, oder mit anderen Worten: ein Gefäß, das bei 15° bis zum Rand mit Wasser gefüllt wurde, ist nicht mehr ganz voll, wenn man das Wasser auf 5° abkühlt.

3. Erinnern wir uns des merkwürdigen abweichenden Verhaltens (der sog. Anomalie des Wassers), das beim Abkühlen des Wassers eintritt (Abschnitt XXVI, § 18). Bei 4° Cels. hört die Zusammenziehung auf. Dies ist daher die Temperatur, bei der reines Wasser am schwersten ist, und heißt deshalb der *Punkt der größten Dichte.* Geht die Abkühlung unter diesen Punkt herunter, so sinkt das Wasser nicht mehr zu Boden, sondern dehnt sich aus und bleibt an der Oberfläche, wo es schließlich bei 0° Cels. zu Eis gefriert. Hält die Kälte an, so verdickt sich die erste dünne Eiskruste von unten her, bis sie in einem harten Winter 50 Centimeter Dicke erreichen mag. Kanäle und Flüsse, die fast das ganze Jahr über Schiffahrtstraßen bilden, werden in solchen Wintern zu Bahnen für Wagen und Schlitten, für Fußgänger und Schlittschuhläufer.

4. Die Teile der Erdoberfläche, wo diese merkwürdige Umwandlung im Winter gewöhnlich vor sich geht, sind auf den Karten IV und V durch die Isotherme 0° bezeichnet. Auf der nördlichen Halbkugel sind in allen Ländern nördlich von dieser Linie, auf der südlichen in allen südlich davon gelegenen Ländern die Gewässer im Winter gefroren. Aber auch in milderen Breiten ist die Kälte gelegentlich streng genug, um die Flüsse und Kanäle für Menschen betretbar zu machen und, was noch bemerkenswerter ist, auch das Meer mit einer Eiskruste zu überziehen. So war im Jahre 401 und wiederum 642 der Winter in Südeuropa so kalt, daß das Schwarze Meer gänzlich zugefroren war; im Jahre 850 war das Adriatische Meer mit Eis bedeckt; 1233 und 1314 waren die Flüsse in Norditalien zugefroren. Im Jahre 1205 machte ein strenger Frost, der 3 Monate hindurch anhielt, den Boden in England so fest, daß er nicht gepflügt werden konnte, und die Kanäle, Flüsse und Teiche froren sämtlich zu.

5. Das Gefrieren von Wasserflächen auf dem Lande kann so gleichmäßig stattfinden und das Eis so ruhig wieder verschwinden, daß nach der Frostzeit keine Spur zurückbleibt, die sein einstiges Vorhandensein verriete. Wenn aber ein zugefrorener See unter einem Windsturm aufbricht, so werden große Eismassen an das Gestade getrieben und wühlen den Sand, Kies und die Steine, die am Ufer liegen, auf. Solche Eisanhäufungen brauchen oft Wochen, um zu tauen; nach ihrem Schmelzen findet man die Steine und den Sand, die sie an das Land geworfen haben, über den Erdboden zerstreut. Dies kann man in großem Maßstabe an den Küsten der großen Kanadischen Seen beobachten, zugleich mit einer andern Wirkung der strengen Kälte. Steinblöcke, die in seichtem Wasser liegen, frieren im Eise fest. Tritt Tauwetter ein und berstet das Eis, so werden diese Steinblöcke von den großen Eisschollen, die sich an ihnen angesetzt haben, empor gehoben und nach irgend einem andern Teil der Küste geflößt oder auch in das tiefere Wasser hinausgetrieben, um dort auf den Grund zu sinken. Diese Verfrachtung von Steinen kann man auch in einigen Flüssen, besonders an den Ufern des St. Lorenzstromes, beobachten.

6. Eine mittelbare, aber höchst wichtige Folge des Gefrierens der Flüsse ist die Anhäufung des Eises in Wällen, wodurch verheerende Überschwemmungen entstehen. Wenn das Eis bei plötzlichem Tauwetter aufbricht, setzen sich die großen Schollen in Bewegung, türmen sich zu Dämmen aufeinander und stauen den Fluß. Hinter dem Eisdamm steigt das Wasser, bricht schließlich durch und ergießt sich mit verheerender Gewalt das Tal hinab.

7. Aber die Wirkungen des Frostes sind nicht auf die großen Wasserflächen auf dem Lande beschränkt. Der Regen, der auf die Erde fällt, sickert durch den Boden und die Gesteine, die infolgedessen in ihren Poren und Höhlungen eine Menge Wasser enthalten. Wenn ein strenger Frost eintritt, so gefriert dies Wasser bis zu wechselnder Tiefe. Der Boden wird hart, so daß selbst schlammige Stellen, wo wir sonst tief im Kot eingesunken sind, sicher und leicht überschritten werden können. Wenn ein mit Wasser gefüllter Krug strenger Kälte ausgesetzt wird, kann er leicht zerspringen. Oft platzen bei Frostwetter in unzureichend geheizten Wohnhäusern die Wasserleitungsröhren aus dem-

selben Grunde. Die Ursache dieser Unfälle ist in der Ausdehnung des Wassers beim Gefrieren zu suchen. Wenn das Wasser aus dem flüssigen in den festen Zustand übergeht, erfährt es eine plötzliche und bedeutende Ausdehnung, die ein Zehntel seines Raumes beträgt. Im Augenblick der Verwandlung in Eis übt es auf die Wände des Gefäßes, oder der Höhlung, in der es sich befindet, einen großen Druck aus; und wenn es nicht daraus entweichen kann, versucht es die Wände mit Gewalt zu sprengen, um für seinen größeren Rauminhalt Platz zu finden. Was nun in einem Kruge oder einem Wasserrohre vorgeht, findet auch innerhalb der kleinen Wasserteilchen statt, die zwischen den Sandkörnern des Bodens und der Gesteine eingeschlossen sind. Der Frost dehnt sie aus, sodaß sie diese Sandkörner oder Erdteilchen beiseite schieben. An einem Wintermorgen nach einer Nacht mit scharfem Froste bemerken wir, daß die Ausdehnung groß genug gewesen ist, um die kleinen Kiesel und Steine einer Straße aus ihrer Lage zu heben. So werden auch in Ländern, die, wie z. B. Kanada, ungewöhnlich strenge Winter haben, Holzzäune im Laufe eines oder zweier Jahre aus dem Boden gehoben.

8. Erst beim Tauwetter werden wir die Wirkungen des Frostes in ihrem ganzen Umfange gewahr. So lange die Kälte anhält, hängen die einzelnen Teilchen des Bodens durch das Eis zusammen, das sie zu einer harten, festen Masse verbindet. Aber wenn das Eis schmilzt, werden die Sandkörner und Erdbrocken von einander getrennt. Gehen wir dann auf einem Wege oder über ein gepflügtes Feld, so finden wir eine so bedeutende Auflockerung des Bodens unter unsern Füßen, daß dieser mit Schlamm bedeckt erscheint. In der Tat bringen die Millionen kleiner Eiskristalle, die der Frost zwischen die Körner des Bodens einkeilt, ziemlich dieselbe Wirkung hervor, wie wenn die Erde in einer Mühle oder einem Mörser zermahlen würde. Sie verwandeln die Ackerkrume in Staub und schließen sie dadurch den verzweigten Wurzeln der Pflanzen auf, die einen wesentlichen Teil ihrer Nahrung aus dem Boden ziehen. Die Landleute pflegen ihr Land umzupflügen, ehe die kalte Jahreszeit eintritt, um den aufgewühlten Ackerboden der vorteilhaften Einwirkung der kommenden Fröste auszusetzen.

9. Die mächtigen mechanischen Wirkungen des Frostes sind im Ackerboden so gut zu beobachten, weil gewöhnlich eine große Menge Feuchtigkeit in ihm vorhanden ist. Aber jedes durchlässige Gestein, das Wasser genug enthält und genügender Kälte ausgesetzt wird, zeigt dieselbe Art der Auflockerung. Daher beobachtet man in Ländern, wo die Winter kalt sind, daß die gewöhnlichen Bausteine und der Mörtel sich oft in flachen Schichten abblättern oder in feinen Staub zerfallen, wenn die Kälte dem milderen Wetter gewichen ist. Auch in den verhältnismäßig milden Wintern Deutschlands kann man dies beobachten; in dem kälteren Klima von Nordamerika ist diese Verwitterung des Gesteins ein ernstlicher und kostspieliger Übelstand, da er die Anwendung vieler Arten von Bausteinen verhindert, die bei milderem Klima sehr wertvoll sein würden.

10. Von dem Wasser, das in die Poren des Erdbodens und der Gesteine eindringt und darin gefriert, gehen wir zur Bildung des Eises in den größeren Spalten der Felsen und Klippen über. Von der bedeutenden Anzahl dieser natürlichen Spaltungslinien in allen Gesteinen überzeugen wir uns leicht, wenn wir irgend eine der Verwitterung ausgesetzte Gesteinsfläche beobachten; sei es nun eine Klippe am Meere, oder eine Talschlucht, oder seien es die steilen Abhänge eines Berges. Wie auch die Beschaffenheit des Gesteines sein mag, immer ist es von vielen gleichlaufenden oder einander schneidenden Spaltflächen oder Absonderungsklüften durchsetzt. Diese Spalten dienen als Kanäle, durch die das Oberflächenwasser in die Tiefe sinkt, und in denen es wieder an die Oberfläche steigt, um Quellen zu bilden. (Abschnitt XXIV, § 17.) Wenn ein Frost eintritt, der streng genug ist, um durch die äußern Schichten der Gesteine in die Tiefe zu dringen, so gefriert das Wasser in den äußeren Teilen dieser Absonderungsklüfte. Oft tritt dies in Höhlungen ein, wo nur wenig Raum für weitere Ausdehnung vorhanden ist, und wo deshalb das Eis seine ganze Kraft dazu verwendet, die Wände der Klüfte zu sprengen. Jeden Winter wiederholt sich dieser Vorgang, bis zuletzt der äußere Teil eines Felsens so weit vom übrigen abgespalten ist, daß er das Gleichgewicht verliert und in die Tiefe stürzt. In allen

Ländern, die starkem Froste ausgesetzt sind, beobachtet man, daß der Fuß der Steilränder und Klippen mit großen rauhen Blöcken besät ist, die sich in der eben beschriebenen Weise von den hohen Felsen losgelöst haben. In den Gebirgstälern, die hoch über die Schneegrenze hinausgehen, sind die Wirkungen des Frostes mächtig genug, um die Felsspitzen zu zersplittern und ihnen das zerklüftete und kantige Aussehen zu verleihen, das die Gipfel der Hochgebirge auszeichnet (Abschn. XXIX). So spielt in den Gebieten, wo das Klima den Frost bedingt, dieser Frost eine wichtige Rolle bei der Verwitterung der Gesteine (Abschn. IX, § 25).

11. **Die Schneefelder.** Überall, wo das Land sich über die Schneegrenze erhebt, liegt es unter einer beständigen Schneedecke begraben, aus der nur die höheren und steileren Bergspitzen hervorragen. In einigen Gebieten, wie in den Hochländern von Norwegen und Grönland, gestattet die Breite und ziemlich ebene Oberfläche dieser Hochländer die Ausbreitung einer gleichmäßigen Schneedecke über das Land, ungefähr 1000 Meter hoch über den Talsohlen. Steht man auf einer der Höhen am Rande einer solchen Schneefläche, so erblickt man eine einzige weiße Ebene, die bis zum fernen Horizont reicht. In andern Teilen der Erde, wo sich schroffe Berggipfel über die Schneegrenze hinaus auftürmen, und wo es keine ebenen Landstriche gibt, häuft sich der Schnee in den Vertiefungen und auf den hochgelegenen Abhängen an. Die halbkreisförmigen Reihen von Bergspitzen und Kämmen bilden oft weite beckenförmige Vertiefungen, deren jede ein Sammelplatz für den Schnee ist. Alle genannten Schneeflächen, ob sie nun auf Tafelländern oder im Hochgebirge vorkommen, bezeichnet man als **Schneefelder.**

12. Da die Feuchtigkeit in diesen Gebieten sich häufiger in Form von Schnee als in der von Regen niederschlägt und die Hitze im Sommer nicht ausreichend ist, um allen Schnee zu schmelzen, so müßte die Schneemenge unbegrenzt zunehmen, wenn im Leben der Erde die Entfernung dieses Überschusses nicht vorgesehen wäre. Auf einigen Schneefeldern beträgt die Dicke der Schneeschicht hundert Meter und darüber. Grönland z. B. ist fast ganz unter einem einzigen, ungeheuer großen Schneefelde begraben, das mächtig genug ist, um alle Unebenheiten des Bodens fast ebenso vollständig zu verdecken, wie die Furchen eines gepflügten Feldes unter einer großen Schneemasse begraben sind. Von dem Antarktischen Kontinent nimmt man an, daß er unter einer Schneedecke begraben ist, die sich nach unten in Eis verwandelt und mehr als 3000 Meter dick ist.

13. Außer durch Schmelzen und Verdunstung entledigen sich die Schneefelder ihres Überschusses an Schnee auf zweierlei Weise: durch **Lawinen** und **Gletscher**. Da, wo die Ränder eines Schneefeldes an steilen Felswänden überhängen, lösen sich von Zeit zu Zeit Massen des mehr oder weniger festgewordenen Schnees los und rollen unter donnerähnlichem Getöse und mit schrecklicher Gewalt in die Täler hinunter, wühlen den Boden auf, reißen Felsblöcke mit hinab, entwurzeln oder zerknicken Bäume und verbreiten überall, soweit sie reichen, Zerstörung. Diese Schneestürze nennt man Lawinen. In den Alpenländern schont man die Wälder, die auf dem Wege solcher hinabfallender Schneemassen liegen, aufs sorgfältigste, als Schutzwälle für die darunter liegenden Wiesen und Dörfer. Die Straßen und Eisenbahnen, die am Fuße schneebedeckter Berge entlang führen, müssen an gefährlichen Stellen überwölbt werden, um sie vor den Unfällen zu bewahren, die durch die häufigen Schneestürze entstehen würden; denn diese würden nicht allein jeden Wanderer und jeden Wagen auf ihrem Wege mit sich fortreißen, sondern auch den Weg selbst zerstören, oder ihn unter Haufen von Erde und Steinen begraben.

14. Die Gletscher sind indessen die wichtigste Form, in der die überschüssigen Schneemassen über der Schneelinie fortgeschafft werden. Während der Schnee auf der Oberfläche eines Schneefeldes locker und unzusammenhängend ist, ähnlich dem, der im Winter die Erde bedeckt und im Frühjahr wieder verschwindet, werden die unteren Massen unter dem wachsenden Drucke der überlagernden Schichten immer dichter und fester. Dieser zusammengepreßte Schnee (der in den Alpen Firnschnee heißt) geht allmählich in durchsichtiges blaues Eis über, je mehr die eingeschlossene Luft aus ihm ausgepreßt wird. Da die Oberfläche des Landes ein mehr oder weniger deutliches

Gefälle von der Wasserscheide aus besitzt, so muß der Schnee infolge der Schwerkraft selbst auf sehr sanft geneigten Abhängen abwärts gleiten. Während dieser Bewegung wird die Luft vollends ausgepreßt und dadurch der lockere, weiße, undurchsichtige Schnee in festes blaues durchsichtiges Eis umgewandelt. Nachdem die Schneemasse einmal diese langsame gleitende Bewegung angenommen, strebt sie natürlich nach dem tiefsten Punkte. Daher bewegt sie sich abwärts den Talanfängen zu, die bis zu den Schneefeldern ansteigen. Eine jede der Mulden wird zu einem Sammel-

Fig. 63. Schneefeld und Gletscher am Holandfjord im nördlichen Norwegen.

gefäß, in dem sich der Schnee, von den Seiten wie von hinten her hinabdrängend, bis zu großer Höhe anhäuft und zwischen den Bergabhängen so eingeklemmt und zusammengepreßt wird, daß er vom Grunde bis zur Oberfläche die Gestalt von festem Eise annimmt. Durch den Druck der vorrückenden Masse von hinten und durch sein eigenes Gewicht vorwärts getrieben, füllt dieses Eis die Täler oft bis zu einer Höhe von mehr als hundert Metern und auf Entfernungen von vielen Kilometern an. Eine solche Eiszunge, die von einem Schneefelde aus abwärts vorrückt und sich bis unter die Schneegrenze erstreckt, heißt ein **Gletscher**. In der beigegebenen Zeichnung (Fig. 63) sieht man zwei Gletscher von einem der großen Schneefelder des nördlichen Norwegen herabkommen. In einem Falle erreicht das Eis beinahe das Meer; im andern ist der Gletscher kleiner und entfernt sich nicht soweit von seinem Ursprunge.

15. Ein Gletscher bildet also den Abfluß des Schnees, der oberhalb der Grenze des ewigen Schnees fällt, ebenso wie ein Fluß die überschüssigen Massen des Regenwassers sammelt und fortführt. Seine Größe hängt von der des Tales ab, sowie von der Ausdehnung und dem Gefälle des Schneesammelgebiets, dessen Abfluß er bildet. In den Alpen dehnt sich zum Beispiel der große Aletschgletscher etwa 24 Kilometer talabwärts aus. Bisweilen füllt ein kleiner Gletscher eine hochgelegene Mulde auf der Seite eines Berges aus und reicht nicht bis ins nächstgelegene Tal hinab. In andern Fällen steigt der Gletscher weit unter die Schneegrenze hinab, selbst bis in den Bereich der Wiesen, Kornfelder und Gärten. Der untere Grindelwaldgletscher im Berner Oberland reicht bis zu einem Punkte hinab, der mehr als 1000 Meter unterhalb der Schneegrenze auf der Nordseite der Alpen liegt.

16. Um uns möglichst deutlich das allgemeine Aussehen eines Gletschers vorzustellen, wollen wir annehmen, wir ständen am Fuße eines Gletschers in den Alpen. Auf beiden Seiten des Tales sind die Bergabhänge mit Nadelholz bedeckt. Streifen grüner saftiger Weiden leuchten im Sonnenschein in den Mulden und an den niederen Hängen; um uns her liegen Sennhütten auf üppigen Matten. Vor uns erhebt sich der abschüssige Fuß eines Gletschers — ein steiler, aber zerklüfteter Eisabhang, unter dem ein Bach milchigen schlammigen Wassers hervorstürzt. Zahlreiche große Felsblöcke sind auf dem Talboden unterhalb des Eises verstreut. Der Boden besteht hauptsächlich aus grobem Gerölle, demjenigen ähnlich, womit das Bett des Gletscherbaches angefüllt ist. Sogar auf dem Eise bemerken wir Haufen von Steinen, von denen vielleicht einige gerade auf der Kante des untersten Steilabfalls des Gletschers schweben; sie werden daher bald hinabrollen und sich dem Haufen anderer, die ihnen vorausgegangen, beigesellen. Wenn wir in eine der tieferen Eisspalten blicken, so sehen wir, daß das Eis von wunderbarer Reinheit und der herrlichsten blauen Farbe ist. Und doch ist der größte Teil seiner Außenfläche von Erde und Steinen geschwärzt.

17. Wir ersteigen die Oberfläche des Gletschers, indem wir entweder zwischen den geborstenen Eisklippen, die seinen vorderen Absturz bilden, hinaufklettern, oder an einer Talwand aufwärts uns einen ungefährlicheren und leichteren Pfad suchen. Dann sehen wir, daß das Eis als eine große breiige Masse den Talgrund von einer Seite zur

Fig. 64. Ansicht eines Gletschers, mit Streifen von Felstrümmern (Moränen) und einem aus dem Ende hervorbrechenden Bache. Im Vordergrunde liegen vom Eis glattgeschliffene Felshöcker und Geschiebe.

andern ausfüllt und sich weit talaufwärts bis ins Herz des Gebirgsstockes hinein erstreckt. Seine Oberfläche hat in unserer Nähe eine sanfte Neigung und ist verhältnismäßig eben; viele Gletscher gewähren allerdings selbst noch am Ende einen merkwürdig zerrissenen Anblick, wie ein stürmisches Meer, das plötzlich erstarrt ist. Wandern wir das Tal aufwärts, so bemerken wir, daß die Anhäufungen von Erde, Kies und Steingeröll auf dem Gletscher besonders massenhaft an den Rändern und ebenso auf einer oder mehreren Linien längs der Mitte liegen. Den Tag über, so lange die Sonne scheint und wärmt, taut die Oberfläche ab; in tausend kleinen Rinnen rauscht daher das Wasser über das Eis hin. Nachts gefrieren diese wieder, und der Gletscher sinkt in sein Schweigen zurück.

18. In verschiedener Hinsicht ist ein Gletscher einem Flusse ähnlich; ja diese Ähnlichkeit ist größer, als man beim ersten Anblick vermuten sollte. Wenn man die Lage irgend eines hervorragenden Gegenstandes auf dem Eise gegenüber einem feststehenden Punkte am Rande beobachtet, oder wenn man, wie das bei der Untersuchung des Mer de glace und anderer Gletscher geschah, eine Reihe von Pflöcken quer über die Breite des Gletschers hin in das Eis treibt und von Zeit zu Zeit vom Rande aus ihre Lage beobachtet, so findet man, daß sich das Eis langsam talabwärts bewegt, und zwar in der Mitte schneller als an den Seiten, weil die Reibung an den Felswänden die Bewegung hindert. Die durchschnittliche Geschwindigkeit betrug nach jenen Messungen im Sommer und Herbst in der Mitte des Mer de glace 0,50 bis 0,76 Meter in 24 Stunden, und an den Seiten 0,33 bis 0,53 Meter.

19. Da der Gletscher sich je nach den Talwindungen hin- und herbiegt und über einen unebenen felsigen Boden hinfließt, so bekommt er zahlreiche Risse, die man *Gletscherspalten* nennt, und die oft klaffen und breite, tiefe Abgründe, zuweilen bis auf den Boden des Gletschers hinab, bilden. Steine und Erde, die auf der Oberfläche des Eises liegen, fallen in Menge in die Spalten und gelangen so auf den Talboden unter den Gletscher, oder werden vom Eise eingeschlossen, wenn die Wände der gähnenden Schlünde bei der Weiterbewegung des Gletschers wieder zusammengepreßt werden.

20. Wenn ein Fluß einen steilen und felsigen Teil seines Bettes erreicht, bildet er Stromschnellen; kommt er an einen Absturz, so nimmt er die Gestalt eines Wasserfalles an. Da das Eis nicht dieselbe Beweglichkeit besitzt wie fließendes Wasser, so kann es sich den Unebenheiten seines Bettes nicht so leicht anbequemen. Aber es läßt diese

Unebenheiten in sehr auffälliger Weise erkennen. Im Laufe unseres Gletschers, den wir im Geiste besuchen, kommen wir nach einigen Kilometern sanften Ansteigens vielleicht zu einem Steilabfall, an dem das Eis von unzähligen Spalten zerklüftet ist und in Nadeln und scharfen Kämmen von mannigfachen abenteuerlichen Formen aufragt. Könnten wir diesen wilden Absturz von geborstenem Eise längere Zeit hindurch beobachten, so würden wir finden, daß es in allgemeiner langsamer Bewegung nach unten begriffen ist. Es ist ein Eisfall und entspricht als Vorgang in einem Gletscher genau dem Wasserfalle unter den Erscheinungen, die ein Fluß darbietet. Auf seinem Grunde ist die Talsohle steil oder abschüssig, und das Eis, das nicht imstande ist, diesen Absturz als Ganzes zu überwinden, berstet und zersplittert in der geschilderten wunderbaren Weise. Aber genau so, wie ein Fluß, mag er bei seinem Sturze in einem Wasserfalle noch so fein zerstäubt sein, schnell wieder sein gewöhnliches Aussehen annimmt und weiter fließt, als hätte kein plötzlicher Sturz seinen Lauf soeben gestört, so fließt auch ein Gletscher, selbst wenn er in einem dieser Eisfälle in kleine Bruchstücke zertrümmert wurde, unten sehr bald wieder zusammen und setzt seinen Weg als eine einheitliche zusammenhängende Eismasse fort. Gehört der Gletscher zu den großen, so kann er Nebengletscher aus den Seitentälern aufnehmen. So bildet sich das Mer de glace aus der vereinigten Masse mehrerer Gletscher, wie dies Fig. 65 zeigt. Jeder einzelne läßt sich, wie der Hauptstrom, aufwärts verfolgen, bis er unmerklich in die Schneemassen übergeht, die die Hochmulden am Hauptstock des Gebirges ausfüllen.

21. Wenn man den Lauf eines Gletschers verfolgt und die Größe sowie die Eigenschaften jener riesigen Eiszungen, die den Überschuß der Schneefelder ins Tal befördern, genau beobachtet, so entsteht naturgemäß der Wunsch, zu erfahren, welche Rolle den Gletschern im Haushalt der Natur zugeteilt ist. Die Flüsse, die den Überschuß an Wasser vom Lande fortführen, sind an einem Riesenwerke tätig: sie tragen die Berge ab, füllen Täler und Seen aus, zerstreuen die Trümmer weit über die Ebenen oder führen

sie in das Meer hinaus (Abschn. XXVII). Auch die Gletscher sind in ähnlicher Weise tätig. Sie tragen den Verwitterungsschutt des Gebirges in die Täler und hobeln den Boden und die Wände der Täler aus, in denen sie sich bewegen.

Fig. 65. Karte des Mer de glace bei Chamonix mit seinen Nebengletschern, um zu zeigen, wie Seitenmoränen zu Mittelmoränen werden.

22. *Die Fortschaffung.* Woher kommen die Erde und die Steine, die der Oberfläche des Eises ein so schmutziges, dunkelgraues Aussehen verleihen, und die weit unterhalb der Schneegrenze, da, wo der Gletscher fast am Rande der

Wiesen und Gärten abschmilzt, überall in Haufen umherliegen? Von einem guten Übersichtspunkte oberhalb des Gletschers aus können wir sehen, daß die Geröllhaufen nicht ganz regellos über die Eisfläche zerstreut sind, sondern daß sie lange Steinlinien bilden, die sich von einander getrennt halten und gleichgerichtet in der Längsausdehnung des Gletschers verlaufen. Wir sehen sie sich hin- und herwinden, im Einklang mit den mannigfachen Krümmungen des Gletschers auf seinem Wege, bis sie sich in der Ferne verlieren. In dem Bilde eines Gletschers in Fig. 64, wie auch auf der Karte des Mer de glace (Fig. 65), sieht man einige dieser Reihen von Steinen sowohl in der Mitte wie auch auf beiden Seiten. Verfolgen wir die mittlere Linie auf dem Gletscher aufwärts (manchmal ziehen sich mehrere Linien in der Mitte hinab), so gelangen wir zuletzt irgendwo im Oberlauf des Tales zu einem Punkte, wo sich zwei Arme des Gletschers zu dem bisher von uns verfolgten Eisstrom vereinigen, und wo die Steinlinie nun entweder an einem der beiden Arme seitlich fortläuft oder sich in zwei Linien teilt, deren eine sich nach der rechten Seite des einen Gletscherarmes hinzieht, während die andere sich auf der linken Seite des andern hält (Fig. 64). In jedem Falle findet man, wenn man den Gletscher weit genug talaufwärts verfolgt, daß eine Steinlinie in der Mitte des Eises immer von der Seite herkommt und erst durch den Zusammenfluß zweier Arme des Gletschers in die Mitte gerät. Infolge der Unregelmäßigkeiten in der Neigung und Breite des Gletscherbettes, und weil das Eis fortwährend gezwungen ist, diesen Unregelmäßigkeiten sich anzubequemen, ferner auch durch das Schmelzen des Eises an der Oberfläche des Gletschers (§ 25), verlieren diese Steinstreifen leicht ihre bestimmte Gestalt in dem Maße, als sie nach dem Tale zu vorrücken, bis nach ein paar großen Eisfällen und zahlreichen Spalten der Schutt mehr oder weniger über die ganze Fläche des Gletschers zerstreut ist, wie man dies am unteren Ende des Mer de glace sehen kann (Fig. 65).

23. Diese Haufen von Steinen, Erde und Geröll auf dem Eise sind unter dem Namen der **Moränen** bekannt. Liegen sie auf den Seiten des Gletschers, so heißen sie *Seiten-*

moränen, in der Mitte liegen die *Mittelmoränen,* am Fuße des Gletschers, wo er beim Schmelzen des Eises sich seiner ganzen Last entledigt, bilden sich die *Endmoränen*.

24. In allen Fällen kann man diese Moränen den Gletscher aufwärts bis zu irgend einem Fels oder einem schroffen Bergabsturz verfolgen, von dem die Felsblöcke herstammen. An solchen Punkten hat man beobachtet, wie die Bruchstücke durch die strengen und andauernden Fröste dieser Höhen gelockert wurden, bis sie endlich, von den Felsen abgesprengt, hinabrollten, um auf dem Gletscher unten einen Ruheplatz zu finden. Einmal auf dem Eise, werden sie allmählich talabwärts getragen und zwischen den Trümmerhaufen am fernern Ende des Gletschers abgesetzt. Ein großer Teil des Schuttes fällt aber in die zahlreichen Spalten im Eise hinab und erreicht den Boden des Gletschers, um dort eine andere wichtige Arbeit zu vollbringen (§ 28).

25. Verfolgen wir das Vorrücken eines großen Felsblockes bei seiner Reise auf dem Eise, so lernen wir dadurch, was sonst nicht so offenbar sein würde, daß die Oberfläche des Gletschers durch Abschmelzen und Verdunstung beständig erniedrigt wird. Betrachten wir einen großen flachen Stein, der von einer hohen Felswand herabgestürzt ist und auf dem Eise einen Ruheplatz gefunden hat. Der Teil des Eises, der unter dem Steine liegt, ist vor Verlust durch Tauen und Verdunsten bewahrt; aber die umgebenden Teile des Gletschers, die nicht in derselben Weise geschützt sind, schwinden allmählich hinweg. Daher beginnt der Stein scheinbar sich aus dem Gletscher zu erheben, in ähnlicher Weise, wie die großen Steine, die zur Bildung der Erdpyramiden oder Steinpfeiler in alten Schuttablagerungen Anlaß geben. (Abschnitt XXVII, § 4.) Sein Fußgestell aus Eis nimmt fortwährend an Höhe zu, vermindert aber, da es an den Seiten der Sonne und der Luft ausgesetzt ist, seinen Durchmesser, bis es zu schwach wird, die schwere Last des Steines ferner zu tragen. Dann stürzt der Stein auf die Fläche des Gletschers hinab (Fig. 66). Bei dem fortwährenden Schwinden des Eises an der Oberfläche kann derselbe Block im Verlaufe seiner Wanderung mehrmals zum Kapitäl von Eissäulen werden. Ein anderes Zeugnis für das bedeutende Schwinden des Gletschers an seiner Oberfläche liefern die langen gleichlaufenden Moränenwälle. Wenn wir einen dieser Rücken besteigen, könnten wir auf den ersten Anblick meinen, daß er durch und durch aus Gesteinstücken bestehe; stoßen wir aber einige der losen Blöcke beiseite, so entdecken wir unmittelbar darunter das feste Eis. In der Tat ist es ein Rücken aus Eis mit einem Mantel von Trümmern, der es vor dem allgemeinen Schwinden bewahrt hat, genau so wie die einzelnen Blöcke der Gletschertische das unter ihnen liegende Eis schützen.

Fig. 66. Gletschertisch. — Ein Eispfeiler, der einen Felsblock trägt.

26. In den meisten Gletscher-Tälern trifft man große Felsblöcke oberhalb der gegenwärtigen Grenzen des Eises, aber an Stellen, bis zu denen einst offenbar das Eis reichte. Sie schweben manchmal in den gefährlichsten Lagen, sodaß die Kraft eines Mannes genügend wäre, sie loszulösen und den Abhang hinunter zu stürzen. Diese **Findlinge** liefern den Beweis für die frühere Ausdehnung der Gletscher. Mit ihrer Hilfe kann man unter anderem zeigen, daß die Gletscher der Alpen während eines Zeitraumes der Vorzeit die Schweizer Täler ausfüllten und sich sogar über das breite Schweizer Hügelland zwischen dem Berner Oberland und dem Jura ausdehnten. Auf diesen ungeheuren Eisströmen wurden Granitblöcke aus der Mont-Blanc-Gruppe quer über die Gegend, die jetzt das Rhonetal und der Genfersee einnehmen, getragen und in großer Höhe an den Hängen der Jurakette abgelagert. Die beigegebene Figur (Fig. 67) stellt einen dieser **erratischen oder Findlings-Blöcke** dar und zeigt, welche gewaltige Größe sie zum Teil besitzen. Der abgebildete Felsblock ist nicht weniger als 15 Meter lang, 12 Meter hoch und 6 Meter dick.

27. Wir ziehen daraus den Schluß, daß ein wichtiger Teil der Gletscherarbeit in **der Fortschaffung der Schuttmassen des Gebirges** aus höheren in tiefere Lagen besteht. In Gebirgszügen von der Lage und Beschaffenheit der Alpen oder des Himalaya schmelzen die Gletscher noch innerhalb des Gebirges, lange bevor sie seine Ausläufer erreichen. Daher tragen sie ihre Last nicht über das gebirgige Land hinaus,

Fig. 67. Der Pierre-à-Bot, bei Neufchâtel (I. D. Forbes).

wenn sie auch einst, wie wir soeben gesehen haben, diese viel weiter getragen haben als jetzt. Aber in den Gegenden um den Nord- und den Südpol herum erreichen die Gletscher den Meeresspiegel und schieben sich sogar in das Meer hinein, wo sie dann in Eisberge zerbrechen (Abschnitt XVI). Die folgende Zeichnung (Fig. 68) stellt den kleinen Gletscher im Grunde des Jokulsfjord im nördlichen Norwegen dar, der bis ins Meer hinabreicht. Man bemerkt in ihm einige Querspalten nahe an seinem Fuße. Von Zeit zu Zeit brechen die Ränder ab, und Eisbrocken, die richtige Eisberge im kleinen darstellen, schwimmen langsam auf der Süßwasserströmung dahin, die sich den Fjord hinabbewegt. Man kann auf diesen kleinen Eisbergen bisweilen auch Steine bemerken. In Grönland senken sich riesige Gletscher, wie der Humboldtgletscher, der über 100 Kilometer breit ist, bis zum Meeresspiegel hinab und eine Strecke weit in das Meer hinein, bis ihre in das Wasser ragenden Enden abbrechen und als Eisberge davonschwimmen (Fig. 16). Auch hat man gelegentlich Felsblöcke auf diesen Eisbergen wahrgenommen. Der Schutt der Gebirge wird so vom Eise ins Meer hinausgetragen und kann viele Hunderte von Kilometern zurücklegen, ehe er beim Schmelzen des Eises auf den Meeresboden hinabsinkt.

28. *Die Erosion.* Eine fortgesetzte Beobachtung wird uns zeigen, daß das Fortschaffen von Schutt die Täler hinab nicht die ganze Tätigkeit der Gletscher bildet. Wir wollen den Bach schlammigen Wassers betrachten, der aus dem Fuße des Gletschers hervorquillt. Er ist das ganze Jahr hindurch schlammig, aber während des warmen, trockenen Wetters im Sommer und Herbst am stärksten getrübt und am wasserreichsten. Der Schlamm kann nicht vom Schmelzen des Gletschers selbst herrühren, denn das Eis ist klar und rein. Er kommt auch nicht aus den hellen Bächlein her, die aus dem schmelzenden Schnee und den Quellen zu beiden Seiten des Tales heraussprudeln. Dennoch kommt er unzweifelhaft unter dem Gletscher hervor. Nun besteht der Schlamm aus den feinen Teilchen, wie sie durch die Verwitterung und Zerreibung der Gesteine entstehen. Es muß also irgendwo eine beträchtliche Zerstörung im Werke sein, die diese beständige, reichliche Erzeugung von Schlamm zur Folge hat.

29. Wenn wir diese Untersuchung weiter führen, so bemerken wir, daß die Felsen, die auf beiden Seiten des Tales unter dem Gletscher hervortreten, auffallend glatt sind. Sie haben, soweit sie die Größe von Hügeln besitzen, den Namen **Rundhöcker** erhalten. Unter dem Eise ist, wie wir an geeigneten Punkten bemerken können, der Talboden in ähnlicher Weise geglättet und poliert. Der Gegensatz zwischen den gerundeten und geglätteten Felsmassen am Gletscherrande und den scharfen, kantigen und zackigen Formen der höher liegenden Felsen ist oft auffallend groß. Außer dieser Glättung bemerkt man auf der Oberfläche der Felsen viele gleichlaufende oder einander schneidende Ritzen und Furchen von feinsten Linien, wie sie etwa ein hartes Sandkorn eingraben könnte, bis zu so tiefen Rinnen, daß zu ihrer Erzeugung der gewaltsame Druck einer spitzen Ecke oder scharfen Kante nötig wäre. Diese Ritzen laufen im allgemeinen, wie man sich leicht überzeugen kann, in der Richtung des Tales. Sie sind offenbar durch eine Tätigkeit hervorgerufen, die mit hinreichender Kraft und Stetigkeit talwärts wirkte, um die Felsen längs des Bodens und der unteren Gehänge des Tales glatt zu hobeln.

Fig. 68. Ein ins Meer hinabreichender Gletscher, im Grunde des Jokulsfjord im nördlichen Norwegen.

30. Hier und da ist es möglich, am Fuße des Gletschers unter das Eis zu kriechen und das steinige Lager des Gletschers zu untersuchen. Dort kann man gleichsam den Gletscher in seiner Tätigkeit des Zermahlens und Schrammens der Felsen unter ihm beobachten. Steine und Sandkörner sind zwischen dem Eise und dem Felsgrund, auf dem der Gletscher ruht, eingeklemmt. Sie werden festgehalten und gegen das Gestein gepreßt; daher zerkratzen und ritzen sie es bei der langsamen Fortbewegung. Da dieser Vorgang sich jahraus jahrein abspielt, so unterliegt die Oberfläche der Felsen notwendigerweise einer beständigen Zerstörung und nimmt jenes glatte, polierte und gestreifte Aussehen an, das für den Boden und die Wände der Gletschertäler so bezeichnend ist.

31. Hier haben wir also die Ursache der steten Trübung des Wassers, das aus dem Ende eines Gletschers hervorquillt. Der Gletscher vertieft sein Bett mit dem gleichen Schleifpulver, das ein Fluß dazu verwendet, aber er gebraucht dies Werkzeug auf seine eigene Weise und erzeugt mit ihm eine eigentümlich geglättete und geritzte Oberfläche, die keine andere Kraft in der Natur hervorbringen kann. Die Erde, der Sand und die Steine, die von den Moränenhaufen durch die Spalten hinab oder zwischen den Gletscher und die Felswände fallen, bilden die harten Körper, durch die

Fig. 69. Ein unter dem Gletschereise geritzter und polierter Stein. (Gekritztes Geschiebe.)

das Eis sein Bett vertieft. Während sie dazu verwendet werden, die festen Gesteine abzuschleifen, unterliegen sie selbst beständiger Abnutzung. Sie werden glatt und gestreift, wie das unter ihnen liegende feste Gestein. Einer dieser im Eise geglätteten und gestreiften Steine, die man **gekritzte Geschiebe** nennt, ist in Fig. 69 abgebildet.

32. Wir schließen daraus, daß die zweite große Aufgabe, die der Gletscher ohne Unterlaß erfüllt, die **Erosion** der Wände und des Bodens seines Tales ist. Daß dies in bezug auf das allgemeine Aussehen eines Landes ein wichtiges Werk ist, erhellt aus den großen Höhen und den weiten Entfernungen, bis zu denen sich die eigentümlichen Formen der Eiswirkung geltend machen. Die einstige größere Mächtigkeit und weitere Ausdehnung der Alpengletscher kann nicht überzeugender durch die Verbreitung der erratischen Blöcke dargetan werden, als durch den Bereich des Vorkommens geglätteter und geritzter Gesteinsflächen, der **Gletscherschliffe.** Durch dies Zeugnis kann nachgewiesen werden, daß ein großer Teil des nördlichen Europa und Amerika unter gleitenden Eisdecken lag, die auf ihrer Wanderung über das Land vom Gebirge bis zur Meeresküste in den fast unzerstörbaren Zeichen, die sie in die Gesteine eingeschrieben, ihr Andenken zurückgelassen haben. Siehe hierzu XXXI, § 38.

33. Auch kann wohl niemand die sprudelnde schlammige Wassermasse einem Gletscher entspringen sehen, ohne zu begreifen, daß mit der Zeit infolge dieser unaufhörlichen Erosion und Fortschaffung von Schutt eine merkliche Vertiefung des Tales stattfinden muß. Das Tieferwerden kann sich nicht gleichmäßig über die ganze Ausdehnung des Tales hin geltend machen. An gewissen Stellen übt das Eis eine stärkere schleifende Wirkung aus als an anderen, gerade so wie ein Fluß bei seinen Fällen und Stromschnellen mehr Zerstörung bewirkt als zwischen Wiesen in der Ebene. Auch sind die Gesteine des Gletscherbettes sehr verschieden an Härte und an Widerstandsfähigkeit. Daher werden einige Teile schneller ausgehobelt als andere; wenn daher die Gletscher talaufwärts zurückweichen, müssen sich diese tiefer ausgehöhlten Stellen, falls sie nicht mit Moränenschutt angefüllt sind, mit Wasser anfüllen. Seebecken dieser Art inmitten von Rundhöckern und Gletscherschliffen bilden einen wesentlichen Zug im Landschaftsbilde der Gletscherbezirke und aller der Gegenden von Nord-Europa und -Amerika, die, wie eben erwähnt wurde, einst unter dem Eise begraben waren (Abschnitt XXVI, § 4).

Abschnitt XXIX. — *Die stetige Umgestaltung des Festlandes.*

1. Im Abschnitt XX haben wir die Haupterscheinungen der Gliederung des Landes — seine Berge, Hochländer, Täler und Ebenen — besprochen. Am Ende jenes Abschnittes entstand naturgemäß die Frage, ob sich über den Ursprung und die Geschichte dieser verschiedenartigen Gebilde eine Erklärung geben lasse; aber die Antwort auf diese Frage wurde verschoben, bis wir eine Untersuchung über die Beschaffenheit des Materials und der inneren Zusammensetzung der Erde, und über die Einwirkung des Wassers auf die Oberfläche der Erde angestellt hätten. Jetzt sind wir daher in der Lage, auf den Gegenstand zurückzukommen und auf unsere Untersuchung die Tatsachen und Schlüsse anzuwenden, die wir in den letzten acht Abschnitten über das Innere und das Äußere des Festlandes gesammelt haben.

2. Das gegenwärtige Festland besteht aus den höheren (über den Meeresspiegel emporragenden) Teilen jener Unebenheiten, die sich während der Erstarrung und Zusammenziehung unseres Planeten aus einer ursprünglich flüssigen Masse auf seiner Außenseite gebildet haben (Abschnitt XXII, § 20). Wir dürfen indes nicht annehmen, daß das Land in seiner jetzigen Gestalt ein Teil der ursprünglichen Oberfläche der Erde sei. Daß dies nicht der Fall sein kann, ergibt sich zwingend aus zwei Betrachtungen, auf die wir bereits hingewiesen haben: 1. Alles Festland, soweit wir es kennen, lag einst unter dem Meere und besteht bis zu den Berggipfeln hinauf großenteils aus erhärtetem Sande, Schlamm und anderen Stoffen, die ursprünglich auf dem Boden des Meeres abgelagert wurden (Abschnitt XXI, § 13). 2. Die ganze Oberfläche des Landes ist einer beständigen und mächtigen, wenn auch ungleichmäßig verteilten Verwitterung und Abtragung unterworfen. Ein verhältnismäßig kurzer Zeitraum würde zur gänzlichen Zerstörung der Festländer genügen, wenn ihre Oberflächen nur im Maße der Tätigkeit des Mississippi abgetragen würden, und andere Flüsse üben eine beträchtlich stärkere zerstörende Tätigkeit aus. Selbst bei dem geringsten den Tatsachen und Beobachtungen entsprechenden Maß der Abtragung müßte die Landoberfläche, die sich im Anfang über den ältesten Ozean erhob, längst zerstört sein, und wir können kaum hoffen, selbst unter den späteren Anhäufungen, aus denen jetzt das Festland besteht, eine Spur jener ersten Kruste aufzufinden (Abschnitt XXVII, § 22).

3. Aber wenn auch kein Teil des gegenwärtigen Festlandes als ein unveränderter Teil der ursprünglichen oder

ersten festen Kruste des Planeten betrachtet werden kann, so ist es doch unzweifelhaft, daß die jetzigen Festländer sehr alt sein müssen. Nicht unwahrscheinlich ist es, daß sie im großen und ganzen die Stelle der ersten Rücken einnehmen, die sich durch das Abkühlen und Zusammenschrumpfen der Erdkruste gebildet haben. Im Laufe der Zeiten sind diese uralten Rücken durch die Tätigkeit des Wassers und der Luft zerstört und abgetragen worden. Aber von Zeit zu Zeit, wenn erneute Stauungen längs derselben ursprünglichen Linien stattfanden, wurde das Land wieder und wieder erhoben und abgetragen. Daß dies nicht eine bloße Annahme ist, sondern große Wahrscheinlichkeit für sich hat, wollen wir durch eine Betrachtung der Art und Weise zeigen, wie die Bausteine, die jetzt das Festland bilden, an einander gefügt sind. Können wir nachweisen, daß die jetzigen Rücken in großen Zwischenräumen wieder und immer wieder gehoben worden sind, so dürfen wir wohl mit einiger Wahrscheinlichkeit annehmen, daß sie im allgemeinen die Ur-Hebungslinien auf der Erdoberfläche bezeichnen.

4. Wir wollen daher auf die Zusammensetzung der Erde, so wie wir sie in Abschnitt XXI beschrieben haben, zurückkommen. Auf der ganzen Erde findet man bei weitem die größte Masse des Landes aus Stoffen aufgebaut, die sich langsam als Sediment auf dem Meeresboden angesammelt haben. Diese Stoffe sind in Schichten angeordnet, die sich übereinander gelagert haben, bis Massen von vielen tausend Metern Mächtigkeit entstanden sind. Offenbar muß die ursprüngliche Lage dieser Schichten nahezu oder vollkommen wagerecht gewesen sein, da sie sich als Sand und Schlamm in gleicher Weise aufeinander häuften, wie sich noch jetzt Sand und Schlamm auf dem ebenen oder sanft ansteigenden Boden des Meeres ablagern. Die unterirdischen Bewegungen, durch die sie aus dem Meere gehoben und zu Festland geworden sind, haben sich über so weite Flächen erstreckt, daß diese ursprüngliche wagerechte oder sanft geneigte Lage wenig oder gar nicht gestört wurde. Die wagerechte Lagerung der Gesteine, die Fig. 25 zeigt, ist eine sehr gewöhnliche Erscheinung, und jeder wird sich ähnlicher Durchschnitte, wie des von dem in Fig. 70 dargestellten Steinbruch, als einer bekannten Erscheinung erinnern. In diesen Fällen können wir annehmen, daß ein weites Gebiet des Meeresbodens so gleichmäßig gehoben und zu festem Lande wurde, daß die Schichten von verhärtetem Sande und Schlamme wagerecht geblieben sind. In Mittel- und Nordrußland, in den Vereinigten Staaten und in Kanada hat sich diese ruhige und gleichmäßige Hebung über Flächen von vielen tausend Quadratkilometern erstreckt.

5. Als die Erde sich infolge ihrer Abkühlung zusammenzog, wurden die Wirkungen dieser Zusammenziehung nicht in gleicher Stärke auf der ganzen Oberfläche sichtbar. Die weiten Meeresbecken bezeichnen zweifellos die Stellen, wo

Fig. 70. Ein Steinbruch mit Gestein in wagerechter Lagerung.

das Sinken am beträchtlichsten und gleichmäßigsten stattgefunden hat. Wahrscheinlich waren diese Becken von Anfang an Vertiefungen, wenn auch Teile davon, besonders längs ihrer Ränder, von Zeit zu Zeit einer abwechselnden Hebung und Senkung unterworfen waren. Jeder sinkende Landstrich muß sich natürlich einem verminderten Oberflächenraum anpassen und übt daher einen starken seitlichen Druck, eine Stauung auf die angrenzenden stehen bleibenden Teile aus. Unter dem Einfluß dieser Kraft haben sich lange Rücken zwischen den Meeresbecken zu Festland erhoben. Jede Senkung hat daher wohl eine entsprechende Hebung bewirkt. Wenn also auch die Senkung die Regel war und das Festland beständig von der Luft, dem Regen, den Flüssen und dem Meere zerstört wurde, so haben doch diese wiederholten Hebungen den Verlust ausgeglichen und scheinen im ganzen das Festland in gleicher Größe erhalten zu haben.

Fig. 71. Durchschnitt einer Gebirgskette, um zu zeigen, wie die geschichteten Gesteine der Ebenen längs der Seiten des Gebirges gebogen und gekrümmt sind, während die tiefsten und ältesten Gesteine den Kern und die höchsten Punkte der Kette bilden.

6. Aber inmitten dieser großen Stauungen kann die Hebung unmöglich überall so ruhig und gleichmäßig vor sich gehen, daß allenthalben die ursprüngliche wagerechte oder nahezu wagerechte Lagerung der Schichten erhalten bliebe. Im Gegenteil sind die Gesteine über weite Flächen und ganz besonders längs sehr ausgedehnter Linien nicht bloß gehoben, sondern in Falten gelegt und gebrochen. Statt in wagerechter oder schwach geneigter Lage findet man sie in allen Richtungen aufgestaut und oft auf den Kopf gestellt, wie die Bücher in einem Bücherschranke. Jede große Bergkette liefert Beispiele dieser verwickelteren Lagerung. In den Ebenen und Tiefländern erstrecken sich die Gesteine Hunderte von Kilometern weit so eben wie vor ihrer Hebung aus dem Meere. Aber nach dem gebirgigen Innern des Landes zu fangen sie an sich in wellenförmigen Krümmungen zu biegen, die an Größe zunehmen, bis die Gesteine längs der Abhänge des Gebirges bisweilen so durcheinander geworfen sind, daß die unterste Schicht zu oberst liegt. Diese Lagerung ist in Fig. 71 dargestellt.

7. In diesem Durchschnitte oder Querprofile (Fig. 71), ist nur eine einzige allgemeine Hebung zu erkennen, die nach der Bildung der verschiedenen Gesteine des Gebietes stattfand, denn alle haben an der Lagenveränderung teilgenommen. In dem Durchschnitt von Fig. 72 sind zwei Hebungen zu erkennen. Erstens wurden die älteren Gesteine, A, gefaltet und gehoben; dann bildete sich auf ihren Abhängen und

an ihren verwitterten Rändern die Schichtenreihe B und wurde ebenfalls durch eine Hebung zu Festland. Eine noch größere Folge von Bewegungen zeigt die Fig. 73. Wir sehen da, daß nach den beiden Bewegungen, die die Schichten A und B gestört hatten, eine dritte Hebung eintrat, wodurch eine noch jüngere Schichtenreihe, C, die sich auf B abgesetzt hatte, zu Festland gehoben wurde.

8. Aus derartigen Profilen ergeben sich für uns zwei Tatsachen in betreff der Entstehung der Gebirge. Erstens kann eine große Hebungsachse der Erdoberfläche, mit anderen Worten eine Gebirgskette, immer wieder der Auslösung von der Spannung, die durch die Zusammenziehung der Erde entstand, gedient haben und folglich mehrmals nacheinander zwischen den Senkungsgebieten zu beiden

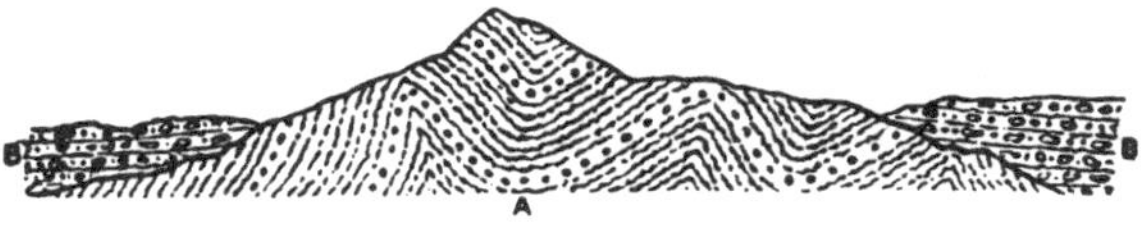

Fig. 72. Durchschnitt durch ein Gebirge, welches zwei Hebungen erkennen läßt.

Seiten in die Höhe getrieben worden sein. Zweitens hat innerhalb jeder Hebungszeit eine bedeutende Abtragung des Festlandes stattgefunden, wobei die Luft, der Regen, die Fröste, Bäche, Flüsse, Gletscher und das Meer sämtlich an der Zerstörung des Festlandes mitwirkten und die Stoffe loslösten, aus denen sich darauf die neue Gesteinsschicht bildete.

9. Offenbar können wir auf Grund solcher Querschnitte auch das Verhältnis des Alters verschiedener Bergketten vergleichen. Wenn die in Fig. 71 dargestellten Gesteine dieselben sind, die wir in Fig. 73 als C bezeichnet haben, so muß das im ersten Durchschnitte gezeichnete Gebirge viel jünger sein als das im letzten dargestellte. Wir sehen in der Tat, daß das Gebirge in Fig. 73 nicht einfach älter, sondern um zwei frühere Hebungsperioden älter ist. Es gehört in das Gebiet der Geologie, diese Fragen über den Bau und das Alter der Gebirgsketten zu untersuchen.

Die Geologen haben eine bestimmte Ordnung und Aufeinanderfolge der geschichteten Gesteine der Erdkruste ermittelt und sind daher imstande, jeder großen Hebung auf der Oberfläche der Erde ihr bestimmtes Alter in der Geschichte der Gebirge zuzuweisen.

10. Aber während das Festland und die Bergketten, die es durchziehen, den Bewegungen der festen Erdkruste ihr Dasein verdanken, ist das gegenwärtige Aussehen des Landes zum großen Teile durch die Tätigkeit jener mannigfachen Kräfte bedingt, die seine Oberfläche abtragen. Die ungeheure Menge Schlamm, die alljährlich von den Flüssen ins Meer geschafft wird, zeigt, wie viel Stoffe fortwährend dem Lande entrissen werden, und wie sehr daher, wenn

Fig. 73. Querschnitt einer Gebirgskette, die drei aufeinander folgende Hebungen zeigt.

auch unmerklich, die Höhe und das Aussehen der Berge und Täler sich im Laufe der Zeit ändern muß. Dieser Vorgang der Verwitterung und Abtragung vollzieht sich auf der ganzen Erde, hier schneller, dort langsamer, aber unaufhaltsam und unter steten Änderungen im Aussehen des Landes. Wie gewaltig müssen im Verlaufe der langen Zeiträume, während deren er bereits an der Arbeit ist, die Veränderungen der Oberfläche der Erde gewesen sein, wie viele Gebirgsketten mögen nacheinander emporgehoben und wieder abgetragen worden sein!

11. In früheren Abschnitten ist die Tätigkeit der Hauptkräfte verfolgt worden, die die Oberfläche des Landes zerstörten: die Luft durch ihre Gase und Dämpfe, ihre Winde und Temperaturschwankungen; der Frost durch seine oft erneuerten Eiskeile, die er in das Gestein treibt; der Regen, die Bäche und Flüsse durch ihre Bewegung über das Land und ihre Tätigkeit im Fortschwemmen der gelösten Trümmer; Lawinen und Gletscher durch die Gesteinsbrocken, mit denen sie die Gesteine der Täler abschleifen und polieren; das Meer durch seine unaufhörliche Brandung an den Küsten des Festlandes. Wir können das gesamte Ergebnis des Zusammenwirkens aller dieser Kräfte mit dem Werke eines Bildhauers vergleichen. Sie sind so zu sagen die Werkzeuge, mit denen das Gerüst des Festlandes ausgemeißelt wird. Aber ihre Arbeit ist niemals beendet; sie währt so lange, wie das Festland über das Meer hinausragt.

12. Im ersten Augenblicke mag es fast unglaublich scheinen, daß die ganze Oberfläche des Landes, selbst die höchsten und stattlichsten Berge, einer solchen Zerstörung unterworfen sein sollten. Aber je mehr wir nach Zeugnissen dafür suchen, desto klarer und zahlreicher stellen sie sich ein. Wir sehen ein, daß das Land, wie es auch immer ausgesehen haben mag, als es zuerst aus dem Meere emporstieg, von den höchsten Spitzen bis unter die Flutmarke hinab, ausgemeißelt worden ist und noch wird. Seine Felswände und Berggipfel verwittern und werden mit jedem Jahre zerklüfteter und spitzer. Seine Schluchten werden breiter und tiefer. Seine Gebirgsgegenden werden tiefer ausgehöhlt durch die Furchen, die das fließende Wasser in ihnen zieht. Seine Täler und Tiefländer werden eingeebnet und mit den Trümmern übersäet, die das Wasser von höher gelegenen Teilen herabschwemmt.

13. Auf einer Reise gewährt die Beachtung der Spuren dieser allgemeinen Zerstörung reiche Belehrung. Man wird dann sicherlich bemerken, daß sich zwar die Abtragung des Erdreichs überall mehr oder weniger deutlich verfolgen läßt, daß aber das Maß und die Veränderungen im Aussehen, die sie mit sich führt, in hohem Grade von der Natur der Gesteine in jedem Gebiet abhängig sind. Auch hier können wir den Vergleich mit der Bildhauerarbeit wiederholen. Die Wirkung eines Bildwerks hängt nicht nur von der Absicht und der Tätigkeit des Künstlers ab, sondern auch von dem verwendeten Stoffe. Mit einem Blocke Granit oder Nagelfluhe könnte auch das größte Genie trotz aller darauf verwendeten Geschicklichkeit niemals dieselbe Wirkung erzielen, wie mit einem Block weißen Marmors. Daraus ergibt sich für uns, daß die Hügel, Täler und Gebirge hauptsächlich infolge der verschiedenen Beschaffenheit der Gesteine, aus denen sie bestehen, ein so mannigfaches Aussehen bezitzen. Auf Reisen im In- und Auslande wird es stets eine fesselnde und lehrreiche Beschäftigung sein, auf die Veränderungen im Aussehen der Bodengestalt zu achten und sie, wenn möglich, mit Veränderungen in der Gesteinsbeschaffenheit in Beziehung zu setzen.

14. Abgesehen von der verschiedenen Beschaffenheit der Bestandteile trägt aber nichts im höheren Grade zu den eigentümlichen Zügen einer Landschaft bei, als jene Spaltungsrichtungen oder Absonderungsflächen, die, wie schon erwähnt wurde, alle Gesteine durchsetzen. Sie dienen dem ab- und dem aufsteigenden Sickerwasser als Kanäle (Abschn. XXIII, § 17). Sie bieten dem Frost die Öffnungen dar, von denen aus er seine mächtigen Eiskeile in die entblößten Flächen der Felsen hineintreibt (Abschn. XXVIII, § 10). Jede Bergspitze und jede Felswand, überhaupt jede größere nackte Felsmasse, die in die Luft hineinragt, verdankt ihre eigentümlichen Umrisse zum größeren oder kleineren Teile der Richtung ihrer Spalten. In geschichteten Gesteinen erzeugen die Absonderungsflächen senkrechte Felswände und große viereckige pfeilerartige Massen, die von den Felswänden aus vorspringen oder auch ganz von ihnen getrennt sind. Die beigegebene Fig. 74 zeigt zum Beispiel, wie die Umrisse der Küstenklippen aus geschichtetem Gestein durch die Lage der durchsetzenden Absonderungsflächen oder Querspalten bedingt sind, da eine jede senkrechte Felswand der Richtung einer der Absonderungsflächen entspricht. Da, wo derartige Gesteine die Kämme hoher Gebirge bilden, sind sie oft in die malerischsten Formen von Zacken und Pfeilern zerspalten, wie z. B. die Roßzähne am Rosengarten bei Botzen. Bei den ungeschichteten Gesteinen, wie Granit und Basalt, ist der Einfluß der Absonderungsflächen nicht weniger deutlich, wie zum Beispiel da, wo sie die Lage der Vorsprünge und Spalten in einem Steilhange bestimmen oder bewirkt haben, daß das festeste Gestein völlig zerspalten ist und wie eine mächtige Trümmermasse aussieht. Fig. 75 gibt die Darstellung einer senkrechten Basaltwand, in der die zahlreichen Absonderungsflächen das Gestein in der Weise durchsetzen, daß sie es in dicke Prismen teilen, die nach und nach durch den Frost von einander losgesprengt werden, bis sie endlich sich ganz ablösen und an den Fuß der Wand hinabstürzen. Die Trümmer werden unten durch den Frost, den Regen und den allgemeinen Vorgang der Verwitterung noch weiter zer-

Fig. 74. Felsgruppe an der Küste von Caithness. Der Einfluß der Absonderungsflächen in geschichteten Gesteinen auf die Bildung senkrechter Felswände und einzelnstehender vierkantiger Felsblöcke.

kleinert und stückweise hinweggeführt, oder in andern Fällen durch die Wellen längs der Meeresküste oder die Strömung eines Baches oder Flusses fortgeschafft. Ihre Beseitigung ermöglicht das stete Weiterschreiten der Zerstörung der Felsen und erhält die Wand des Absturzes steil; und diese weicht langsam zurück, so wie eine Scheibe nach der andern, wie von einem Schinken, abgeschnitten wird. Wo dagegen die abgelösten Blöcke sich am Fuße ansammeln, bilden sie zuletzt einen schützenden Wall und verzögern oder verhindern das weitere Zurückweichen des Klippenrandes.

15. Im Hochgebirge kann man diese Art von roher Abmeißelung der Felsen am deutlichsten beobachten. Es bilden sich nicht nur steile Zacken und senkrechte Abstürze aus, sondern die Bergrücken werden selbst zu scharfen Graten zerschnitten. Diese zersplittern und bersten infolge der strengen Fröste und der wütenden Stürme des Gebirgsklimas immer weiter und werden in schlanke Zinnen und Türme zernagt, die in einiger Entfernung so nadelartig aussehen, daß sie in den Westalpen den Namen Aiguilles (Nadeln) erhalten haben. Die von diesen hohen Felszacken und Graten losgesprengten Blöcke liefern besonders reichliche Zufuhr zu den Gletschermoränen (Abschnitt XXVIII, § 22).

16. Vom Gipfel eines hohen Hügels oder eines Berges unterhalb der Schneegrenze kann man bisweilen auf eine weite Gegend hinausblicken und wie auf einem riesigen Relief oder einer Landkarte beobachten, wie die schmalen Rinnen an den Seiten der Hänge sich zu breiteren Kanälen erweitern, wie diese sich zu Tälern vereinigen, und wie die ganze Landschaft von Wasserläufen durchzogen ist. Wenn wir uns stets vergegenwärtigen, wie unaufhörlich und gewaltsam jeder Bach und Fluß sein Bett verbreitert und tiefer gräbt (Abschnitt XXVI), so wird uns ein solcher Ausblick über das Land eine bessere Vorstellung als eine Landkarte davon geben, wie die Täler durch die Kraft des fließenden Wassers ausgenagt werden. Jeder Felsspalt, jede Schlucht an den Steilabhängen ist ein Beispiel für die ewige Umgestaltung der Formen des Festlandes. Zahllose Abstufungen in Gestalt und Größe legen Zeugnis für diesen unaufhörlichen Wechsel ab: von dem Einschnitte, der sich bei einem Regengusse im letzten Winter bildete, bis zu der tiefen Schlucht, durch die ein schäumender Bach rauscht, oder zu dem breiten Tale, das die gesammelten Gewässer einer ganzen Gebirgskette dem Meere zuführt. Man ist vielleicht nicht imstande, anzugeben, inwieweit die Richtung eines Tales ursprünglich durch die Gestalt des Bodens bestimmt wurde, als das Land aus dem Meere emporstieg;

aber wie ein heftiger Regenguß Rinnen hervorbringt, die auf einem Feldwege bald ein Abflußsystem im kleinen bilden,

Fig. 75. **Ein Teil von der Westseite der Salisbury-Klippe bei Edinburgh; sie zeigt den Einfluß der Absonderungsflächen auf die Beschleunigung der Zersplitterung des Gesteins (Basalt) und auf die Erhaltung einer senkrechten Felswand.**

so mußte im Laufe der Zeit das Strömen von Bächen und Flüssen über das Land hin notwendig Talbildungen hervorrufen. Daher kann man annehmen, daß, wie auch immer die ursprüngliche Gestalt eines Landes gewesen sein mag, der Regen und Frost, die Bäche und Flüsse, die Schneefelder und Gletscher nach verhältnismäßig kurzer Tätigkeit Täler ausgraben und an den Bergen die scharfen Umrisse ausmeißeln mußten, die sie jetzt darbieten. Überall erblickt man Spuren der Auswaschung: Hügelabhänge sind von Rinnen durchfurcht, Berge von Schluchten zerschnitten, Tafelländer zu Bergketten zersägt, die nur noch trennende Rücken zwischen den Tälern bilden, die das Tafelland zerschnitten haben (Abschnitt XX, § 19).

17. Während wir die Wirkungen der Zerstörung, das Zerklüften der Oberfläche des Landes am deutlichsten in Gebirgsgegenden ausgeprägt finden, sind die Neubildungen dieses Vorganges in den tiefer gelegenen Gegenden zu beobachten: die zerbröckelten und zermahlenen Gebirgstrümmer, über die Täler und Ebenen ausgestreut. Jeder Strich fruchtbaren Wiesenbodens und ebenen Feldes legt davon Zeugnis ab, wie die Tiefländer durch den Sand und die Erde ausgeebnet und erhöht worden sind, die der Regen und die aus dem Gebirge kommenden Ströme über sie ausbreiten. Und doch gleicht dieses Anwachsen der Ebenen nicht ganz die Zerstörung in den Gebirgen aus. Eine aufmerksame Beobachtung dieser Naturvorgänge lehrt uns vor allem, daß die Ebenen, obschon sie von den durch die Flüsse auf sie geschwemmten Sinkstoffen beträchtlich erhöht werden, doch nur einen kleinen Teil dieser Stoffe empfangen, während das Übrige von den Flüssen in das Meer geführt wird; dann aber auch, daß die Ebenen gleichfalls abgetragen werden; die Hochwasser reißen ihren Boden auf und schwemmen ihre Flußufer fort.

18. Es ergibt sich daraus, daß das Bestreben des Umbildungsvorganges, der den Landschaften ihre eigentümlichen Umrisse verleiht, zu guterletzt dahin geht, das Festland bis auf den Meeresspiegel abzutragen. Aber noch mehr: während die gesamte Oberfläche des Landes den zerstörenden atmosphärischen Einflüssen ausgesetzt ist, erleiden seine Küsten die Angriffe der Meeresbrandung. In der Tat sind nur die Teile der Erdoberfläche vor Zerstörung geschützt, die in genügender Tiefe unter dem Meeresspiegel liegen (Abschnitt XVIII, § 19). An den Rändern des Festlandes nagen die Wellen die Küsten ab, wenn diese nicht durch eine Barre von Sinkstoffen, die sich gegen die Brandung auftürmt, geschützt sind.

19. Käme keine andere Tätigkeit ins Spiel, so wäre das natürliche und unvermeidliche Ergebnis dieser unaufhörlichen Zerstörung das gänzliche Verschwinden des Festlandes. Aber hier begreifen wir die Bedeutung und Wichtigkeit der Krustenbewegungen, die wir bereits als die Folge des Einschrumpfens der Erde kennen gelernt haben. Die großen Ozeanbecken sind im Laufe der Zeiten gesunken und haben zwischen sich Landrücken aufgestaut. Diese Rücken bestanden bei jeder folgenden Hebung hauptsächlich aus den mehr oder weniger erhärteten Trümmern der Abtragung ihrer Vorgänger. Dieselben Stoffe haben daher stets von neuem dazu gedient, den Grundstock des gehobenen Festlandes zu bilden. Während wir also auf der einen Seite nur unaufhörliche Verwüstungen sehen und Berge und Täler fortwährend vor uns in Trümmer sinken, so bemerken wir doch von einem höheren Gesichtspunkte aus, daß die Verwitterung der Oberfläche nötig ist, um fruchtbaren Boden für den Unterhalt der lebenden Pflanzen und Tiere zu bilden, die die Erde bevölkern, und daß die von der Oberfläche des Landes fortgeführten Stoffe nicht verloren sind, sondern sich im Meere ansammeln, um in einem zukünftigen Zeitalter wiederum zu Land erhoben zu werden und dann abermals denselben Kreislauf durchzumachen.

Abschnitt XXX. — *Der Magnetismus der Erde.*

1. Schon die alten Griechen kannten ein Eisenerz, das sich von anderen Erzen dadurch unterschied, daß es die merkwürdige Fähigkeit besaß, metallisches Eisen anzuziehen. Es soll bei der Stadt Magnesia in Lydien gefunden worden sein und erhielt nach ihr den Namen Magnes. Die eigenartige Anziehungskraft dieses Stoffes zog die Aufmerksamkeit der Römer auf sich; zu seinen wirklichen Eigenschaften dichtete man ihm noch eingebildete Fähigkeiten an. So schrieb man ihm Heilkraft bei einigen Krankheiten zu; er sollte das Gehirn und die Gemütszustände beeinflussen. Aber er fand keine nützliche Verwendung bis zur Erfindung des Kompasses. Wann oder durch wen diese Erfindung gemacht worden ist, steht nicht fest, obwohl sie gewöhnlich den Chinesen zugeschrieben und in das 4. Jahrh. v. Chr. gesetzt wird. Damals wurde die Entdeckung gemacht, daß eine eiserne Nadel, die man mit einem Stück „Magnes“ in Berührung gebracht hat und dann auf einen Stift freibeweglich so aufsetzt, daß sie im Gleichgewicht bleibt, in Schwingungen gerät, bis sie nach Norden weist, und daß sie immer wieder in diese Lage zurückkehrt, wie oft man sie auch ablenkt. Diese Entdeckung übte einen erstaunlichen Einfluß auf die Schiffahrt aus. Sie lieferte dem Seefahrer das Mittel zu wissen, in welcher Himmelsrichtung er segelte, und zwar bei Nacht wie bei Tage. Das kleine runde Kästchen mit der im Gleichgewicht schwebenden Nadel ist der **Kompaß**. Zweifellos war es anfangs ein sehr unvollkommenes Instrument. Seine Brauchbarkeit wurde bedeutend erhöht durch das Unterlegen einer Karte unter die Nadel, worauf der Kreis in 32 Teile eingeteilt ist, von Norden an gerechnet über Osten, Süden und Westen. Diese Teile, die je 11 Grade 15 Minuten des ganzen Kreises enthalten, nennt man Striche. Daher der Ausdruck „Strichrose“ für die Karte. Heutigentags ist der Schiffskompaß zu einem hohen Grade der Vollkommenheit gebracht worden, aber seine Grundlage ist immer noch die Magnetnadel.

2. Das Mineral, dem die Griechen den Namen Magnes gaben und das wir **Magnetit, Magneteisenstein** oder **Magneteisenerz** nennen, ist keineswegs auf seine genannte erste Fundstätte beschränkt. Es kommt im Gegenteil in der Form kleiner Kristalle in vielen Gesteinen des Festlandes sehr häufig vor, besonders in schweren, dunkeln Gesteinen, z. B. vielen Laven. Aber es findet sich auch in großen Lagern und Gängen in einigen der älteren Gesteine. Es ist ein schwarzes, schweres Mineral von metallischem Glanz. Wo es in großen Lagern vorkommt, wird es als Erz bergmännisch abgebaut und Eisen daraus gewonnen. Schon zur Zeit der Römer wußte man, daß ein Stück Magneteisenstein nicht allein ein Stück Eisen anzieht, sondern auch dem Eisen die Eigenschaft verleiht, seinerseits Eisen anzuziehen. Schließlich fand man, daß das Eisen selbst magnetisch wird, wenn man es mit einem Magnetit streicht oder damit für einige Zeit in Berührung bringt. So wurde es möglich, gewöhnliches Eisen oder Stahl zu „magnetisieren" und dadurch künstliche Magnete herzustellen, die unvergleichlich nützlicher und bequemer sind als die natürlichen Magnetite, da sie in beliebiger Größe und Form, je nach Bedürfnis, hergestellt werden können.

3. In den Anfängen magnetischer Beobachtung wurde bereits festgestellt, daß die beiden Enden einer magnetisierten Nadel sich verschieden verhalten. Das nach Norden weisende Ende stößt das entsprechende Ende einer anderen Nadel ab, während es das nach Süden zeigende Ende anzieht. Diese beiden Enden hat man die **Pole** genannt; das nach Norden weisende heißt der Nordpol, das entgegengesetzte der Südpol.

4. Seit langer Zeit sind Beobachtungen mit der Magnetnadel über den ganzen Erdball hin angestellt worden. Dadurch hat man ermittelt, daß der Nordpol eines Magneten nicht überall genau nach Norden zeigt und ebenso wenig der Südpol der Nadel genau nach Süden. In der nördlichen Hälfte des Erdballs gibt es zwei Punkte, nach denen sich die Magnetnadel richtet. Einer davon liegt im Norden von Amerika, der andere im Norden von Asien. Die Abweichung der Magnetnadel von der genauen Nordrichtung nennt man **Mißweisung** oder **Deklination**; ihre Richtung und Größe sind je nach der örtlichen Lage verschieden. Auf der Karte IX sind die Linien gleicher magnetischer Deklination (die Isogonen) eingezeichnet. Man ersieht daraus, daß von dem Punkte jenseits der Hudsons-Bai aus, wo alle Linien zusammenlaufen, eine Linie Nordamerika in süd-südöstlicher Richtung bis zur Südgrenze von Nord-Carolina durchzieht, daß diese Linie durch den östlichen Teil des westindischen Archipels läuft, Südamerika etwas östlich von Demerara erreicht und es südwestlich von Rio de Janeiro wieder verläßt, um dann quer über das Meer nach dem Punkte des antarktischen Gebiets hin zu ziehen, wo der magnetische Südpol liegt. Diese Linie bezeichnet eine Zone der Erdoberfläche, wo keine Deklination der Nadel stattfindet, diese also überall nach dem geographischen Nordpol zeigt.

5. Wenn ein Beobachter ostwärts über den Nordatlantischen Ozean segelt, so findet er, daß die Nadel anfängt westwärts vom Norden zu zeigen. Diese westliche Deklinaton nimmt zu bis zu 30° Abweichung. Segelte er nordwärts, so würde er eine noch größere Deklination vorfinden bis zu 80° in der Davisstraße, d. h. die Nadel würde statt nach Norden nahezu nach Westen zeigen, nach dem magnetischen Nordpole nördlich der Hudsons-Bai. Aber bei Fortsetzung seiner Fahrt nach Osten nimmt er wahr, daß die Nadel wieder nach Osten zurückgeht. An der Westküste von Großbritannien beträgt die westliche Deklination nur noch 25°. In Hamburg beträgt die Mißweisung nur noch 15°. In Stettin ist der Unterschied nur noch 10°, in Memel 5° und in St. Petersburg hört die Deklination auf, und die Nadel zeigt wieder genau nach Norden. Auf der Karte sieht man auch, daß eine zweite Linie ohne Abweichung vom Norden Skandinaviens über Rußland verläuft, in südöstlicher Richtung den Persischen Golf, den Indischen Ozean und West-Australien durchschneidet und dann ebenfalls nach dem Magnetpol des antarktischen Gebiets hin zieht. Ostwärts von dieser Linie ohne Deklination zeigt die Nadel auf großen Gebieten eine östliche Deklination.

6. Aber außer der Deklination oder wagerechten Abweichung der Magnetnadel findet auch eine merkwürdige Abweichung in senkrechter Richtung statt. Längs einer geschwungenen Linie, die im großen und ganzen mit dem Erdäquator zusammenfällt, bleibt eine für die Untersuchung in geeigneter Weise aufgehängte Nadel wagerecht. In dem Maße, wie sie von dieser Linie nach Norden oder Süden entfernt wird, beginnt sie sich zu neigen. Diesen Vorgang nennt man **Inklination.** Zu Washington und im Norden von England beträgt die Inklination ungefähr 70°. In der Hudsons-Bai steigt sie auf 85° und etwas weiter nördlich, am magnetischen Nordpol selbst, steht die Nadel genau senkrecht.

Ein ähnlicher Vorgang spielt sich auf der südlichen Erdhälfte ab. Der **magnetische Südpol** ist noch von keinem Forschungsreisenden erreicht worden, aber er liegt wahrscheinlich in den Schneefeldern des Viktoria-Landes.

7. Es ist somit klar, daß die Erde selbst ein großer Magnet

ist mit einem Nord- und einem Südpol, die andere, kleinere, über die Erdoberfläche hingetragene Magnete anziehen. Ihr **Magnetismus** ist eine ihr innewohnende Eigenschaft, die allerdings von Sonne und Mond beeinflußt wird. Geringe Schwankungen der Nadel können durch feine Instrumente wahrgenommen werden; diese zeigen während einer Hälfte des Tages eine schwache Bewegung in der einen Richtung an und in der zweiten Hälfte eine solche in der entgegengesetzten. Diese Bewegungen nennt man die **tägliche Schwankung**. Es gibt außerdem eine jährliche Periode der magnetischen Deklination, die offenbar von der Stellung der Erde zur Sonne abhängt. Schließlich sind noch säkulare Änderungen in der magnetischen Deklination zu beobachten, d. h. solche, deren Periode sich über Jahrhunderte erstreckt. In der Mitte des 17. Jahrhunderts ging die Linie ohne Abweichung durch London; d. h. die Magnetnadel zeigte dort genau nach Norden. Vorher hatte diese Stadt östliche Deklination. Nachher wurde die Deklination westlich und nahm zu, bis sie im Jahre 1818 ihr westliches Maximum erreichte. Seitdem bewegt sich die Nadel wieder nach Osten. Das Maß dieser Bewegung beträgt ungefähr 7 Sekunden jährlich.

8. Aber außer diesen kaum wahrnehmbaren Schwankungen finden andere heftigerer Art statt. Einige dieser Störungen treten ein, wenn große Flecken auf der Sonne erscheinen. Die Sonnenflecken erreichen ihre stärkste Einwirkung in Zwischenräumen von je 11 Jahren. Dann sind große Störungen an den magnetischen Instrumenten nachweisbar, und manchmal ist sogar der telegraphische Betrieb eines Landes auf kurze Zeit gestört. Plötzliche und heftige Störungen des magnetischen Zustandes der Erde nennt man **magnetische Gewitter**. Zugleich mit ihrem Auftreten erscheinen oft auch glänzende Nordlichter (bezw. Südlichter) in den Gegenden, die weit nördlich oder südlich vom Äquator liegen.

KAPITEL V.

DAS LEBEN.

Abschnitt XXXI. — *Die geographische Verteilung der Pflanzen und Tiere.*

1. In den vorausgegangenen Abschnitten haben wir die einzelnen Teile der Erde — Luft — Wasser — Land — betrachtet, ihre gegenseitigen Beziehungen und ihre steten Veränderungen und Einwirkungen aufeinander, die das Leben des Erdkörpers ausmachen. Aber abgesehen von allen diesen Bewegungen im Innern und auf der Oberfläche der Erde beansprucht noch eine andere Art des Werdens und Vergehens unsere Aufmerksamkeit, wobei die beteiligten Naturkräfte nicht die Luft, das Meer und das Festland sind, sondern die Lebensenergie der Pflanzen und der Tiere. Unser Planet ist nicht nur ein Schauplatz für die Entwicklung physikalischer Erscheinungen. Er ist auch die Wohnstätte einer großen und bunten Reihe lebender Wesen, die sich in der Luft bewegen und Land und Wasser bevölkern. Die Untersuchung dieser lebenden Wesen nennt man Biologie, d. h. die Wissenschaft, die von dem pflanzlichen und tierischen Leben handelt.

2. Ein so ungeheures Wissensgebiet, das viel ausgedehntere Felder der Untersuchung darbietet als die bis jetzt von uns durchwanderten, muß notwendigerweise in verschiedene Unterabteilungen zerfallen. So beschäftigt sich ein Zweig mit dem Bau und Wachstum der Pflanzen (Botanik), ein zweiter untersucht die Verteilung der Pflanzen über die Erde (Pflanzengeographie), ein dritter handelt von dem Bau der verschiedenen Tierstämme (Zoologie), ein vierter verfolgt die Tätigkeit der verschiedenen Teile eines tierischen Körpers und die Rolle, die jeder Teil im Leben des Körpers spielt (Physiologie), ein fünfter ordnet die ungeheure Anzahl der tierischen Formen nach bestimmten Gesetzen (Systematik), um ihre Stellung auf der Stufenleiter aller Wesen zu zeigen und die Vergleichung der Gesamtheit von Lebensformen in einer Gegend mit denjenigen in einer anderen zu ermöglichen (vergleichende Tiergeographie). Diese und andere Zweige der Biologie beschäftigen sich hauptsächlich mit den Pflanzen und Tieren an und für sich, oder von dem Gesichtspunkte ihrer gegenseitigen Beziehungen aus.

3. Aber es ist einleuchtend, daß ebenso, wie wir selbst durch die äußeren Bedingungen der Beschaffenheit unseres Landes, des Klimas und des Pflanzenwuchses beeinflußt werden, die, vielleicht uns unbewußt, unser alltägliches Leben regeln, so auch jede Pflanze und jedes Tier von denselben sie umgebenden Einflüssen beherrscht wird. Abgesehen von dem Bau oder den Verrichtungen oder der Einteilung der Pflanzen und Tiere können wir daher ihr Leben auch mit Bezug auf seine Abhängigkeit von diesen äußeren, beherrschenden Umständen untersuchen. Von diesem Gesichtspunkte aus ist, wie man sieht, die Physikalische Geographie mit der Biologie eng verknüpft. Unmöglich kann man sich eine vernünftige Vorstellung von der gegenwärtigen Verbreitung der Pflanzen und Tiere auf der Erde machen, ohne auf Untersuchungen einzugehen, die einen Teil des Gebietes der Physikalischen Geographie bilden. Die allgemeinen Umrisse der Verteilung der Landschaftsformen auf unserem Erdball finden sich auf Karte XII angegeben.

4. Wir wissen alle, in wie hohem Grade die Pflanzen und Tiere aus verschiedenen Erdteilen von einander verschieden sind. Die äquatorialen Länder bringen einen prächtigen und üppigen Pflanzenwuchs hervor, Palmen, Bananen und große baumartige Gräser, um deren Stämme sich, Tauen gleich, Schlingpflanzen winden, während von den Zweigen glänzend gefärbte, seltsam gestaltete Orchideen herabhängen. Ebenso bezeichnend sind die Tiere der heißen Zone, denn es hausen dort Löwen, Tiger, Elefanten, Nashörner, Kamele, Giraffen, Krokodile, Riesenschlangen, sowie Scharen prächtig gefiederter Vögel und schöngefärbter Schmetterlinge.

5. Die gemäßigte Zone unterscheidet sich von jener durch ganz andere Tier- und Pflanzenarten. Die Wälder und Gehölze bestehen aus Baumarten, wie Eiche, Esche, Erle, Ahorn, Buche, Pappel, Birke und Nadelholz. Die waldigen Hänge sind im Frühling mit Schneeglöckchen, Anemonen und Schlüsselblumen und im Sommer mit Ehrenpreis, Storchschnabel und wilden Rosen bedeckt. Aber die Pflanzen sowohl wie die Tiere haben mattere Farben als in den heißeren Teilen der Erde. Die Vögel umfassen die Drosseln, Lerchen und andere Singvögel. Unter den wilden Tieren des Tieflandes befinden sich die Mäuse, Ratten, Wiesel, Igel, Dachse, Ottern und Füchse, und in Gebirgsgegenden wilde Katzen, Wildschweine, Wölfe und Bären.

6. Innerhalb der Polargegenden ist das Leben weit weniger üppig und mannigfaltig. Nach und nach verschwinden die Bäume, wenn auch zwergartige Birken und Weiden sich weithin nach Norden erstrecken. Zuletzt sterben auch diese aus, und der dürftige Pflanzenwuchs besteht nur noch aus Moosen und Flechten mit Steinbrech, Enzian und ein paar andern Blütenpflanzen. In diesen schneebedeckten Ländern schweifen Polarbären, weiße Füchse, Renntiere, Moschusochsen und Hermelinwiesel umher; die Meere sind von Seehunden, Walrossen und Walen bevölkert, während die Küsten von großen Schwärmen nordischer Seevögel und von weißen Falken, Ammern, Schneehühnern, Enten und andern weißgefiederten Vögeln bewohnt werden. An den äußersten nördlichen Grenzen, die jemals von Forschern erreicht wurden, trifft man inmitten der tiefen Schneefelder und der aufgehäuften Massen von Eis, die Meer und Land bedecken, kaum noch auf irgend eine Spur von Leben.

7. Von der außerordentlichen Üppigkeit und Mannigfaltigkeit des pflanzlichen und tierischen Lebens in den äquatorialen und tropischen Ländern findet also eine allmähliche Abnahme statt, bis wir in den fernen Polargegenden fast den Nullpunkt des pflanzlichen und tierischen Daseins erreichen. Es kann somit kein Zweifel darüber obwalten, daß ein großer Einfluß auf die Verteilung der Pflanzen und Tiere durch die Temperatur ausgeübt wird, insofern dem Gedeihen der lebenden Wesen die Wärme förderlich, Kälte dagegen nachteilig ist.

8. Wenn aber die Temperatur die einzige Ursache wäre,

die die Besonderheiten der Pflanzen und Tiere in jedem Lande bestimmte, so müßte jede Breitenzone durch eine gleichmäßige Beschaffenheit des Pflanzenwuchses und durch dieselben Tierfamilien ausgezeichnet sein. Es wäre dann die Kenntnis der geographischen Lage eines Ortes hinreichend, um angeben zu können, von welcher Beschaffenheit seine *Flora*, das heißt die Gesamtheit seiner Pflanzen, und seine *Fauna* oder Tierbevölkerung sei. Aber eine ganz oberflächliche Untersuchung genügt zu dem Nachweise, daß in Wahrheit keine solche genaue Übereinstimmung zwischen dem Breitegrade und der zoologischen oder botanischen Verteilung vorhanden ist. Die Alte und die Neue Welt sind von den gleichen Isothermen durchzogen (Abschnitt IX, § 2) und besitzen ähnliche Verhältnisse in Bezug auf Klima, Bodenbeschaffenheit und Lage. Dennoch sind selbst in solchen Gegenden, in denen die physikalischen Verhältnisse übereinstimmen, die Pflanzen und Tiere auf den beiden Halbkugeln wesentlich von einander verschieden, wenn sie auch bisweilen hinreichende Ähnlichkeiten aufweisen, um als Angehörige derselben Gattung zu gelten. Der Löwe der Alten Welt macht in der Neuen dem Puma Platz; der Tiger wird durch den Jaguar ersetzt; der Elephant, das Nashorn und Flußpferd durch Tapire und Peccaris; die Kamele durch die Lamas; die Paviane und Meerkatzen durch plattnasige Affen. Nicht geringere Verschiedenheiten weist die Vogelwelt auf; der Geier der Alten Welt ist in der Neuen Welt durch den Kondor, die Paradiesvögel sind durch die Kolibris vertreten.

9. Die Frage nach der Ursache der gegenwärtigen Verteilung der Pflanzen und Tiere über die Erde ist eine der schwierigsten Aufgaben der Wissenschaft. Der erste Schritt zu ihrer Lösung muß natürlich eine sorgfältige Prüfung der die Verbreitung der verschiedenen Pflanzen- und Tierarten betreffenden Tatsachen sein. Hinsichtlich der Pflanzenwelt sind gewisse allgemeine Züge seit langem bekannt. So sind einige Gebiete dicht mit Bäumen bestanden, wie die Wälder des tropischen Amerika und Afrika, wo in der heißen feuchten Luft des äquatorialen Klimas der Pflanzenwuchs seine größte Üppigkeit erreicht. So dicht ist das immergrüne Laubwerk der

Bäume in diesen Wäldern, daß das Waldinnere in beständiges Dämmerlicht gehüllt und der Boden mit den vermodernden Pflanzenteilen bedeckt ist. Einige gemäßigte Landstriche weisen Wälder von Eichen, Buchen, Ulmen, Eschen und anderen Baumarten auf, die ihr Laubwerk alljährlich erneuern. Solche Waldgebiete finden sich in Mitteleuropa, in Zentralasien, in Kanada und den nördlichen und westlichen Teilen der Vereinigten Staaten von Amerika. Weiter nördlich ist im allgemeinen das Nadelholz vorherrschend. Aber der Mensch hat die Ausdehnung der Waldgebiete bedeutend eingeschränkt. Seit der Römerherrschaft sind Tausende von Quadratkilometern Waldbestände abgeholzt, und das Land ist urbar gemacht worden; in Nordamerika geht dieses Zerstörungswerk im großen vor sich, seit die weiße Rasse diesen Erdteil besiedelt hat. In anderen Gebieten ist die Erdoberfläche mit Graswuchs bedeckt, wie in den Steppen von Rußland und Zentralasien, im Veldt von Südafrika, in den Llanos und Pampas von Südamerika und in den Prärien der Vereinigten Staaten und Kanadas. Im arktischen Gebiet der nördlichen Halbkugel besteht der Pflanzenwuchs hauptsächlich aus Moos, das im Winter gefroren und mit Schnee bedeckt ist, während im Sommer der Boden nur an der Oberfläche auftaut. Zu diesen gefrorenen Gebieten gehören auch die öden Tundras von Sibirien (Abschn. XX, § 13).

10. Nicht so leicht ist es zu erkennen, daß auch die Tierwelt eine ähnliche Verbreitung besitzt. Aber die Naturforscher haben in allen Teilen der Welt Untersuchungen angestellt, durch die wir in den Stand gesetzt sind, die Oberfläche der Erde in bestimmte Gebiete und Untergebiete einzuteilen, deren jedes durch eine eigentümliche Flora und Fauna gekennzeichnet ist, wenn sie auch bisweilen eine Anzahl Pflanzen und Tiere gemeinschaftlich haben. Diese Gebiete, denen man die im folgenden angegebenen Namen und Grenzen gegeben hat, sind auf Karte XIII eingezeichnet[1]).

11. (1) **Das Paläarktische Gebiet** umfaßt ganz Europa und die gemäßigten Teile von Asien, sowie die Länder von

1) Die hier befolgte Einteilung ist die von Sclater, mit den Abänderungen von Wallace in seinem grundlegenden Werke über die geographische Verbreitung der Tiere.

Afrika, die im Norden der Wüste Sahara liegen; also die nördlichen Teile der Alten Welt von Island bis zur Behringsstraße und von den Azoren bis nach Japan. In den nördlichen Teilen dieses ungeheuren Gebietes ist der Pflanzenwuchs verhältnismäßig dürftig, hauptsächlich reich an Moosen und Flechten, die in den Tundras von Sibirien Tausende von Quadratkilometern öder Wüstengegenden bedecken. An geschützten Stellen ragen blühende Pflanzen, wie Steinbrech- und Enzianarten, während des kurzen, aber warmen Sommers unter der Schneedecke hervor; verkrüppelte Formen der Weide, Azaleen und Alpenrosen bilden hier und da eine Art Gesträuch an den Abhängen, während südlich von der mittleren Jahresisotherme 0° Nadelhölzer erscheinen und an Zahl zunehmen, bis sie weite Strecken dunkler Wälder bilden, wie in Norwegen und auf den höheren Gebirgen Deutschlands. Zwischen den Isothermen von 5° und 15° machen die düstern Nadelwälder, die ihre Nadeln das ganze Jahr hindurch behalten, einer mannigfaltigeren und üppigeren Gesellschaft von Laubhölzern Platz, die ihre Blätter im Herbste abwerfen und im Frühjahr erneuern. Unter den Bäumen *mit abfallendem Laub* erscheinen die bei uns heimischen Arten, wie die Birke, Erle, Buche, Esche, Eiche, Rüster, der Ahorn, die Walnuß, Kastanie und der Wachholder. Die Früchte des Nordens, wie die Moosbeere, Preißelbeere, Heidelbeere, Erdbeere, Johannisbeere und Himbeere werden weiter südlich durch süße Birnen und Äpfel, Mandeln, Oliven, Feigen, Trauben und Orangen ersetzt. Die Getreidearten — Weizen, Gerste, Hafer usw. — werden im größten Teile des Gebietes in Menge gebaut. In den südlichsten Ländern mit einer mittleren Jahrestemperatur von 15° bis 20° verlieren die Bäume im Winter ihr Laub nicht. Da finden wir die *immergrünen* Eichen, Myrten, Lorbeer mit andern Pflanzen, die wie die Palmen eigentlich zu den näher am Äquator belegenen Ländern gehören.

12. Die Tierwelt dieses Gebietes zeigt in ihrer Entwicklung eine ähnliche Beziehung zur Temperaturverteilung. Im äußersten Norden bilden Eisbären und weiße Füchse, Renntiere, Wale, Walrosse und Seehunde, daneben viele eigentümliche Seevögel zusammen mit weißen Eulen und Schneehühnern eine einheitliche Gruppe. Die meisten dieser Arten verschwinden gegen Süden; ihr Platz wird von braunen Bären, Dachsen, Ottern, Pferden, Büffeln, Dam- und Rotwild, Gemsen, wilden Ziegen, wilden Schafen, Hasen, Kaninchen, Maulwürfen, Igeln und Murmeltieren eingenommen; ebenso treten Steinadler, Habichte, Waldhühner, Fasanen, Haussperlinge, Elstern, Häher und Drosseln auf. Weiter im Süden ist das Kamel das bezeichnendste Tier.

13. (2) **Das äthiopische Gebiet** umfaßt Mittel- und Südafrika mit den tropischen Teilen von Arabien, Madagaskar und den benachbarten Inseln. Im Süden der großen Wüste Sahara ist der westliche Teil des afrikanischen Festlandes weithin mit dichten Wäldern bedeckt, in denen die Ölpalme, der riesige Baobab, Euphorbien, Bignonien, Tamarinden und viele andere tropische Pflanzen in der heißen, feuchten Luft jenes Klimas eine dichte, üppige Pflanzendecke bilden. Weiter im Osten liegen ausgedehnte Hochlandstrecken, die mit riesigen Gräsern und Binsen bedeckt und mit Waldflecken besäet sind. Die Flora des südlichen Teils von Afrika zeichnet sich durch ihre große Mannigfaltigkeit an Heidekräutern, durch ihre Zaserblumen, ihre nach Aas riechenden Stapelien, ihre Aloen und Pelargonien aus.

14. Die Fauna des äthiopischen Gebietes ist durch das Fehlen jener weitverbreiteten Tierformen: Kamel, Rotwild, Ziege, Schaf und Bären gekennzeichnet, sowie durch das Auftreten vieler merkwürdiger Tiergestalten, namentlich durch den Gorilla, Schimpanse, Pavian, die Lemuren, den Löwen, Leoparden, die Zibethkatze, die Antilopen, den Elefanten, den Strauß, Ibis, Flamingo, das Chamäleon und das Krokodil.

15. (3) **Das orientalische Gebiet** umschließt Südasien von der Mündung des Indus an; die Grenze verläuft an den südlichen Abhängen des Himalaya entlang über das Chinesische Hochland nach Ningpo, einschließlich Formosas, der Philippinen, Borneos und der Sunda-Inseln bis zum Südostende von Java. Ein großer Teil dieses Gebietes ist mit dichten Wäldern von tropischem Pflanzenwuchse bedeckt. Unter den bekannteren Pflanzen befindet sich der Ingwer, die Arrowroot oder Pfeilwurzel, Bananen, Kokosnuß, Schraubenfichte, der Yam, Bambus, Reis, Kürbis, Flaschenbaum, Mango, Kaffeebaum, Mangrove, Ebenholzbaum, Bignonia, Hanf und Sandelholz.

16. Die Fauna hat einige sehr bezeichnende Tiere aufzuweisen, den Orang-Utan, die Langarmaffen, den Flattermaki, viele Zibethkatzen, den Tiger, die Hyäne, den Schakal, das wilde Rind, den indischen Elefanten, das Nashorn; viele Vögel mit glänzendem Gefieder, wie Trogoniden, Nashornvögel, Ziegenmelker, den Schlangenvogel, lang geschwänzte Papageien und Pfauen; zahlreiche Reptilien, darunter Erd- und Baumschlangen, Brillenschlangen und Krokodile; und eine große Zahl von Insekten, unter denen die Tagschmetterlinge und viele Käfer durch Größe und Pracht ausgezeichnet sind.

17. (4) **Das australische Gebiet,** mit Australien, Neuseeland und den zahlreichen Inseln im Osten von Java, Borneo und den Philippinen, besteht aus lauter Inseln, die alle von den großen Festlandmassen getrennt sind und eine eigentümliche Gruppe von Pflanzen und Tieren beherbergen. Die weite Ausdehnung der Rieseninsel Australien, die teils innerhalb, teils außerhalb der Wendekreise liegt und ein ausgedehntes wüstes Innere den heißen Strahlen der Sonne aussetzt, während ihr Uferland vom Meere bespült wird, erzeugt Gegensätze im Klima, die in den kleineren Inseln des Gebietes nicht zu finden sind. Auch weist sie wegen ihrer Größe und wegen der Nähe der südöstlichen Grenze des orientalischen Gebietes eine große Mannigfaltigkeit in ihrer Flora und Fauna auf. Auf den trockenen und heißen Strichen von Australien ist der allgemeine heidekrautartige Pflanzenwuchs durch eine durchgängig stumpfe, blaugrüne Färbung gekennzeichnet, mit Blättern, die an den Pflanzen so stehen, daß sie wenig Schatten geben. Der Eukalyptus oder Gummibaum und andere Bäume und Sträucher mit auffallenden, honigreichen Blüten, sowie Akaziendickichte und zerstreute Sumpfeichen geben den Waldlandschaften ein eigentümliches Aussehen. Weite Flächen sind mit Gräsern bedeckt und geben eine gute Weide ab. Längs der nördlichen Grenzen, wo dieses Gebiet an die Inseln des orientalischen Gebietes stößt, enthält die Flora einige der Pflanzenformen, die man im Norden und Nordwesten häufiger antrifft, wie den Pandanus, die Kohl-Palme, die Feige, die Muskatnuß und das Sandelholz. Am Südrande, wo das Klima feuchter und gemäßigter wird, sind Farnkräuter, Cykadeen und Nadelbäume besonders häufig, während die heidekrautartigen Epacris und zahlreiche Protea-Arten den Boden durch ihre lebhaft gefärbten Blüten beleben. Neuseeland ist durch das Grün seiner Flora ausgezeichnet, die zum großen Teile aus Farnkräutern besteht, die oft baumartig werden, und aus vielen Arten von Nadelhölzern. Auf den zerstreuten Inseln des Stillen Ozeans wachsen die Kokospalme, die Brotfrucht, Gräser und Binsen.

18. Die Fauna des australischen Gebietes ist die eigentümlichste auf der ganzen Erde, sowohl in Bezug auf die Formen, die sie enthält, als auch wegen des Umstandes, daß ihr die fast überall verbreiteten Gestalten fehlen. In seinen Wäldern schwatzen keine Affen, keine wilden Pferde, Rinder oder Schafe grasen auf seinen Weiden, keine Wölfe, Füchse, Tiger oder ähnliche Raubtiere durchschweifen seine Hügel und Täler auf der Suche nach Beute. Die Stelle dieser vielgestaltigen und weitverbreiteten Arten nimmt in Australien eine gänzlich verschiedene und weniger hoch entwickelte Tierklasse ein, die Beuteltiere, für die das Känguruh als Beispiel dienen mag. Es gibt unter ihren Arten viele Verschiedenheiten in der Lebensweise; die einen leben von Früchten, andere von Wurzeln, wieder andere von kleineren Beuteltieren, noch andere von Insekten; einige halten sich auf dem Boden auf, andere leben auf Bäumen. Ebenso sind die Vögel eigentümlich, denn unter ihnen gibt es Paradiesvögel, Leierschwänze, Kasuare, Kakadus und Honigsauger.

19. (5) **Das neotropische Gebiet.** Unter diesem Namen faßt man ganz Südamerika, die Antillen und den südlichen Teil von Nordamerika zusammen. Da dies Gebiet sich durch die ganze heiße Zone und bis zum 56. Grad südlicher Breite erstreckt und in den Anden bis über die Schneegrenze hinaufreicht, so bietet es große Verschiedenheiten des Klimas dar, die sich in der Mannigfaltigkeit der Pflanzenwelt deutlich ausprägen. Die tiefer gelegenen Teile innerhalb der Wendekreise bieten die üppigste Flora der ganzen Welt dar, überreich an Mangrovebäumen, Palmen (Kohlpalme, Elfenbeinpalme und andere Arten), Bananen, Baumfarn und Mimosen, die in undurchdringlichen Dickichten wachsen und deren Stämme und Zweige auf allen Seiten mit vielen kleineren Pflanzen, wie Lianen und Farnkräutern oder prächtig blühenden Kakteen, Orchideen und Passionsblumen bewachsen sind. Die weiten Ebenen oder *Llanos* des Orinoko entsprechen mit ihren hohen Gräsern und vereinzelten Nadelholz- oder Mimosengebüschen den Weideländern der Alten Welt, zeigen aber mit ihren strahlenden Lilien eine Farbenpracht, die nur ihnen eigentümlich ist. Weiter im Süden im Gebiet des Laplata liegen ähnliche Tiefebenen, die ***Pampas***, die nach Süden zu immer mehr von ihrer Pflanzenfülle und Üppigkeit einbüßen und endlich in die öden Moore von Patagonien und dem Feuerlande übergehen. Für die tieferen Bergabhänge sind die Chinabäume, aus deren Rinde das Chinin gewonnen wird, kennzeichnend. Der Mahagonibaum, das Rosenholz, der Federharzbaum, ferner viele Pflanzen, die Gewürze, Balsam und Räucherwerk liefern, verleihen der südamerikanischen Flora ein besonderes Gepräge. Auf den höher gelegenen Landstrichen treten Calceolarien, Gentianen und niedere Pflanzen auf, die den Reisenden einigermaßen an das Aussehen der Gebirgsflora nahe der Schneegrenze in der Alten Welt erinnern.

20. Die Fauna dieses Gebietes gilt für formenreicher als die irgend eines andern. Sie enthält den Jaguar, die breitnasigen Affen, die Krallenaffen, blutsaugende Fledermäuse, Chinchillas, Faultiere, Gürteltiere, Ameisenfresser, Waschbären, Beutelratten, Rotwild, Lamas, Alpakas, Vikunjas, Tapire und Peccaris, aber keine einheimischen Schafe oder Rinder. Unter den Vögeln sind der Kondor, der amerikanische Strauß oder Rhea, die Tukane, der Jakamar, Mot-mot, die Araras und zahlreiche Arten von Kolibris hervorzuheben. Die Reptilien sind durch die Riesenschlange Boa constrictor und viele andere Schlangen, den Alligator, Krokodile, Land- und Seeschildkröten vertreten. Das Insektenleben ist unendlich reich und mannigfach.

21. (6) **Das nearktische Gebiet** umfaßt ganz Nordamerika nördlich vom Wendekreise des Krebses. Seine größte Breite liegt gegen Norden in der kalten Zone, während es nach Süden zu schnell schmäler wird, so daß es mit dem neotropischen Gebiete nur durch einen schmalen Streifen Landes verbunden ist. Diese abgesonderte Lage ist mit einer im Vergleich zur Alten Welt etwas geringeren Abwechslung in der Flora und Fauna verbunden. Die Pflanzen und Tiere bieten als Ganzes genommen weit weniger Gegensätze zu denen des paläarktischen Gebietes dar, als dies zwischen dem neotropischen und äthiopischen Gebiete der Fall ist. Die nördlichen Länder von Nordamerika dehnen sich weit über den Polarkreis aus bis in die schneebedeckten Gegenden, wo das pflanzliche Leben auf der tiefsten Stufe der Entwicklung steht. Die Südgrenzen des Gebiets liegen anderseits nahe der tropischen Zone, wo das Zuckerrohr, die Yukka, Baumwolle, Mais und Tabak bezeichnende Pflanzen sind. In Kalifornien und Oregon treten in den Wäldern viele besondere und riesige Nadelholzformen auf, wie die ungeheure Sequoia (der Mammuthbaum) und die Douglasfichte. Östlich vom Felsengebirge erstrecken sich ungeheure wellige Weideflächen, die Prärien, über das Stromgebiet des Mississippi und seiner Nebenflüsse. Die britischen Besitzungen sind größtenteils mit Wald bedeckt, der mit dem Zunehmen der Bevölkerung allmählich dem Weide- und Ackerland Platz macht.

22. Die Fauna wechselt mit der geographischen Breite. Im Norden findet man Moschusochsen, Elenntiere, Renntiere, Fjellfrasse, Stinktiere, Waschbären, Biber, Lemminge, Springmäuse und kletternde Stachelschweine. Weiter südlich streiften einst große Büffelherden über die Prärien, sie sind aber nunmehr durch das unbarmherzige Wüten der weißen Ansiedler nahezu ausgerottet. Andere eigenartige Tiere sind der Grizzlybär, der schwarze Bär, der Puma, der Luchs, die gabelhörnige Antilope, der Präriehund, das fliegende Eichhorn, die Beutelratte oder das Opossum, Kolibris, die Blaukrähe und die Klapperschlange.

Abschnitt XXXII. — *Die Ausbreitung der Pflanzen und der Tiere.*

Das Klima. — Die Wanderung und der Transport. — Die Verschiebungen von Meer und Festland.

1. Es genügt nicht, zu wissen, wie die verschiedenen Stämme der Pflanzen und der Tiere über die Oberfläche der Erde verteilt sind. Wir werden unwiderstehlich zu der Frage gedrängt, warum und wie ihre Verbreitung sich gerade so gestaltet hat, wie wir sie im letzten Abschnitte geschildert haben. Vor nicht sehr langer Zeit gab man sich noch mit der Annahme zufrieden, daß die gegenwärtige Ordnung der Dinge immer bestanden habe, seit die verschiedenen Festländer und Inseln aus dem Meere emporgestiegen sind und ihre frühesten Bewohner erhalten haben.

2. Aber im Kies und Ton unter der Ackerkrume, ebenso in den Kalk- und Sandsteinen und in andern Gebirgsarten der Erdkruste hat man überall auf der ganzen Erde Spuren von älteren und anders beschaffenen Pflanzen und Tieren gefunden, die das Land bevölkerten, ehe die jetzigen Bewohner erschienen waren. Unsern heutigen Pferden und Rindern gingen z. B. andere Arten voraus, die jetzt nicht mehr leben. Die Bären, Wölfe und Hyänen von heutzutage sind nicht die gleichen Arten, wie diejenigen, deren Zähne und Knochen man in Höhlen und altem Schwemmland findet.

3. Bei einigem Nachdenken über diesen Punkt ergeben sich drei hauptsächliche Einflüsse als bestimmend für die Verteilung der gegenwärtigen Faunen und Floren der Erde: 1. das Klima, 2. die Wanderung und Verfrachtung, 3. die Veränderungen in der Gestalt und Höhe des Festlandes und in der Tiefe und Ausdehnung der Meere. Die Bekanntschaft mit der Natur und der Wirkung dieser Einflüsse erleichtert uns das Verständnis vieler Tatsachen, die sonst unerklärlich bleiben würden. Aber es bleiben natürlich, zum Teil vielleicht für immer, viele Schwierigkeiten übrig, die auch die sorgfältigste Forschung bis jetzt nicht heben konnte.

I. Das Klima.

4. Unter dem Ausdruck Klima versteht man die durchschnittliche Temperatur, die Feuchtigkeitsmenge, die Windverhältnisse und andere atmosphärische Zustände, die in jedem einzelnen Gebiete herrschen und das Wachstum und Gedeihen der Pflanzen und Tiere unmittelbar beeinflussen. Aus den im Abschnitt IX ausgeführten Beobachtungen hat sich ergeben, daß das Klima in verschiedenen Teilen der Erde sehr verschieden ist; und dort sind auch einige der Ursachen dieser Verschiedenheit angegeben. Eine Kenntnis der jährlichen Verteilung der Wärme an irgend einem Orte gibt uns zwar ein wichtiges Element für die Bestimmung seines Klimas, sie muß jedoch durch weitere Untersuchungen über die Regenmengen, die Richtung der vorherrschenden Winde, die Gestalt, Höhe und Lage des Gebietes, die Beschaffenheit seines Bodens und der Pflanzendecke, sowie durch andere mehr örtliche Angaben erweitert werden. Die Abschnitte IX u. ff. haben den Leser mit den meisten dieser das Klima beeinflussenden Größen bekannt gemacht, so daß wir jetzt das Klima in seiner Beziehung zu der Verteilung der Pflanzen und Tiere behandeln können.

5. Durch eingehende Prüfung findet man, daß vornehmlich fünf Einflüsse das Klima eines jeden Ortes bestimmen: 1. Die Entfernung vom Äquator. 2. Die Entfernung vom Meer. 3. Die Höhe über dem Meer. 4. Die vorherrschenden Winde. 5. Örtliche Einflüsse, wie die Beschaffenheit des Bodens, die Pflanzendecke und die Nähe von Gebirgen oder Seen. Eine jede dieser Ursachen beeinflußt unmittelbar die Verbreitung des pflanzlichen und tierischen Lebens und zwar oft in hohem Grade.

6. (1) **Die Entfernung vom Äquator.** Das Klima folgt im allgemeinen dem Verlaufe der Isothermen auf der Erdoberfläche, da die Temperatur sein wichtigstes Element ist. Das wärmste Klima ist natürlich in den Gegenden zwischen den Wendekreisen zu suchen, wo die Strahlen der Sonne senkrecht auffallen, oder doch nicht sehr weit von der Senkrechten abweichen. In dem Maße, wie wir uns vom Äquator entfernen, fallen die Strahlen immer schiefer und schiefer auf, und dieselbe Menge von Wärmestrahlen verbreitet sich daher über ein immer breiteres Gebiet, während sie zugleich eine immer dickere Luftschicht zu durchdringen haben. Rings um die Pole empfängt die Erdoberfläche die kleinste Wärmemenge, und deshalb herrscht dort das kälteste Klima.

7. Wäre die ganze Oberfläche der Erde nur Festland oder nur Meer, so würden die verschiedenen Abstufungen des Klimas wahrscheinlich in gleichlaufenden und regelmäßigen Gürteln vom Äquator ab nach den Polen zu auf einander folgen. Die Isothermen würden längs der Breitegrade verlaufen. Aber infolge der ungleichen Verteilung von Wasser und Land ist eine solche gleichmäßige Abstufung unmöglich (Abschnitt IX). Zwei Orte auf demselben Breitegrade können eine sehr verschiedene Durchschnittstemperatur und daher auch ein sehr verschiedenes Klima haben. Nichtsdestoweniger ist die Lage, d. h. der Einfluß der größern oder geringern Entfernung vom Äquator im allgemeinen für die Verteilung des Klimas bestimmend. Die Lage beeinflußt in hervorragender Weise den Pflanzenwuchs, wie man aus der Blüte- oder Reifezeit weit verbreiteter Pflanzen ersehen kann. Auf den Festländern fällt diese Zeit um so später, je weiter ein Land vom Äquator entfernt ist. So belaubt sich die Ulme bei Neapel Anfangs Februar, in Süddeutschland nicht vor Ende März, und in Norddeutschland nicht vor Mitte April. Reife Kirschen kann man in Süditalien im Anfang des Mai sammeln, in Nordfrankreich und Mitteldeutschland sind sie Ende Juni pflückreif; aber in Norddeutschland und England im allgemeinen erst drei bis vier Wochen später. Nichts könnte schlagender den Unterschied im Klima der verschiedenen Breitegrade eines Festlandes beweisen.

8. Aber diese Verschiedenheiten sind nicht nur an den Unterschieden im Wachstum derselben Pflanzen zu erkennen. Im letzten Abschnitte ist gezeigt worden, daß man beim Übergang aus einem Klima in ein anderes andere Pflanzen- und Tierarten antrifft. Nach und nach verschwinden die bis dahin herrschenden Lebensformen und neue Arten nehmen ihre Stelle ein. Diese Veränderungen sind so allgemein und so auffallend, daß die Ausdrücke: arktische Vegetation, tro-

pische Fauna in den allgemeinen Sprachgebrauch übergegangen sind und ein bestimmtes Bild in unserer Vorstellung erzeugen.

9. Wir haben aber gefunden, daß diese Verteilung der Pflanzen und Tiere nicht auf die Verschiedenheiten im Klima allein zurückgeführt werden darf, denn sonst müßte überall, wo dasselbe Klima wiederkehrt, das Land von derselben Pflanzenwelt bedeckt und von denselben Tieren belebt sein; es besteht vielmehr im allgemeinen keine solche Übereinstimmung, wenn wir Gegenden mit einander vergleichen, die weit von einander entfernt sind. Das Klima von Mitteleuropa ähnelt demjenigen von gewissen Teilen der Vereinigten Staaten außerordentlich. Aber die wilden Tiere und Vögel sind auffallend verschieden; die Mäuse, Igel, Büffel, Gemsen und Hasen der Alten Welt sind durch Springmäuse, Waschbären, Opossums, Bisons und Kolibris in der Neuen ersetzt. Im mittleren Südamerika werden die Wälder von Jaguaren, Faultieren, Gürteltieren, Tapiren, Amazonenpapageien und Tukanen bewohnt. Auf den entsprechenden Breiten im äquatorialen Afrika finden wir statt dieser Tiere Löwen, Leoparden, Hyänen, Flußpferde, Elefanten, Perlhühner und Pisangfresser. In Australien wiederum treten an ihrer Stelle die seltsamen und eigentümlichen Beuteltiere auf, wie der Wombat, das Känguruh, der Flugbeutler, daneben der Emu, die Leierschwänze und Schopftauben. Während die Verschiedenheit in der Breite im allgemeinen eine Verschiedenheit des Klimas und des Tier- und Pflanzenlebens bedeutet, bedingt die gleiche Breite und ähnliches Klima noch nicht notwendig auch die gleiche Flora und Fauna.

10. (2) **Die Enfernung vom Meere.** Der Einfluß des Meeres auf die Verteilung der Temperatur und der Feuchtigkeit ist bereits geschildert worden (Abschnitt IX, X und XVIII). Da das Wasser sich langsamer erwärmt und abkühlt als das Land, so ist das Klima des Meeres und der Küsten weit feuchter und gleichmäßiger als dasjenige des Landesinnern. Daher zeigt ein Klima eines Ortes um so größere Gegensätze, je größer seine Entfernung vom Meere ist. Ein Insel- oder Seeklima zeigt die geringsten Unterschiede zwischen der Sommer- und Wintertemperatur, und wegen der großen

Wasserfläche eine reichliche Zufuhr von Feuchtigkeit. In einem **Festlandklima** ist der Sommer heiß, der Winter kalt und die Regenmenge verhältnismäßig gering.

11. Diese Verschiedenheiten im Klima müssen natürlich in der Verteilung der Pflanzen und Tiere sichtbar werden. Sie zeigen sich sehr deutlich, wenn man die Blüte- und Reifezeiten derselben Pflanzen längs der Küste des Atlantischen Ozeans und in den Binnenländern Europas gegenüberstellt. Wir erinnern uns daran, daß durch den Einfluß des warmen Wassers im Atlantischen Ozean die Temperatur des ganzen nordwestlichen Teiles von Europa beträchtlich höher ist, als sie andernfalls sein würde (Abschnitt XVIII, § 7, 8). Infolge davon ist der Pflanzenwuchs in Südschweden weit frühzeitiger entwickelt als unter derselben Breite weiter im Osten. Der Flieder und die Rüstern entfalten ihre Blätter in Upsala sogar früher als in Paris, und während im Osten der Ostsee noch der Winter herrscht, ist Skandinavien bereits weit nach Norden hinauf mit Frühlingsblumen bedeckt.

12. Der Unterschied zwischen einem Insel- oder Seeklima und einem Festlandklima tritt auch in der Tatsache hervor, daß die immergrünen Gewächse, wie der portugiesische Lorbeer, die Aucuba und Laurustinus noch im nördlichen Schottland üppig wachsen, während sie in Lyon der strengen Winterkälte nicht widerstehen können.

13. (3) **Die Höhe über dem Meeresspiegel.** Im Abschnitt IX, § 21 haben wir der allmählichen Abnahme der Temperatur mit wachsender Höhe über dem Meeresspiegel Erwähnung getan. Diese Ursache der Klimaänderung ist von mehr örtlicher Bedeutung gegenüber den beiden bereits erläuterten. Aber ihre Einwirkung auf die Verbreitung der Pflanzen und Tiere ist besonders deutlich zu beobachten. Wenn wir annehmen, daß bei je zweihundert Meter Erhebung das Thermometer um 1° Cels. fällt, so sehen wir sofort ein, daß die Blüte- und Reifezeit derselben Pflanze mit der größeren Höhe ihres Standortes immer später eintreten muß, bis zuletzt der Boden zu hoch liegt und zu kalt ist, um sie überhaupt vor Eintritt des Winters zur Reife gelangen zu lassen. Für jede Pflanze gibt es daher eine obere Grenze, die sie nicht über-

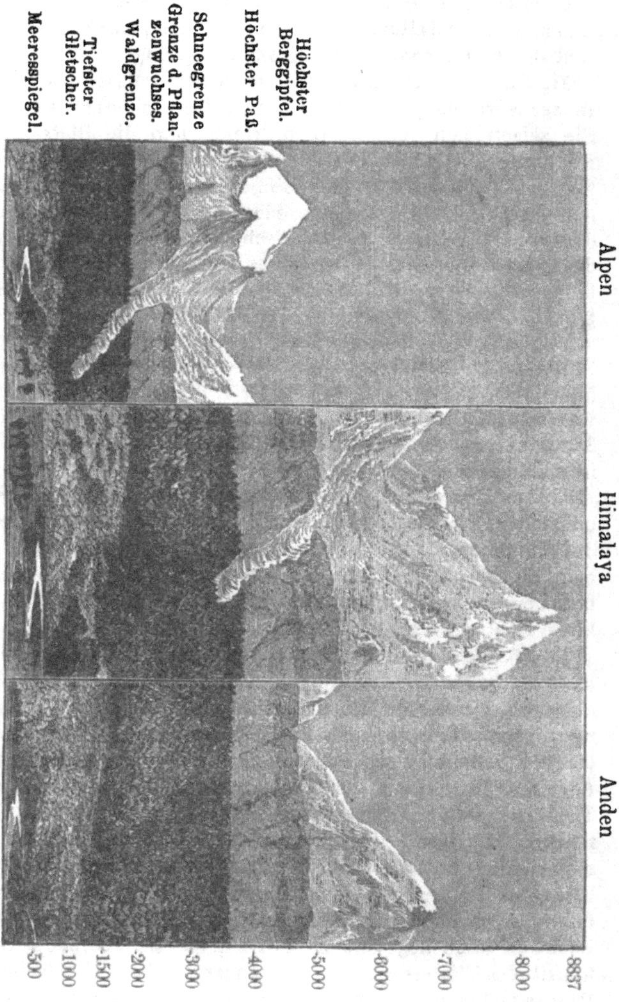

Fig. 76. Senkrechte Verteilung des Klimas auf den Gebirgen.

schreiten kann. Aber an ihrer Stelle treten andere Pflanzen auf, die dem strengen Klima der hochgelegenen Gegenden besser zu widerstehen imstande sind. Führen wir eine Bergbesteigung aus, so sehen wir, daß die allbekannte Pflanzenwelt der Tiefebenen allmählich durch eine den Gebirgen eigentümliche Flora ersetzt wird, bis wir zuletzt das Gebiet des ewigen Schnees erreichen. Dieser Einfluß der Höhe auf den Pflanzenwuchs ist in Fig. 76 für drei Gebirge dargestellt.

Auch auf die Tierwelt übt die Höhe einen deutlichen Einfluß aus. In Europa finden sich Kaninchen, Maulwürfe, Igel, Ottern, Füchse, Lerchen, Drosseln, Kibitze und viele andere Arten im tieferen Gelände, während in den Gebirgen das Murmeltier, die Ziege, der Steinbock, die Gemse, der braune Bär und der Adler ihre eigentliche Heimat haben.

14. (4) **Die vorherrschenden Winde.** Die Luft, die über irgend einem Teile der Erdoberfläche liegt, sucht die Temperatur jenes Teiles anzunehmen. Daher sind die Winde, die aus einer kalten Gegend kommen, gleichfalls kalt, die aus einer warmen Gegend kommenden dagegen warm. Seewinde sind gewöhnlich feucht, Landwinde im allgemeinen trocken. Die Seewinde zeigen nicht dieselben Schwankungen der Temperatur wie die Landwinde. Der Dampf, den sie mit sich führen, kühlt die Hitze des Sommers ab und mäßigt die Winterkälte. Dagegen sind Winde, die aus dem Innern eines Festlandes wehen, oft heiß und erstickend feucht im Sommer, schneidend kalt und trocken im Winter. Winde, die aus niederen in höhere Breiten gelangen, oder aus einem wärmeren in ein kälteres Klima übergehen, sind regenbringend, weil ihre Feuchtigkeit sich verdichtet, während diejenigen, die aus höheren nach niederen Breiten, oder aus kalten nach warmen Gegenden hin wehen, trocken sind.

15. Zum großen Teil muß daher das Klima eines Ortes durch die vorherrschenden Winde mit bedingt sein. Dies ist besonders auffällig an den Küsten der Festländer, wo abwechselnd Winde von und nach dem Meere wehen. Die schroffen Gegensätze zwischen den sehr regenreichen und den fast ganz regenlosen Gebieten in gewissen Teilen Indiens sind schon als Beispiel dafür angeführt worden, daß die

Winde einen großen Einfluß auf die Feuchtigkeit eines Klimas ausüben (Abschnitt X, § 32, 34).

16. Offenbar ist in bezug auf das Wachstum der Pflanzen der Feuchtigkeitsgrad ein kaum weniger wichtiges Element des Klimas als die Temperatur. Diejenigen Striche, die am reichlichsten bewässert werden, sind am üppigsten mit Pflanzenwuchs bedeckt. Sowohl die Zusammensetzung, wie auch die Fülle der Pflanzendecke beruht großenteils auf der Regenmenge. Die Westseite der Britischen Inseln erhält die ersten und ausgiebigsten atmosphärischen Niederschläge, die die Südwestwinde vom Atlantischen Ozean herführen, und ist daher viel grüner und üppiger mit Pflanzen bedeckt als die Ostseite.

17. Dieselben Bedingungen, die das Wachstum und die Verteilung der Pflanzen regeln, müssen auch die Verbreitung der Tiere wirksam beeinflussen. Die pflanzenfressenden Arten ziehen natürlich diejenigen Gegenden vor, wo ihr Bedarf an Pflanzennahrung sich am reichlichsten findet. Auf ihrer Spur streifen dann wieder die Raubtiere, die sich von jenen nähren. Jeder Wechsel des Klimas, der dem Gedeihen der Weide ungünstig ist, wird die Herden der pflanzenfressenden Tiere vertreiben oder stellenweise vernichten; und nach ihrem Verschwinden müssen auch die Raubtiere sich aus der Gegend fortziehen.

18. (5) **Örtliche Einflüsse.** Auch verschiedene geringere Ursachen von mehr örtlicher Bedeutung tragen dazu bei, das Klima verschiedener Orte zu ändern und dadurch die Flora und Fauna zu beeinflussen. Von diesen ist die Bodenbeschaffenheit einer der wichtigsten Faktoren. Nasser, sumpfiger Boden erniedrigt die Temperatur, denn sein Wasser nimmt viel Wärme auf und führt sie in die Tiefe, während diese sonst den Boden erwärmen würde. Daher bewirkt die Entwässerung eine Erhöhung der durchschnittlichen Jahrestemperatur. In England beträgt dieses Steigen der Temperatur bisweilen gegen 1° bis 2° Cels., also etwa ebensoviel, wie wenn der Boden 200 bis 250 Kilometer nach Süden verschoben worden wäre. Eine Sandwüste bietet die größten Gegensätze des Klimas dar, denn während der trockene Sand die Sonnenwärme schnell aufnimmt und sich am Tage bis auf 90° Cels. erwärmt, kühlt er sich ebenso schnell durch Ausstrahlung ab und kann im Laufe einer klaren Nacht eiskalt werden.

19. Die Pflanzendecke bewahrt den Boden vor einer zu schnellen und starken Erwärmung und Abkühlung, und da die Blätter niemals so heiß werden wie der Boden, so mäßigen sie die Temperatur. Ein großes Waldgebiet übt daher auf das Klima seiner Gegend einen deutlich hervortretenden Einfluß aus; es mäßigt sowohl die Tageshitze als die nächtliche Kälte.

20. Ähnliche Wirkungen bringen die Seen hervor. Das von der Winterkälte verdichtete Wasser sinkt auf den Boden hinab und bringt eine wärmere Schicht nach oben, die sich nun ihrerseits abkühlt, hinabsinkt und wieder andere wärmere Teile an die Oberfläche gelangen läßt. Dadurch wird die über dem Wasser liegende Luft wärmer erhalten als die über dem benachbarten Lande lagernde, während die kältere Luft von allen Seiten zu dem See hinabströmt und daselbst erwärmt wird (Abschn. XXVI, § 17, 18). Viele tiefe Seen frieren im Winter nicht zu und dienen darum als Wärmebehälter; sie halten die Temperatur des sie umgebenden Bodens höher, als sie an Orten ist, die mehr landeinwärts liegen. Anderseits kühlt im Sommer das Wasser die Luft ab, die über ihm lagert, und mäßigt dadurch die Hitze in seiner nächsten Umgebung.

21. Noch eine andere örtliche Ursache, die das Klima beeinflußt, mag angeführt werden, nämlich die Nähe von Hügeln oder Gebirgen. Der Einfluß hochgelegener Gebiete zeigt sich in der Vermehrung der Regenmenge (Abschn. X, § 29) und in der Erzeugung von Luftströmungen, die sich abwechselnd talauf- und abwärts bewegen (Abschn. XI, § 8).

22. Man nahm früher an, daß ein jedes Klima seine eigenen bezeichnenden Lebensformen habe, und daß die Grenzen zwischen den verschiedenen botanischen und zoologischen Gebieten ebenso alt und scharf bestimmt seien wie zwischen den verschiedenen Arten des Klimas. Aber gleichwie ein ähnliches Klima nicht immer eine Ähnlichkeit in der Pflanzen- und Tierwelt mit sich bringt, so entspringt auch der Mangel an Übereinstimmung zwischen den Pflanzen und Tieren zweier weit von einander entfernten Länder mit gleichem Klima nicht aus einer Ungeeignetheit des einen Landes für die lebenden Wesen des andern. Rinder und Pferde, die von den Spaniern nach Südamerika eingeführt wurden, schweifen jetzt dort in ungeheuren Heerden wild umher. Die Ratte war ursprünglich nicht in Amerika heimisch, findet sich aber gegenwärtig in allen Teilen jenes Erdteils. Schweine, Ziegen, Katzen und Hunde wurden erst von Columbus und seinen Nachfolgern nach der Neuen Welt gebracht und sind jetzt dort heimisch. Auch in Australien ersetzen die von den Ansiedlern eingeführten Haustiere schnell die Känguruhs und andere eingeborene Formen. Eine Süßwasserpflanze, die zufällig aus Amerika eingeschleppt wurde, hat sich sehr schnell über einen großen Teil von Mitteleuropa verbreitet und verkrautet die Kanäle und Flußbetten; sie hat daher den Namen „Wasserpest" erhalten.

23. Wir haben also gelernt, daß Länder mit ähnlichem Klima dennoch merklich verschiedene Pflanzen- und Tierformen aufweisen können, wenn sie hinreichend von einander abgesondert sind; daß diese Unterschiede nicht durch den Einfluß des Klimas zu erklären sind, denn die Tiere und Pflanzen haben sich schnell vermehrt, wenn man sie in ein entferntes Land mit ähnlichem Klima brachte; und daß das Klima demnach zwar offenbar einen wichtigen Einfluß auf die Verteilung des Lebens auf der Erde besitzt, dieser aber doch nicht hinreicht, um alle Tatsachen der Verteilung zu erklären.

II. Die Wanderung und Verfrachtung.

24. Man könnte annehmen, daß die jetzigen Pflanzen und Tiere zuerst in einer Gegend oder einem Erdteil erschienen seien und sich von dort aus über die ganze Erde verbreitet hätten. Ohne Zweifel sind viele Arten in hohem Grade mit der Fähigkeit ausgestattet, sich auszubreiten und selbst unter den größten Gegensätzen des Klimas gedeihlich fortzubestehen. Aber eine nähere Prüfung überzeugt uns, daß diese Annahme gänzlich außerstande ist, die jetzt bestehende Verteilung der ganzen Fauna und Flora der Erde zu erklären.

25. Die Pflanzen besitzen viele Mittel, sich zu verbreiten. Ihre Samen werden oft von Wirbelwinden in die Luft gehoben und können Hunderte von Kilometern fortgetragen werden, ehe sie wieder zu Boden fallen. Sind dort der Boden, das Klima und andere Bedingungen günstig, so können diese fortgeführten Samen keimen, Wurzel schlagen und die Pflanzen sich über ihren neuen Wohnort ausbreiten. In andern Fällen können die Samen weite Strecken über das Meer getragen werden, teils frei schwimmend, teils zwischen Erde und Blättern eingeschlossen auf dem Treibholze. Werden sie endlich an einer weit entfernten Küste ans Land geschwemmt, so finden sie zuweilen ein passendes Heim und schlagen Wurzel. An den Federn der Vögel und dem Pelze der Tiere hängen oft Samen fest, diese können ebenfalls weit von ihrem Ursprungsorte verschleppt werden. Auch haben sich manchmal Samen, die sich viele Stunden lang in dem Kropfe von Vögeln befanden, noch lebensfähig erwiesen. Daher kann es sich dann und wann ereignen, daß, wenn solche Vögel nach einem Fluge von mehreren hundert Kilometern den Raubvögeln zur Beute werden, die Samen aus ihren zerfleischten Kröpfen zu Boden fallen, in den Erdboden hineingelangen und zu keimen beginnen. Auf diese und andere Weise haben sich vielleicht viele Pflanzen weit über ihre ursprünglichen Grenzen hinaus verbreitet. Aber selbst im günstigsten Falle sind diese Mittel der Verfrachtung nur von beschränktem Einflusse. Die Verschiedenheiten des Klimas und des Bodens, hohe Bergketten und trennende Meere haben einer derartigen Verbreitung Schranken in den Weg gelegt, die nur verhältnismäßig wenige Pflanzenarten überwinden können.

26. Die Tiere besitzen die Fähigkeit, sich auszubreiten, in höherem Maße, da sie nach eigenem Willen hin und her wandern können. Aber auch auf unfreiwillige Weise können sie sich verbreiten. Auf einigen der großen tropischen Ströme sieht man dann und wann große Flöße von Treibholz mit Affen und anderen wilden Tieren, die den Strom hinab dem Meere zutreiben. In den meisten Fällen werden diese Flöße auf dem Meere zertrümmert und ihre unglückliche Besatzung ertrinkt. Aber man kennt Fälle, in denen die Tiere wirklich ein anderes

Land erreichten. Daher können sehr wohl Inseln mitten im Meere bisweilen Tiere und Pflanzen besessen haben, die auf die eben beschriebene Weise dorthin gelangt waren. In dem Eismeere hat man Eisbären weit vom Lande entfernt auf Eisbergen angetroffen; also können Tiere nicht nur durch Treibholz, sondern auch durch Eisberge von einem Lande in ein anderes gelangen. Aber auch hier sind die Transportmittel so dürftig, und die Wahrscheinlichkeit, daß die Tiere in ihrer neuen Heimat leben und sich vermehren werden, ist so gering, daß wir sicher annehmen können, die Festländer seien nicht auf diesem Wege bevölkert worden.

27. Während die meisten Tiere in ziemlich fest bestimmten Grenzen leben, die durch das Klima und die Art des Pflanzenwuchses, den das Klima gestattet, gegeben sind, besitzen einige Arten im hohen Maße das Vermögen des Wanderns und legen Hunderte und Tausende von Kilometern zurück, wenn ihr Wandertrieb sie ergreift, sei es nun aus Hunger oder wegen des Wechsels der Jahreszeiten. In Amerika liefern die Büffelherden, die Biber und Eichhörnchen Beispiele dafür, da sie von Zeit zu Zeit ihre Heimat verlassen, um einen neuen Wohnort zu suchen. In hohem Maße zeigen die Vögel diesen Trieb. Viele der bekanntesten Vögel der gemäßigten Zone, in der neuen Welt sowohl als in der alten, sind Zugvögel. Sie ziehen im Sommer nach Norden, um zu brüten, und nachdem sie sich einige Monate in einem kälteren Klima aufgehalten haben und ihre Brut flügge geworden ist, begeben sie sich wieder auf die Wanderung und kehren in ihre Winterherberge nach dem Süden zurück. In Europa dehnen die Schwalben, der Kuckuck und der Storch im Sommer ihre Wanderung weit nach Norden hin bis in die kalte Zone hinein aus; aber vor Beginn des Winters fliegen sie bereits wieder über das Mittelländische Meer und begeben sich in die mildere Luft des nördlichen Afrika.

28. Während so eine beschränkte Anzahl von Tieren imstande ist, sich über weite Räume zu verbreiten und große Unterschiede des Klimas zu ertragen, ist doch die große Mehrzahl auf ihr eigenes Gebiet beschränkt, über das sie nicht hinausschweifen können, nicht weil sie in allen Fällen zu weiten Wanderungen unfähig wären, sondern weil ihre

Ausbreitung durch unüberwindliche Schranken gehemmt ist. Das mächtigste der Hindernisse ist ohne Zweifel das Klima, das nicht nur auf die Tiere allein, sondern auch auf die Pflanzen einwirkt, die ihnen selbst oder ihrer Beute zur Nahrung dienen. Einige Tierarten können nur in Wäldern leben, andere können sich nicht weit von den Sümpfen und aus dem Röhricht entfernen, in denen allein sie ihren geeigneten Unterhalt finden; einige sind nur dem Leben in der feuchten heißen Luft und dem üppigen Pflanzenwuchs der Tropen angepaßt; andere finden inmitten des arktischen Schnees die ihnen zusagende Heimat.

29. Aber selbst wenn ein Tier, wie der Tiger, mit einer außergewöhnlichen Fähigkeit, sich weit auseinander liegenden Temperaturverhältnissen und dem mannigfachsten Futter anzubequemen, ausgestattet ist, so hindern doch oft viele Umstände seine Ausbreitung. Eine hohe schneebedeckte Gebirgskette kann ein Tier dauernd von dem Eindringen in Gebiete abhalten, wo es, einmal hingelangt, reichliches Futter und Zufluchtsorte in Menge finden würde. Ein Streifen öder, dürrer Wüste ist ebenfalls eine wirksame Schranke, die die Tiere von dem Eindringen aus einer Landschaft in eine andere abhält. Ein Meeresarm oder eine nur wenige Kilometer breite Meerenge genügt, um die Pflanzen und Tiere der gegenüberliegenden Küsten unvermischt zu erhalten; während natürlich ein breites und tiefes Meer eine unüberwindliche Grenze bildet.

30. Wir wollen indessen den Fall setzen, daß durch eine ausnahmsweise günstige Verkettung von Umständen einige Tiere von einer oder mehreren Arten glücklich eine dieser natürlichen Schranken überschritten haben; wie groß ist dann die Wahrscheinlichkeit, daß sie sich auf der andern Seite werden halten können? Das Klima muß so beschaffen sein, daß sie in ihm leben und sich fortpflanzen können. Sie müssen eine hinreichende Menge zuträglichen Futters vorfinden. Sind es pflanzenfressende Tiere, so müssen sie einen zu ihrem Unterhalte geeigneten Pflanzenwuchs vorfinden; sind sie dagegen Fleischfresser, so müssen sie Tiere antreffen, die weniger stark als sie selbst und dabei in genügender Anzahl vorhanden sind, um ihnen ausreichend

Nahrung zu gewähren. Selten werden für die Eindringlinge alle Verhältnisse so günstig liegen. Wenn sie sich aber auch in der ersten Zeit behaupten, so wird sich alsbald eine bereits lange dort heimische und zahlreiche Art dem Nebenbuhler entgegenstellen. In dem sich entspinnenden Kampfe werden die neuen Ankömmlinge selten ihren Stand in dem Lande behaupten; sie müssen in den meisten Fällen unterliegen, falls sie nicht in ihre eigentliche Heimat zurückkehren können.

31. Die große Mehrzahl der Tiere wird also durch Schranken des Klimas, der Nahrung, durch Gebirge, Wüsten, breite Flüsse, Seen oder durch Nebenbuhler eingehegt; diese Schranken, teils sichtbar, teils unsichtbar, verhindern sie tatsächlich an der Ausbreitung über die Grenze ihres eigenen Gebietes hinaus. Daher sind wir zu dem Schlusse berechtigt, daß die große Mehrzahl der gegenwärtig lebenden Tierarten (und ebenso die allermeisten Pflanzen) sich nicht von einem einzigen gemeinsamen Mittelpunkte ausgebreitet haben können, sondern wegen ihrer Beschaffenheit und ihrer Bedürfnisse in ihrer Verbreitung im allgemeinen stets auf dieselben Landstriche beschränkt gewesen sein müssen, wo sie jetzt leben. Wenn auch gewisse Pflanzen- und Tierformen die Fähigkeit gezeigt haben, sich fast über den ganzen Erdball auszubreiten, bleibt doch die Flora und Fauna der großen biologischen Gebiete durch mehr oder weniger bestimmte Grenzen deutlich geschieden. Daß diese Gebiete in jedem Falle eine lange Geschichte hinter sich haben, und daß die jetzt lebenden Arten der Tiere und Pflanzen andere von ihnen verschiedene Arten zu Vorgängern gehabt haben, das zeigen die Gesteine, die das Land bilden, und die Spuren pflanzlichen und tierischen Lebens, die man in diesen Gesteinen findet. Bei der Untersuchung der Frage, wie und woher die Festländer ihr Pflanzenkleid und ihre Tierbevölkerung erhalten haben, muß die Wissenschaft auf die Versteinerungen zurückgreifen, die in den Gesteinen enthalten sind, und deren Erforschung einen Gegenstand der Geologie bildet. Der Beantwortung dieser Frage, die zeigt, wie eng die physische Erdkunde mit der Biologie verbunden ist, und wie die Pflanzen und Tiere eines Festlandes einen Teil der ehemaligen Geschichte des Landes, in dem sie leben, erzählen können, mögen die letzten Zeilen dieses Lehrbuches gewidmet sein.

III. Veränderungen des Landes, des Meeres und des Klimas.

32. Aus den Tatsachen, die in den vorhergehenden Kapiteln festgestellt wurden, geht hervor, daß die gegenwärtigen Berge und Täler des Festlandes nicht zu allen Zeiten vorhanden waren, daß die Festländer zu verschiedenen Malen über den Meeresboden gehoben, daß die Gebirgskette zu verschiedenen Zeiten aufgerichtet und abgetragen und daß die jetzigen Täler allmählich durch ihre Flüsse angelegt, vertieft und ausgeweitet worden sind. Es ist unmöglich anzunehmen, daß so bedeutende Veränderungen hätten Platz greifen können, ohne die verschiedenen Pflanzen- und Tierformen mehr oder weniger tiefgreifend zu beeinflussen. Die Untersuchung ergibt, daß die gegenwärtige Verteilung des Lebens schlagende und von Meinungen unabhängige Beweise für derartige Veränderungen darbietet. Wie dies möglich ist, das wird aus einem sehr einfachen Beispiele erhellen.

33. Die Ebenen von Mitteleuropa bis zu den Küsten der Ostsee hinauf sind mit einer Pflanzendecke bekleidet, die durchweg einen einheitlichen Charakter besitzt. Viele von den Pflanzen haben natürlich nur ein örtlich beschränktes Vorkommen, aber eine sehr bedeutende Anzahl verbreitet sich weit und breit über Deutschland. Wenden wir uns vom Festlande nach England, so begegnen wir im allgemeinen derselben Gruppe von Pflanzen. Da der zwischenliegende Meeresarm von der größeren Zahl dieser Pflanzen nicht hätte überschritten werden können, sondern diese zu Lande dorthin gelangt sein müssen, so beweisen sie, daß einst England einen Teil des europäischen Festlandes bildete, und daß seine Abtrennung als Insel — die sie umgebenden Teile der Nordsee sind jetzt noch nicht tiefer als 400 Meter, vgl. Fig. 77 — erst stattgefunden hat, als die gegenwärtigen Pflanzenarten sich bereits über seine Oberfläche ausgebreitet hatten.

34. Ein jeder, der die Berge unserer deutschen Mittelgebirge durchwandert, oder gar einen Teil der Alpen oder

Pyrenäen bereist, findet, daß mit dem Erreichen höherer Punkte sich die gewöhnlichen und bezeichnenden Pflanzen der Ebene mehr und mehr verlieren. In dem Maße, wie der Pflanzenwuchs weniger üppig wird, nimmt er ein immer fremdartigeres Aussehen an, nicht nur durch das Verschwinden der Tieflandarten, sondern zugleich durch das Erscheinen anderer, z. B. eigentümlicher Gentianen und

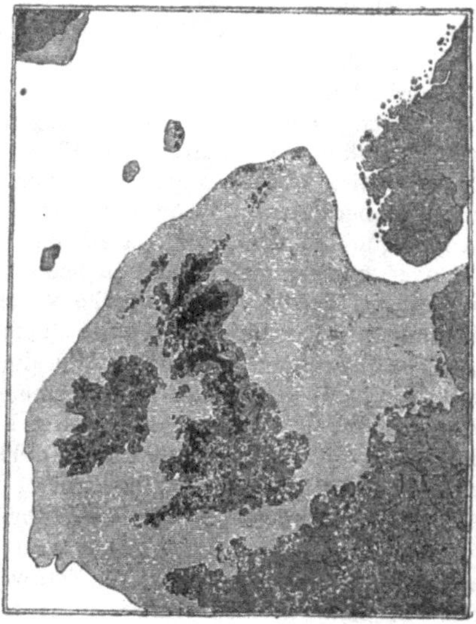

Fig. 77. Nordsee. Die leichter schraffierte Fläche bedeutet die Flachsee bis zur Tiefe von 400 Metern. (Aus Hann, Hochstetter u. Pokorny, Allgem. Erdkunde, Bd. III, Pflanzen- u. Tierverbreitung von A. Kirchhoff. Verlag G. Freytag, Leipzig.)

Saxifragen, Steinbrecharten, die man im Tieflande niemals sieht, die aber auf den Kämmen der Mittelgebirge und an den Abhängen der Hochgebirge in Fülle wachsen. So allgemein ist dieser Wechsel, daß jeder Berg im mittleren und nördlichen Europa, der sich hoch genug erhebt, um an seinem Gipfel das geeignete Klima zu besitzen, sicher auch seine „alpine“ Flora mehr oder weniger vollständig besitzt. Und dies ist auch dann der Fall, wenn die einzelnen Berggruppen durch weite Zwischenräume von Flachland getrennt sind. Der Brocken besitzt auf seinen Bergwiesen eine ziemliche Menge alpiner Pflanzenformen. Begeben wir uns durch das Tiefland, in dem keine dieser Pflanzen vorkommt, nach dem Thüringer Walde, so treffen wir in den höchsten Lagen wieder einige derselben Pflanzen an. Nach einem weiteren Zwischenraume erscheinen sie wieder auf den Kämmen des Schwarzwaldes und der Vogesen. Ebenso weist sie der Schweizer Jura in großer Fülle auf, und endlich erscheinen sie auf den Pyrenäengipfeln und unterhalb der Schneegrenze längs der ganzen Alpenkette.

35. Wir dürfen nicht glauben, daß diese Pflanzen nur hohen Bergen eigentümlich seien und auf diesen stets gefunden werden. Sie finden sich nicht auf Bergen südlich der paläarktischen Region. Auf dem Pik von Teneriffa fehlen sie zum Beispiel, obgleich das Klima und der Boden wohl für sie geeignet wären. Vergleichen wir die Höhen mit einander, in denen sie auftreten, so bemerken wir, daß sie sich dem Meeresspiegel um so mehr nähern, je weiter wir sie nach Norden verfolgen. In den Alpen wachsen sie in der Zone zwischen der obern Baumgrenze und der Schneegrenze, oder in einer Höhe von 2000 bis 3000 Meter über dem Meeresspiegel. Im schottischen Hochland gehen sie bis auf 700 Meter und noch tiefer hinab. In Skandinavien erreichen sie sogar den Meeresspiegel und wachsen dort in solcher Üppigkeit und Fülle, daß sie sich dadurch als nordische oder arktische Pflanzen zu erkennen geben.

36. Wie konnte nun eine arktische Flora sich auf Bergen verbreiten, die soweit südlich liegen, wie die Alpen? In der Gegenwart wäre dies nicht möglich. Die zwischenliegenden Tiefländer sind mit einer reichen Pflanzendecke von anderer Beschaffenheit bekleidet, durch die sich die nordischen Pflanzen unmöglich einen Weg bahnen konnten. Um ihr Vordringen nach Süden zu ermöglichen, müßte diese Tieflandflora entfernt werden. Könnte das Klima von Mitteleuropa so kalt werden wie das von Norwegen, oder das der Hochalpen, so wäre die Wirkung davon ein Untergehen der Tieflandpflanzen, oder doch derjenigen unter ihnen, die nicht dazu ausgerüstet sind, eine größere Kälte zu ertragen. Zu gleicher Zeit würden die nordischen Pflanzen, die nunmehr die ihnen zusagende Temperatur im ganzen Europäischen Tieflande fänden, sich allmählich nach Süden ausbreiten, von den Bergen herabsteigen und schließlich über das ganze Gebiet des arktischen Klimas hin die herrschende Pflanzengesellschaft bilden. Derart muß in der Tat der Zustand Mitteleuropas gewesen sein, als die nordische Pflanzenwelt ihren Weg bis zu den Alpen und den Pyrenäen fand.

37. Gibt es denn aber Tatsachen, die die Ansicht unterstützen, daß wirklich einst eine so merkwürdige Änderung im Aussehen Europas eingetreten ist? Unzweifelhaft sind solche vorhanden. In der Erde hat man in verschiedenen Teilen Deutschlands, Frankreichs und Englands Renntierknochen in großer Menge gefunden, ebenso in den Ablagerungen, die den Boden der Höhlen bedecken. Das Renntier ist aber als ein arktisches Tier bekannt. Auch Reste des Moschusochsen, des Fjellfraß, des Polarfuchses, des Lemming und anderer nordischer Tierformen sind an andern Stellen ausgegraben worden. Daher kann kein Zweifel darüber obwalten, daß einst Tiere, die für die Polargegenden bezeichnend sind, über Europa bis wenigstens in das südliche Frankreich hinab verbreitet waren. Wir können nicht daran zweifeln, daß dies nur durch einen Klimawechsel möglich war, der die eigentlichen Bewohner der Ebenen und Wälder vertrieb und die nordischen Tiere an ihre Stelle treten ließ.

38. Noch ein weiterer und an vielen Stellen sichtbarer Beweis eines außerordentlich kalten Klimas in Europa wird durch die abgeschliffenen Gesteinsflächen und die als Moränen bezeichneten Erdhaufen erbracht, die im Abschnitt XXVIII als ein Teil der Wirkungen der Gletschertätigkeit geschildert wurden. Spuren ehemaliger Gletscher finden sich überall in den gebirgigen Gegenden von Mitteleuropa. Ja, die ganze norddeutsche Tiefebene von der Meeresküste bis zu den Mittelgebirgen besteht Hunderte von Metern tief aus Sand und Lehm mit Blöcken, die ihrer Gesteinsbeschaffenheit nach aus Skandinavien stammen und durch eine ungeheuere Decke von Gletschereis von dort aus nach ihrem jetzigen Lager geschafft worden sind. Damals glich also ganz Nordeuropa bis zum Erzgebirge und Thüringerwald dem jetzigen Grönland. Man nennt jene Zeit die **Eiszeit** (siehe auch Abschnitt XXVIII § 32).

39. Während dieser Kälteperiode überschwemmten die arktischen Pflanzen und Tiere Europa. Seit jener Zeit hat sich das Klima allmählich gemildert. Das Eis schmolz ab, und sein Rand zog sich nach Norden zurück, bis auch Skandinavien wieder nahezu eisfrei wurde. Damit sind in angemessener Entfernung die Pflanzen unseres heutigen Klimas wieder vorgedrungen. Schritt für Schritt sind die nordischen Pflanzenformen aus den Ebenen vertrieben und in die Berge hinaufgedrängt worden, wo sie inmitten der ihnen zusagenden Fröste und Schneefälle sich in zerstreuten Ansiedelungen behaupten. Die meisten arktischen Tierarten sind ebenfalls lange wieder in den eisigen Norden zurückgedrängt worden.

40. In Nordamerika hat sich ein ähnliches Merkmal der einstigen Eiszeit erhalten. Weit im Süden, auf den Weißen Bergen von New-Hampshire in den Vereinigten Staaten (45° Br.), sind die Gipfel mit Labradorpflanzen bedeckt, die einst zweifellos über die ganze Ebene von dort bis in die nördlichen Landesteile verbreitet waren, wo man dieselben Arten jetzt in Menge bis zum Meeresspiegel hinab antrifft.

41. Diese Beispiele zeigen, daß die jetzige Verteilung der Pflanzen und Tiere weit verschieden von derjenigen früherer Zeiträume ist, und daß Pflanzen- oder Tiergesellschaften bisweilen sehr deutlich auf vorgeschichtliche Veränderungen in der physischen Beschaffenheit eines Landes hinweisen; sie zeigen uns aber auch, warum das Auffinden einer erschöpfenden Erklärung für das Bestehen und für die Umgrenzung der biologischen Gebiete so außerordentlich schwierig ist. Viele Ursachen sind dabei zu berücksichtigen; ferner ist die erste Vorbedingung eine umfassende und eingehende Kenntnis der Ereignisse, die dem jetzigen Zustande vorausgegangen sind. Die Naturforscher haben zwar auf diesem Gebiete der Forschung in neuerer Zeit große Fortschritte gemacht, aber sie sind doch erst im ersten Anfange der Untersuchung. Die Geschichte der Bevölkerung der großen Floren- und Faunengebiete wird vielleicht niemals ganz entziffert werden. Aber es kann kein Zweifel darüber obwalten, daß sie weit vollständiger bekannt werden wird, als dies gegenwärtig der Fall ist, und daß sie dazu beitragen wird, die Geschichte der Festländer selbst aufzuhellen.

42. Die große Aufgabe der Naturwissenschaften besteht in der Verbindung der Gegenwart mit der Vergangenheit — im Nachweise, daß die gegenwärtige Beschaffenheit der Erde das Ergebnis früherer Veränderungen ist. Sie wollen die Veränderungen in der Gestalt der Festländer bis zu ihren ersten Anfängen zurück verfolgen, das reiche Leben, das jetzt Luft, Land und Wasser erfüllt, mit den längst ausgestorbenen Formen vergleichen, deren jede ihren Anteil hat an der großen Entwicklung des Lebens bis zum Menschen hinauf: sie wollen, mit einem Wort, durch die Ergebnisse ihrer Forschung den wunderbaren Plan offenbaren, nach dem diese Welt erschaffen ist, uns einen immer tieferen Einblick in die Harmonie und Schönheit der Schöpfung gewähren, und uns dadurch mit einer immer tieferen Ehrfurcht erfüllen vor Ihm, der sie schuf und sie erhält.

SACHREGISTER.

A.

B.

C.

D.

E.

F.

G.

H.

I.

K.

L.

M.

R.

S.

T.

U.

V.

Zu „Geikie, Physikalische Geographie".

DIE WELT

Bodenformen in

G

Landhöhe

über 2000
500—2000
200— 500
0— 200
Landsenke
dem Meeres

F. A. Brockhaus' Geogr.-artist. Anstalt, Leipzig.

…LBKUGELN.

…nd Tiefenschichten.

…tion.

Meerestiefen.

0 – 200	Meter
200 – 2000	"
2000 – 4000	"
4000 – 6000	"
6000 – 8000	"
über 8000	"

Verlag von Karl J. Trübner, Straßburg.

Zu „Geikie, Physikalische Geographie".

DIE WELT

Bodenformen in H

Gl

Landhöhe

- über 2000
- 500—2000
- 200— 500
- 0— 200
- Landsenke dem Meeres

F. A. Brockhaus' Geogr.-artist. Anstalt, Leipzig.

BKUGELN.

ıd Tiefenschichten.

ion.

Meerestiefen.

0 – 200	Meter	
200 – 2000	,,	
2000 – 4000	,,	
4000 – 6000	,,	
6000 – 8000	,,	
über 8000	,,	

Verlag von Karl J. Trübner, Straßburg.

Zu „Geikie, Physikalische Geographie“.

DIE WELT

Bodenformen in H

Gl

Landhöher

über 2000
500—2000
200— 500
0— 200
Landsenken
dem Meeress

F. A. Brockhaus' Geogr.-artist. Anstalt, Leipzig.

.BKUGELN.

ıd Tiefenschichten.

ion.

Meerestiefen.

0 – 200	Meter
200 – 2000	,,
2000 – 4000	,,
4000 – 6000	,,
6000 – 8000	,,
über 8000	,,

Verlag von Karl J. Trübner, Straßburg.

Zu „Geikie, Physikalische Geographie“.

F. A. Brockhaus' Geogr.-artist. Anstalt, Leipzig.

TAFEL II.

Verlag von Karl J. Trübner, Straßburg.

Zu „Geikie, Physikalische Geographie“.

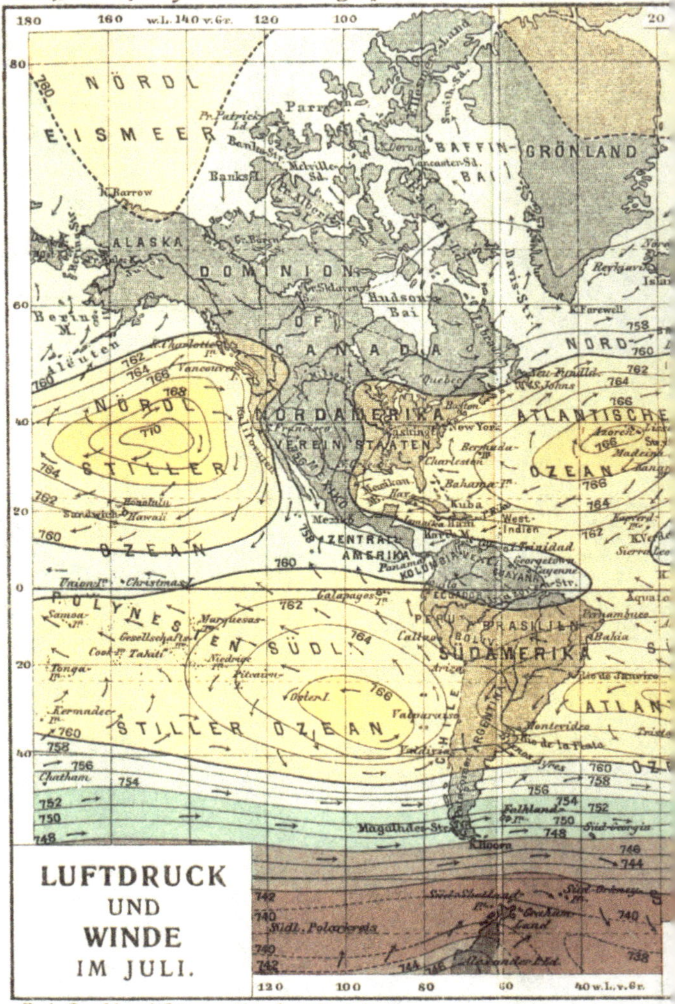

F. A. Brockhaus' Geogr.-artist. Anstalt, Leipzig.

…aren in Millimetern.
…hohen Luftdruckes,
…niederen Luftdruckes.
…le bezeichnen die vorherrschende Windrichtung.

Verlag von Karl J. Trübner, Straßburg.

Zu „Geikie, Physikalische Geographie“.

VERTEILUNG DER TEMPERATUR IM JANUAR.

F. A. Brockhaus' Geogr.-artist. Anstalt, Leipzig.

Verlag von Karl J. Trübner, Straßburg.

Zu „Geikie, Physikalische Geographie".

F. A. Brockhaus' Geogr.-artist. Anstalt, Leipzig.

Verlag von Karl J. Trübner, Straßburg.

Zu „Geikie, Physikalische Geographie“.

F. A. Brockhaus' Geogr.-artist. Anstalt, Leipzig.

TAFEL VI.

Verlag von Karl J. Trübner, Straßburg.

Zu „Geikie, Physikalische Geographie“.

F. A. Brockhaus' Geogr.-artist. Anstalt, Leipzig.

Verlag von Karl J. Trübner, Straßburg.

Zu „Geikie, Physikalische Geographie“. TAFEL VIII.

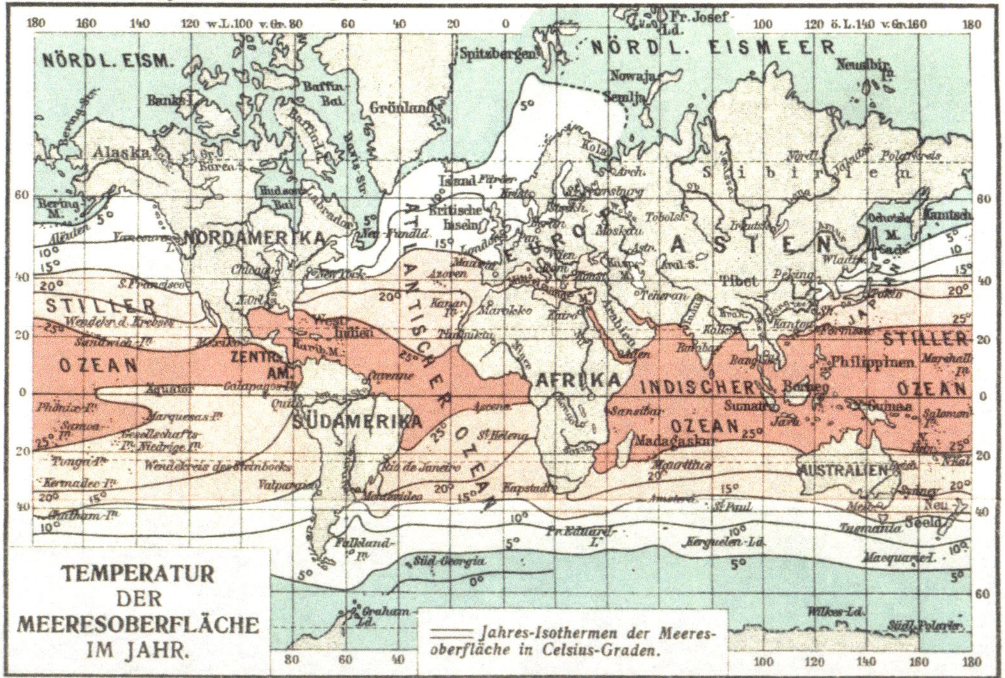

TEMPERATUR DER MEERESOBERFLÄCHE IM JAHR.

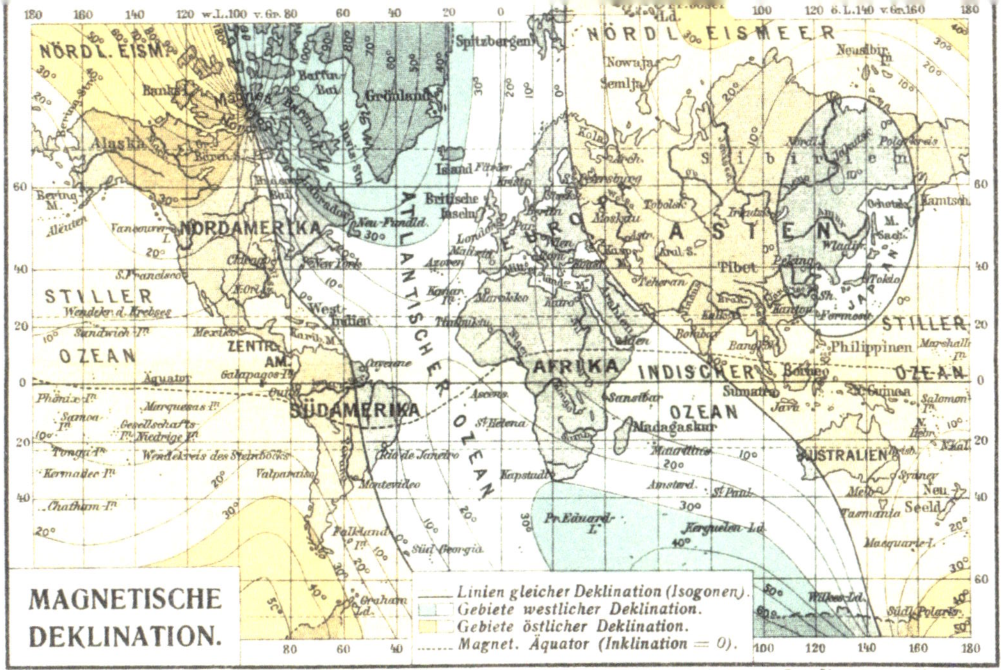

F. A. Brockhaus' Geogr.-artist. Anstalt, Leipzig.

Verlag von Karl J. Trübner, Straßburg.

Zu „Geikie, Physikalische Geographie“.

F. A. Brockhaus' Geogr.-artist. Anstalt, Leipzig.

TAFEL X.

Verlag von Karl J. Trübner, Straßburg.

Zu „Geikie, Physikalische Geographie“.

F. A. Brockhaus' Geogr.-artist. Anstalt, Leipzig.

Verlag von Karl J. Trübner, Straßburg.

PFLANZENDECKE DER LANDOBERFLÄCHE.

F. A. Brockhaus' Geogr.-artist. Anstalt, Leipzig.

Verlag von Karl J. Trübner, Straßburg.

Zu „Geikie, Physikalische Geographie“.

TIERGEOGRAPHISCHE REGIONEN DER ERDE.

F. A. Brockhaus' Geogr.-artist. Anstalt, Leipzig.

Verlag von Karl J. Trübner, Straßburg.

Aus dem Verlag von

Karl J. Trübner in Straßburg

mdccccviii

Durch die meisten Buchhandlungen des In- und Auslandes zu beziehen.

Shakspere.

Fünf Vorlesungen aus dem Nachlaß

von

Bernhard ten Brink.

Mit dem Medaillonbildnis des Verfassers in Lichtdruck.

Dritte durchgesehene Auflage.

Klein 8°. VII, 149 S. 1907. ℳ 2.—, gebunden ℳ 2.50.

Inhalt: Erste Vorlesung: Der Dichter und der Mensch. — Zweite Vorlesung: Die Zeitfolge von Shaksperes Werken. Dritte Vorlesung: Shakspere als Dramatiker. — Vierte Vorlesung: Shakspere als komischer Dichter. — Fünfte Vorlesung: Shakspere als Tragiker.

„Es ist ein hoher und herrlicher Geist, der aus diesen Vorträgen spricht. Flammende Begeisterung, philosophische Bildung und strenge Wissenschaftlichkeit, feinstes Verständniss und Nachfühlen des Dichters, das sind die Vorzüge, die sich hier miteinander vereinen."

Seemanns Litterar. Jahresbericht 1893.

„Bedarf es eines Beispiels für die Art von Wissenschaft, wie wir sie uns denken, so sei nur im Augenblick auf das köstliche Buch über „Shakspere" verwiesen, das aus dem Nachlasse von ten Brink, eines der hervorragendsten Gelehrten unserer Zeit, durch die Sorgfalt Edward Schröders zugänglich geworden ist. Was psychologische Synthese und nachfühlende Aesthetik zu leisten vermag, darüber belehrt dieses kleine Werk besser, als es der weitläufigsten Theorie gelänge."

Anton E. Schönbach in Vom Fels zum Meer 1893/94 Heft 1.

Dieses Buch ten Brinks ist bei *Schönbach (Über Lesen und Bildung, 4. Aufl.)* unter den besten deutschen Prosawerken genannt.

Verlag von KARL J. TRÜBNER in Straßburg und Berlin.

Der sinnreiche Junker Don Quijote von der Mancha

von **Miguel de Cervantes Saavedra.**

Uebersetzt, eingeleitet und mit Erläuterungen versehen von

Ludwig Braunfels.

Neue revidierte Jubiläumsausgabe

Vier Bände. Jeder Band ca. 400 Seiten. 1905.

Preis pro Band geheftet ℳ 2.50, in Leinwand gebunden ℳ 3.50.

Eine würdige, gediegene Bibliotheksausgabe von Cervantes, Don Quijote, fehlte bisher im deutschen Buchhandel. Das 300jährige Jubiläum dieses klassischen Meisterwerkes der Weltliteratur war eine passende Gelegenheit, dieses Bedürfnis zu befriedigen.

„... So war es denn ein vortrefflicher Gedanke, gerade dieser ausgezeichneten Übersetzer-Arbeit ein fröhliches Auferstehen in verjüngter und verbesserter Gestalt zu schaffen ....

Mit dieser Neuausgabe ist keines Geringeren Namen verbunden als der Prof. Heinrich Morfs in Frankfurt a. M. ... Man darf sich aufrichtig freuen, daß eine so feine, taktvolle Hand über dieser Revision gewaltet hat, zugleich die Hand eines anerkannten Fachmanns, dem man sich überall sicher und vertrauensvoll überlassen kann.

Braunfels steht als Don Quijote-Übersetzer weit über allen deutschen Vorgängern in seiner Verbindung von kenntnisreicher Sorgfalt und künstlerischem Nachempfinden. Er allein hat uns eine im Wortsinn und Ton treue Umschrift geliefert..“

Neue Züricher Zeitung, Erste Beilage zu Nr. 159, 1905.

Die große Gemeinde der Cervantesverehrer, die der unsterbliche Spanier auch bei uns besitzt, wird es dem hervorragenden Frankfurter Philologen Dank wissen, daß er sich herbeigelassen hat, zum Don Quijote-Jubiläum eine revidierte Ausgabe von Braunfels' Übersetzung zu geben, die, in der Kollektion Spemann veröffentlicht, leider viel zu wenig Beachtung im gebildeten Publikum gefunden hat.

Deutsche Literaturzeitung 1905 Nr. 31.

Verlag von KARL J. TRÜBNER in Straßburg und Berlin.

Das moderne Drama.

Von

Robert F. Arnold

a. o. Professor an der Universität Wien.

8°. X, 387 S. 1907. Geheftet ℳ 6.—, gebunden ℳ 7.—.

„. . . Arnolds Darstellung eine Philosophie der Geschichte des modernen Dramas und zugleich eine Statistik desselben, in letzter Beziehung eine wahrhaft bewundernswerte Leistung sammelnden Fleißes und einer Aufmerksamkeit, welcher nichts entging . . .“ *Bund 1907, Nr. 42.*

„Es ist ein schwieriges Unterfangen, mitten in den Strömungen einer wechselreichen Kunstperiode, die Zusammenhänge unter ihren verschiedenartigsten Äußerungen und die Richtung ihrer Bewegungen festzustellen. Professor Dr. Arnold in Wien hat in dem Zyklus zwölf knapper Vorlesungen, die ursprünglich an den Universitäten Innsbruck und Wien gehalten wurden, die denkbar einheitlichste Zusammenfassung des komplexen Materials der modernen dramatischen Produktion geleistet. Er begnügt sich weder mit der Veranschaulichung der Welt und Technik der modernen Dramatik in Haupteindrücken durch scharfe ästhetische Beleuchtung ihrer Höhepunkte, noch mit der Charakteristik ihres Fortschrittes oder ihrer Eigenart vor dem alten Drama durch Unterstreichung ihres spezifisch Modernen. Er reiht vielmehr mit kühlster Objektivität und doch wärmster Teilnahme an ihrem Lebensgehalt die große Vielheit der divergierendsten Erscheinungen in die folgerichtige Kette historischer Entwickelung . . .“ *Beilage der Hamburger Nachrichten 1907, Nr. 22.*

„Die Geschichte der Entwicklung des modernen Dramas zu schreiben ist eine Aufgabe, der sich zu unterziehen eine genaue Kenntnis aller Gebiete des modernen Lebens, nicht nur des einschlägigen literarischen, voraussetzt. Vor uns liegt ein Buch von Robert F. Arnold, das dieser Forderung im weitesten Sinne gerecht wird. . . .“ *National-Zeitung 1907, Nr. 485.*

„Wer das Werk unbefangen aufnimmt, der findet in ihm große Belesenheit, peinliche Genauigkeit der Angaben und feinen Geschmack. Solches Lob ist um so redlicher verdient, als Arnold dem literarischen Getriebe ganz fernsteht, in dem Bilde aber, das er mit künstlerischer Hand entwirft, ein ausnehmend sicheres Verständnis der Menschen und Dinge bekundet“. *Pester Lloyd 8. Nov. 1907.*

Verlag von KARL J. TRÜBNER in Straßburg und Berlin.

FSC
www.fsc.org
MIX
Papier | Fördert gute Waldnutzung
FSC® C083411

Kolibri 360 GmbH
Ferdinand-Jühlke-Straße 7
99095 Erfurt, Deutschland
produktsicherheit@kolibri360.de